U0851665

铁路职工岗位培训教材

桥 隧 工

铁路职工岗位培训教材编审委员会

中国铁道出版社有限公司

2025年·北 京

内容简介

本书为铁路职工岗位培训教材之一，全书共分基本知识和职业技能两大部分。基本知识部分主要介绍桥隧建筑物的一般知识、常用材料、基本组成、检查、常见病害、作业机械、安全知识以及桥隧其他知识等；职业技能部分主要介绍对桥隧工初级工、中级工、高级工、技师、高级技师的资格性和适应性职业技能要求。

本书针对铁路职工岗位培训规范、职业技能鉴定进行编写，是各单位组织各级各类职工培训、技能鉴定的必备用书，对各类职业学校相关师生也有重要的参考价值。

本书内容如有不符合最新规章标准之处，以最新规章标准为准。

图书在版编目(CIP)数据

桥隧工/铁路职工岗位培训教材编审委员会编．—北京：中国铁道出版社，2010.5（2025.9 重印）

铁路职工岗位培训教材

ISBN 978-7-113-11372-8

Ⅰ．①桥…　Ⅱ．①铁…　Ⅲ．①铁路桥-技术培训-教材②铁路隧道-技术培训-教材　Ⅳ．①U448.13②U459.1

中国版本图书馆 CIP 数据核字(2010)第 072962 号

书　　名：铁路职工岗位培训教材
　　　　　桥　隧　工

作　　者：铁路职工岗位培训教材编审委员会

责任编辑：洪学英　　　**编辑部电话**：(010)51873656

封面设计：薛小卉

责任校对：孙　玫

责任印制：高春晓

出版发行：中国铁道出版社有限公司（100054，北京市西城区右安门西街 8 号）

网　　址：https://www.tdpress.com

印　　刷：三河市兴达印务有限公司

版　　次：2010 年 6 月第 1 版　2025 年 9 月第 17 次印刷

开　　本：787 mm×1 092 mm　1/16　**印张**：21　**字数**：512 千

书　　号：ISBN 978-7-113-11372-8

定　　价：50.00 元

铁路职工岗位培训教材
编 审 委 员 会

前　言

教材是劳动者终身教育和职业生涯发展的重要学习工具，教材建设是职业教育培训工作的重要组成部分，是提高教育培训质量的关键。加快铁路职工岗位培训教材建设，已成为加强和改进铁路职工教育培训工作的当务之急。为适应铁路现代化发展对技能人才队伍建设的需要，加快铁路职工岗位培训教材建设，铁道部决定按照铁道行业特有职业(工种)国家职业标准，结合铁路现代化发展的实际，组织开发铁路职工岗位培训教材。

本套教材由铁道部劳动和卫生司、运输局共同牵头组织，相关铁路局分工负责，集中各业务部门的专家和优秀工程技术人员编写及审定，多方合作，共同完成，涵盖了铁路运输(车务、客运、货运、装卸)、机务、车辆、工务、电务部门的77个铁路特有职业。教材坚持继承与创新相结合，充分体现了近几年来铁路新技术、新设备的大量运用及其发展趋势，特别是动车组系列教材填补了教材建设的空白，为动车组司机和机械师等铁路新职业员工提供了岗位培训教材；教材坚持科学性与规范性，依据铁道行业国家职业标准中的基本要求和工作要求编写，力争准确体现国家职业标准和有关作业标准、安全操作等规章、规范的要求；教材坚持实用可行的原则，重点突出实作技能、应急处理和新技术、新设备、新规章、新工艺等四新知识，对职业技能部分按照技能等级分层编写，便于现场职工的培训与自学。

本套教材适用于工人新职、转职(岗)、晋升的岗位资格性培训，也适用于各类岗位适应性培训，同时为职业技能鉴定提供参考。

《桥隧工》一书由上海铁路局负责主编，主编人员：陈庆民，参加编写人员：王　彬、金世章、张登社、陈龙珠、徐家栋，主要审定人员：傅　锋、杨春枝、李鸣山、张庆会、胡仕斌、任广鑫、杨春燕。本书在编写、审定过程中得到了有关单位的大力支持，在此一并表示感谢！

铁路职工岗位培训教材编审委员会

2010年5月

目 录

基本知识

职 业 技 能

基本知识

第一章　桥隧建筑物一般知识

本章主要介绍桥隧建筑物的组成、分类,桥隧限界,桥隧荷载。

第一节　桥隧建筑物的组成与分类

桥隧建筑物是桥梁、隧道、涵洞、明渠、天桥、地道、跨线桥、调节河流建筑物等的总称。

一、桥梁的组成与分类

(一)桥梁的组成

桥梁由上部结构、下部结构、防护设备及调节河流建筑物组成(图1—1)。

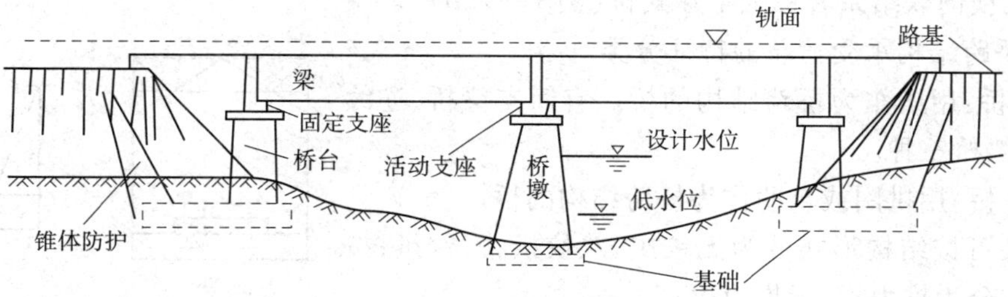

图1—1　桥梁结构图

上部结构:包括桥面、桥跨结构(梁拱)、支座。

下部结构:包括桥墩、桥台及基础。

防护设备及调节河流建筑物:包括桥涵限高防护架、护锥、护岸、护基、护底、导流堤、丁坝、梨形堤等。

(二)桥梁的分类

1. 按桥梁长度分类

特大桥:桥长500 m以上。

大桥:桥长100 m以上至500 m。

中桥:桥长20 m以上至100 m。

小桥:桥长20 m及以下。

2. 按梁拱材质分类

钢桥:以钢材作为桥跨结构主要建筑材料的桥。

钢筋混凝土桥:桥跨结构以包含受力钢筋的混凝土为主制造的桥。

预应力混凝土桥:桥跨结构以用预应力钢材预先施加应力的混凝土为主制造的桥。

石桥:桥跨结构用石料建造的桥。

木桥:以木材作为桥跨结构主要建筑材料的桥。

3. 按桥面位置分类

(1)上承式桥:桥面位于桥跨结构上部的桥(图 1—2(a))。

(2)中承式桥:桥面位于桥跨结构中部的桥(图 1—2(b))。

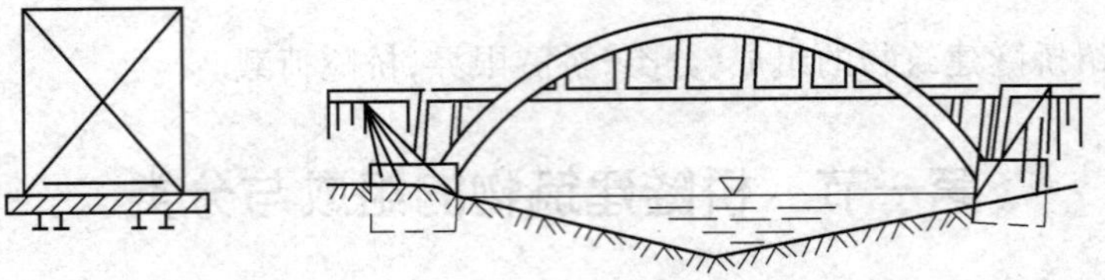

(a) 上承式　　(b) 中承式

图 1—2　上承式、中承式桥梁

(3)下承式桥:桥面位于桥跨结构下部的桥。

下承式又分为穿式桥和半穿式桥。桥面上方有横向联结系者称为穿式桥(图 1—3(a)),桥面上方无横向联结系者称为半穿式桥(图 1—3(b))。

4. 按桥跨结构承受荷载的特征分类

(1)梁桥:用梁作为桥跨结构的桥。有简支梁桥、连续梁桥、悬臂梁桥三种。

(2)拱 桥:用拱圈或拱肋作为桥跨结构的桥。

拱桥又可按结构形式分为无铰拱、双铰拱,三铰拱;按有无外推力分为推力拱、无推力拱。

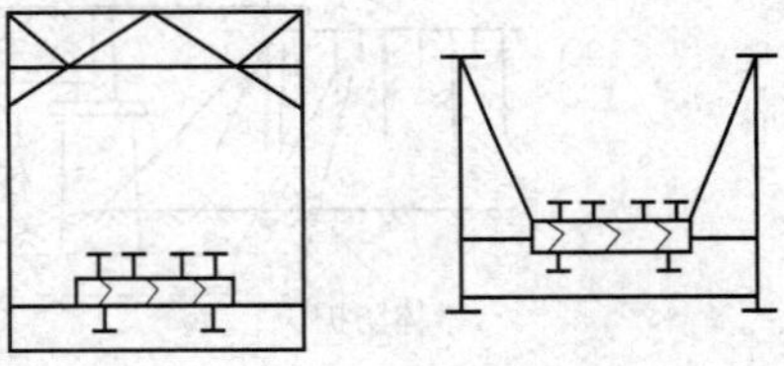

(a) 穿式　　(b) 半穿式

图 1—3　下承式桥梁

(3)刚构桥:桥跨结构与桥墩或桥台刚性连接的桥。

(4)框架桥: 桥梁为整体箱形框架的桥。

(5)悬索桥:用桥塔支撑锚于两岸(端)的缆索,借助挂于缆索上的吊杆悬吊桥面和梁形成桥跨结构的桥。

(6)斜拉桥:以斜拉索连接索塔和主梁作为桥跨结构的桥。

(7)综合体系桥:桥跨同时有几个体系特征结构,相互联系结合而成,如钢桁拱桥等。

5. 按梁的截面形式分类

(1)板形梁:适用于低高度梁,当桥梁高度受到限制时,采用此种形式。

钢板梁是由钢板或型钢组成工字形截面主梁,并由纵、横联结系连接的梁。混凝土板梁是宽腹板、跨度较小的普通钢筋混凝土梁。

(2)T 形梁:T 形梁是既有线混凝土桥梁最常见的截面形式。混凝土 T 梁是横截面为 T 形的混凝土梁。

(3)箱形梁:随着列车的提速,对桥梁的刚度要求越来越高,箱形梁在线路上使用也越来越多,如图 1—4 所示。钢箱梁是由纵、横向加劲肋加强的钢板所组成的单室或多室箱形截面梁。混凝土箱梁是横截面呈一个或几个封闭箱形的混凝土梁。

(三)各部尺寸的规定

各部尺寸的示意如图1—5所示。

1. 跨度(计算跨度)

(1)简支梁、连续梁、悬臂梁、斜拉桥、悬索桥和双铰拱为各孔两端支座中心之间距离。

(2)无铰拱桥、刚构桥和箱形桥为其净孔。

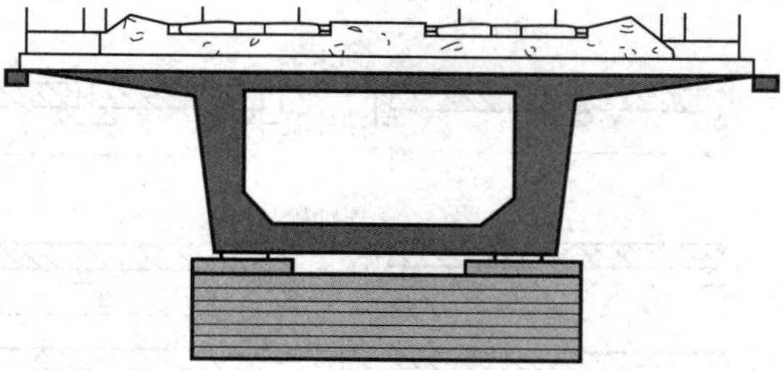

图1—4 箱形梁

2. 梁的全长

梁两端面之间的长度。

3. 梁的净跨度(净孔)

沿计算水位量出的相邻墩台边缘之间的距离。

4. 桥梁长度(桥长)

(1)梁桥系指桥台挡砟前墙之间的长度。

(2)拱桥系指拱上侧墙与桥台侧墙间两伸缩缝外端之间的长度。

(3)刚架桥(或框构桥)系指刚架(或框构)顺跨度方向外侧间的长度。

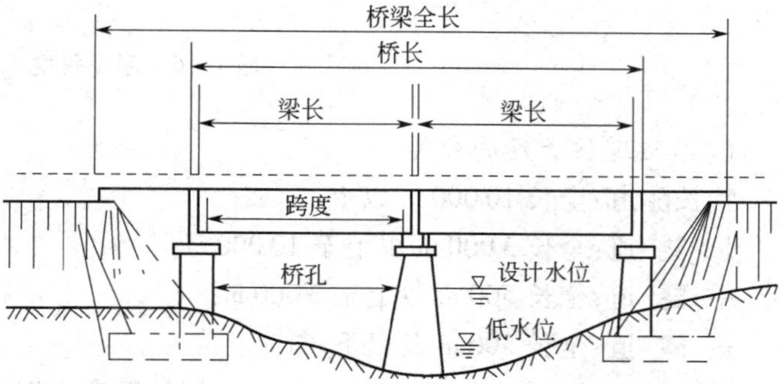

图1—5 桥梁的尺寸示意图

5. 桥全长

桥全长指桥梁轴线上两桥台尾部之间的距离。

6. 桥孔总长

指桥梁排水宽度,即桥梁各孔净跨度的总和。斜桥为各两墩(台)间垂直距离之和;拱桥为各孔起拱线处净长之和。当锥体填土突出桥台之外时,则改沿计算水位与低水位之间的中线来量度。

7. 桥梁高度

由桥面的轨底至河床最凹点的垂直距离。

8. 桥下净空高度

桥跨结构底面至水面、路面或轨面之间可用于交通的自由高度。

9. 温度跨度

指梁跨受温度影响而伸长和缩短的区段长度(图1—6)。

二、隧道的组成与分类

(一)隧道的组成

隧道的组成包括主体建筑物和附属设备两部分。主体建筑物由洞身和洞门组成;附属设备包括避车洞和防排水设施,长大隧道还有专门的通风及照明设备。

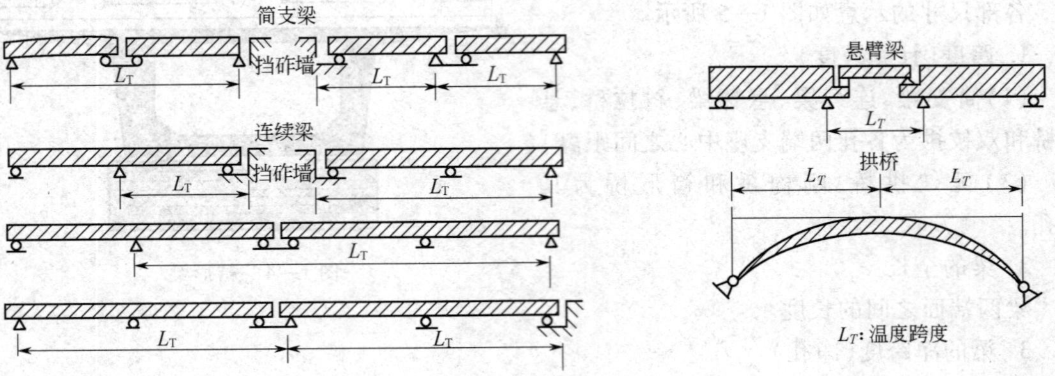

图 1—6　温度跨度

(二)隧道按长度的分类

特长隧道:全长 10 000 m 以上;

长 隧 道:全长 3 000 m 以上至 10 000 m;

中 隧 道:全长 500 m 以上至 3 000 m;

短 隧 道:全长 500 m 及以下。

隧道长度系指进出口洞门端墙墙面之间的距离,即以端墙面与内轨顶面的交线同线路中线的交点计算。计算时,双线隧道以下行线为准;位于车站上的隧道以正线为准。

三、涵渠组成与分类

涵洞、明渠、渡槽、倒虹吸管统称为涵渠。

涵洞由洞身、基础、进出口建筑物(即端墙、翼墙等)以及附属设备组成(图 1—7)。

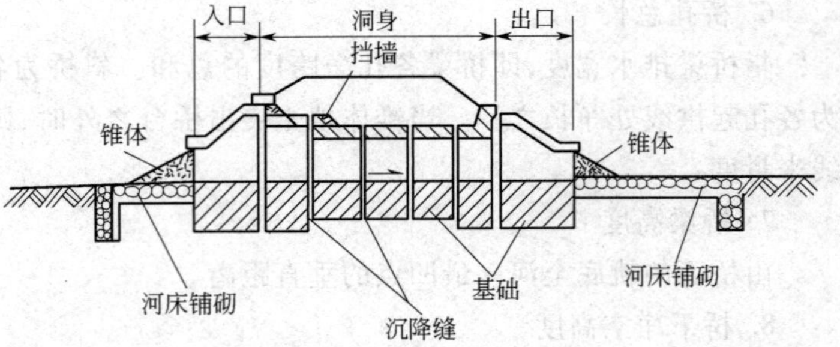

图 1—7　涵洞的组成

(一)涵洞的分类

按结构形式分有拱涵、圆涵、框构涵、盖板涵等;

按水力特性分有压涵、无压涵;

按孔数分有单孔、双孔、多孔等。

排洪涵洞的最小孔径不应小于 1. 25 m,且全长不超过 25 m。当全长超过 25 m 时,为便于养护,孔径应相应加大。无淤积的灌溉涵孔径应不小于 0. 75 m。当孔径为 0. 75 m,且净高 $h<1.0$ m 时,长度不宜超过 10 m;净高 $h\geqslant1.0$ m 时,长度不宜超过 15 m。城市或车站范围内涵洞的孔径,需酌情加大。

现有涵洞不符合上述规定者,应结合具体情况逐步改造。

(二)涵洞有关尺寸的规定

1. 涵洞的净孔

(1)拱涵为起拱线间的水平距离。

(2)框构涵为涵内水平距离。

(3)圆涵为内径(卵形或扁圆形的为水平方向最大距离)。

(4)盖板涵为墩台间净距。

2. 涵洞的全长

(1)涵洞的全长即涵洞的轴长,包括端墙在内。

(2)框构涵和盖板涵的全长为边墙间横向宽度,以长边计。

第二节　限　　界

限界是铁路建筑物及其他任何设备不得侵入的国家规定的轮廓尺寸线,目的在于确保铁路机车车辆和超限装载货物安全运行。

一、建筑限界

建筑限界是一个与线路中心线垂直的横断面。

(一)基本建筑限界

基本建筑限界(图 1—8)的高度由钢轨顶面算起,横向尺寸由线路中心线算起。

单线直线基本建筑限界半宽为 2 440 mm。这是由于最大级超限货物装载限界的半宽为 2 225 mm,加上货物横向移动量 170. 5 mm,再加 44. 5 mm 的安全量而得出,即:

基本建筑限界半宽 = 2 225 + 170. 5 + 44. 5 = 2 440 mm。

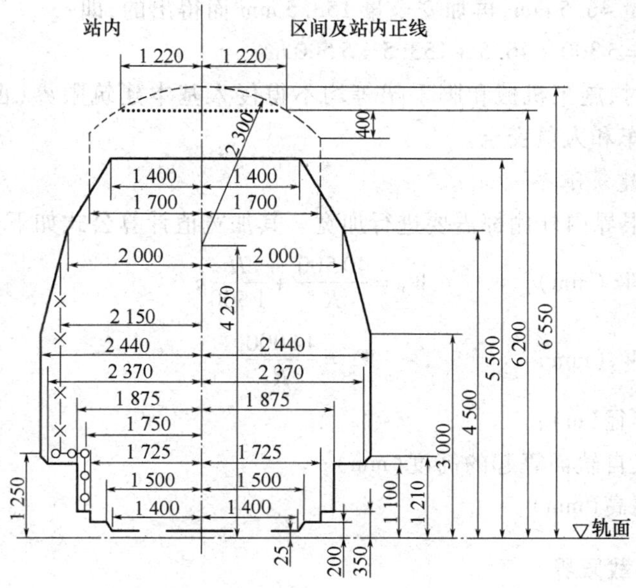

(a) 基本建筑限界($v \leq 160$ km/h)

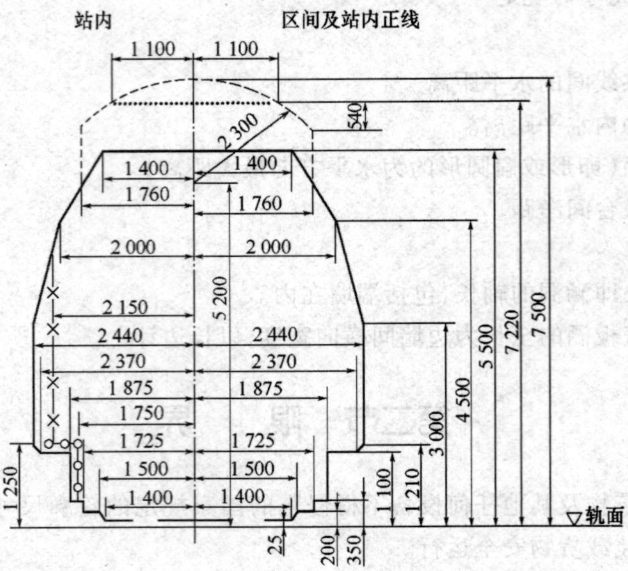

（b）基本建筑限界（$160<v\leq200$ km/h）

—×—×—×— 信号机建筑限界（正线不适用）；

—o—o—o— 站台建筑限界（正线不适用）；

———— 各种建筑物的基本限界；

－－－－－ 适用于电力牵引区段的跨线桥、天桥及雨棚等建筑物；

……………… 电力牵引区段的跨线桥在困难条件下的最小高度。

图 1—8　客货共线铁路基本建筑限界（单位：mm）

基本建筑限界高度为 5 500 mm，这是由于最大级超限货物装载限界高度为 5 300 mm，加上货物向上振动偏移量 46.5 mm，再加安全量 153.5 mm 而得出的，即：

建筑限界高度 = 5 300 + 46.5 + 153.5 = 5 500 mm。

进行桥隧维修时，施工机械和脚手架等均不得侵入基本建筑限界（曲线上为按规定加宽后限界），以保证行车和人员安全。

（二）曲线上的建筑限界

在曲线上建筑限界内外侧都需要进行加宽。其加宽值计算公式如下：

曲线内侧加宽 W_1（mm）　　$W_1=\dfrac{40\,500}{R}+\dfrac{H}{1\,500}h$

曲线外侧加宽 W_2（mm）　　$W_2=\dfrac{44\,000}{R}$

式中　R——曲线半径（m）；

H——计算点自轨面算起的高度（mm）；

h——外轨超高（mm）。

二、超限货物装载限界

超限货物装载限界如图 1—9 所示。

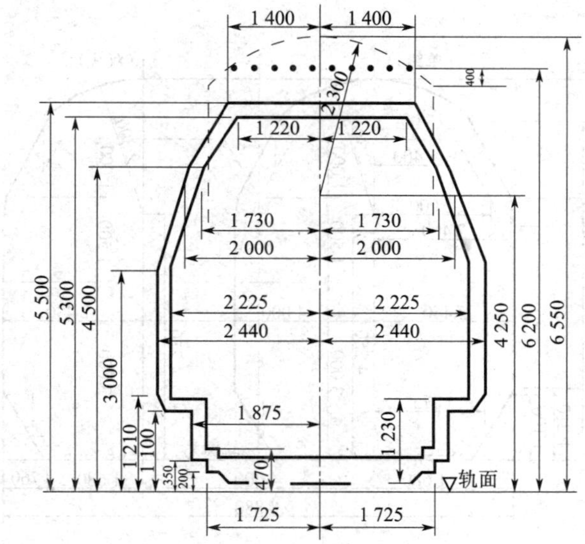

基本建筑限界；
最大级超限货物装载限界；
适用于电力牵引区段的线路跨线桥、天桥及雨棚等建筑物；
电力牵引区段的线路跨线桥在困难条件下的最小高度。

图 1—9　最大级超限货物装载限界（单位：mm）

三、桥梁建筑限界

桥梁建筑限界较建筑限界稍大，如图 1—10 ~ 1—12 所示。在两者之间可以安装照明、通讯及信号设备。新建及修复、改建桥梁的净空均应满足桥梁建筑限界的要求。

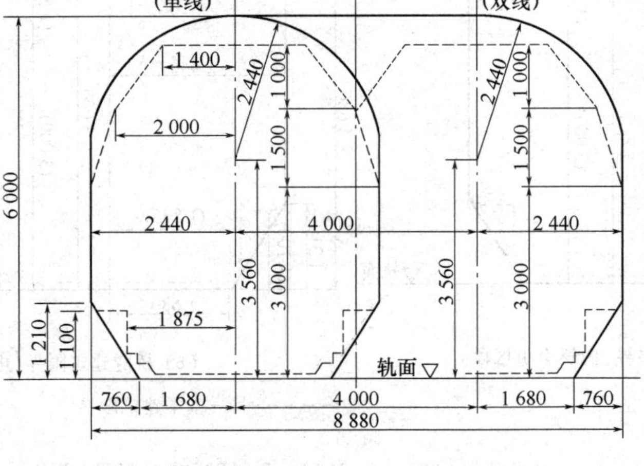

（a）桥梁建筑限界（内燃牵引区段）

图 1—10

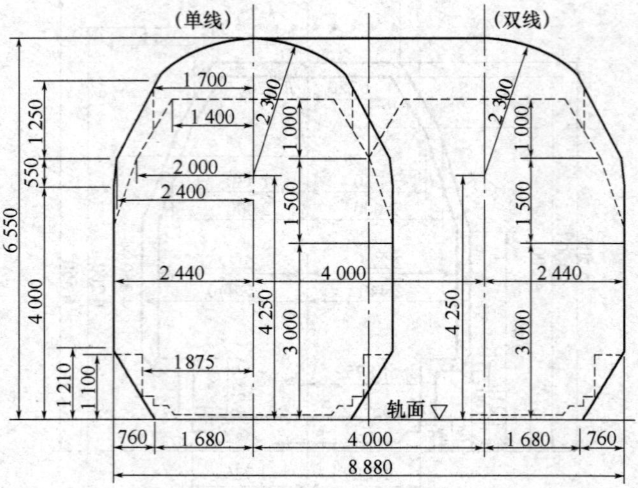

--------基本建筑限界

（b）桥梁建筑限界（电力牵引区段）

图 1—10　客货共线（$v \leqslant 160$ km/h）桥梁建筑限界（单位：mm）

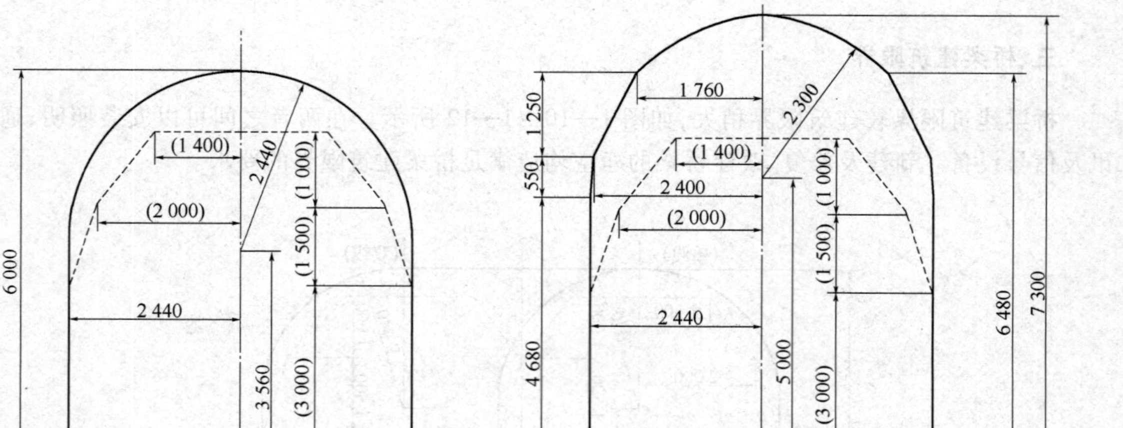

（a）桥隧建筑限界（内燃牵引区段）

（b）桥隧建筑限界（电力牵引区段）

--------基本建筑限界

图 1—11　客货共线（$160 < v \leqslant 200$ km/h）桥隧建筑限界（单位：mm）

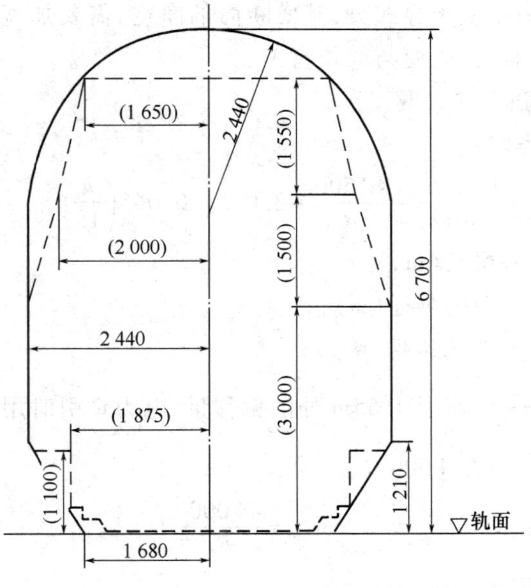

（a）桥隧建筑限界（内燃牵引区段）

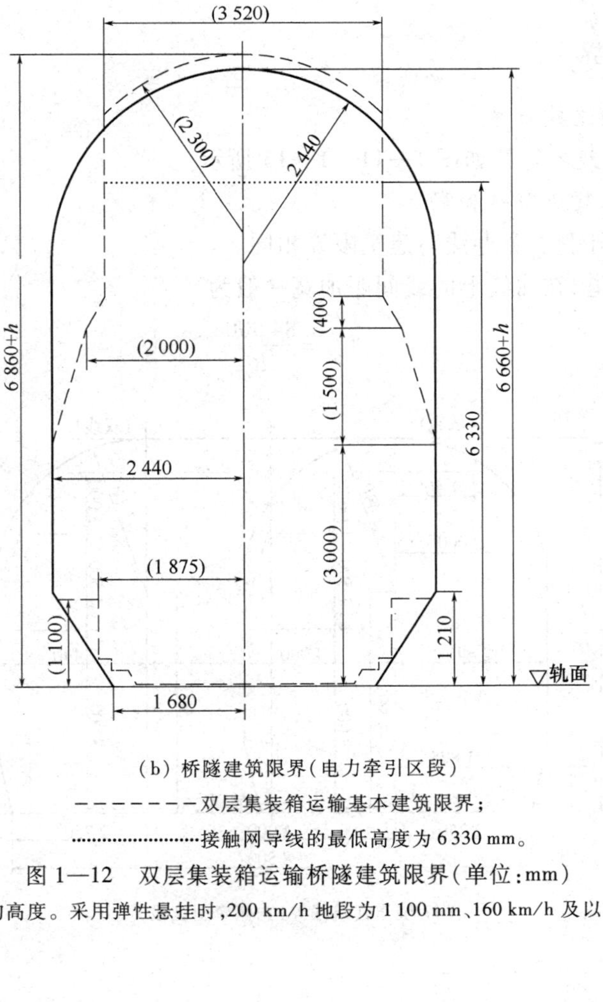

（b）桥隧建筑限界（电力牵引区段）

－－－－－－－双层集装箱运输基本建筑限界；

………………………接触网导线的最低高度为 6 330 mm。

图 1—12　双层集装箱运输桥隧建筑限界（单位：mm）

注：图中 h 为接触网结构高度。采用弹性悬挂时，200 km/h 地段为 1 100 mm、160 km/h 及以下地段为 700 mm；采用刚性悬挂时，结构高度另定。

位于曲线上的下承桁梁及半穿式梁,其横断面的净空,需要加宽的数值,除与前述曲线半径、外轨超高和车辆长度有关外,尚与梁长有关。

(一)单线内外侧加宽量 $W_{内}$、$W_{外}$

以电力牵引限界考虑时:

$$W_{内}=\frac{1\,000L^2}{8R}+\frac{40\,500}{R}+3.03h-0.045\left(\frac{h}{15}\right)^2 \quad (\text{mm})$$

式中　L——梁长(m);

R——曲线半径(m);

h——外轨超高(mm);

$3.03h-0.045\left(\frac{h}{15}\right)^2$——轨面上 4.55m 处的偏移量,电力牵引时用以代替"建筑限界"中的 $(H/1\,500)h$。

$$W_{外}=\frac{44\,000}{R}$$

(二)复线中心距加宽量

$$W_{中}=\frac{84\,500}{R} \quad (\text{mm})$$

四、隧道建筑限界

(一)区间直线隧道建筑界

区间直线隧道建筑界轮廓如图 1—11 ~ 1—13 所示。

(二)区间曲线上隧道限界加宽。

(1)单线曲线内外侧加宽办法与建筑限界相同。

(2)双线区间隧道,在曲线上的线间距加宽一般为

$$W_{中}=\frac{84\,500}{R}$$

(a)隧道建筑限界(内燃牵引区段)

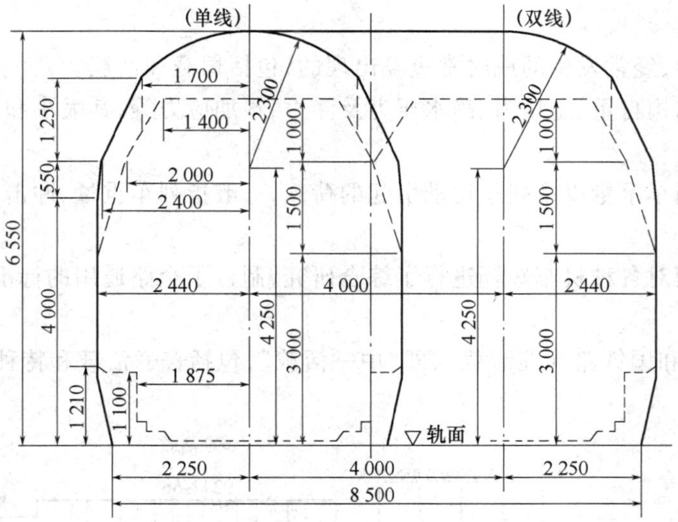

(b) 隧道建筑限界(电力牵引区段)

--------基本建筑限界

图 1—13　客货共线($v \leq 160$ km/h)隧道建筑限界(单位:mm)

五、桥隧建筑限界的管理

有关部门应切实掌握管内桥隧、立交桥、天桥、渡槽及其他建筑物的精确实测断面和各部分距离线路中心线的尺寸。按照《铁路技术管理规程》的规定,重要线路的桥隧限界每 5 年、其他线路的桥隧限界每 10 年检查一次。

(一)桥隧限界的检查方法

桥隧限界的检查方法常用的有检查架法。检查架法是将检查架垂直装设在车辆前部转向架中心线上,对限界不足处量出其部位及具体尺寸。此外隧道限界检查也用摄影法,即车上装有固定摄影机,可以在行车条件下,对固定焦距处显示隧道内轮廓的光带,定时一个个的拍照,经过冲洗,判读换算出隧道断面的实际尺寸或找出区段的最小综合断面尺寸。

(二)绘制综合最小限界图

根据上述检查所测的数据绘制桥隧综合限界图,铁路局应绘制管内各区段桥隧综合最小限界图。

桥隧限界不足时,应有计划进行改善。如既有桥隧实际建筑限界尚能满足下列要求之一时,可暂缓扩大:

(1)实际建筑限界超过最大级超限货物装载限界,并有 100 mm 以上的净距时;

(2)复线区段,有一条线路桥隧限界能满足要求时。

第三节　荷　　载

桥涵承受的荷载分为主要荷载(主力)、附加荷载(附加力)和特殊荷载三类。

一、主　　力

主力是正常的、经常发生的或时常重复出现的，包括恒载和活载。

恒载一般指结构自重、土压力、静水压力及浮力、预加应力等，其大小和作用点一般是固定不变的，故称恒载。

活载主要指列车重量以及列车运动引起的荷载，一般指列车重量、冲击力、离心力、人行道荷载等。

我国铁路部门对各种机车车辆进行了综合研究，制订了全路通用的标准荷载。

1. 中—活载

"中华人民共和国铁路标准活载"，即"中—活载"，包括普通活载和特种活载（图1—14）。

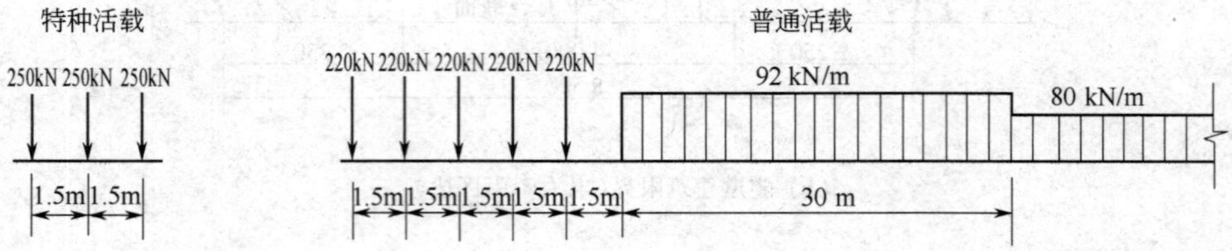

图1—14　中—活载

2. ZK 活载

"中国客运专线标准活载"，即"ZK 活载"（图1—15）。

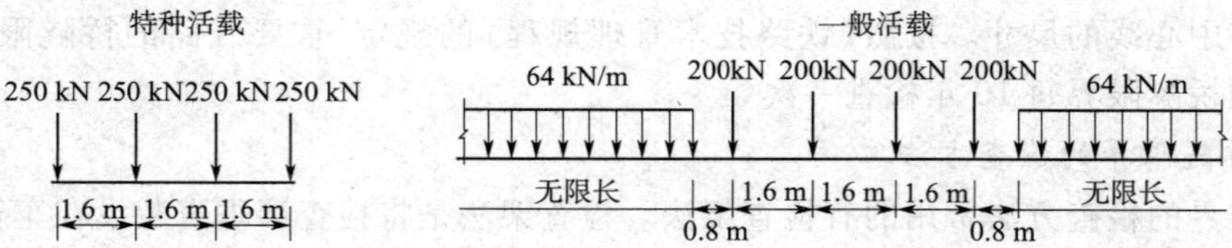

图1—15　ZK 活载

二、附 加 力

附加力是偶然作用的荷载，其最大值并不经常出现，而各种附加力同时出现最大值的机会就更少。包括列车的制动力或牵引力、横向摇摆力、风力、流水压力、冰压力、因温度变化而产生的附加力以及冻胀力等。

三、特殊荷载

特殊荷载是特殊情况下作用的荷载，往往是暂时的或灾害性的，如船只或排筏撞击力、地震力和施工荷载等。

运营桥涵的承载能力按《铁路桥梁检定规范》进行检算，以检定承载系数"K"表示。K 为结构所能承受的活载相当于标准活载的倍数，应符合下列要求：

(1)桥涵结构应满足 $K \geqslant 1$。

(2)临时性桥涵容许通过的运行活载，必须满足 $Q < K$(Q 为运行活载相当于标准活载的倍数)。

承载能力不足(即 $K < 1$)的桥涵，应根据其技术状态确定加固、更换或改建。加固、更换或改建后的承载能力必须达到 $K \geqslant 1$ 的要求。对尚能满足 $Q < K$ 的桥涵是否暂缓加固，由铁路局根据情况确定。

改建桥涵的承载能力应满足《铁路桥涵设计基本规范》的规定。

复习思考题

1. 桥梁由哪些部分组成？
2. 桥梁按长度如何分类？
3. 什么是桥梁长度？
4. 什么是桥梁高度？
5. 隧道由哪些部分组成？
6. 隧道的长度如何确定？
7. 隧道按长度如何分类？
8. 涵洞由哪些部分组成？
9. 什么是限界？
10. 桥梁荷载有哪些种类？

第二章 桥隧建筑物常用建筑材料

本章主要介绍木材、水泥、砂浆、混凝土、石料等常用桥隧建筑材料的性能。

第一节 木材的种类、性能

一、木材分类

(一)原 木

指树木伐倒后经修枝并截成一定长度和直径的木材。

(二)原 条

指只经修枝剥皮去根的原材,长度大于等于5 m,梢径大于等于6 cm。

(三)板、方材

指经加工锯解的木料,分为板材和方木。板材宽厚比大于3,方木宽厚比小于3。

二、木材的常见缺陷

常见缺陷主要有木节（活节、死节、隐节)、腐朽、虫害、裂缝（径裂、纵裂、轮裂、干裂)、夹皮（内、外)、弯曲等。

三、木材的物理性质

(一)含 水 率

1. 木材含水率计算

木材含水率计算公式为

$$W=(Q_w-Q)/Q$$

式中 W——木材含水率(%);

Q——干材重;

Q_w——原材重。

潮湿木材:$W>25\%$;半干木材:$W=18\%\sim25\%$;干燥木材:$W<18\%$。

2. 桥隧承重结构所用木材含水率的要求

(1)原木和方木结构 $W\leqslant25\%$;

(2)板材结构及受拉构件 $W\leqslant18\%$;

(3)胶合杆件 $W\leqslant18\%$;

(4)在最低水位以下的各构件不受限制。

(二)干缩与湿胀

湿材在空气中水分逐渐蒸发会引起体积缩小,这种现象称为干缩;干材在潮湿空气中会吸附水分引起尺寸、体积的胀大，这种现象称为湿胀。

木材在干燥时，由于各个方向的干缩不同会引起木材的裂缝或翘曲等变形。

（三）容　　重

木材单位体积的质（重）量称为容重。通常以含水率为15%时的容重为标准。

铁路桥梁采用的不注油木材的容重一般为750 kg/m^3。

四、木材的力学性能

木材的力学性能是指木材抵抗外力作用的能力。外力主要有拉力、压力、剪切及弯矩等，木材相应具有抗拉强度、抗压强度、抗剪强度、抗弯强度等。一般来说木材顺纹强度较大。

除与树种、产地、生长条件、木材部位有关外，总的来说影响木材强度的主要因素有含水率、容重、木材缺陷。

第二节　石　　材

一、石料的分类、规格

石料的分类、规格见表2—1。

表2—1　石料的分类和规格

项　次	类　别	形　　状	规　格　和　要　求
1	片　　石	形状不规则的石块	石块中部厚度不小于15 cm
2	镶面片石	同　上	有两个大致平行面，厚度不小15 cm，其他尺寸大于厚度
3	漂　　石	同　上	尺寸同片石要求，圆蛋形及薄片者不得使用
4	块　　石	形状规则，大致方正	仅稍加修整，厚度不小于20 cm，长度及宽度不小于厚度
5	镶面块石	同　上	外露面稍加修凿，凹入深度不大于2 cm，尺寸同块石，丁石长度不小于顺石宽度的1.5倍
6	粗料石	形状规则的六面体	经粗加工，表面不允许凸出，凹入深度不大于1.5 cm。厚度不小于20 cm，宽度不小于厚度，长度不小于宽度的1.5倍
7	半细料石	形状规则的六面体，或按设计要求	经细加工，表面不允许凸出，凹入深度不大于1 cm，尺寸同粗料石
8	细料石	同　上	经细加工，表面不允许凸出，凹入深度不大于0.2 cm，尺寸同粗料石

二、质量标准

（1）石料质地要均匀、坚硬、不易风化、无裂纹。如有山皮、水锈等杂质，应尽量清除，石料表面的污渍亦应予清除。

（2）石料的强度等级应符合工程设计要求。当设计未提出要求时，应符合表2—2的规定。

表 2—2 石料抗压强度

项 次	石 料 用 途	最低强度等级	干、湿压
1	片石、块石(主体工程)	不小于 MU45	湿 压
2	片石(附属工程)	不小于 MU30	湿 压
3	粗料石、细料石	不小于 MU60	湿 压
4	破冰体镶面石	不小于 MU60	湿 压

(3)石料耐冻要求见表 2—3。

表 2—3 石料冻融循环次数

气 温 地 区	最寒冷月的平均气温	冻融循环次数
温暖地区	-5 ℃以上	不做抗冻检查
寒冷地区	-5 ℃ ~ -15 ℃	15
严寒地区	-15 ℃以下	25

注:石料试件经抗冻试验后,不应在表面上有任何破坏迹象,如裂缝、斑点、破棱和缺角等情况。

第三节 水 泥

一、常用水泥品种

水泥是一种水硬性胶凝材料,目前在铁道工程中大量使用的水泥为硅酸盐水泥、普通硅酸盐水泥、火山灰质硅酸盐水泥、粉煤灰硅酸盐水泥、复合水泥等。有特殊需要时,使用特种水泥,如矿渣硅酸盐水泥、快硬硅酸盐水泥和早强硫铝酸盐水泥等,适用于紧急抢修工程等。

二、水泥的主要技术特性

(一)强度与强度等级(或标号)

水泥的强度取决于其矿物的组成和细度,但其强度测定值的大小还受拌和水量、成型条件、养护条件及龄期等因素的影响。水泥强度的测定,要按国家规定的标准方法进行。按新标准规定的方法,将水泥、ISO 标准砂和水按规定的比例(1∶3∶0.5)配制成水泥胶砂,制成 160 mm×40 mm×40 mm 的试件(每组 3 块,2~3 组),经标准养护(温度 20 ℃ ±1 ℃,相对湿度大于 90%)后,测定 3 d 和 28 d 的抗折强度和抗压强度,就是水泥胶砂的强度(ISO 强度)。水泥的强度等级是按照水泥胶砂的 ISO 强度值划分的,有 32.5、32.5R、42.5、42.5R、52.5、52.5R、62.5 和 62.5R 等强度等级,其中“R”表示 3 d 强度较高的“早强型”水泥。

过去,水泥按“GB177 软练法”所测强度划分为“标号”,如 425 号、425R 号,其 28 d 抗压强度不小于 42.5 MPa,(余类推),此值称为水泥强度的“标号值”。

由于试验方法不同,其测试结果必然存在差异:同一水泥,按 ISO 法所测强度值比按 GB 177法所测强度值大约低 10 MPa。水泥的 ISO 强度等级与 GB 177 强度标号之间的对应关系如表 2—4 所示。从表面上看,ISO 的强度等级比 GB 177 的强度标号“下降”一个等级,而其质量则是“提高”了一个等级,尤其是水泥的 3 d 强度的提高,对水泥的使用是非常有利的。

表 2—4　水泥的 ISO 强度等级与 GB 177 强度标号的对应关系

ISO 强度等级	—	32.5 级	42.5 级	52.5 级	其指标为 ISO 强度值
GB 177 强度标号	325 号	425 号	525 号	625 号	其指标为 GB 177 强度值

对于六大通用硅酸盐系水泥，国家已规定全部使用新标准（ISO 的“强度等级”）。对于其他的水泥，在新标准出台之前，将仍然按旧标准执行。

（二）细　　度

水泥粉末的细度，对水泥的性质有很大影响。一般来说，水泥颗粒愈细，早期强度和强度等级愈高。但是，水泥颗粒愈细，愈容易吸收空气中的水分而预先水化，在储存时活性下降。在大气中水化变质也越快，在运输、贮存过程中容易受潮降低强度，甚至失效。

（三）凝结时间

水泥的凝结时间是指水泥浆体从加水开始到失去塑性所需时间，即从可塑状态发展到固体状态所需的时间，分为初凝时间和终凝时间两个指标。

国家标准规定：六种通用的硅酸盐系水泥的初凝时间均不得早于 45 min；而对终凝时间规定各不同：硅酸盐水泥的终凝时间不得迟于 6.5 h；普通水泥、矿渣水泥、火山灰水泥、粉煤灰水泥和复合水泥的终凝时间不得迟于 10 h。

（四）水 化 热

在水泥凝结硬化过程中放出大量的热，叫做水化热。放热过程延续很长时间，但大部分热量是在早期，特别是在最初 3 d 释放出的。

（五）体积安定性

水泥在硬化过程中，体积变化是否均匀的性质称为体积安定性。引起安定性不良的主要原因是水泥中含有过量的游离氧化钙或氧化镁，或掺入石膏过多，在水泥硬化后，继续熟化或水化，体积膨胀，造成硬化水泥体开裂。

三、水泥的运输、贮存及逾期处理

（1）水泥在运输、贮存过程中，须妥善保管，不得受潮。装运水泥的车船，应有棚盖。

（2）运到工地（厂）的水泥，应有供应单位提供的出厂试验报告单，并按水泥品种、强度等级和出厂编号进行检查验收。

（3）贮存水泥的仓库，应设在地势较高处，周围应设排水沟，并有可靠的防水、防潮设施。

水泥应按品种、等级、批号等合理分堆存放，其堆垛高度，不宜超过 1.5 ~ 2 m。堆垛应架离地面 20 cm 以上，距离墙壁亦应保持 20 ~ 30 cm，或留一过道。

水泥不得露天堆放。如临时隔夜堆放，也必须上盖下垫。

袋装水泥在装卸、搬移过程中，严禁抛掷。

（4）使用水泥应做到先到先用，防止长期积压。

（5）根据试验，一般硅酸盐水泥，在正常干燥环境中存放三个月，强度降低 10% ~ 20%；存放 6 个月，强度降低 15% ~ 30%；存放一年强度降低 40% 左右。对出厂逾三个月的水泥或受潮结块者，均应经过鉴定，按鉴定结果降低等级使用或完全报废。

第四节 砂 浆

一、砂浆的组成

砂浆是由胶凝材料、细骨料、掺合料及水拌和而成。按用途的不同可分为砌筑砂浆、防水砂浆等;按所用的胶结材料的不同可分为水泥砂浆、石灰砂浆和水泥混合砂浆等。

二、砂浆的性能

砂浆的基本性能主要取决于配合成分、拌和和养护等条件。

(一)和 易 性

砂浆必须具有良好的和易性,使之在砌筑时能填满砌石块间的缝隙或抹成均匀的薄层,以保证砌体粘结牢固,连成整体。砂浆的和易性取决于其流动性和保水性。

1. 流 动 性

砂浆的流动性又叫稠度或沉入度,即用标准圆锥体在垂直方向沉入砂浆的深度来表示(干硬性砂浆用工作度表示),可用砂浆稠度测定仪(图 2—1)测定。

对维修中的零小工程的砂浆稠度一般可由经验掌握:砌筑砂浆,用手捏成团,松手后不散开;抹面砂浆,放在灰刀上,不自动流下来,即认为合适可用。

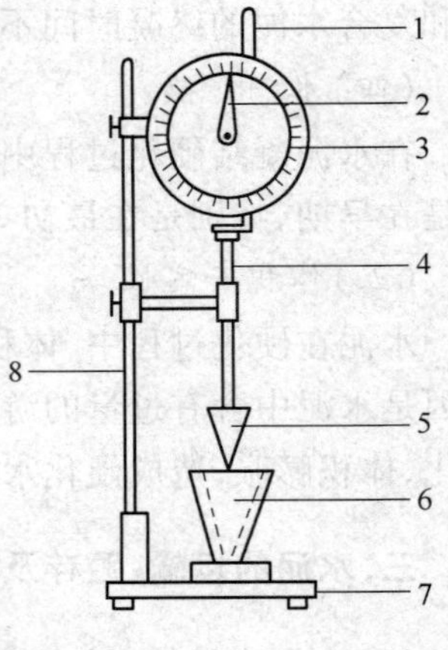

图 2—1 砂浆稠度测定仪

1—齿条测杆;2—指针;3—刻度盘;4—滑杆;5—试锥;6—圆锥筒;7—底座;8—支架

2. 保 水 性

砂浆的保水性,是指砂浆保持水分而不易析出的性能。保水性不好的砂浆,在运送过程中易分层离析,在施工时不易涂抹铺开,而且铺开后,由于水分很快被基面吸收,不能保持足够的水分使水泥硬化,因而影响了砂浆强度,干硬后易开裂。所以保水性是砂浆的重要性能。

(二)强 度

在砌体中,砂浆起着粘结与传力的作用。砂浆的强度主要决定于水泥强度和水灰比的大小,此外还与龄期、养护条件等因素有关。

砌筑砂浆强度等级分 M2.5、M5、M7.5、M10、M15 和 M20 六个等级。

(三)粘 结 力

砌体中,砌块与砂浆之所以能产生粘结力,主要是砌块表面粗糙和砂浆硬化后形成嵌固作用;再就是砌块表面毛细管作用,使水泥渗入砌块中,凝固后把砌块粘结在一起,形成整体。

三、砌筑砂浆的配制

(一)砂浆选用

铁路桥隧工程中砌石圬工大都是采用水泥砂浆,只有个别处所采用水泥石灰砂浆。

砂浆选用的一般规定是:砂浆强度等级应不低于砌体 28 d 的抗压极限强度。

砌体工程所用砂浆强度等级按设计要求办理，如设计未做规定时，可按下列规定选用：

(1)桥涵、隧道的承重结构如桥梁墩台身及基础、涵洞的拱圈、边墙、端墙及基础，隧道的端墙、顶帽、翼墙、侧沟、截水沟、洞口护坡及挡土墙等所用砂浆，一般不得低于M15。

(2)特别重要的结构，如大跨度拱圈等，应根据设计要求一般采用M15～M20。

(3)桥涵的挡墙、堤坝及其他防护河调建筑物，在浸水地段或强烈地震区，不得低于M10。

(4)桥涵的防护铺砌工程、拱桥填腹、沉井填心和涵洞的帽石、翼墙及基础等，一般不低于M10。

(5)严寒及寒冷地区的任何砌体，不低于M15。

(二)砂浆配合比的选择方法与步骤

用实验的方法选择不同等级砂浆配合比时，一般是经计算或根据经验资料，确定初步配合比，然后按此进行实验调整，直至选择出合适的配合比。步骤如下：

1. 确定水灰比(W/C)

一般可由经验资料查得，即根据砂浆强度等级及水泥等级初步确定水灰比。

2. 选择用水量

根据砂的粒径及稠度要求查相应表。

3. 计算水泥用量(C)

根据水灰比(W/C)和每立方米砂浆的用水量，直接计算出每立方米砂浆的水泥用量。

4. 计算砂子用量(S)

根据每立方米砂浆的用水量和水泥用量，直接计算每立方米砂浆的用砂量：

$$S=(1\,000-W-C/\gamma_c)\times\gamma_s$$

式中 γ_c——水泥容重($1\,600\ kg/m^3$)；

γ_s——砂子容重($1\,700\ kg/m^3$)。

5. 计算灰砂比

根据计算求得的每立方米砂浆的水泥用量和砂子用量，直接计算灰砂比：

$$水泥:砂=1:S/C$$

四、干硬性砂浆的性能及技术要求

(一)干硬性砂浆的性能

(1)水灰比小。一般为0.23～0.25。

(2)需要强力振捣。由于水灰比特别小，基本上是松散状态，只有在非常强力振捣的条件下，才能达到密实，只有十分密实，才能有高强度。

(3)早期强度大，经强力振捣的干硬性水泥砂浆，能立即承受动荷载。试验表明，干硬性水泥砂浆的初期强度可高达5～6 MPa，养护期完成后抗压强度可达40～50 MPa。

(二)材料及配合比

1. 水　　泥

不低于32.5级为宜，快硬水泥较合适。

2. 砂

质坚的中砂。

3. 水

同混凝土用水的技术条件。

4. 配合比

水∶水泥∶干砂 = (0.23 ~ 0.25)∶1∶(1 ~ 2)

(三)技术条件

适用垫捣高度为 50 ~ 100 mm。

五、环氧砂浆的性能与配合比

(一)性　　能

环氧树脂砂浆是一种快硬高强材料,当环境温度为 +20 ℃时,6 h 抗压强度可达 35 MPa,其早期强度随温度的升高而增加,而且不需要特定的养护条件。

(二)配 合 比

环氧树脂 634(E-42)或 6101(E-44)(胶凝剂)∶邻苯二甲酸二丁酯(增塑剂)∶乙二胺(硬化剂)∶普通水泥(32.5 级)∶立德粉(即锌钡白、铅粉)∶砂(细) = 100∶(15 ~ 20)∶(7 ~ 8)∶(100 ~ 150)∶50∶(450 ~ 550)。

或环氧树脂 6101(E-44)∶T-31∶无水乙醇∶普通水泥(32.5 级)∶砂(细) = 100∶(15 ~ 30)∶15∶100∶500。

第五节　混　凝　土

一、混凝土的性质

混凝土是将粗骨料、细骨料、胶凝材料和水拌和,经过振捣密实、模筑成型形成的一种人造石材。

(一)混凝土拌和物的和易性

和易性是指混凝土拌和物的流动性、粘聚性。和易性好的混凝土拌和物在运送过程中不容易发生离析现象,而且便于浇筑捣实;拌和物分布均匀,易于充满模块的各部分,较好地粘结着钢筋;稠稀适度,不易产生蜂窝麻面等不良现象。因此,和易性是混凝土工程施工的重要指标之一。测定混凝土和易性的方法有两种,对塑性混凝土的和易性用坍落度测定,如图 2—2 所示;对于半干硬性或干硬性混凝土拌和物,用工作度来测定。

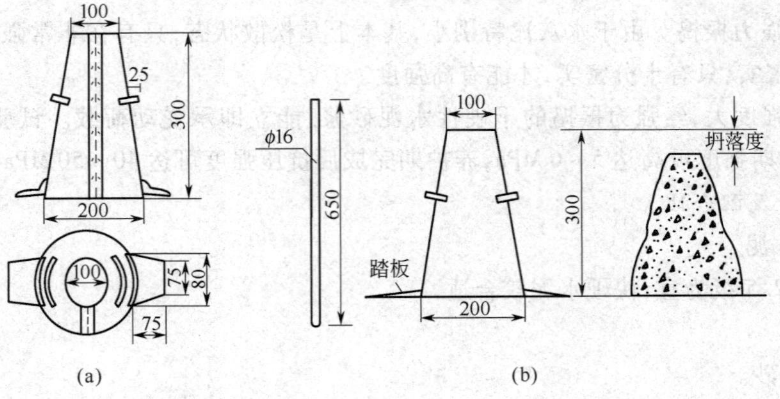

图 2—2　混凝土和易性测定(单位:mm)

影响混凝土和易性的主要原因是水泥浆含量及其稠度，以及与此有关的水灰比、水泥品种、细度、含砂率、粗骨料表面光滑与否等。此外，在拌和物中，掺入某些外加剂能显著改善混凝土的和易性。

（二）混凝土的强度等级

混凝土强度的主要指标是混凝土的抗压强度。抗压强度是将混凝土拌和物制成边长为15cm 的立方体试件，在标准条件下（温度20℃ ±3 ℃，相对湿度大于90%）养护 28 d，进行抗压试验测定的。

混凝土的强度等级采用符号 C，用立方体抗压强度标准值表示，划分为 C7.5、C10、C15、C20、C25、C30、C35、C40、C45、C50、C55、C60 共十二个等级。

钢筋混凝土桥跨结构的混凝土强度等级不得低于 C30；预应力混凝土桥跨结构的混凝土强度等级不得低于 C40；钢筋混凝土墩台的混凝土强度等级不宜低于 C30；其他钢筋混凝土桥梁结构的混凝土强度等级不得低于 C25；管道压浆用水泥浆强度等级不得低于 M35，并掺入阻锈剂。

（三）混凝土的密实度与耐久性

混凝土的密实度是指一定体积混凝土中，固体物质填充的程度。施工中可以通过恰当的用水量、水灰比，良好的砂石级配，正确有效的施工方法，获得密实度较高的混凝土，它是混凝土质量优劣的又一衡量标准。混凝土的密实度几乎与混凝土的所有主要技术性能，如强度、抗渗性、抗冻性、耐久性、传热性都有密切关系。

混凝土的耐久性是指混凝土在周围环境长期的物理化学侵蚀下，保持其强度的能力。主要表现在抗渗性、抗冻性、抗蚀性、碱—集料反应等几个方面。

抗蚀性指混凝土抵抗化学腐蚀的性能，主要取决于水泥石的抗蚀性能和孔隙状况，合理选择水泥品种，提高混凝土的密实度或改善孔隙构造，均可增强混凝土的耐蚀性。

抗渗性主要取决于混凝土的密实程度和孔隙构造，密实性差，且开口连通孔隙多，则混凝土的抗渗性就差，如果孔隙均为封闭，则混凝土的抗渗性较强。普通混凝土的抗渗性用抗渗等级表示：以 28 d 龄期的 6 个标准试件，按标准方法做单面水压试验，当有两个试件出现渗水时（还有四个试件不出现渗水）的水压力（MPa）减去 0.2 MPa 所得的压力值，分为 P4、P6、P8、P10 和 P12 五个抗渗等级，P8 表示能承受 0.8 MPa 的水压而不渗透。

抗冻性也取决于混凝土的密实程度和孔隙构造。在寒冷地区与水接触又容易受冻环境下的混凝土要求具有较强的抗冻性能。混凝土的抗冻性用抗冻等级表示，以 28 d 龄期的标准试块，按标准方法进行冻融循环试验，以同时满足强度损失不超过 25%、质量损失不超过 5% 的最大循环次数，分为 F10、F15、F25、F50、F100、F150、F200、F250、和 F300 等 9 个抗冻等级。

（四）混凝土变形

混凝土变形有两种，一种是因为温度和湿度变化而引起的变形，如湿胀干缩、热胀冷缩的体积变形；另一种是在荷载作用下的变形，如徐变、弹塑性变形等。

混凝土在恒载作用下产生随时间而增长的塑性变形叫混凝土的徐变。发生徐变的原因很复杂，它与水泥中残留水分和凝胶体在混凝土受力时缓慢地在孔隙中流动有关。

二、混凝土的组成材料与配合比

混凝土的组成材料有水泥、细骨料、粗骨料和水。

混凝土的配合比(质(重)量比),是指混凝土各组成材料之间用量的比例关系。一般以水泥:砂:石表示,以水泥为基数1,同时必须注明水灰比。若掺用外加剂,其含量以水泥质(重)量的百分率表示。常用的外加剂有减水剂、早强剂、速凝剂、防冻剂和加气剂等。

三、混凝土拌制

混凝土拌制应使用机械拌制,机械拌制分自落式和强制式两种,一般拌制塑性混凝土用自落式,拌制干硬性混凝土用强制式。小量的混凝土才可用人工拌制,干湿各拌三遍以上,必须拌和彻底均匀。

四、一般结构混凝土的灌注

(一)灌注前的检查

(1)检查施工组织,包括人力、材料、机具设备等的配备情况以及工作台、运输道路、脚手架等的安全情况。

(2)检查基底处理情况,并按照规定填写好检查记录。

(3)检查模板、钢筋、预埋铁件等是否安装准确齐全、牢固。

(4)清除模板内和钢筋上的泥污、木屑等,清除积水,嵌塞模板缝隙,对木模板作好充分湿润。

(二)灌注时的自由倾落高度

为保证混凝土不发生离析,应尽量减低灌注的自由倾落高度,一般不得超过2 m。超过时应采用溜槽、串筒、漏斗等器具或通过模板上预留的孔口灌注。

(三)混凝土灌注方式

混凝土应分层进行灌注,每层灌注厚度应根据拌制能力、运送条件、灌注速度、振捣能力等决定。

(四) 灌注间歇

混凝土的灌注宜连续进行。如必须间断,间歇时间应根据环境温度、水泥品种、水灰比、外加剂类型等条件通过试验确定。当无试验资料时,对不掺外加剂的混凝土,间歇时间不应超过2 h;当温度为30 ℃左右时,可减到1.5 h;当温度为10 ℃左右时,可延至2.5 h。否则应按施工接缝(中断)处理。

灌注工作中断时,应在前层接面上,根据需要埋入接茬的片石、钢筋或型钢,并使其体积露出混凝土外一半左右。

(五)施工缝的处理

当混凝土灌注的间歇时间超过规定时,需待前层混凝土达到不小于1.2 MPa的抗压强度后,才允许继续灌注新混凝土。首先应清除前层接面上的浮浆和松动的砂石,并以压力水冲洗干净,充分湿润而不存积水。接续灌注前,宜在施工缝表面先铺一层厚约1.5 cm且与混凝土灰砂比相同而水灰比略小的水泥砂浆,或铺一层厚30 cm较新灌混凝土少10%粗骨料的混凝土或刷涂专用的结合剂后,再接灌新层混凝土(竖向结合面可涂刷水灰比为0.3左右的纯水泥浆一层)。施工接缝处的混凝土应注意压实振捣,使新旧层紧密结合。

若在旧混凝土的面上灌注新混凝土时,也比照以上方法处理方法。

(六)竖向结构的灌注

对墙或柱、墩竖向结构灌注混凝土时,灌注速度不宜过快。在灌注与柱、墩或墙整体连接(即不设施工接缝)的梁或板时,应待柱、墩或墙的混凝土灌完并初步沉实 1~1.5 h(但不得超过允许间歇时间)后,再灌注梁或板。

(七)灌注中其他注意事项

(1)在混凝土灌注过程中,如表面出现析水时,应采取减少混凝土用水量、降低混凝土坍落度等措施予以消除。对已析出的浮水(清水),应在不扰动已灌注混凝土的情况下及时排除,但不得将水引向模板边缘或从模板缝隙中放出。

(2)混凝土灌注施工中应设专人检查模板、支架、钢筋、预埋件和预留孔等的状态,发现变形、移位,应及时予以修整。灌注完毕后,施工负责人应及时填写《混凝土施工灌注记录》。

五、沉降缝和伸缩缝

(一)作　　用

沉降缝是解决圬工结构因基础不均匀沉落而发生的上下错裂问题。伸缩缝是为了防止混凝土凝固收缩产生裂缝而设置的。

(二)设置方法与技术要求

(1)沉降缝和伸缩缝的宽度一般为 1~2 cm,中间应填塞具有粘结强、防水好的弹性材料。

(2)沉降缝和伸缩缝的位置和构造必须符合设计要求。

(3)缝口要直,不能歪斜扭曲。否则,将起不到应有的沉降作用和伸缩作用。

(4)沉降缝和伸缩缝应具有较好的防水作用,不应有漏水或漏土现象发生。

六、加强新旧混凝土接合面连接强度

(一)传统的方法

改变新旧接合面断面形状;提高新灌注混凝土的等级;在灌注新混凝土前涂纯水泥浆,加强振捣等方式来加强新旧混凝土连接。

(二)采用 ZV 型界面处理剂或环氧树脂浆液加强新旧混凝土的粘结

1. ZV 型界面处理剂

在新旧混凝土接合面上,先涂刷用 ZV 型界面处理剂制成的增强浆,在增强浆凝结前再灌注新混凝土。用界面剂处理的新旧混凝土粘结强度,比传统凿毛处理的粘结强度增加一倍多。

2. 用环氧树脂浆液加强新旧混凝土粘结

环氧树脂浆液的配比为环氧树脂: 二丁酯: 乙二胺 =100: (18~20): 8。使用环氧树脂浆液粘结新旧混凝土时,要求旧混凝土界面必须干净、干燥,环氧树脂浆液配比准确。在旧混凝土界面上涂刷树脂浆液后,不待树脂固化即行灌注新混凝土。其粘结强度也比较大,但成本较高,施工条件要求也严。

第六节 钢筋混凝土

一、钢筋混凝土的基本知识

（一）钢筋混凝土

普通混凝土的抗压强度很高，但它的抗拉强度仅为抗压强度的1/8～1/7。梁、板等受弯构件或结构物承受荷载时，局部区域产生中心受拉或弯曲受拉，致使混凝土断裂。为了克服上述缺陷，在混凝土构件或结构物的受拉区，配置一定数量的钢筋来承受拉力，使混凝土和钢筋共同受力，发挥其各自具有的特长，从而使构件或结构既能受压，又能受拉，这种配有钢筋的混凝土叫钢筋混凝土。

（二）预应力混凝土

普通钢筋混凝土结构具有很多的优越性，但仍存在着抗拉性差，出现裂纹早，不能应用高强材料等缺点。

预应力混凝土结构就是在结构承受荷载前，预先人为地造成结构处于受压状态（所谓预应力）。当结构承受荷载后，受拉区混凝土的拉伸变形首先与压缩变形相抵消，以后随着荷载的增加，才继续被拉伸。如果构件设计合理，不致出现裂纹或仅有很细的裂纹。

混凝土结构预加应力的主要方法是：张拉钢筋使之伸长，然后把钢筋两端锚固于混凝土中，造成钢筋受拉而大部混凝土受压的预应力状态。按预加应力的顺序有先张法和后张法两种。

预应力混凝土结构的优点是：提高了结构的抗裂能力，同时增加了结构的耐久性和刚度；节约材料减轻自重，为建造大跨度结构物提供了条件；提高构件的抗剪性能和耐疲劳性能。

二、钢筋性能、种类、长度计算

（一）钢筋的种类

钢筋按化学成分可分为碳素钢钢筋和普通低合金钢钢筋；按钢筋外形可分为光圆钢筋、带筋钢筋、钢丝和钢绞线等；按钢筋强度可分为Ⅰ级钢筋（24/38级）、Ⅱ级钢筋（34/54级）、Ⅲ级钢筋（40/60级）、Ⅳ级钢筋（60/90级）、Ⅴ级钢筋（145/160级）；按产品成型形式可分为盘条钢筋及直条钢筋两种。

（二）钢筋的力学性能

Ⅰ～Ⅳ级热轧钢筋和冷拉Ⅰ～Ⅳ级钢筋属于软钢，强度较高的Ⅴ级钢筋、钢丝及钢绞线则属于硬钢范围，两者的力学性能是很不相同的。

软钢含碳量较低，具有明显的屈服极限，即当钢筋应力达到屈服极限后，应力不变但应变继续增大，使得混凝土开裂过甚，构件变形过大，结构不能正常使用，所以软钢钢筋的受拉强度以屈服极限为准。

硬钢含碳量较高，抗拉强度高，但延伸率小，脆性大，没有明显的屈服极限，试件破坏时没有明显的信号而突然地断裂。

预应力混凝土铁路桥梁硬钢钢筋（钢丝、钢丝束及钢绞线）受拉的计算强度，采用高于“条件流限”和低于极限强度之间的中间值，即

$$R_y = 0.9R_y^j$$

式中 R_y——受拉钢筋的计算强度；

R_y^j——硬钢钢筋的抗拉极限强度。

所谓“条件流限”，是指经过 10 s 的加荷及卸荷后发生 0. 2% 永久变形时的应力，用 $\sigma_{0.2}$ 表示。$\sigma_{0.2}$一般相当于它的极限强度的 0. 7 ~0. 86 倍。

软钢经过冷加工后（如冷拉、冷拔和冷轧），内部晶体结构的排列起了变化，经过一段时间后，钢筋的屈服极限和极限强度能够获得稳定的提高。这个过程，称为钢筋的“时效”，这个特性，称为钢筋的“冷强”。

经过冷强的钢筋，显著地提高了屈服极限，但也相应的增加了脆性。因此，必须加强检验工作。

（三）钢筋下料长度计算

钢筋的弯制和末端的弯钩应按设计要求办理，如设计未提要求时，应按下列规定办理。

1. 钢筋末端弯钩长度

（1）受拉光圆钢筋的末端应作成 180°的半圆形弯钩，弯钩内径 D 不小于 2. 5d，钩端应留有不小于 3d 长的直线段（图 2—3（a）），弯钩增加长度为 6. 25d。

（2）螺纹钢筋的末端，可采用直角形弯钩，钩的直线段不得小于 3d，直钩的半径不得小于 2. 5d（图 2—3（b）），直钩增加长度为 4. 21d。

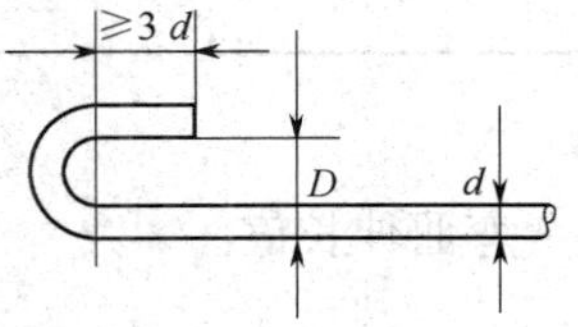

(a) 钢筋末端 180°弯钩

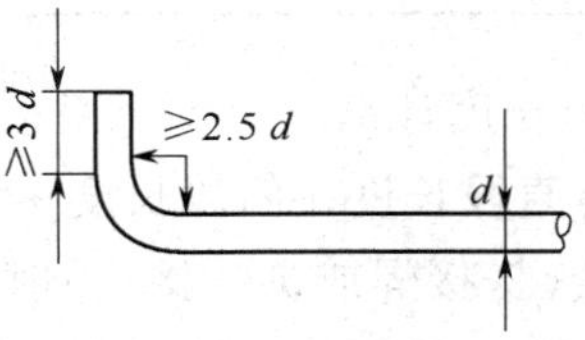

(b) 钢筋直角弯钩

图 2—3 钢筋末端弯钩

（3）用圆钢筋制成的箍筋，其末端应有半圆形、直角形或斜弯钩，如图 2—4 所示，箍筋末端弯钩长度应符合表 2—5 的规定。

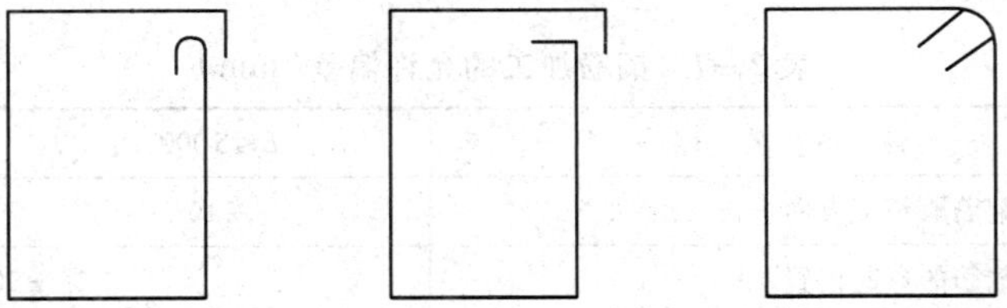

图 2—4 箍筋末端弯钩形式

（4）弯起钢筋应弯曲成平滑的曲线，其曲率半径不宜小于钢筋直径的 10 倍（光圆钢筋）或 12 倍（螺纹钢筋），见图 2—5。

表 2—5　用圆钢筋弯制的箍筋末端的弯钩长度(mm)

受力钢筋直径(mm) 弯钩长度 箍筋直径(mm)	≤25	28 ~ 40
5 ~ 6	50 ~ 60	65
6.5 ~ 10	70 ~ 75	75 ~ 90
11、12	90	105

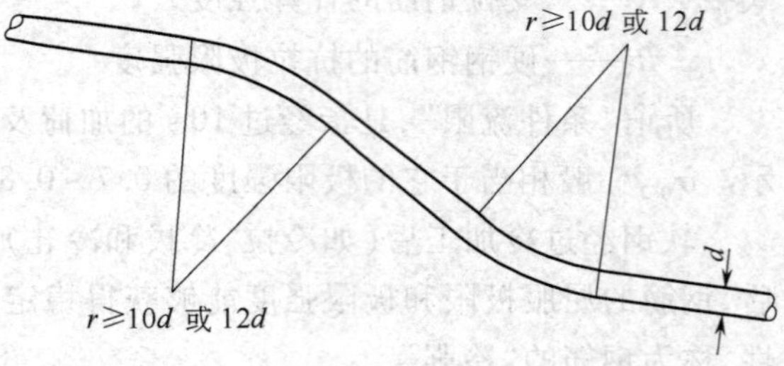

图 2—5　弯起钢筋的曲线布置示意图

钢筋弯起角度通常有 30°、45°、60°等几种，当弯起高度为 h 时，弯曲钢筋的斜段长度 s 分别为：$2h$、$1.414h$、$1.155h$。

2. 钢筋弯曲伸长值

钢筋弯曲伸长值与钢筋材质、直径、弯起角度及加工方式等有关，一般可参照表 2—6 计算。大量加工时，应通过试验确定。

表 2—6　不同弯起角的钢筋弯曲伸长值

弯起角度	30°	45°	60°	90°	135°	180°
弯曲伸长度	$0.35d$	$0.5d$	$0.85d$	$1.0d$	$1.25d$	$1.5d$

3. 钢筋下料长度计算

下料长度 = 直段长度 + 斜段长度 + 弯钩增加长度 − 弯曲伸长值。

如采用搭接(搭接焊或绑扎接头)时：

下料长度 = 直段长度 + 斜段长度 + 弯钩增加长度 + 搭接长度 − 弯曲伸长值。

三、钢筋弯曲成型

将已切断、配好的钢筋，弯曲成符合设计要求的形状、尺寸，称为钢筋弯曲成型。

(1)弯制钢筋宜在常温状态进行，不宜加热。弯制钢筋宜从中部开始逐步弯向两端，弯钩必须一次弯成。

(2)弯曲成型后的钢筋，允许偏差不得超过表 2—7 的规定。

表 2—7　钢筋加工的允许偏差(mm)

序　号	偏　差　名　称	$L\leq 5000$	$L>5000$
1	受力钢筋顺长度方向全长	±10	±20
2	弯起钢筋的弯起位置	±20	

注：L 为钢筋长度，单位为 mm。

(3)桥隧大维修一般常采用人工弯曲的方法。人工弯曲钢筋所用工具设备主要有以下几种：

①工作台：台面用硬木做成。

②卡盘：是弯制粗钢筋的主要工具之一，由一块钢板底盘(厚约 12 mm)和扳柱(ϕ22 ~

25 mm钢筋柱）组成（图 2—6），底板固定在工作台上。卡盘有两种式样：一种是在钢板底盘上焊四个扳柱（图 2—6（a）），另一种是在钢板底盘上焊三个扳柱（图 2—6（b）。

③手摇扳：弯制细钢筋的工具，由钢板底盘、扳柱、扳手组成。图 2—7（a）为弯制单根钢筋的手摇扳，用于弯曲 ϕ12 mm 以下的钢筋；图 2—7（b）为弯曲多根钢筋的手摇扳，每次可弯曲 4 根 ϕ8 mm 的钢筋（适用于箍筋弯制）。

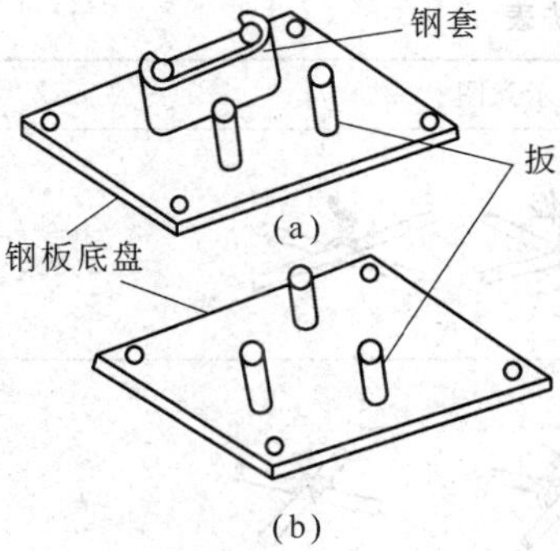

图 2—6　卡盘

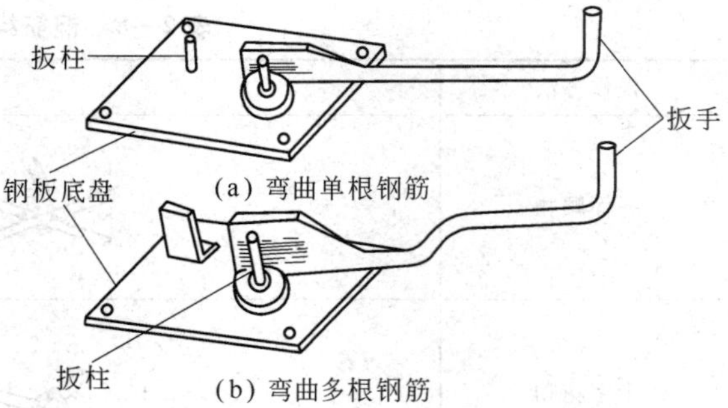

图 2—7　手摇扳

④钢筋扳子：它与卡盘配合用于弯制粗钢筋。钢筋扳子分为横口和顺口扳子（图 2—8）两种。钢筋扳子的扳口尺寸要比弯制钢筋的直径大 2 mm 较为宜。

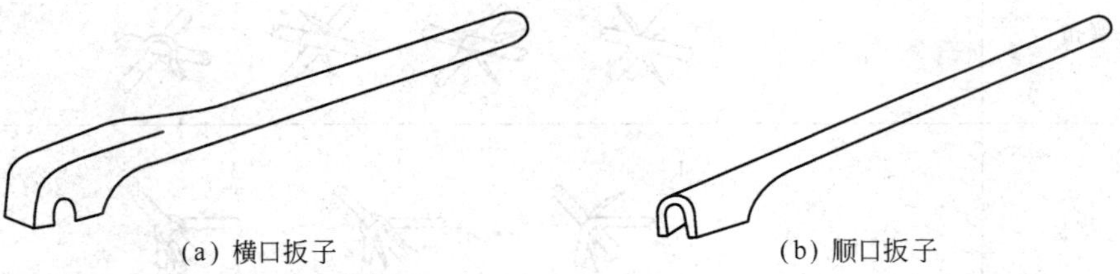

图 2—8　钢筋扳子

四、钢筋安装

钢筋网和钢筋骨架的制作一般采用绑扎或点焊加工。焊接加工会降低钢筋的疲劳强度，所以规定承受重复荷载并需进行疲劳检算的钢筋混凝土结构和预应力混凝土结构中的非预应力筋，不得采用焊接网、架。桥梁、涵渠、隧道的主体结构都是承受重复荷载的，所以钢筋网或钢筋骨架的制作普遍采用绑扎的方法。

（一）绑扎用具

1. 铅 丝 钩

如图 2—9 所示，用以拧紧绑扎铅丝。

2. 小 撬 棍

它是在绑扎和安装钢筋网架时，用以调整钢筋间距、矫直钢筋的局部弯曲以及支垫保护层的水泥垫块等。

（二）绑扎方法及要求

1. 绑扎的操作方法

绑扎的操作方法见表 2—8。

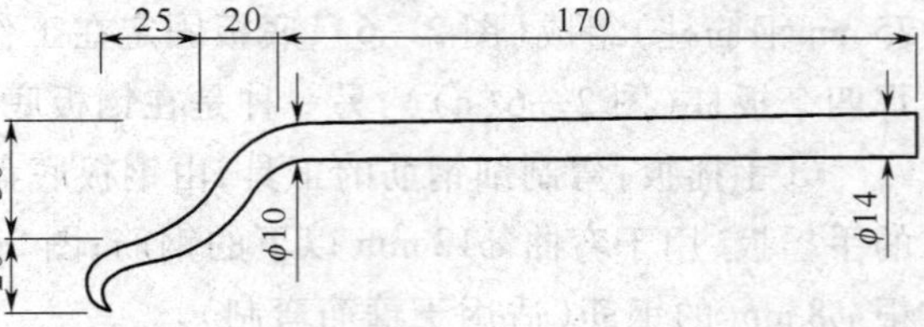

图 2—9　铅丝钩（单位:mm）

表 2—8　钢筋绑扎操作方法表

操作方法	操作工序示意图
一面顺扣	
十字花扣	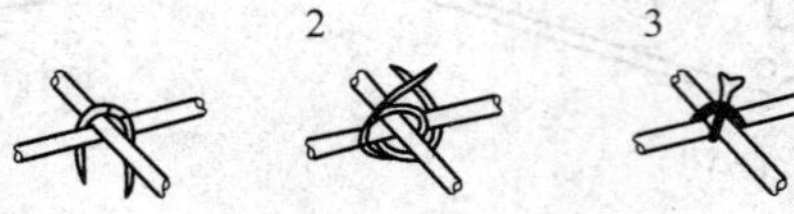
反十字扣	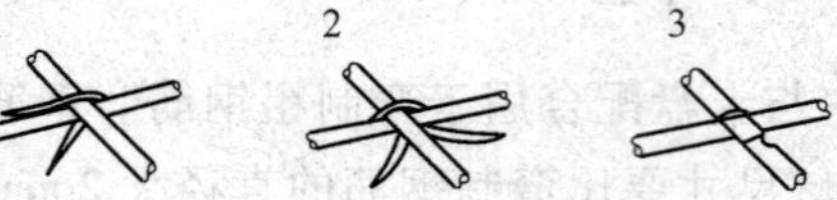
反十字缠扣	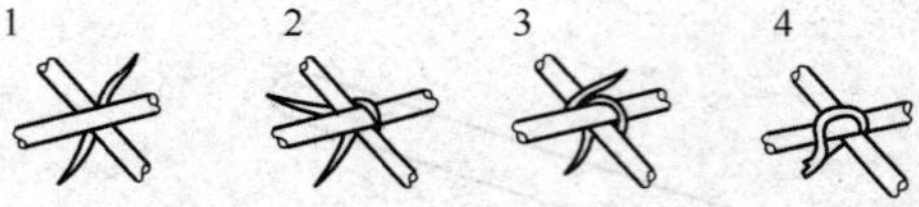
兜　　扣	
兜扣加缠	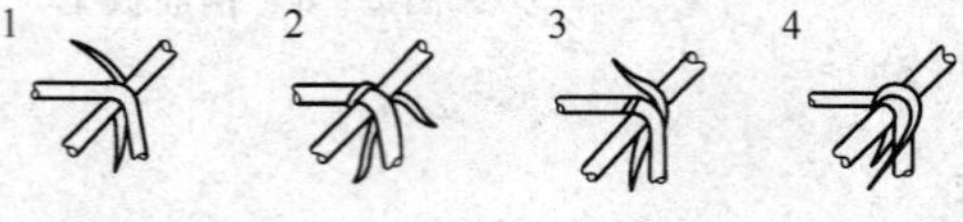
套　　扣	

注:1. 一面顺扣是目前最通用的绑扎操作方法,其步骤是:先将已切断的绑扎铅丝在中间折叠成 180°弯,并排列整齐;绑扎时,左手将铅丝靠拢钢筋绑扎点的底部,右手拿铅丝钩,食指压在钩前部,用钩尖钩着铅丝底扣处,并紧靠铅丝开口端,绕铅丝拧紧转 2 ~ 3 圈。铅丝扣伸出钢筋底部要短,并用钩尖将铅丝扣縋紧。

2. 当采用一面顺扣绑扎网、架时,两相邻绑扎点进铅丝扣方向要求变换 90°,扎成八字形,钢筋网、架的整体性好,不易歪斜变形。

2. 绑扎用铁丝的规格

绑扎用铁丝的规格见表 2—9。绑扎用一面顺扣时,铅丝的长度应满足要求。

3. 钢筋骨架的绑扎

钢筋骨架应绑扎结实,并有足够的刚度,在灌注混凝土过程中不应发生任何松动,并应符合下列规定:

(1)在钢筋交叉处,应用直径 0.7～2.0 mm 铁丝按逐点改变绕丝方向(八字形分布)交错扎结,或按十字花扣扎丝牢固。

表 2—9 钢筋绑扎所用铁丝规格

钢筋直径(mm)	镀锌铁丝
12 以下	22 号(直径 0.711 mm)
12～25	20 号(直径 0.914 mm)
25 以上	18 号(直径 1.219 mm)

(2)除设计要求外,梁、柱等结构中钢筋骨架的箍筋,应与主筋垂直围紧。

(3)根据需要配以必要数量的架立钢筋。

(4)柱中竖向钢筋采用搭接接头时,角部钢筋的弯钩面应与模板成 45°角,其余部位钢筋的弯钩面应与模板成 90°角。使用内部振动器灌注小截面混凝土柱时,弯钩与模板所成角度不得小于 15°。

(5)柱中箍筋接头的两端应向柱内弯曲。柱中箍筋的接头应设在与柱的角部主筋相交处,并应沿竖直方向交错布置。

五、钢筋接头

(一)钢筋接头类型使用范围的规定

(1)热轧钢筋的接头,应采用闪光对焊或电弧焊连接,并以闪光对焊为主。仅在确无条件施行焊接时,对直径在 25 mm 及以下的钢筋,方可采用绑扎搭接。受拉杆件的钢筋接头不论直径大小,均应采用焊接接头。

(2)桥梁跨度大于 10 m 的梁,不得用搭接接头。

(3)在钢筋密排的结构内,当钢筋净距小于其直径的 1.5 倍或 30 mm(竖向)和 45 mm(横向)时,不得使用搭接接头。搭接接头应与邻近的钢筋保持适当的距离,以利混凝土的灌注。

(二)钢筋接头的布置

钢筋接头应设置在钢筋承受应力较小处,并分散布置。在“同一截面”内受力钢筋接头的截面面积占受力钢筋总截面面积的百分率应有所控制,具体规定如下:

(1)闪光对焊的接头,在受弯构件的受拉区中,不得超过 50%;在轴心受拉构件中不得超过 25%;在受压区不受限制;

(2)电弧焊接的接头位置,虽不受限制,但宜错开;

(3)绑扎接头在构件的受拉区中,不得超过 25%;在受压区中,不得超过 50%;

(4)钢筋接头应避开钢筋弯曲处,距弯曲点不应小于 $10d$(d 为钢筋直径)。

(5)在施工中如分不清受拉区或受压区时,接头的设置均按受拉区的规定办理。

注:(1)两钢筋接头相距在 $30d$(d 为钢筋直径)以内,或两焊接接头相距在 50 cm 以内,或两绑扎接头中距在绑扎搭接长度以内,均视为处于同一截面。

(2)在一根钢筋上不得配置过多接头,“同一截面”的一根钢筋上只准有一个接头。

(三)钢筋焊接接头类型

钢筋焊接接头类型有闪光对焊、双面焊缝帮条焊、单面焊缝帮条焊、双面焊缝搭接焊、单面焊缝搭接焊、钢筋与钢板搭接焊等,均应进行严格的质量检验。

闪光对焊接头的质量检验按以下方法进行:

(1)每一个闪光对焊接头,在外观上应符合下列要求:

①接头四周应有适当的墩粗部分,并呈均匀的毛刺外形;

②Ⅰ、Ⅱ、Ⅲ、Ⅳ级钢筋表面应没有明显的烧伤或裂纹;

③接头弯折角度不得大于4°;

④接头轴线的偏移不得大于0.1d(d为钢筋直径),并不得大于2 mm。

外观检查不合格的接头,经剔出重焊后可提交二次验收。

(2)在同一条件下(指钢筋的生产厂、批号、级别、直径、焊工、焊接工艺、焊机等均相同)完成的焊接接头,以200个作为一批(不足200个也按一批计),从中抽取6个试件,三个作拉力试验,三个作冷弯试验,进行质量检查。若焊接质量不稳定或有疑问时,抽样数量应适当增加。

(3)对焊接头的抗拉强度不应低于该级别钢筋的规定值,并至少要有两个试件断于焊缝以外,且呈塑性断裂。

三个拉力试件中如有一个抗拉强度低于该级别钢筋的规定值,或有两个试件在焊缝处及热影响区(按接头每边0.75d计算)发生脆性断裂时,应另取两倍数量(6个)的接头试件重行试验。复试中如有一个试件的抗拉强度低于该级别钢筋的规定值,或有3个试件在焊缝处及热影响区发生脆性断裂时,则该批对焊接头即判为不合格。

(4)对焊接头的冷弯试验,不论采用机械弯曲或人工弯曲,芯棒直径都要符合表2—10的规定。冷弯试验时应将接头内侧的毛刺、卷边削平,焊接点应位于弯曲中心,绕芯棒弯曲至90°。试件经冷弯后,在弯曲背面不出现裂缝,即为冷弯试验合格,否则为不合格。在三个冷弯试件中,如有一个不合格,应另取六个试件重做试验,如在复试中仍有一个不合格,则该批对焊接头即判为不合格。

表2—10　对焊接头冷弯试验的心棒直径(mm)

钢筋级别	Ⅰ级	Ⅱ级	Ⅲ级	Ⅳ级
心棒直径(D)	$2d$	$4d$	$5d$	$7d$

注:①d为钢筋直径;
②直径大于25 mm的钢筋,心棒直径可增加$1d$。

(四)电弧焊钢筋接头(搭接、帮条)

1. 电弧焊接头的技术要求

采用搭接、帮条电弧焊的钢筋接头,除满足强度计算要求外,尚应符合下列规定:

(1)搭接接头的长度、帮条的长度和焊缝的总长度应符合规定;

(2)搭接接头钢筋的轴线,应位于同一直线上;

(3)帮条接头的帮条,可采用与被焊钢筋同级别同直径的钢筋。当采用其他钢筋作帮条时,帮条的总面积除应满足强度要求外,当被焊钢筋为Ⅰ级时,两帮条钢筋的直径应大于或等于0.8倍被焊钢筋直径;当被焊钢筋为Ⅱ、Ⅲ级时,则两帮条钢筋的直径应大于或等于0.9倍被焊钢筋的直径。帮条和被焊钢筋的轴线应在同一平面上;

(4)焊缝高度h应等于大于被焊钢筋直径的0.3倍,并不得小于4 mm;焊缝宽度b应等于大于被焊钢筋直径的0.7倍,并不得小于8 mm(图2—10);

(5)钢筋与钢板间进行搭接焊时,搭接长度应等于大于被焊钢筋直径的4倍(Ⅰ级钢筋)或5倍(Ⅱ级钢筋);焊缝高度h应等于或大于被焊钢筋直径的0.35倍,并不得小于4 mm;焊缝宽度b应等于或大于被焊接钢筋直径的0.5倍,并不得小于6 mm(图2—11);

(6)为保证电弧焊接的质量，当每次改变钢筋的级别、直径、焊条牌号或调换焊工时，应先焊接两个试件进行抗拉试验，结果均大于该级别钢筋的抗拉强度时，方可正式施焊。

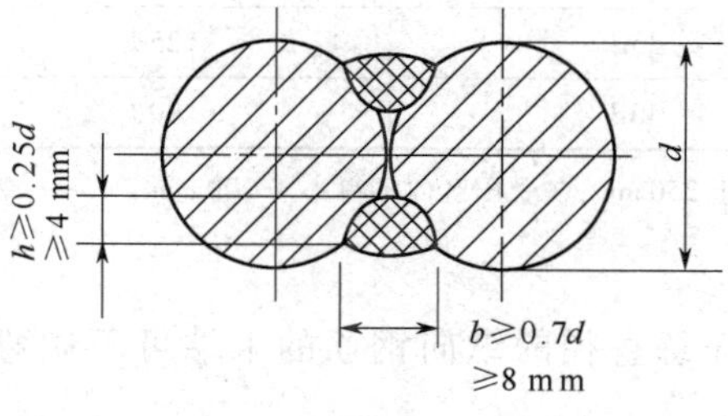

图 2—10　钢筋搭接、帮条焊接的焊缝

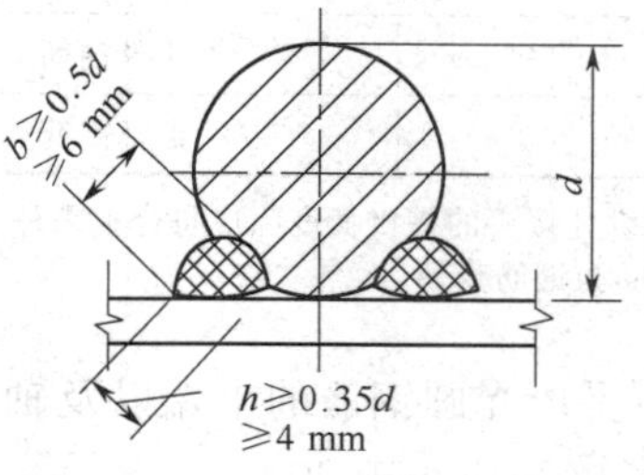

图 2—11　钢筋与钢板焊接的焊缝

2. 电弧焊接头的外观质量要求

(1)用小锤敲击接头时，钢筋发出与基本金属同样的清脆声；

(2)焊接接头无缺口、裂纹和较大的焊瘤，其缺陷偏差值不应超出表 2—11 的规定。

表 2—11　电弧焊接钢筋接头缺陷允许偏差值

序　号	偏　差　名　称		单　位	允许偏差值
1	帮条对焊接头中心的纵向偏移		mm	0.5d
2	接头处钢筋轴线的弯折		(°)	4
			mm	0.1d
3	接头处钢筋轴线的偏移		mm	3
4	焊缝高度		mm	−0.05d
5	焊接宽度		mm	−0.1d
6	焊缝长度		mm	−0.5d
7	咬边深度		mm	0.05d
			mm	0.5
8	焊缝表面上的气孔和夹渣	在 2d 长度上	个	2
		在全部焊缝上	mm^2	6

注：①d 为被焊钢筋的直径。

②表中的允许偏差在同一项目内有 2 个数值时，应按其中较严重的数值控制。

(3)焊接表面平顺。

(五)钢筋的绑扎接头

绑扎接头应符合下列规定：

(1)受拉区域内的光圆钢筋末端应做成彼此相对的弯钩(图 2—12)，绑扎接头的搭接长度(由两端部切线算起)不得小于表 2—12 规定的数值。在钢筋搭接部分的中心及两端(共三处)，应使用铁丝绑扎结实。

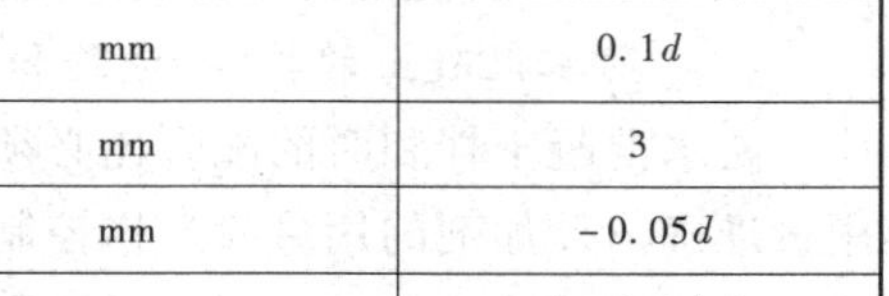

图 2—12　钢筋的绑扎接头形式

表 2—12　钢筋绑扎接头最小搭接长度(mm)

序　号	钢 筋 级 别	受 拉 区	受 压 区
1	热扎Ⅰ级钢筋	30d	20d
2	Ⅱ级钢筋	35d	25d
3	Ⅲ级钢筋	40d	30d

注:①绑扎接头的搭接长度除应符合上表外,在受拉区内不得小于 250 mm,在受压区内不得小于 200 mm。
②d 为钢筋直径。

(2)受压光圆钢筋的末端以及轴向受压构件中任意直径的纵向钢筋的末端可不做弯钩,但搭接长度不应小于 30d。

(3)带筋钢筋的绑扎接头末端可不做弯钩。

六、特种混凝土施工

某些工程由于所处环境和使用要求不同,需要具有特殊性能的混凝土才能满足技术要求,适应这类特殊工程要求制成的专用混凝土,统称为特种混凝土。特种混凝土种类很多,这里仅介绍防水混凝土施工。

(一)防水混凝土的性能

防水混凝土具有不渗水、不漏水的防水性能,用于水池、水塔、屋面和地下工程等。

防水混凝土主要通过组成材料的调整、混凝土配合比及骨料级配的合理选择以及掺用适量外加剂等措施,使混凝土密实度增强,毛细管通路减少,从而提高不透水性。

(二)防水混凝土的拌和、浇筑和养护

防水混凝土拌和时的配合比必须严格掌握,砂、石必须要按重量称,水泥可按体积量,做到用量准确。外加剂的用量应严格控制,其误差不得超过用量的 ±5%。采用机械搅拌、机械振捣。机械搅拌普通防水混凝土时应先将砂、石、水泥一次倒入搅拌筒内,先搅拌 0.5 ~ 1 min,再加水和防水剂拌 1 ~ 3 min。搅拌加气防水混凝土时,总的搅拌时间应控制在 1.5 ~ 2 min,多拌则气泡容易消失。搅拌程序与普通防水混凝土相同,最后加入加气剂溶液。人工拌和时,先将水泥与砂干拌均匀,再与石子拌匀,然后加入水及外加剂湿拌到均匀为止。

拌和物运送时间不宜超过 30 min,运到浇筑地点后,应检查其和易性,若有离析现象或坍落度小于原坍落度的 70% 时,应进行人工二次拌和。浇筑至面层应在振捣完后立即将表面抹光压实,增加混凝土的抗渗性。

防水混凝土应连续浇筑,最好不留施工缝,不得已时可在墙身高出底板 50 cm 处及以上留水平施工缝,不得留垂直缝。施工缝要做成企口缝或高低缝,或者做成平缝中间加钢板。水平缝处新旧混凝土接合面在接浇前必须进行凿毛使之露出石子,再用水冲洗,保持湿润,继续浇筑时用相同水灰比的水泥砂浆先铺垫一层,再浇筑混凝土。

防水混凝土的振捣应用插入式振捣为主,插点间距不应超过 50 cm。插入要迅速,拔出要缓慢,振捣到表面泛浆无气泡为止。只有当结构较薄不能用插入式振捣器时,可用表面振捣器来振捣。振捣完后应立即将表面压实抹光。

防水混凝土初凝后,应立即养护。头三天内每隔 4 ~ 6 h 浇水一次,以后每天浇水 3 ~ 4 次,养护不少于 14 d(使用火山灰质水泥,为 21 d)。浇捣后不要拆除侧模,并保持湿润,三天后将

侧模撬松，但不拆除，14 d 后才能拆除。

七、锚喷支护

(一)锚　　杆

锚杆可用 A3、20MnSi 或 A5 钢筋制作。常用的临时支护锚杆有楔缝式，还有胀壳式以及钢筋灌浆锚杆与树脂锚杆等。

楔缝式锚杆一般用 $\phi16\sim25$ mm 的 A3 钢筋制作，工地可自行加工，使用简便，所以在隧道开挖中用的较多，如图 2—13 所示。

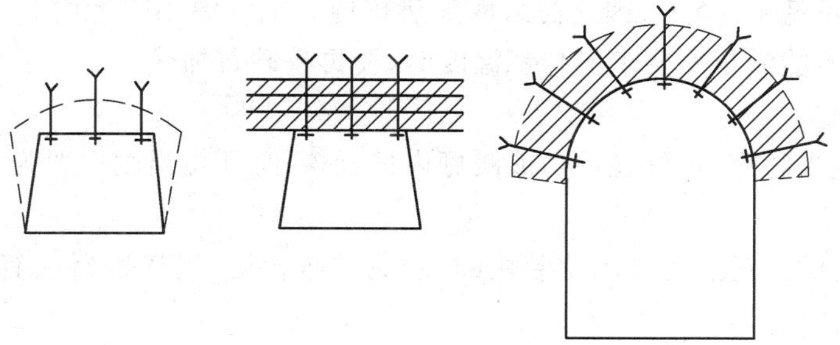

图 2—13　锚杆支护

楔缝式金属锚杆如图 2—14 所示，长度为 1.5 ~ 2.5 m，锚杆布置一般为梅花形或矩形，间距为 1 ~ 1.5 m。安装时将楔子插入杆体缝隙，用直径 1 mm 铁丝捆好，将锚杆缓缓插入孔中直达孔底，使用小锤轻击杆尾，以使其不致滑出。将打击套筒套上锚杆尾部，然后用铁锤或不旋转风钻(风镐)打击。最后安装金属垫板及螺帽，用扳手拧紧螺帽，在杆身内便形成了预张拉力。楔缝式金属锚杆的预张拉力不应超过锚固力的 3/5。为了保持原有的预张拉力，一般在锚杆安装后 24 h 再拧紧一次螺帽，一星期以后再拧一次即可。

楔缝式金属锚杆钻孔孔底直径一般比锚杆直径大 8 ~ 12 mm 为宜。孔眼不可用水冲洗，以免孔壁软化而使锚头有可能滑动。

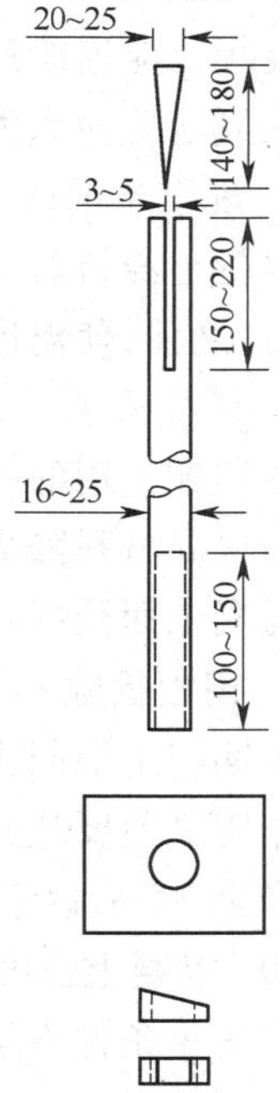

图 2—14　楔缝式金属锚杆(单位：mm)

(二)钢　筋　网

钢筋网的作用是防止落石掉块，所以网格不宜太大，通常为 8 ~ 10 cm 的正方形，用 6 ~ 10 mm 的钢筋作为主筋和 2 ~ 4 mm 镀锌铁线编制而成。

(三)喷射混凝土

喷混凝土是将一定配合比的混凝土拌和物，用混凝土喷射机，借助压缩空气，经由管道输送到喷嘴处，通过喷嘴形成料束，高速喷射至围岩表面，并紧密粘结在岩面上。它是与围岩密贴的薄层柔性结构与围岩共同作用。作施工临时支护的喷层厚度以 5 ~ 10 cm 为宜，或根据设计确定。

八、混凝土冬期施工措施

(一)技术要求

1. 水泥的选用

冬期混凝土施工,应采用具有早强和抗冻性能好的较高标号水泥并选用较小的水灰比,较低的坍落度。采用机械搅拌和机械振捣,亦可采用低温早强混凝土,即掺用氯化钙等氯盐外加剂以加速混凝土的硬化。

2. 温度的要求

为保证混凝土浇筑温度不低于 +5 ℃的规定,拌和混凝土时,砂石骨料及水应保持在 0 ℃以上,拌和用水应不低于 +5 ℃,因此需采取加热措施。如气温不很低时,一般只将水加热,气温过低,只加热水不能满足所要求的拌和温度时,要再将砂石加热。

3. 设备的防寒

拌和设备应适当防寒,最好在厂房或暖棚内进行拌和,环境温度一般为 +10 ℃ ~ +15 ℃。

4. 运送及装卸

混凝土拌和物的运送过程力求快装快卸,避免中途转运,运送盛器应有良好保温性能,以免混凝土受冻失效。

5. 新旧混凝土的衔接

新旧接合面衔接应在旧混凝土表面凿毛后用热水冲洗。旧基面混凝土 30 cm 深度范围应保持在 +5 ℃以上温度。如系浇筑钢筋混凝土,钢筋或金属埋设部件亦需加预温至 +5 ℃以上。

6. 混凝土的浇筑

混凝土应连续浇筑避免间断,相邻两层的浇筑间歇时间不得超过水泥的初凝时间,并应考虑掺入氯盐后对水泥凝结时间的影响,一般不宜超过 1.5 h。

7. 混凝土的防寒

混凝土浇筑后,要保证新浇筑混凝土在达到规定强度(即不低于设计值的 50% 和不低于 70 MPa)之前,使温度保持在 0 ℃以上,切勿受冻。

8. 模板安装

冬期施工用的模板,应拼合严密,不得漏浆,并应在模板外面铺贴油纸或沥青纸类防水层,使之与保温材料隔离,以避免保温材料受水影响。新浇筑的混凝土面与保温防寒材料之间,为避免混凝土面受损或污染,应加铺防水隔离层。

9. 模板拆除

冬期施工混凝土拆模工作,除应符合一般混凝土的拆模时间规定外,并应保证混凝土遭受冻结作用之前要达到的强度。如采用人工加热养护的混凝土,其模板和保温层应在混凝土的温度降至 +5 ℃以下后方可拆除。

10. 混凝土强度

在冬季条件下浇筑的混凝土结构物,其强度必须达到 100% 设计强度后,方可允许承受全部设计荷载。

(二)施工养护方法

混凝土冬期施工的养护方法较多,桥隧大维修工程常用的方法有:蓄热法、低温早强混凝土法及暖棚法等。

1. 蓄 热 法

蓄热法是以保温覆盖为主,利用水泥水化热,并根据需要适当将水和砂石预热,满足热工计算要求的方法。当建筑物体积较小,或气温较低时可采用双层模板内加保温材料的措施。

2. 低温早强混凝土法

(1)素混凝土掺普通防冻剂的防冻措施。

(2)混凝土掺入硫酸钠为主要材料的复合早强剂,可以加速凝结硬化,缩短养护时间,提高早期强度。

(3)对小体积混凝土构件可采用快硬硫铝酸盐水泥,掺入2% ~4% 的亚硝酸钠,即使在负温条件下,混凝土的强度仍然增长较快。

3. 暖棚法

一般采用简易暖棚,地面以下的结构,可利用基坑加盖,上铺帐篷或篾席等保温材料;地面以上的结构可采用活动暖棚,棚内生火炉加温。

第七节　钢　　材

一、铁路桥梁常用钢材

铁路钢桥构件一般用钢板和型钢制造。

(一)钢　　板

用钢锭纵横辊扎而成,纵横两个方向强度均较高。标记举例为:▱460 × 16 × 15 940 表示宽 460 mm,厚 16 mm,长 15 940 mm。

(二)扁　　钢

只纵向辊轧,横向强度较纵向强度低。

(三)角　　钢

角钢有等边角钢和不等边角钢两类。

1. 等边角钢

∠100 × 100 × 10—1 000 表示等边角钢,每边长 100 mm,边厚 10 mm,长 1 000 mm。

2. 不等边角钢

∠160 × 100 × 12—1 000 表示不等边角钢,长边长 160 mm,短边长 100 mm,边厚 12 mm,长 1 000 mm。

(四)工 字 钢

用号数表示,号数即为高度的 cm 数。同一高度有几种厚度时,加注脚码 a、b、c。例如 50a—5 000 表示 50 号工字钢,高度 50 cm,厚度 12 mm,长度 5 000 mm。

(五)槽　　钢

用号数表示,号数即为高度的 cm 数,同一高度有几种厚度时,加注脚码 a、b、c。例如 20a—5 000 表示 20 号槽钢,高度 20 cm,厚度 7 mm,长 5 000 mm。

二、桥梁主要用钢性能要求

(一)钢材的机械性能

钢材的机械性能是指在外力作用下钢材抵抗变形或破坏的能力。表示钢材的机械性能有延伸率、收缩率、冲击值、硬度和抗拉强度、屈服强度、疲劳强度等。

(二)钢材的工艺性能

钢材的工艺性能是指钢材适应各种加工要求(包括弯曲、锻压、切削、延展、冷压及焊接等)的能力。

三、桥梁钢材的锈蚀

(一)桥梁钢料锈蚀的原因

钢铁锈蚀主要是钢铁受到大气中所含的氧气、水分、盐类,二氧化碳、二氧化硫、氮的氧化物及具有化学活泼性物质的作用,发生化学的或电化学的作用的结果。钢铁锈蚀分为化学腐蚀和电化学腐蚀两种。

(二)桥梁钢结构锈蚀的危害

钢结构锈蚀造成钢梁杆件断面削弱,结构松弛,降低钢结构的承载能力,缩短钢结构的使用年限,严重的锈蚀将危及行车的安全。

(三)桥梁钢结构易锈蚀部位

钢结构的易锈蚀部位有:钢结构的缝隙及角落隐蔽处;有害气体及电解溶液反复侵袭处;易积水和污物处;钢梁的上盖板;有氧化皮或已有锈蚀处以及施工不良处。

(四)防止桥梁钢材锈蚀的方法

防止钢料表面锈蚀的方法很多,如采用耐腐蚀的合金钢、用化学方法或热处理钢料表面等。但目前桥梁钢结构防止锈蚀的方法,主要采用表面保护涂装如涂料涂装、热喷锌铝等方法。

复习思考题

1. 木材的力学性能是什么?
2. 水泥有哪些常用品种?
3. 水泥强度与哪些因素有关?
4. 水泥有哪些技术特性?
5. 什么是水泥的体积安定性?
6. 砂浆有哪些技术特性?
7. 混凝土有哪些技术性质?
8. 混凝土施工缝如何处理?
9. 混凝土沉降缝和伸缩缝的作用是什么?
10. 预应力混凝土有哪些优点?

第三章　桥隧建筑物基本组成

本章主要介绍桥隧建筑物的结构组成以及桥上线路。

第一节　桥　　面

一、桥面的种类

铁路桥梁的桥面主要有道砟桥面、明桥面、无砟桥面三种。

(一)道砟桥面

道砟桥面由道床、轨枕、钢轨及联结零件组成。为了承托桥面上的道砟和桥枕,桥面设置道砟槽。两片梁间留 60 mm 缝隙,铺以纵向钢筋混凝土盖板以防落砟,每两片盖板之间留 10 ~ 20 mm缝隙以利排水。

(1)运营桥梁道砟槽顶面外缘宽度不得小于 3.9 m,枕底高出挡砟墙顶不应小于 0.02 m;桥面应铺设一级道砟,枕下道砟厚度不小于 0.25 m(行车速度大于 160 km/h 区段,枕下道砟厚度一般不小于 0.35 m),也不得超过 0.45 m;桥上木枕应根据情况逐步更换为混凝土枕或新Ⅲ型混凝土桥枕。

(2)改建桥梁挡砟墙内侧至线路中心最小距离不得小于 2.2 m;桥面防水层应采用耐久性好的新型防水层,保护层采用等级不低于 C40 的纤维混凝土;桥面应铺设一级道砟,枕下道砟厚度不小于 0.35 m,并铺设混凝土枕或新Ⅲ型混凝土桥枕。

(二)明 桥 面

明桥面的桥枕置于梁上,桥枕上铺设钢轨,一般用于钢桥。

(三)无砟桥面

无砟桥面有无砟无枕桥面、无砟短枕桥面和长枕埋入式等形式。无砟无枕桥面是在桥面上设承轨台,用来放置钢轨。无砟有枕桥面的钢轨铺设在嵌入钢筋混凝土梁上的楔形短枕上,楔形短枕牢固地固定在桥枕槽内。无砟桥面一般用于预应力钢筋混凝土梁桥上。

二、桥面设备

(一)护　　轨

钢桥明桥面上护轨一般应采用与基本轨同类型的钢轨;混合桥上明桥面护轨也可采用比基本轨低一级的钢轨。既有线有砟桥上护轨,当位于Ⅲ型混凝土轨枕地段时应采用比基本轨低一级的钢轨;当位于Ⅱ型混凝土轨枕地段应采用比基本轨低一级或低二级的钢轨。新建或改建有砟桥上护轨应采用与基本轨同类型或低一级的钢轨。

护轨轨面不应低于基本轨轨面 25 mm,也不应高于基本轨轨面 5 mm,护轨接头用四个螺栓联结(每侧安装两个),螺母安装在道心一侧。在伸缩调节器处应采用一端带长圆孔的夹板。

新建或改建桥梁,当为有砟桥面时,其护轨铺设应采用新Ⅲ型混凝土桥枕。

自动闭塞区间,护轨应安装绝缘装置。当桥上线路中心设有应答器时,护轨应在应答器处断开。

1. 护轨的作用

旨在防止列车脱轨后过度偏离桥梁中线,确保机车车辆的车轮在护轨和基本轨组成的轮缘槽内滚动,同时便于掉道后的起复。

2. 护轨与轨枕的联结

对既有明桥面,护轨下可加垫总厚度不大于 30 mm 的垫板。当护轨与基本轨头部间净距为 350 ~ 500 mm 时,护轨下应设普通铁垫板,扣压每股护轨的钩头道钉应在每根木桥枕上靠基本轨一侧钉两个,另一侧钉一个。当净距为 220 ~ 350 mm 时,护轨下可不加垫铁垫板;垫板厚度在 20 mm 及以下时,应在每隔一根木桥枕上钉两个道钉扣压每股护轨的两侧;垫板厚度超过 20 mm 时,应在每根木桥枕上钉两个道钉扣压每股护轨的两侧。

对既有道砟桥面,当护轨下组装通长铁垫板时,铁垫板下可设厚度不小于 4 mm 的橡胶垫板,固定通长铁垫板的螺栓扭矩不应小于80 N·m,扣板螺栓的扭矩应为40 ~ 60 N·m。新型扣板式扣件螺栓扭矩应为30 ~ 50 N·m。

3. 护轨长度

护轨应伸出桥台挡砟墙以外,直轨部分长度不应小于 6 m,然后弯曲交会于线路中心。弯轨部分沿线路中心线的长度不小于 1.9 m,梭头尖端超出台尾的长度不小于 2.0 m,其顶部应切成不陡于 1:1 的斜面并联结密贴,梭头尖端悬出轨枕的长度不得大于 5 mm,如图 3—1 所示。

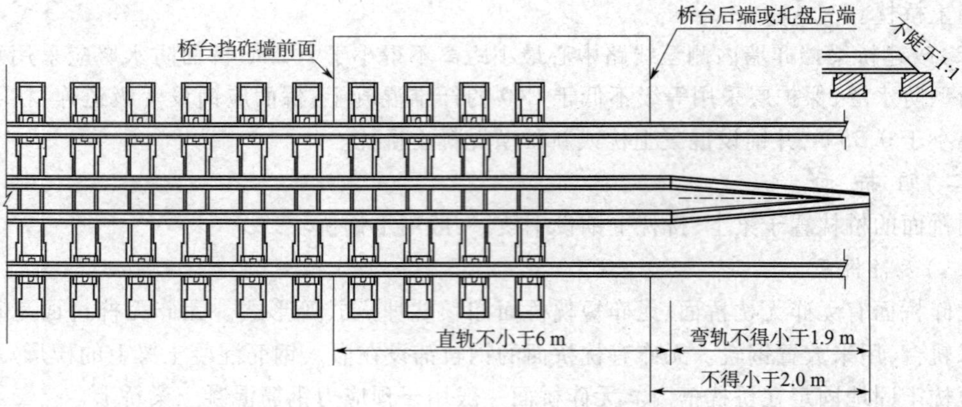

图 3—1　护轨端部布置图

4. 护轨与基本轨头部间净距

在有砟桥上,其净距为 500 mm,允许误差为 $^{+10}_{-5}$ mm;在钢梁明桥面上,其净距为 220 mm,允许误差为 ± 10 mm;当桥上设有伸缩调节器时,其最大净距可为 320 ~ 350 mm,允许误差为 ± 10 mm;在混合桥上,当明桥面长度等于或小于 50 m 时,其净距在明桥面与有砟桥面上均为 500 mm;当明桥面长度大于 50 m 时,在明桥面和有砟桥面上各自采用自身的净距和允许误差,并在明桥面上采用不大于 1.5% 的斜率完成间距变化的过渡。

5. 应铺设护轨桥梁

(1)桥长大于 50 m 的有砟桥面及无砟无枕桥梁；桥长大于 20 m 的明桥面钢梁桥；桥长大于等于 10 m，且桥上线路曲线半径在 600 m 及以下，或桥高(轨底至河床最低处)大于 6 m 的明桥面钢梁桥；

(2)跨越铁路、重要公路、城市交通要道的立交桥；

(3)多线桥上的各线按上述第(1)、(2)项办理，多线框构桥可只在两外侧线路上铺设。

(二)扣　　件

明桥面的钢轨扣件宜采用 K 型分开式扣件，用轨卡及轨卡螺栓将钢轨与垫板联结，垫板与桥枕用 3 个(内二外一)或 4 个螺纹道钉牢固联结(允许速度大于等于 120 km/h 时，必须 4 个)，垫板与桥枕间防磨垫板厚度为 4 ~ 12 mm，其铺设安装规定详见图 3—2 所示。

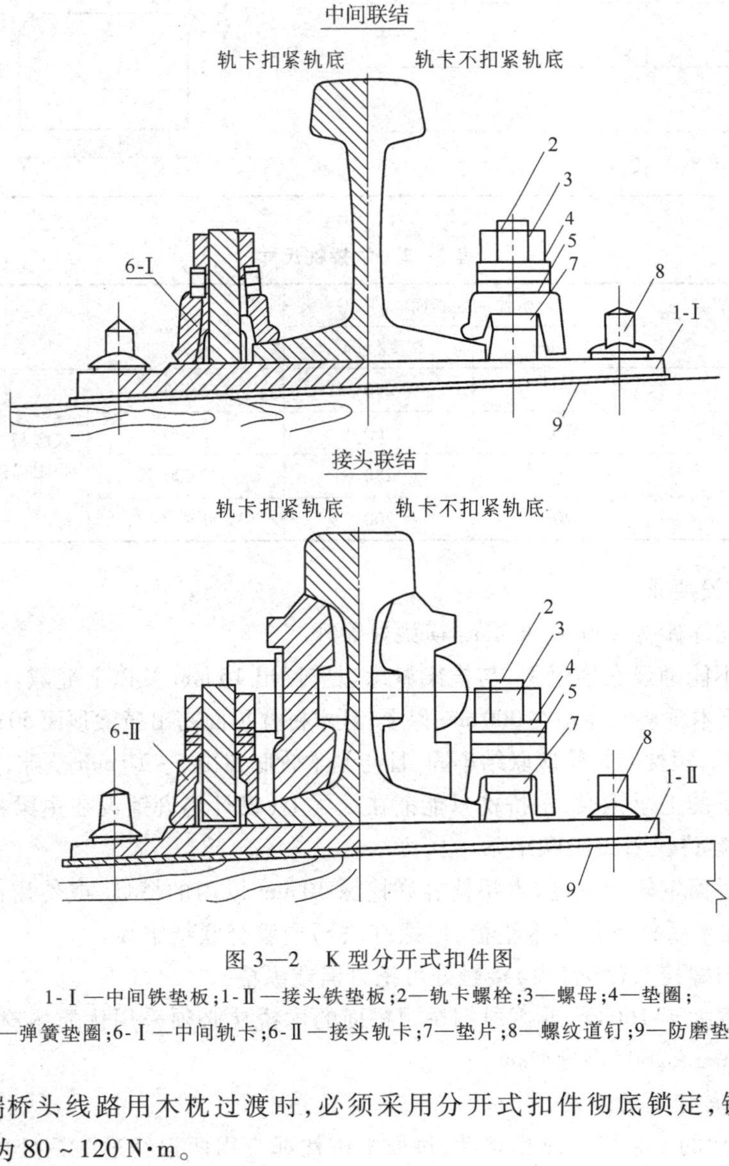

图 3—2　K 型分开式扣件图

1-Ⅰ—中间铁垫板；1-Ⅱ—接头铁垫板；2—轨卡螺栓；3—螺母；4—垫圈；
5—弹簧垫圈；6-Ⅰ—中间轨卡；6-Ⅱ—接头轨卡；7—垫片；8—螺纹道钉；9—防磨垫板

明桥面两端桥头线路用木枕过渡时，必须采用分开式扣件彻底锁定，锁定长度至少为 75 m，螺栓扭矩为 80 ~ 120 N·m。

无砟无枕桥面扣件为特制弹条扣件，一头扣住钢轨，另一头嵌入铁垫板预留槽内。每根弹条弹程为 10 mm，扣压力达 8 ~ 10 kN。

钢梁主梁中心距不足 1.8 m 时，可采用铁垫板扣件。

（三）木 桥 枕

1. 木桥枕规格

明桥面枕木应采用优质防腐木桥枕，其规格应符合表 3—1 的要求，尺寸应符合表 3—2 规定的桥枕质量标准。

表 3—1　木桥枕尺寸公差与断面形状

公差		断面形状与尺寸(cm)
种　类	限度(cm)	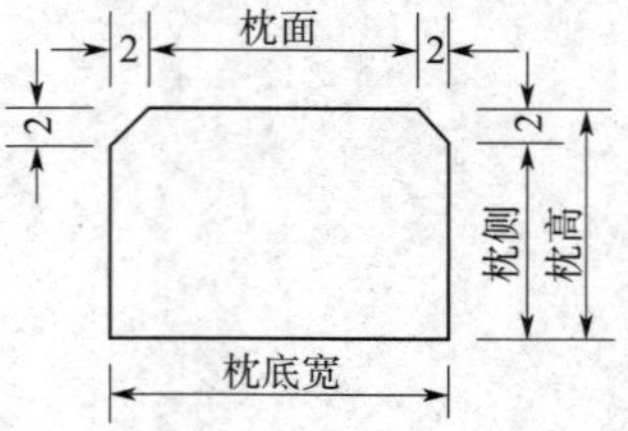
长　度	±6	
宽　度	±1	
高　度	±0.5	

表 3—2　木桥枕尺寸

主梁或纵梁中距(m)	桥枕标准断面		长度(mm)	附　注
	宽度(mm)	高度(mm)		
1.5 ~ 2.0	220	240	3 000	双腹板或多腹板的主梁中心距以内侧腹板间距为准
2.0 以上 ~ 2.2	220	260	3 000	
2.2 以上 ~ 2.3	220	280	3 000	
2.3 以上 ~ 2.5	240	300	3 200 或 3 400	

2. 木桥枕铺设要求

（1）木桥枕间净距为 100 ~ 180 mm（横梁处除外）。

（2）木桥枕不能铺设在横梁上，与横梁翼缘边应留出 15 mm 及以上缝隙。

（3）横梁两侧木桥枕间净距在 300 mm 以上，且木桥枕顶面高出横梁顶面 50 mm 以上时，应在横梁上垫短枕承托，短枕与护轨应联结牢固，且与基本轨底留出 5 ~ 10 mm 空隙，如图 3—3 所示。

（4）有桥面系的上承钢梁，木桥枕只能铺在纵梁上（设计容许铺设在主梁翼缘上的除外），在行车情况下不容许压着钢梁联结系。

（5）为调整桥面钢轨上拱度，木桥枕容许挖深 30 mm 以内的槽口，或使用比标准断面稍厚的木桥枕，也可在木桥枕下加垫木垫板，用螺钉（栓）或胶合联结牢固。

（6）木桥枕与螺栓头（铆钉头）接触处可挖钉窝或纵槽。

（7）行车速度大于 160 km/h 区段钢桥明桥面的木桥枕必须采用优质木材，断面尺寸应不小于 220（宽度）mm × 260（高度）mm。

（四）木桥枕与钢梁的连接

为阻止木桥枕的上下跳动纵横移动，每根木桥枕都应用两根经过防锈处理（如渗锌处理）

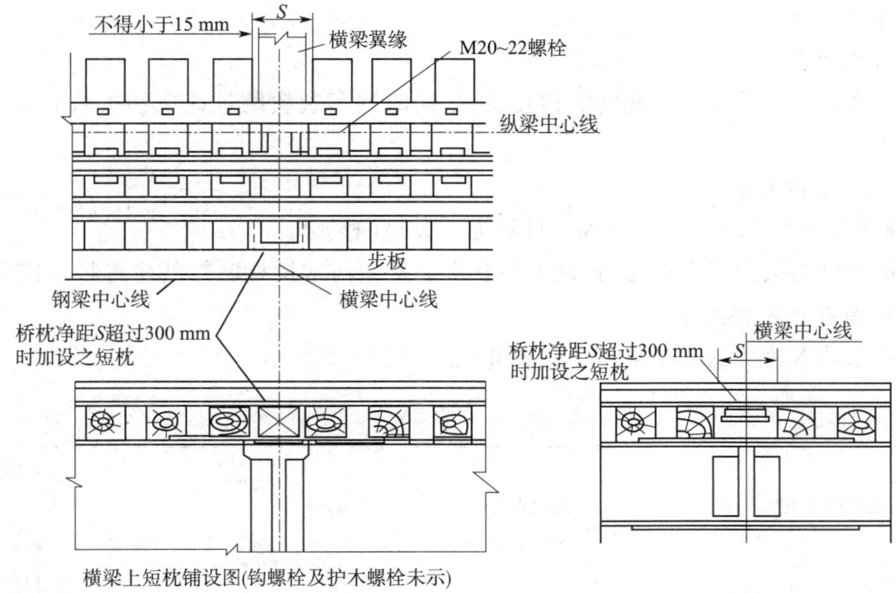

图 3—3　横梁短枕图

的直径为 22 mm 的标准型钩螺栓与钢梁钩紧。钩螺栓(图 3—4)有Ⅰ式和Ⅱ式(仅联结桥枕与钢梁)两种。钩螺栓应垂直安装,尽量贴紧钢梁翼缘,间隙不超过 4 mm ,并保证有 2/3 钩头面积与钢梁密贴,遇到铆钉时,不准钩在铆钉上,可将钩头偏斜一些。钩螺栓配 110 mm × 110 mm × 8 mm 的铁垫圈及 6 ~ 10 mm 厚的胶垫圈。在自动闭塞区间,钩螺栓铁垫圈与钢轨扣件间应留不小于 15 mm的间隙。行车速度大于 120 km/h 区段钢梁明桥面的钩螺栓不允许有缺少和连二失效。

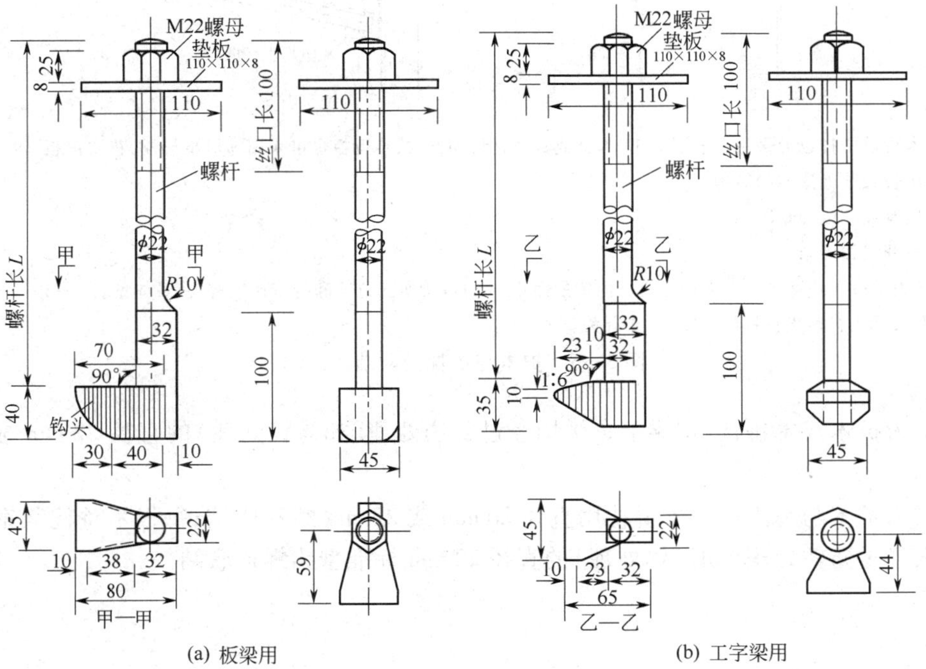

图 3—4　钩螺栓(单位:mm)

(五)护　　木

1. 护木的作用

护木的主要作用是固定桥枕间的相互位置,同时列车脱轨跳过或挤倒护轨时起第二道护轨的作用。

2. 护木的铺设要求

(1)断面尺寸为 150 mm × 150 mm,材质为一级松(杉)木。

(2) 护木接头采用半木搭接,设在木桥枕上。护木与木桥枕联结处应将护木挖深 20 ~ 30 mm 的槽口,紧扣在木桥枕上。

(3) 护木与木桥枕的联结采用Ⅰ式或Ⅱ式,如图 3—5 所示。

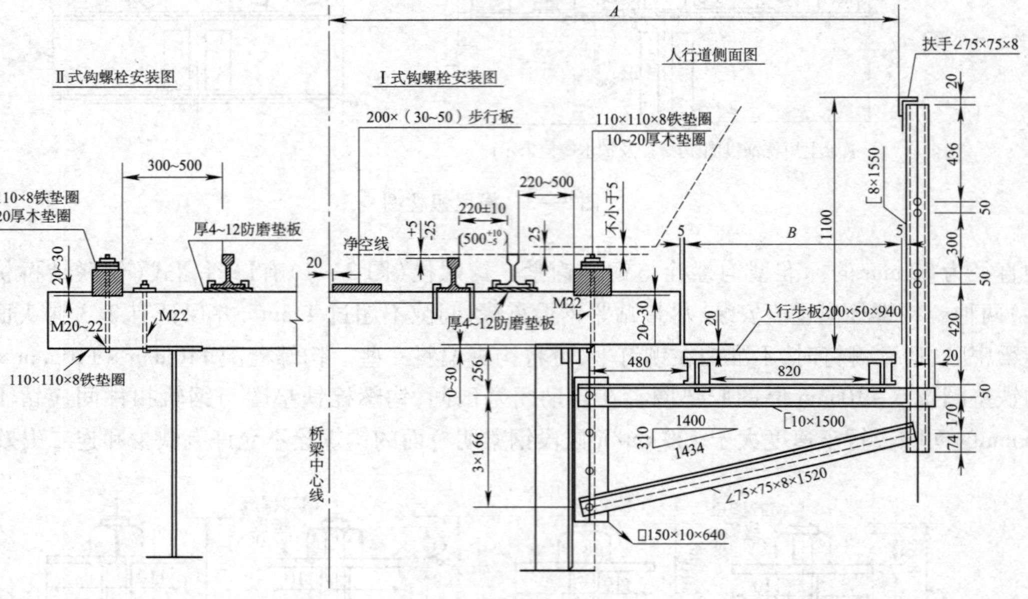

注:1. 人行道栏杆也可采用钢筋混凝土、木材或其他材料和形式,步行板也可采用梯形步行板、花纹钢板、钢筋混凝土板或其他形式和结构。

2. 所有尺寸以 mm 计。

3. 分开式扣件未示。

4. A 表示桥上线路中心至人行道栏杆内侧的净距,A 与桥梁所处位置和行车速度有关,具体见表 3—3。

5. B 表示人行道步行板的宽度,与 A 有关。

图 3—5　护木与桥枕的联结形式图

Ⅰ式为护木与木桥枕、钢梁上翼缘用经过防锈处理(如渗锌处理)的直径 22 mm 标准型钩螺栓联结。

Ⅱ式为护木与每隔一根木桥枕用直径 20 mm 或 22 mm 螺栓联结;每根木桥枕与钢梁上翼缘用两根经过防锈处理(如渗锌处理)的直径 22 mm 标准型钩螺栓联结。

螺栓顶端不应超过基本轨顶面 20 mm。行车速度大于 120 km/h 区段钢梁明桥面的护木螺栓不允许有缺少和连二失效。

(4) 护木内侧与基本轨头部外侧的距离，Ⅰ式为 220 ~ 500 mm，Ⅱ式为 300 ~ 500 mm。在钢梁活动端处，护木须断开，并留出空隙，使护木能与钢梁共同移动。

(5) 护木应尽可能位于一条直线上。如相邻两孔不能顺直时，应在护木内侧加楔木衔接，如图 3—6 所示；在曲线桥上可呈折线。

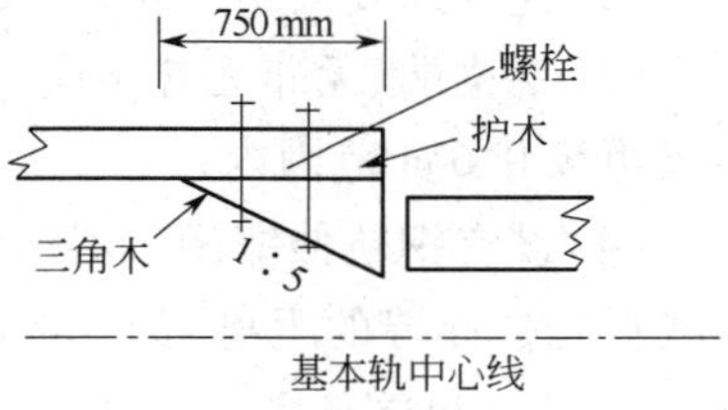

图 3—6　护木错开联结图

(六) 伸缩调节器

伸缩调节器的作用是保证钢轨能随桥梁的温度和活载位移而自由伸缩。当温度跨度超过 100 m 时应设置温度调节器。伸缩调节器有斜线型、折线型、双尖型、曲线型四种，由基本轨、尖轨、大垫板、轨撑、导向卡等组成。现在使用曲线型伸缩调节器(图 3—7)。

曲线型调节器是目前最好的一种调节器，它的特点是：轨距保持不变；允许伸缩量大；尖轨与基本轨头部保持密贴；强度及稳定性均较好；配件种类少，维修方便。

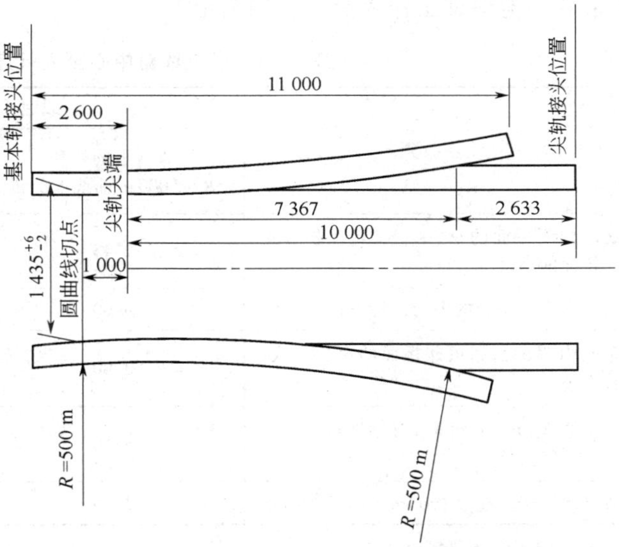

图 3—7　曲线型温度调节器(单位:mm)

(七) 防爬角钢

铺设木桥枕的钢梁顶面应按以下要求安装防爬角钢：

(1) 防爬角钢的最小尺寸为 125 mm × 80 mm × 12 mm。

(2) 每孔钢梁两端至少各安装一对防爬角钢，必要时在梁的中部每隔 5 ~ 10 m 再安装一对。有桥面系的钢梁，每个节间纵梁两端各安装一对。若节间长度少于 4 m 时，可在每两个节间纵梁两端各安装一对。行车速度大于 160 km/h 区段的钢梁明桥面，其桥枕与纵梁之间，应采用螺栓、加密防爬角钢等可靠连接。

(3) 钢梁两端防爬角钢的水平肢应安装成相反方向，防爬角钢的长肢与木桥枕应用直径 20 ~ 22 mm 螺栓串联牢固，此处木桥枕可不安装钩螺栓。

三、桥面其他规定

(一) 桥梁中线与线路中线的偏差

桥上线路中线与梁跨设计中线的偏差，钢梁不得大于 50 m，圬工梁不得大于 70 mm，行车速度大于 120 km/h 区段，钢梁、圬工梁均不得大于 50 mm。超过偏差限值时应进行检算，如影响承载能力(即 $K<1$)或侵入限界时，须进行调整。

(二)桥面设置接头的要求

桥面在下列位置不能有钢轨接头,否则应将其冻结、焊接或铺设长钢轨:

(1)桥长在20 m及以下的明桥面上;

(2)允许速度大于120 km/h区段的钢梁明桥面上;

(3)钢梁端、无砟无枕梁端、拱桥温度伸缩缝和拱顶处前后各2 m范围内,纵横梁连接处距横梁边缘0.6 m范围内;

(4)设有钢轨伸缩调节器的钢梁,在温度跨度(由一孔钢梁的固定支座至相邻钢梁固定支座或桥台挡砟墙的距离)的范围内。

(三)人行道规定

明桥面应在轨道中心铺设步行板,并设置单侧或双侧人行道。道砟桥面应设置双侧人行道。轨道中心步行板和人行道板可用钢筋混凝土、花纹钢板或按设计要求的材料制成。

人行道栏杆内侧至线路中心的净距应符合表3—3的要求,线路允许速度大于120 km/h的桥梁,线路中心至避车台内侧的净距不小于4.25 m。既有桥改造困难时,可维持现状,但必须采取其他保证工作人员安全的措施。

表3—3 桥上线路中心至人行道栏杆内侧的净距

类别	线路中心至人行道栏杆内侧的净距(m)		
	直线上的桥和 $R>3000$ m曲线上的桥	曲线上的桥	
		$3000\text{ m}\geqslant R\geqslant 600$ m	$R<600$ m
区间内明桥面的小、中、大、特大桥和道砟桥面的小桥	2.45	2.70	2.95
区间内道砟桥面的中、大、特大桥	3.00	3.25	3.50
车站内明桥面和道砟桥面的小、中、大、特大桥	3.00	3.25	3.50
牵出线和梯线上明桥面和道砟桥的小、中、大、特大桥	3.50	3.50	3.50
线路允许速度超过160 km/h区段的桥梁	3.75	3.75	3.75

注:R为桥上线路曲线半径。

人行道支架及与梁的连接应符合设计要求。既有桥梁人行道不满足规定需要加宽时,应检算联结支架用的预埋件的强度。

人行道、栏杆在梁的活动端处均应断开,不得影响梁的伸缩。

(四)上拱度及其规定

为了使列车过桥时桥上轨道转折角尽可能小,列车能比较平顺地通过,跨度30 m及以上钢梁,桥上线路应设置上拱度。上拱度的值一般采用:

(1)现行最大活载(包括冲击)作用下实测弹性挠度的一半;开行动车组区段,按动车组和普通客车实测平均挠度之和的一半。

(2)“中—活载”作用下计算静挠度的一半;

(3)悬臂梁端部的上拱度可采用按2倍悬臂梁长度的简支梁计算挠度的一半;自由梁(挂孔)的上拱度值,按简支梁设置;

(4)连续梁的边跨按简支梁设置。

实测或计算挠度小于梁跨度 1/1 600 或小于等于 15 mm 时及连续梁的中孔,可不设上拱度。

(五)明桥面外轨超高规定

曲线上明桥面的线路外轨超高,可采用以下方法设置:

(1)在桥枕挖槽限度内调整;

(2)在墩台顶面作成超高,但应检算钢梁斜放后的应力和稳定性,并注意钢梁排水;

(3)用楔形枕木;

(4)在曲线外侧的桥枕下加垫木垫板,用木螺钉(或螺栓)联结牢固,木垫板净厚不少于 30 mm,每边伸出钢梁上翼缘不少于 200 mm(图 3—8)。

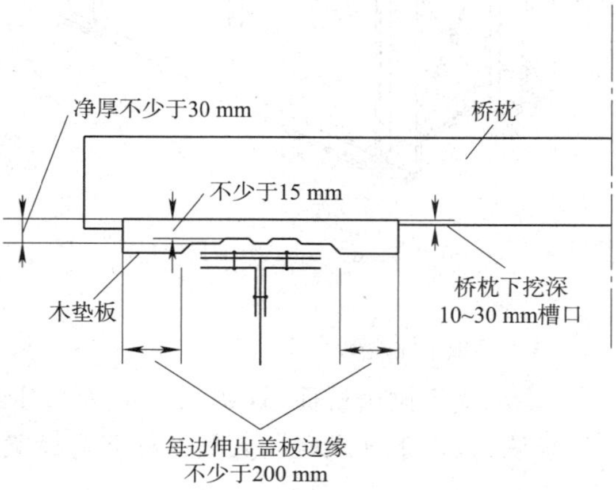

图 3—8　曲线桥梁桥枕加垫木垫板

(六)铺设无缝线路桥梁的作业条件

(1)更换分开式扣件、防磨胶垫或单根更换及移动桥枕时,在实际锁定轨温加 20 ℃以下;

(2)进行上盖板涂装、更换铆钉、成段更换或方正桥枕及其他原因须起道时,在实际锁定轨温加 5 ℃减 15 ℃以内;

(3)进行起梁、移梁及拨移支座、捣垫砂浆等整治支座作业时,在实际锁定轨温内加减5 ℃以内;

(4)架空线路施工,必要时需采取放散应力或其他措施进行;

(5)在单独设计铺设无缝线路的桥梁上,应在设计允许的轨温范围内进行桥梁或线路作业。

明桥面上线路不应设置竖曲线和缓和曲线,也不宜设在大于 4‰的坡道上。行车速度大于 160 km/h 线路,不宜采用明桥面钢桥,否则应采取补强和加固措施。

第二节　桥 跨 结 构

桥跨结构是桥梁承力结构,根据材料主要分为钢梁桥和圬工梁桥。

一、钢　　桥

钢梁桥主要有钢板梁和钢桁梁两种,钢拱很少采用。

(一)钢板梁构造

钢板梁桥构造简单,一般用于 40 m 以内的跨度,从结构形式上可分为上承式(图 3—9)和下承式(图 3—10)两种,其中上承式较常用。

1. 上承式板梁

上承式板梁由主梁和联结系组成。

(1)主梁:一般有两片对称布置,为腹板及上下翼缘构成的工字形截面,在腹板侧面还设置加劲肋。

(2)联结系:由上下平纵联及横联组成,它和主梁共同形成一空间结构。

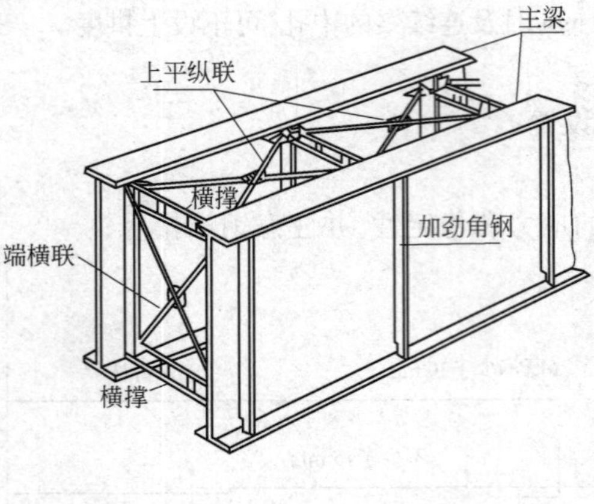

图 3—9　上承式钢板梁

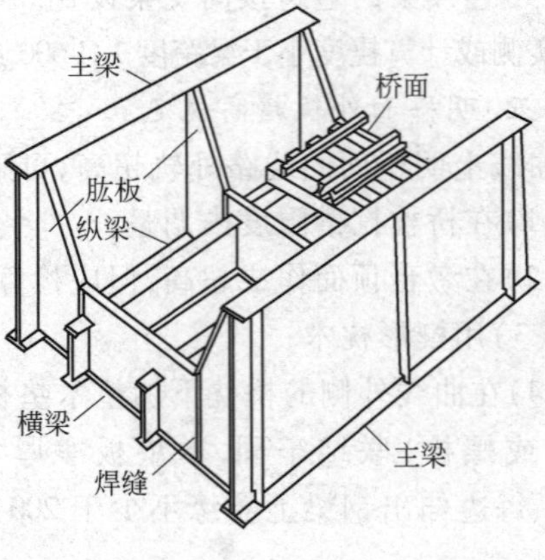

图 3—10　下承式钢板梁

2. 下承式板梁

下承式板梁由桥面系(纵梁与横梁)、主梁和联结系组成。由于限界的要求,不设上平纵联、横联,只设下平纵联。其横撑杆即为横梁。横梁与主梁联结处设三角形肱板,形成开口钢架以利稳定。

(二)钢桁梁构造

当跨度增大时,梁的高度也要增大,板梁尺寸巨大而笨重。若采用腹杆代替腹板组成桁梁,则重量大为减轻。由于桁梁构造比较复杂,所以一般适用于 48 m 以上的跨度。

钢桁梁也分上承式与下承式。一般大跨度钢桁梁采用下承式(图 3—11)。

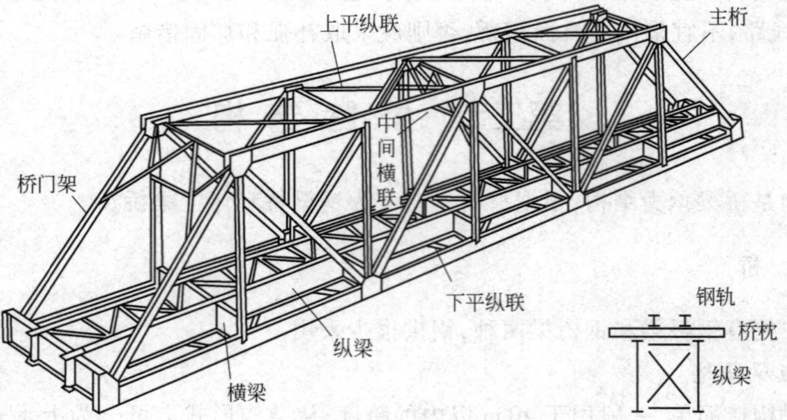

图 3—11　下承式钢桁梁

钢桁梁主要由桥面、桥面系、主桁架、联结系等部分组成。

1. 主 桁 架

主桁架是桥跨结构中的主要承重结构。主桁架一般由上弦杆、下弦杆、斜杆及竖杆等组成。斜杆及竖杆统称为腹杆,见图 3—11 所示。

主桁架各杆件在节点处交会，用节点板通过铆钉或高强度螺栓连接起来，联结系杆件和横梁也均在节点板处与主桁架连接。

2. 桥 面 系

桥面系包括纵梁、横梁以及纵梁之间的联结构件。每段纵梁长度等于主桁架节间长度，它的两端用连接角钢和横梁相连。

3. 联 结 系

联结系是为了能形成空间稳定结构以承受横向力，减少受压弦杆的自由长度而设置的各种形式的联结构件。联结系包括上下平纵联，横向联结系。端部横联又称桥门架，它可设置在端斜杆平面内或第一根吊杆平面内（图 3—12）。

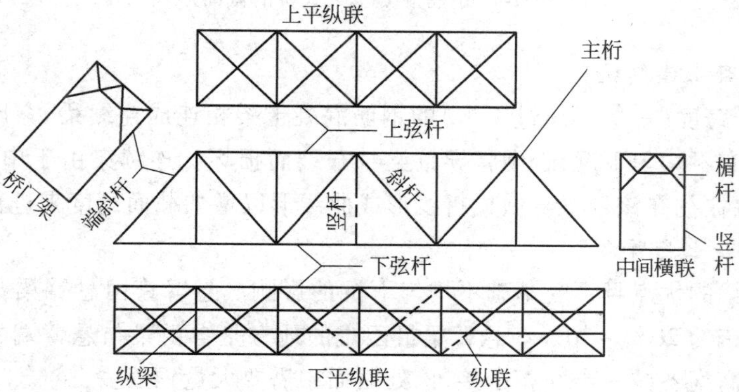

图 3—12　联结系图

二、圬工梁拱形式

铁路桥梁中圬工梁拱的结构形式，大致可分为以下几种。

（一）石桥及混凝土拱桥

山区铁路有优良石料能就地取材，石桥被广泛采用。混凝土拱桥除可预制成块，像天然石料那样砌筑外，还可浇成整体的拱桥。拱桥一般由拱圈、拱上结构、防水层等组成，可做成实体的也可做成有小拱组成的空腹式拱上结构的拱桥，如图 3—13 所示。

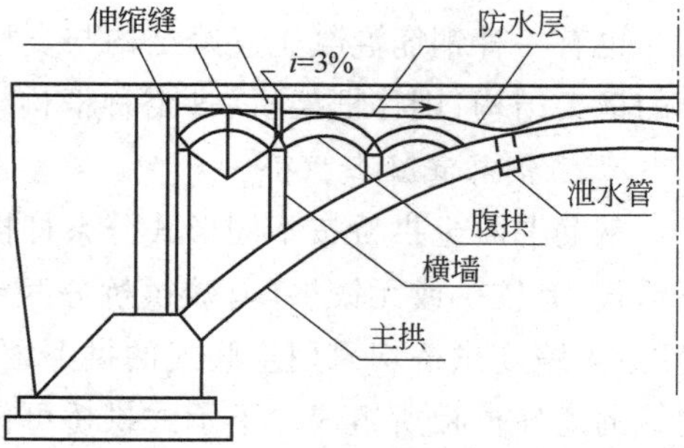

图 3—13　空腹式拱桥形式图

（二）钢筋混凝土简支梁及预应力混凝土简支梁

该结构形式目前在铁路上广泛采用。一般由工厂或现场预制运至工地安装。由主梁（包括梁身及道砟槽板）、挡砟墙、横隔板及防水层等组成。预应力混凝土梁按钢丝张拉的先后顺序分先张法及后张法两种。为减轻自重，跨度 40 m 以上的可采用无砟无枕或无砟短枕桥面。为便于提前架梁的方便，预应力混凝土梁也可做成分块式在工地用化学胶粘材料胶接后再张拉钢丝束连成一体，即所谓串联梁。

常用的混凝土简支梁的横断面形式如图 3—14 所示。

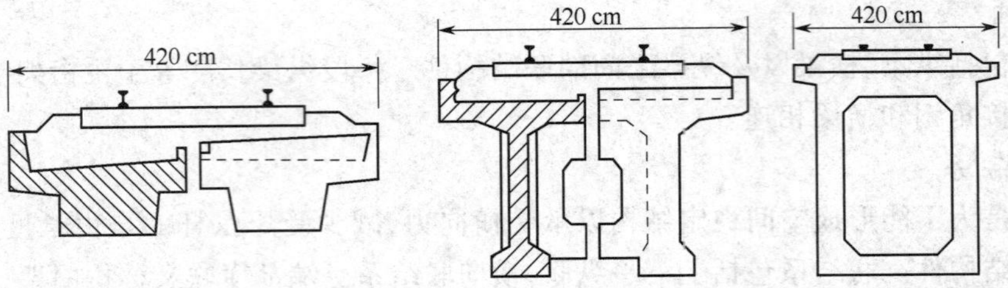

图 3—14 钢筋混凝土梁式桥的截面形式

（三）钢筋混凝土连续梁

可将 2 ~ 3 个跨度（一般不超过 4 个）的钢筋混凝土梁相连成连续梁，它比简支梁经济，但连续梁墩台不能有不均匀下沉，否则将导致梁身开裂而损坏。连续梁由于中间支承处梁的弯曲力矩较大，所以往往在该处梁身做成折线形或曲线形以增加截面高度来进行加强。

（四）钢筋混凝土悬臂梁

它具有连续梁的优点且不受基础不均匀下沉的影响。悬臂跨由悬臂梁及自由梁组成，悬臂长度一般为梁跨的 20% ~30% 。悬臂梁最困难的地方是自由梁与悬臂端的联结处，该处自由梁及悬臂梁的高度各减一半互相搭接，该处截面中需要大量钢筋。

（五）刚架桥及框构桥

钢筋混凝土刚架桥是由钢筋混凝土支柱及与支柱刚性连接的肋形桥跨结构所组成，这些构件合成为一个负荷载重的整体结构。刚架桥的支柱与基础的结合可用铰支承或固定支承。

也有一种钢筋混凝土梁跨结构与支柱（或整板）及基础（为整板）形成一个刚性连接的闭合的框架结构，则称框架桥（即俗称框构桥）。众多的地道桥常采用此结构形式。

（六）钢筋混凝土拱桥

钢筋混凝土拱桥按不同形式分系杆拱或无系杆拱；实腹拱或空腹腔拱；上承式、中承式和下承式；有铰拱或无铰拱（有铰拱桥分两铰拱或三铰拱）。实腹式的钢筋混凝土拱桥适用于小跨度，大跨度拱桥均采用空腹式的拱上结构。上承式空腹式拱桥由拱肋、支柱、横梁和板式或肋式的道砟槽板所组成。下承式拱桥可做成有系杆拱或无系杆拱。

钢筋混凝土双曲拱桥与一般拱桥的不同之处主要是主拱圈结构部分，它由拱肋、拱波、拱板和横联等四部分组成，分别施工后按顺序安装灌注而成。因组成后的主拱圈外形在纵横两个方向均呈弧形曲线，故称双曲拱。

（七）伸 缩 缝

拱桥跨度大于 10 m 的混凝土边墙或跨度大于 15 m 的石砌边墙应在拱脚附近做成温度伸缩缝（有铰拱应在铰的上方），缝宽 1 ~2 cm，缝内用防水性能较好的弹性嵌缝膏填塞。

墩台上相邻钢筋混凝土梁或预应力混凝土梁间和梁端与桥台挡砟墙间应留有梁能自由伸缩的空隙（$L \leqslant 16$ m 时为 6 cm，$L \geqslant 20$ m 时为 10 cm）。

三、桥跨结构的刚度

刚度是指梁跨结构受荷载后抵抗弯曲变形的能力，分竖向刚度和横向刚度两类。

（一）竖向刚度

竖向刚度用挠度表示，是指在竖向荷载作用下产生弯曲的下垂度。一般所说的挠度是指弹性挠度。

在“中—活载”静力作用下，桥梁改造时梁体竖向变形应满足下列规定：

1. $v \leqslant 160$ km/h 客货共线桥梁

竖向刚度应满足现行《铁路桥涵设计基本规范》的规定，见表3—4。

表3—4　梁体竖向挠度限值

桥　跨　结　构		挠度限值
简支钢桁梁		L/900
连续钢桁梁	边　跨	L/900
	中　跨	L/750
简支钢板梁		L/900
简支钢筋混凝土及预应力混凝土梁		L/800
连续钢筋混凝土及预应力混凝土梁	边　跨	L/800
	中　跨	L/700

注：L为简支梁或连续梁检算跨的跨度。

新建或改建桥梁不应采用上承式钢桁梁、上承式钢板梁，不宜采用半穿式钢桁梁。

2. $160 < v \leqslant 250$ km/h 客货共线桥梁

（1）梁体竖向挠度不应大于表3—5的限值。

表3—5　梁体竖向挠度限值

跨度L(m)		$L \leqslant 24$	$24 < L \leqslant 40$	$40 < L \leqslant 96$
挠度限值	单　跨	L/1 000	L/900	L/900
	多　跨	L/1 400	L/1 200	L/900

（2）梁端竖向转角（注：连续梁为正负转角的绝对值之和）不应大于下列限值：

有砟桥面和钢梁明桥面　　$\theta = 3.0 \times 10^{-3}$ rad

无砟桥面　　$\theta = 1.5 \times 10^{-3}$ rad

其中，时速250 km区段的桥梁：

有砟桥面和钢梁明桥面　　$\theta = 2.5 \times 10^{-3}$ rad

无砟桥面　　$\theta = 1.5 \times 10^{-3}$ rad

（3）钢梁桥面系纵梁位置处横梁的挠度：端横梁应不大于2 mm，中间横梁应不大于3 mm。

（二）横向刚度

为保证钢梁的横向刚度，其梁中心距与跨度之比（即宽跨比）应同时满足下列规定：下承式简支和连续桁梁边跨不应小于1/20；连续桁梁除边跨外其余各跨不应小于1/25。简支板梁其宽跨比不应小于 1/15，主梁中心距不应小于 2.2 m。

在列车横向摇摆力、离心力、风力和温度力的组合作用下，梁体的水平挠度应不大于梁体计算跨度的 1/4 000。

由墩台横向水平位移差引起的相邻跨桥面处轴线间的水平折角不应大于 1‰。确定水平折角的荷载组合按《铁路桥涵设计基本规范》相关规定办理。当桥梁跨度小于 20 m 时，墩台横向水平位移采用跨度 20 m 的限值。

对时速 160 km 以上的桥梁，在“中—活载”静力作用下，梁体扭转引起的轨面不平顺以一段 3.0 m 长的线路为基准（图 3—15），限值应满足：

时速 200 km 的桥梁　$t \leqslant 3.0$ mm

时速 250 km 的桥梁　$t \leqslant 2.0$ mm

列车活载作用下，支承垫石与梁底之间的横向相对变位不得大于 1 mm。

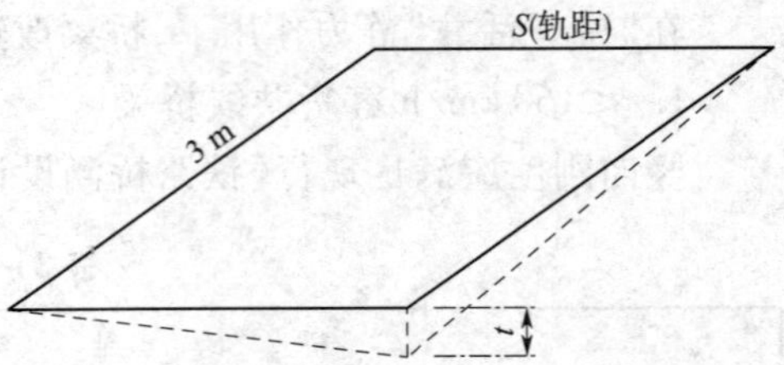

图 3—15　桥梁扭曲变形的几何关系

第三节　支　　座

桥梁支座：设在桥梁上部与下部结构之间的传力装置，其应能使上部结构具有必要的活动性。

固定支座：仅允许梁端绕横桥方向水平轴转动的桥梁支座。

活动支座：允许梁端绕横桥方向的水平轴转动且在顺桥方向作水平移动的桥梁支座。

一、支座类型

运营梁跨结构的支座类型一般应符合表 3—6 的规定。

表 3—6　桥跨结构支座类型

梁跨类别 \ 支座类型	铸钢支座						橡胶支座	
	平　板	弧　形	摇　轴	辊　轴	圆柱面	双曲面	板　式	盆　式
钢　　梁	$L<10$	$10\leqslant L\leqslant 24$	$24<L\leqslant 48$	$L\geqslant 56$	$16\leqslant L\leqslant 32$	$16\leqslant L\leqslant 32$		
圬 工 梁	$L\leqslant 8$	$8<L<20$	$20\leqslant L\leqslant 48$	$L\geqslant 56$	$16\leqslant L\leqslant 32$	$16\leqslant L\leqslant 32$	$L\leqslant 20$	$L>20$

注：(1) L 为梁的跨度（m）；

(2) 跨度小于等于 6 m 的简支梁可不设支座，采用高强石棉板等弹性垫板代替；

(3) 无支座的钢筋混凝土板梁，应在两侧设支撑，防止横向移动。

二、固定支座安装原则

固定支座应安装在桥梁纵向水平作用力的前端，使桥上经常作用的水平纵向力不是在拉它而是推它，安装的一般规定为：

在坡道上，设在较低一端；在车站附近，设在靠车站一端；在区间平道上，设在重车方向的前端。

如遇上述条件不一致时,按水平力作用影响大的情况设置,一般应先满足坡道的要求。除特殊设计外,不许将相邻两孔的固定支座安设在同一个桥墩上。

在复线桥上,第一线和第二线桥梁的同类型支座应安设在同一端。

三、支座锚栓尺寸要求

支座锚栓尺寸要求见表3—7。

表3—7 支座铆栓尺寸

类 别	尺 寸 要 求	
支座底板锚固锚栓	锚栓直径	1. 钢梁一般为32 mm(至少25 mm) 2. 圬工梁为25 mm
	安装要求	1. 埋入墩台深度不小于300 mm,并在埋入部分下端做成弯钩或分叉式或胀杆形式,加强锚固力量 2. 对跨度小于20 m的钢梁,为防止机车压在梁的悬臂上时,梁身过轻有翘起可能,须用锚栓拴住主梁两端
圬工梁与支座上摆联结锚栓	直径至少25 mm,跨度16 m梁的大弧形支座锚栓直径为28 mm	

四、各种常用支座的结构构造

(一)铸钢平板支座

由钢制的上座板和下座板组成的桥梁支座。

由底板、垫板、上下座板和锚栓组成。固定支座的上下座板间用销钉固定,活动支座的上座板设长圆形销孔,使梁能纵向伸缩,但梁端不能完全自由转动(图3—16(a))。

(二)铸钢弧形支座

由钢制的上支座板和带有弧形面的下座板组成的支座。

由上下座板、垫板和锚栓组成。与平板支座相仿,只是下座板的顶面为一弧面,因而梁端可有一定程度的转动(3—16(b))。

(三)铸钢摇轴支座

由钢制的上摆、摇轴和下座板组成的支座。

由上下摆、底板和两者间摇轴组成,若上摆与底板间设一个由圆形的辊轴两侧削去为扇形的摇轴即为活动支座(3—16(c))。

(四)铸钢辊轴支座

由钢制的上摆、下摆、辊轴和座板组成的支座。

若将摇轴的固定支座放在一组辊轴上,组成辊轴支座的活动支座(3—16(d))。

(五)板式橡胶支座

板式橡胶支座是由薄钢板加劲的橡胶平板所组成的桥梁支座。由上下座板及多层薄橡胶片与薄钢板粘结而成的橡胶垫组成,一般不分固定支座及活动支座。有受力均匀、变形良好、吸震性能好,更换方便的优点,现多使用于跨度20m及以下的圬工梁上。

(六)盆式橡胶支座

由钢盆和密封于钢盆内的橡胶板以及滑板组成的桥梁支座。

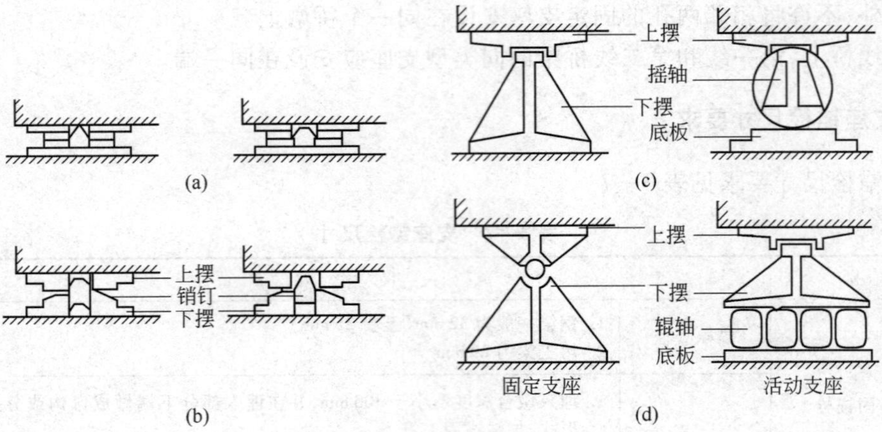

图 3—16　支座结构图

由上座板(含不锈钢滑板)、聚四氟乙烯滑板、钢紧箍圈、中间钢衬板、橡胶密封圈、下座板、防尘罩和地脚螺栓组成(3—17)。目前我国铁路使用的 1 000 t 级盆式橡胶支座,适用于支承力为 1 500 ~ 15 000 kN,支座最大转角为 5/1 000,支座最大位移 ±150 mm(或更大)的桥梁。

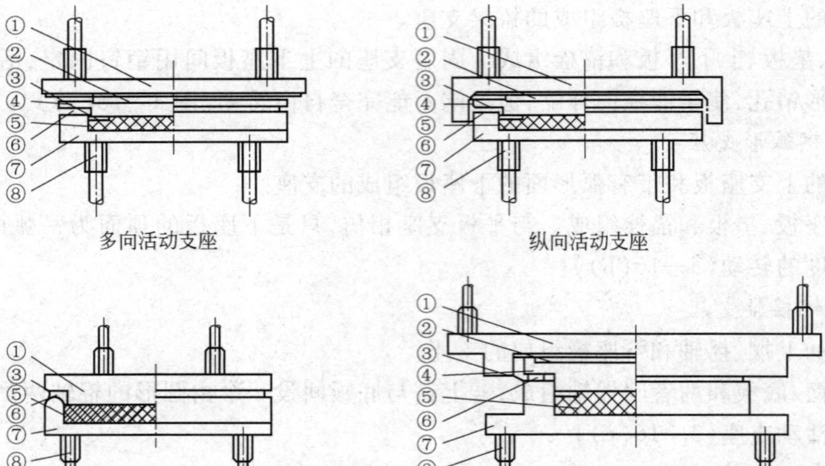

图 3—17　盆式橡胶支座

①上座板;②聚四氟乙烯滑板;③钢紧箍圈;④中间钢衬板;

⑤橡胶承压板;⑥橡胶密封圈;⑦下座板;⑧地脚螺栓

(七)球型支座

由上摆、球冠、下摆组成的钢支座。

大跨度连续梁上球型支座的布置方式与盆式橡胶支座基本相同，但由于大跨度连续梁固定支座承受的顺桥向水平力较大（尤其是地震时），为了保证在固定墩上固定支座和横向活动支座共同承受水平力，应采取构造措施减少横向活动支座顺桥向的间隙，使其具有和固定支座相接近的水平刚度。横向活动支座的顺桥向间隙有挡块和转动套、转动套和下支座板之间的间隙两部分组成，其中，挡块和转动套之间的间隙一般为 ±0.6 mm，转动套和下支座板之间的间隙为 ±0.5 mm，而固定支座只在上、下支座板之间有 ±0.5 mm 的间隙，两种支座顺桥向间隙相差达 ±0.6 mm。对于支座位移相对较大的纵向活动支座 ±0.6 mm 的间隙是必要的，因为支座的顺桥向位移一般较大，而横向活动支座的位移量很小，一般仅在 ±5 mm 以内。为了使横向活动支座的水平刚度和固定支座接近，可以将其挡板与转动套之间的间隙减少到 ±0.1 mm，这样横向活动支座顺桥向可能发生的最大位移控制在 ±0.6 mm 以内，与固定支座可能发生的位移 ±0.5 mm 相接近，可以保证横向活动支座和固定支座共同受力，改善桥梁在固定墩上支座的受力状态。

（八）圆柱面钢支座（柱面钢支座）

由上摆、圆柱状衬板、下摆（与圆柱衬板接触面为弧面）组成的钢支座。

在客运专线铁路桥梁的引入线的 T 形梁上，也有采用柱面支座的，设置柱面支座的初衷是防止 T 梁架设时横向侧倾，但事实上架梁过程中还是需要加设临时支撑。柱面支座作为一个独立的支座沿柱面的转动轴转动是可靠的，但当柱面同时安装在几片 T 梁之下时，如何确保一排柱面支座的同轴度至关重要，如果同轴度不好，一排 T 梁下的几个柱面支座轴线之间有夹角，或几个支座不在同一条轴线上，就必然引起柱面支座上的聚四氟乙烯滑板局部磨损，甚至于造成聚四氟乙烯板被挤出。目前在使用柱面支座的桥梁上，已经出现过支座的聚四氟乙烯滑板被挤出的现象。因此在国外高速铁路桥梁上，没有大量采用柱面支座的实例。在国内使用时应特别关注支座安装的同轴度。但由于预制 T 梁的梁长制作误差一般可达 20 mm，因此即使 T 梁一端支座保持在同一轴线上，另一端支座由于梁长的误差，也有可能使支座不在同一轴线上，同样会造成柱面聚四氟乙烯滑板的磨损，或将聚四氟乙烯滑板挤出。

（九）双曲面钢支座

由上摆、双曲面钢衬板、下摆组成的钢支座。

目前在客运专线铁路桥梁用的双曲面支座有两种形式，一种与球型支座类似，但将球面板改为沿桥轴两个方向取不同的曲面半径，以改变支座沿两个方向具有不同的转动刚度。但此种支座的加工难度比球型支座大很多。另一种双曲面支座是有两个不同半径的柱面组成，相当于设置了两个曲面的聚四氟乙烯滑板，加上平面聚四氟乙烯滑板，在一个支座上共有三个滑板，结构过于复杂，增加了易损部件的数量，而且也不经济。事实上是可以用一个球型支座来替代的。

（十）铰轴滑板钢支座

由钢制上摆、下摆、铰轴、支座板组成的支座。

铰轴滑板支座是在辊轴支座基础上改进而成的一种支座形式。由于辊轴支座在使用过程中，经常发生辊轴在位移后倾斜，无法恢复原位，给支座的养护维修带来很大的困难。例如南京长江大桥的辊轴支座辊轴倾斜无法复位，还发生辊轴连杆销钉剪断的现象。为克服辊轴支座的上述缺点，近年来研制成一种铰轴滑板支座，该支座保留了原辊轴支座的上面部分(即铰轴部分)，而将原辊轴支座的辊轴部分取消，改换成聚四氟乙烯滑板与不锈钢板之间的平面滑动，由此来满足支座的位移需要。该种支座目前已用于一些大跨度钢桥和混凝土桥。铰轴滑板支座由适应转动的铰轴和适应位移的滑动部分组成。图3—18为铰轴滑板支座的构造图。

图3—18　铰轴滑板支座构造示意图

由于铰轴滑板支座要通过铰轴转动，作用于支座顶板上的力，应以刚性角(35°～45°)扩散传递到铰轴中心处，再向下以刚性角(35°～45°)扩散传递到支座滑板顶面，以便使聚四氟乙烯板能均匀受力，因此支座的总体结构高度仍很大，支座的用钢量较大。事实上如果采用以面接触方式传力的球形支座(或柱面支座)来替代铰轴，同样可以满足支座转动的要求，又可以显著降低支座结构高度，减小支座的总体用钢量。

第四节　墩台及基础的构造

一、桥墩的构造

桥墩主要由墩帽、墩身、基础三部分组成(3—19)。我国现采用的一般桥墩按墩身截面可分矩形、尖端形、圆形、圆端形等几种。桥墩墩身绝大多数是实体的，即用石料、混凝土或片石混凝土筑成，对于高桥墩(墩身高超过30 m者)采用薄壁空心钢筋混凝土桥墩。近年来发展轻型墩台，除薄壁空心钢筋混凝土桥墩及双柱式桥墩外，还采用预应力拼装式空心薄壁桥墩、基桩栈桥以及柔性墩等。

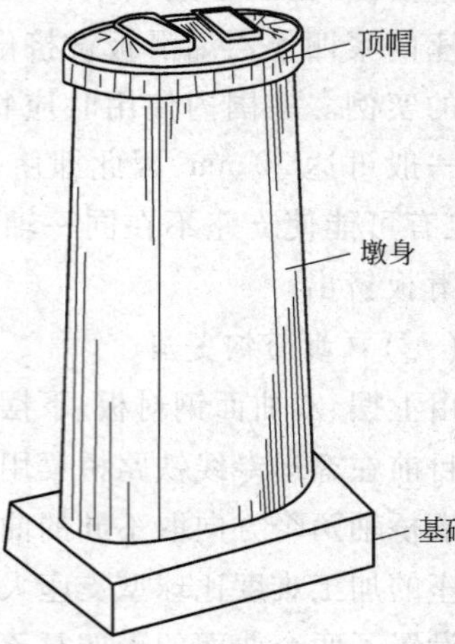

图3—19　桥墩图

二、桥台的构造

桥台形式主要取决于填土高度、梁跨形式和跨度。目前主要有U形、T形、十字形及埋式等几种重力式桥台，还有耳墙式桥台及桩柱式、锚定板等轻型桥台。图3—20为T形桥台构造图。

三、基础的常用类型

常见的桥梁基础类型有扩大基础、沉井基础、沉箱基础、桩基础、钻(挖)孔桩基础等。

扩大基础常为台阶式，一般每台阶高为1 m，各台阶坡度线与竖直线所成夹角，对石砌圬工应不大于大35°，对混凝土圬工应不大于45°，襟边宽度应不少于20 cm(图3—21)。

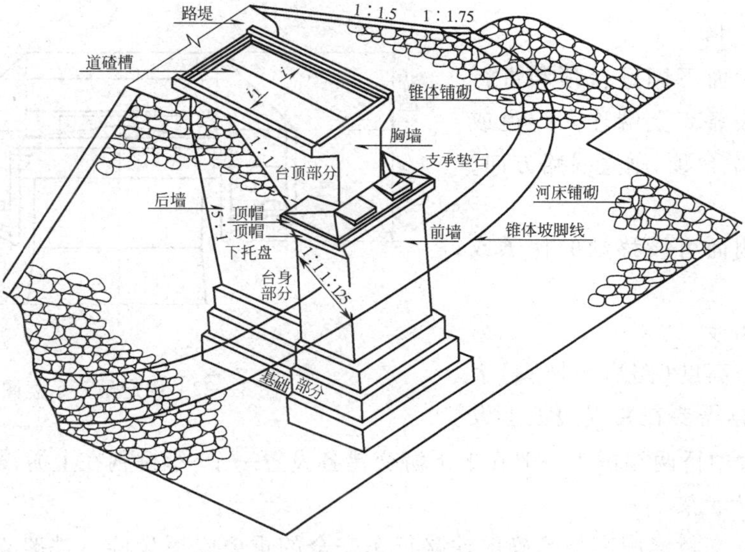

图 3—20　T 形桥台图

桩基础：根据桩的材料可分为木桩、钢筋混凝土桩、钢桩等；根据桩的形状可分为板桩、方桩、管桩、螺旋桩、灌注桩、桩尖爆破桩和钻（挖）孔桩等；根据基础承台的所在位置可分为低桩承台（承台修建在冲刷线以下）和高桩承台（承台底高出河底或水面）；桩基础根据传力方法的不同又可分为摩擦桩与承重桩两种。沉井基础、气压沉箱基础及管柱基础则多用于深水河流，管柱直径已有 1.55 m、3.0 m、3.6 m、5.0 m 及 5.6 m 等。

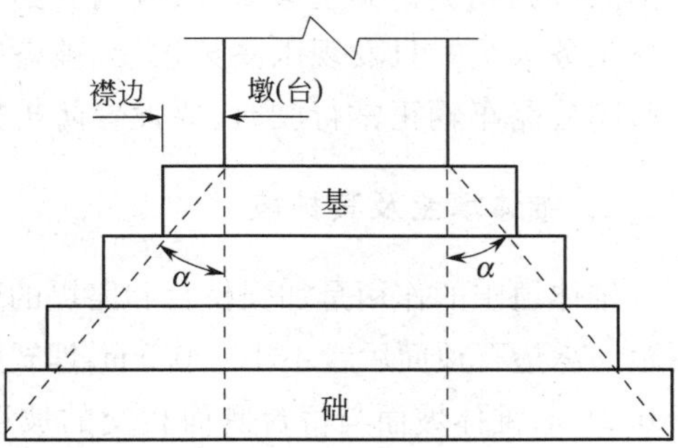

图 3—21　扩大基础图

第五节　桥梁的附属设备

一、安全检查设备

为经常检查桥梁建筑物各部位的情况和保证桥梁养护维修人员的正常工作及操作安全，需要在桥梁的不同部位配备与其相应的安全检查设备。

梁的跨度大于 10 m，墩台顶帽面至地面的高度大于 2 m 或经常有水的河流，墩台顶应设置围栏、固定吊篮（图 3—22）、检查梯及踏步台阶等。

（一）围　　栏

保证养护人员在墩台面作业时的操作安全设备。它由插入墩台顶帽上的立柱和栏杆扶手组成。

（二）固定吊篮

是供检查或维修养护桥梁支座和梁端时用的设备。它由支架、步板、栏杆及扶手组成，支架可由钢材或钢筋混凝土制成，步板可为木板或钢筋混凝土板或钢板。通常桥台设单侧，桥墩设双侧。

（三）检 查 梯

是便于从桥面下到墩台顶和进行检查作业用的设备。上端连人行道或梁部，下端支于墩台顶，垂直线路方向，倾斜放置。

检查墩台侧面可设移动的梯子或利用小船。

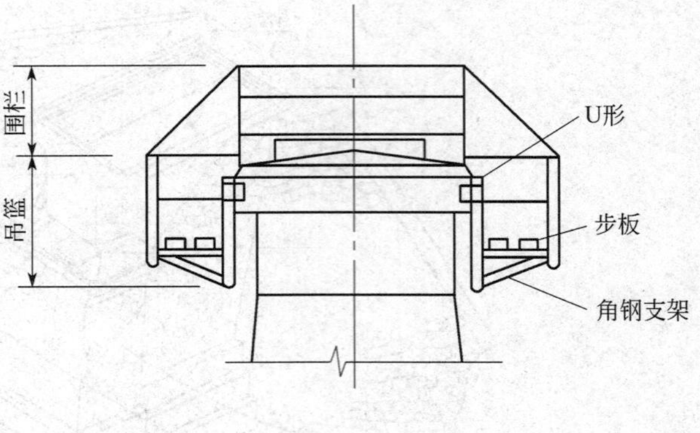

图 3—22　固定吊篮示意图

（四）检查踏步

当桥头路堤高度（路肩至坡脚）大于 3 m 时，应根据需要在路堤边坡上设置简易台阶。大中桥两端桥头一般在上下游交错各设置一个，小桥则在上游设置一个。

（五）限高防护架

“铁跨公”立交桥涵限高架是确保铁路行车安全的重要附属设施。铁路立交桥（涵）其净空不足 5 m 且通行机动车辆的均应设置限高架。限高架的日常管理由各桥梁车间按各自管辖范围划分到相关桥梁工区管理，应纳入到日常检查、保养、维护范围。

工务人员一旦发现限高架被撞、被盗应立即通知设备管理单位组织抢修。当限高架被损坏影响公路车辆正常行驶时，要设置防护措施，防止发生交通事故。

二、锥体填土及其护坡

锥体填土的作用是加强桥台和路堤的连接，台尾上部伸入路肩最少 0.75 m，实体桥台锥体坡面距支承垫石顶面后缘不小于 0.3 m，埋式桥台锥体坡面与台身前缘相交处应高出设计水位不少于 0.25 m，锥体坡面与桥台侧面相交的坡度一般应为：在路肩下 0 ~ 6 m 高度内不陡于 1∶1；6 ~ 12 m高度内不陡于 1∶1.25；大于 12 m 时，不陡于 1∶1.5（图 3—23）。锥体填土的护坡通常在设计频率水位加 0.25 m 以上部分是采用单层干砌片石（厚 0.25 m）铺砌并加设碎石反滤层，以下部分按实际水流速度来确定，如流速 $v \geq 3.0$ m/s 时采用浆砌片石（厚 0.35 m），如流速 $v < 3.0$ m/s 可采用干砌片石。锥体护坡坡脚要用砂浆砌片石作基础，并将其置于一般冲刷线以下。

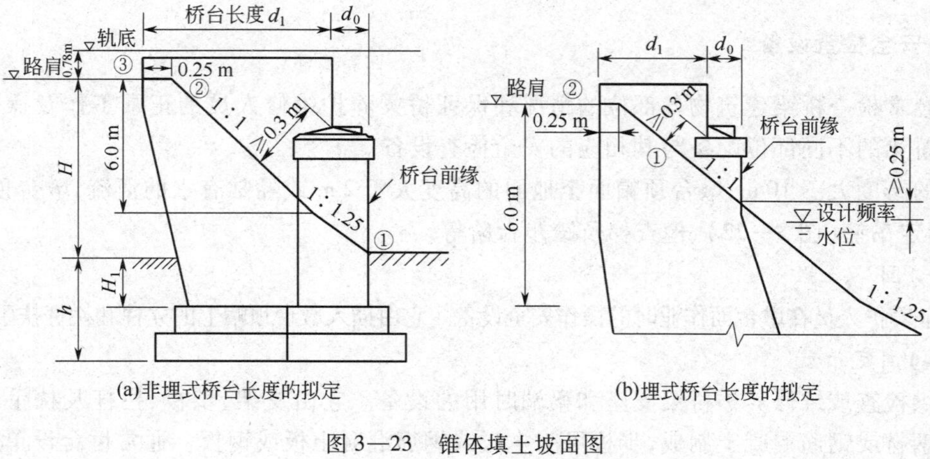

图 3—23　锥体填土坡面图

三、防护设备及调节河流建筑物

桥涵的防护设备及调节河流建筑物对桥涵的防护非常重要。它有导流堤、丁坝、护岸以及河床防护等。

(一)导 流 堤

在河滩较宽而桥孔较短的桥梁中,为了使桥梁上游的水流能平顺地引向桥孔排泄,可在桥头修建不漫水的导流堤(图3—24)。

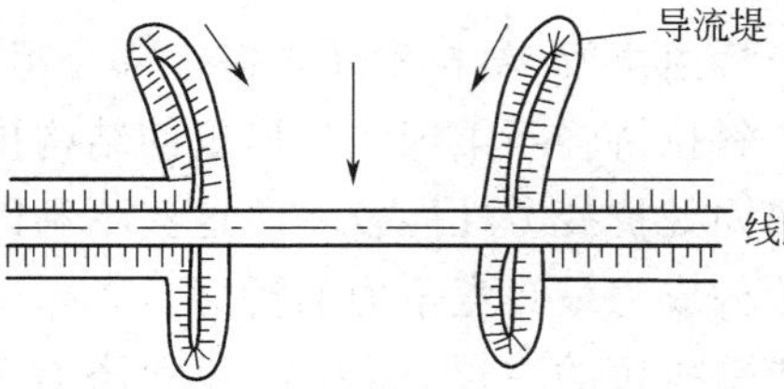

图3—24 导流堤图

桥梁上游的导流堤可采用椭圆形曲线(半个马蹄式),长度应根据河滩宽度而定。下游导流堤可采用直线或圆曲线的短堤。堤顶的标高应高出设计水位加波浪高加壅水高再加0.25 m,堤顶坡度与水流自然坡度相适应。

如果主流在洪水时与线路中心线成斜交而冲刷桥头路基或桥台时,须从水流方向顺着路堤修成梨形导流堤,以便渐渐地迎抵水流和避免桥头处发生漩涡。

(二)丁 坝

当河岸受到冲刷而使河道逐渐弯曲时,可在受冲刷的一岸设置丁坝(图3—25),将主流挑开,使该岸不再遭受冲刷而逐渐淤积。一般情况下,不宜在桥涵进口附近修筑丁坝,以免产生斜流集中冲刷某个墩台。

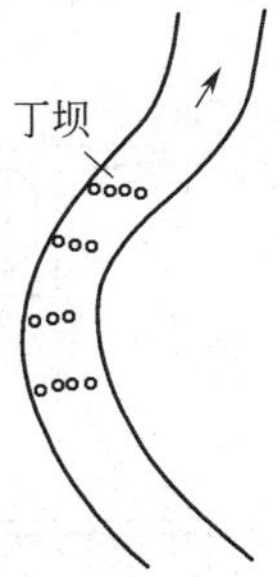

图3—25 丁 坝

丁坝多采用成群布置,丁坝的标高取决于漫流式还是非漫流式,以漫流式效果较好,经济适用。丁坝的顶面一般高于常水位,稍低于历年平均洪水位,丁坝的坡度一般由坝头按5% ~10%的坡向坝根顺延。坝根必须深入河岸。

丁坝的种类与结构有单层编篱透水屏,铁线石笼丁坝,干砌片石丁坝等。

丁坝和导流堤的坝体横断面一般可按表3—8选用。

表3—8 丁坝断面尺寸表

顶宽(m)		边坡		
坝头	坝身	坝头	坝身	
			迎水面	背水面
3~6	2~4	1:2~1:3	1:1.5~1:2.0	1:1.5~1:2.0

注:对不防护加固的边坡坡度应按填料摩擦角确定。

(三)护 岸

护岸防护加固的迎水面边坡,当不经常浸水时用1:1.5,经常浸水时用1:2.0,防护高度至少要高出设计水位加波浪最大高度,再加0.25 m,防护的下端应伸入河床内,并筑有基础。

(四)河床铺砌

对降坡大、水流急、冲刷严重的河床用浆砌片石对河床进行铺砌,防止冲刷。铺砌的起止点应设置垂裙。

第六节 特殊桥跨

一、斜拉桥

斜拉桥由主梁,斜拉索及索塔三部分组成,主梁除支承于墩台外,还支承于索塔引出的斜拉索上。斜拉桥轻巧柔细的外形也使结构抗震性能较差,刚度较小和挠度变形较大;同时斜拉索两端锚固处抗疲劳性能较差。这些不利因素随着计算技术和材料技术的发展而逐步改善,使得斜拉桥成为最具竞争力的桥型。

组成斜拉桥的主梁、斜拉索和索塔有各种不同的结构形式,它们之间的组合方式亦有多种。

(一)主　　梁

预应力混凝土斜拉桥常用的主梁有连续梁带挂孔或设铰的悬臂梁和悬臂刚架,铁路桥一般采用整体性强的连续梁。

主梁截面通常采用抗弯和抗扭刚度大的箱形截面。箱形截面根据桥面宽度不同可采用单室、双室、多室或分离式,如图 3—26 所示。

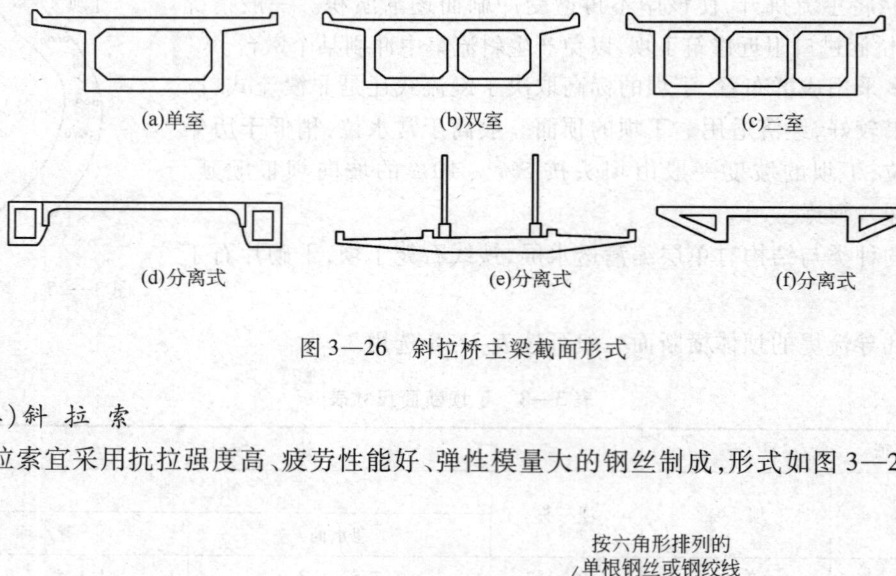

图 3—26　斜拉桥主梁截面形式

(二)斜 拉 索

斜拉索宜采用抗拉强度高、疲劳性能好、弹性模量大的钢丝制成,形式如图 3—27 所示。

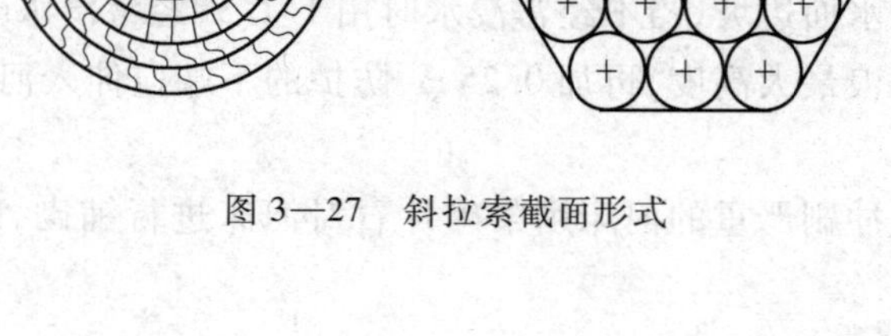

图 3—27　斜拉索截面形式

1. 斜拉索在横桥方向布置

(1)单面索:一般用于公路桥。拉索面设于行车道中央,近来也出现拉索面呈斜面布置的形式。

(2)双面索:双面索是最常用的形式。常用竖直双面拉索体系,也有索面倾斜的双面索。

2. 斜拉索在顺桥方向布置

常用的有辐射形,竖琴形、扇形、星形四种,见图 3—28(a)、(b)、(c)、(d)所示。

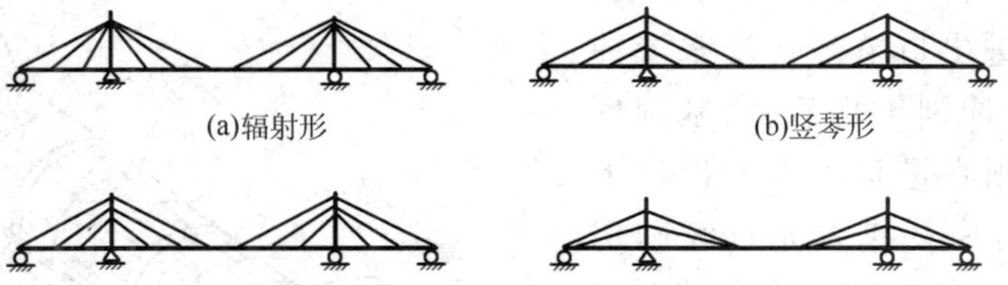

图 3—28　斜拉索立面布置形式

3. 索　　塔

索塔一般是钢筋混凝土,也可根据需要做成预应力混凝土结构。索塔结构形式应根据拉索布置、主梁跨度及桥面宽度等因素决定,主要有柱形、门形或斜门形、倒 V 形或倒“Y”形等形式。

二、钢 拱 桥

钢拱桥在我国铁路桥梁中较少采用,一般只在跨越基础地质良好,而谷中桥墩工程数量巨大或施工困难时采用,有时也在考虑美观条件时采用。

(一)钢拱桥类型

钢拱桥按桥面位置分类可分为上承式、中承式及下承式;按铰的数目可分为三铰拱、双铰拱及无铰拱;按结构分为板拱与桁拱。

(二)钢拱桥构造

钢拱桥的拱肋为实腹时采用板拱,空腹时采用桁拱。桁拱弦杆的中间设置腹杆,腹杆有竖杆和斜杆。为了防止拱圈向平面外翘曲,增加稳定性,在桁拱的上下弦面内以及桥面系水平面内各设平纵联一道,将横向力传到桥的两端(图 3—29)。

图 3—29　钢桁拱桥构造图

三、悬 索 桥

悬索桥由塔柱、悬索、吊杆和梁组成,由于悬索桥刚度较小,在铁道工程方面应用很少,不予赘述。

第七节　涵　洞

一、钢筋混凝土圆涵构造

圆涵管节长度一般为1 m,小孔径管节亦可长于1 m。涵洞由进口节、涵身节和出口节组成(图3—30)。圆涵进口节和出口节的构造尺寸相同。进(出)口节有端墙、翼墙、雉墙和小锥体。进出口节经常受水流冲刷影响,为避免因冲刷出现病害,基础埋置较深。通常还须在进口上方和出口下方一定范围内,用片石或大卵石铺砌沟床,以做防护。圆涵的基础分为有基础和无基础两种。

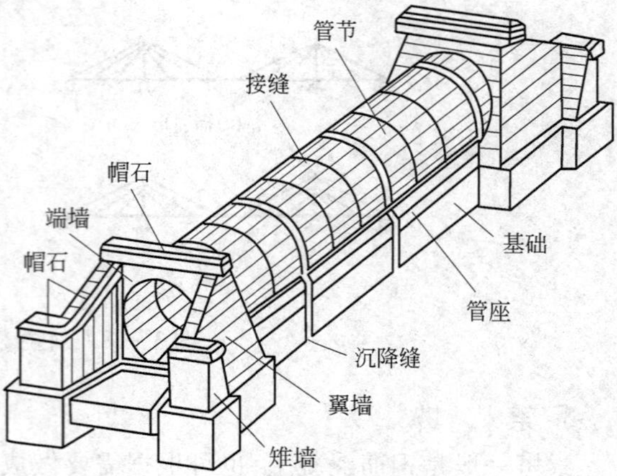

图3—30　混凝土圆涵构造图

为避免下沉不匀引起涵洞开裂,特设置沉降缝。每隔2~5 m应设沉降缝一处;新旧接头处,两种地基土交界处亦应设置沉降缝。沉降缝的构造:缝宽约3 cm,缝中以弹性防水橡胶条或其他有弹性不透水的材料填塞,在沉降缝处涵洞外围做一层防水层,最后在整个涵洞外围敷设一层塑性黏土。

涵洞底面需要设置如图3—31中所示预留上拱度Δ,预期在全部沉降量出现以后,涵洞底面能达到设计纵坡 i 或微呈上拱,避免出现反坡。

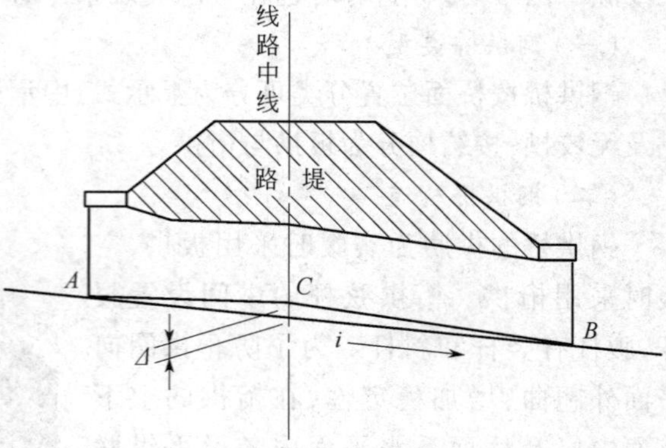

图3—31　涵洞预留上拱度图

二、钢筋混凝土盖板箱涵

钢筋混凝土盖板箱涵由基础、边墙、钢筋混凝土盖板组成。基础、边墙用石砌圬工或混凝土就地砌筑,盖板用钢筋混凝土预制。涵身分段和沉降缝设置,原则上和圆涵一样,只是沉降缝的构造有所不同(图3—32)。在涵洞外围一侧,沉降缝中填塞弹性防水橡胶条,深约5 cm;内侧则填塞M10水泥砂浆,深约15 cm;其余部分填塑性黏土。基础部分的沉降缝,或用塑性黏土填满。此外,在沉降缝外围敷设0.5 m宽的防水层。盖板通常预制成宽1 m的板,相邻盖板接缝处也应铺设防水层。

盖板箱涵应和圆涵一样设置预留上拱度。

盖板箱涵进口节有抬高式和不抬高式两种。进口节设成抬高式有利于适应涵洞水流形态,提高涵洞过水能力。盖板箱涵的基础,一种是整体基础,或称刚性联合基础,基础厚度按基础圬工角向下扩展到涵洞中心来确定，这种基础在地基承载能力不高的情况下可以采用。地基承载能力较强时，宜采用分离式基础，可以减少工程量。对于容许承载力较低的地基，则可采用钢筋混凝土联合基础，这种基础厚度小，可利用钢筋混凝土扩大地基承载面积，减小对地基承载能力的要求。

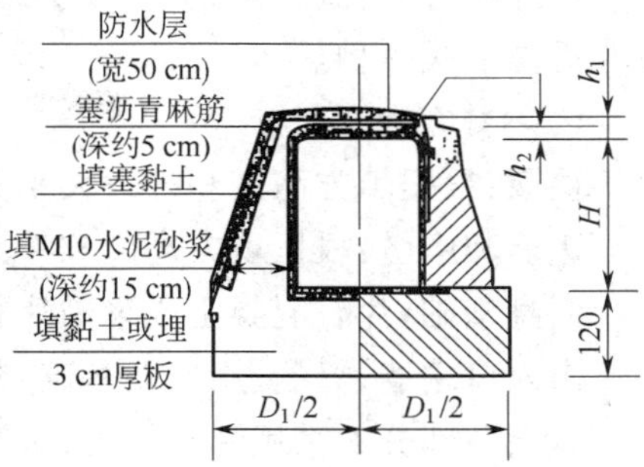

图 3—32 盖板箱涵沉降缝

三、拱 涵

(一)一般构造

石拱涵及混凝土拱涵(图 3—33)分单孔和双孔两种。孔径范围为 0.75～6.0 m。孔径系指涵身边墙与边墙或边墙与中墩之间的水平净距。

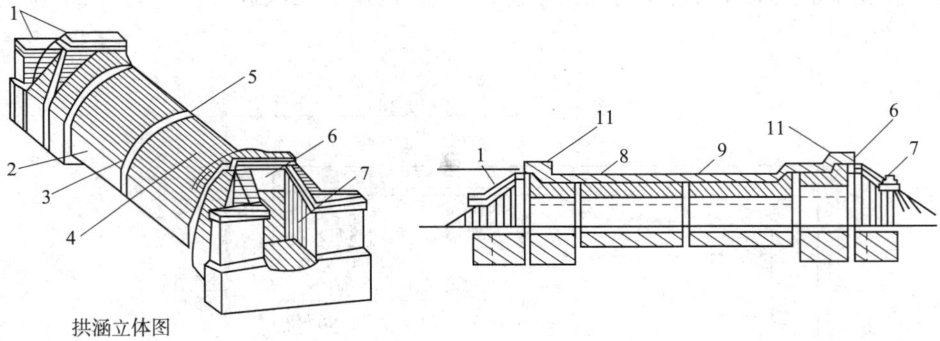

图 3—33 拱 涵

1—管节；2 —基础；3 —边墙；4 —拱圈；5 —沉降缝；6—端墙；7 —翼墙；8 —黏土层；9 —防水层；10 —锥体护坡；11—路堤

拱涵的洞身主要由基础、边墙和拱圈组成；双孔尚有中墩。

拱涵的基础有整体式、分离式和板凳式三种。

整体式基础拱涵用于压缩性很小的各类地基和岩石地基上，不得用于湿陷性黄土地基。对于拱顶至轨底填方高 $H=1\sim12$ m 和 $H>12$ m 的情况，要求地基基本承载力分别大于200 kPa 和 300 kPa。

分离式基础拱涵主要用于压缩性极小，土壤密实度在“密实”以上的各类地基和岩石地基上，基本承载力必须大于 500 kPa。

板凳式基础拱涵主要用于压缩性极小，土壤密实度基本在“密实”以上的砂土和“中密”以上的碎石土以及岩石地基，基本承载力必须大于 400 kPa。

拱涵的边墙为适应受力的要求，设计成上窄下宽的类似挡墙的形式。拱圈一律采用圆弧形。

对于孔径 1.5～2.5 m，填方高度大于 10 m 或孔径 3.0～6.0 m，填方高度大于 5 m 的拱涵，需在边墙与拱圈之间设置 400 mm 厚的拱座。拱座采用与拱圈相同的材料砌筑。

拱涵适应的填方高度因路堤填料的不同而异，其中最小者为 1 m，最大者为 30 m。拱涵的出入口节一律采用八字式。其中入口节又分提高节和非提高节两种形式。顺便指出，有提高节的涵洞较无提高节的涵洞有更高的泄水能力。

此外还有一种低边墙扁平式拱涵(采用整体基础),配合较低矮的路堤使用,入口形式仅有非提高节式一种。

(二)建筑材料

拱圈:根据填方高度和外力大小分别采用混凝土、浆砌片石或浆砌粗料石。

边墙和中墩:根据填方高度和外力大小分别采用片石混凝土、浆砌片石或浆砌块石。

洞身基础:片石混凝土或浆砌片石。

出入口端墙、翼墙、雉墙及基础:浆砌片石。

以上各部分如采用片石圬工,水泥砂浆强度等级不得低于 M10。

四、框 构 涵

框构涵俗名箱形涵(图 3—34),广泛地应用于铁路跨越小河流等各类工程。特别是跨越既有铁路时,由于铁路限界、轨顶高程的限制,梁式桥的施工无法进行,采用框构桥顶进是常用的选择。

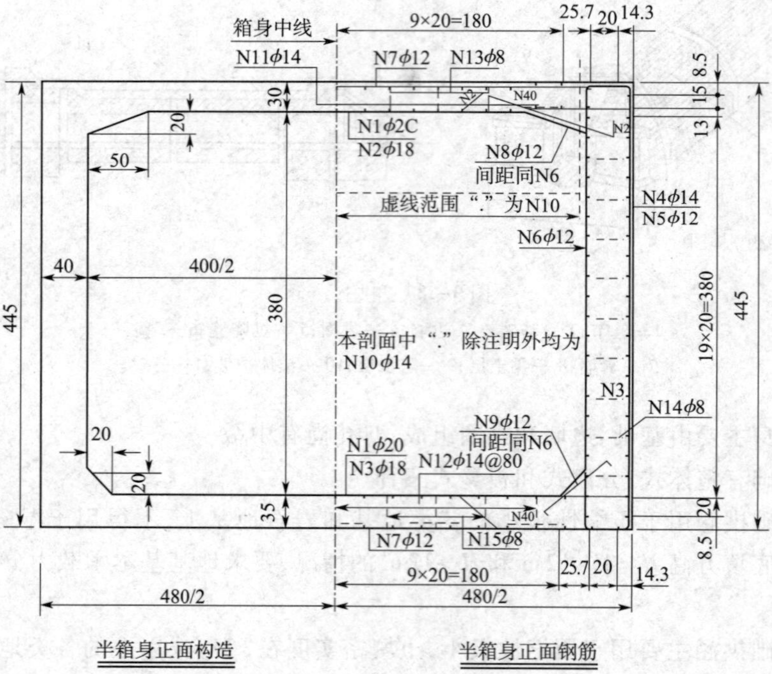

图 3—34　框构涵(单位:cm)

(一)框构涵的组成

1. 涵　　身

也叫箱身,由钢筋和混凝土组成。混凝土等级不小于 C40,抗渗等级不小于 P8 级。图 3—34 为一孔径 4 m 框架涵结构图。

2. 基　　础

框架涵基础分为有基和无基两种。一般的地基承载力较高,基底应力大于 0. 16 MPa 时,采用无基类型。若地基承载力不足,则采用 C15 混凝土做基础,施工只能采用现场浇筑。

3. 附属设备

附属设备包括出入口铺砌、雉墙、翼墙和出入口排水系统。

(二)框构涵常见病害

(1)由于遭受碰撞、施工因素的影响,框构涵箱身产生混凝土剥落、掉块和露筋等病害,危及箱身安全。

(2)由于受施工因素、碱一集料反应等钢筋混凝土质量影响,箱身出现裂纹。

(3)由于出入口铺砌破坏,水进入基础或基础承载力不足等造成箱身不均下沉,箱身歪斜。

(4)由于施工的影响,架立钢筋处理不当,造成混凝土保护层不足,架立钢筋锈蚀,箱身贯通,造成透水现象。

(三)框构涵病害的整治

(1)用水泥浆对微小缝隙进行腻缝,防止水的进一步侵蚀和缝隙进一步扩大。对已剥落掉块可采用水泥砂浆(灰砂比1:2)进行抹面,封闭裸露的钢筋或对框构涵表面进行涂装,达到封闭要求。

(2)基础下沉和箱身歪斜应分析病害的原因,找准原因后先进行纠偏,后采用注浆方式阻止基础进一步下沉。

第八节 防 水 层

圬工桥隧建筑物凡有可能被水浸渗的隐蔽部位,均应铺设防水层。防水层应具有不透水、坚固、耐久、弹韧性强,与圬工粘结性好等特点,并能适应当地高温、严寒,长期雨水浸泡,冰冻而不损坏。

我国铁路曾经使用过热沥青防水层和冷作防水层。热沥青防水层铺设时因基面必须充分干燥、高温有毒、工人劳动条件差、施工质量难保证,现在已经不用。冷作防水层虽然施工条件较好,但营运实践证明其与基层面的粘接强度较差,防水效果不佳,寿命较短,近来也已不用。既有桥梁的热沥青防水层或冷作防水层将逐渐更换为新型的TQF—Ⅰ型防水层。

TQF—Ⅰ型防水层的主要材料为氯化聚乙烯防水卷材、聚氨酯防水涂料,防水层的构造如图3—35所示。

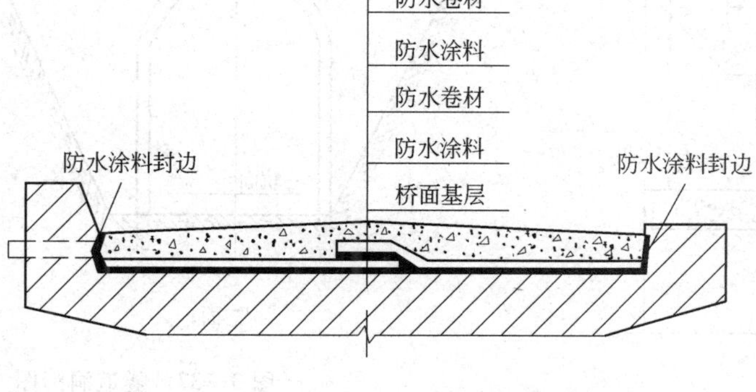

图3—35 TQF—Ⅰ型防水层

聚氨酯防水涂料应按产品说明进行配制，称量允许误差为±2%，使用时将甲乙两组原料按适当比例混合，搅拌均匀。有时为改善防水涂料的稠度，可在搅拌的同时加入防水涂料重量3%～8%的二甲苯或邻苯二甲酸二丁酯，搅拌时间为3～5 min。混合体黑亮时方可使用。防水涂料的涂层厚度约为1.5 mm，涂刷可分1～2次进行，每次搅拌的防水涂料应在20 min内用完。

氯化聚乙烯防水卷材的长度有12.3 m、16.3 m两种规格，宽度有850 mm、920 mm、1 000 mm三种规格，厚度为1.2 mm。每片梁可用两幅卷材搭接，铺设时先铺设挡砟墙一侧的一幅，横向搭接时该幅在下，再铺设另一幅。当桥梁跨度大于16 m时，先进行纵向搭接，再进行沿桥面纵向中心线的横向搭接。搭接的粘贴宽度不小于80 mm。防水卷材的粘贴一般应在防水涂料涂刷完毕后20 min内做完，有时也根据现场试验确定。

保护层采用C40抗碱玻璃纤维混凝土或其他纤维混凝土，厚度不小于40 mm。表面平整并按设计要求做成一定的排水坡。制作保护层时，桥面纵向每隔4 m做一宽约100 mm、深度为保护层厚度的断缝。当保护层的强度达到设计强度的50%时，用聚氨酯防水涂料将断缝填实、填满。保护层的施工应在防水层制成24 h后方可进行。

基面在防水层施工前经过处理后，桥面基层及挡砟墙内侧无蜂窝、麻面、浮渣、浮土、油污，也无明显水迹。基层平整，平整度用1 m靠尺检查，空隙不大于5 mm，且只允许平缓变化。

第九节 隧 道

一、洞 门

隧道洞门由端墙（正面挡土墙）、两翼挡土墙、排水系统和衬砌的第一个环节等几部分组成。

洞门的作用是用来维持山体的稳定，主要是支挡洞口正面仰坡和路堑边坡；拦截仰坡落石与掉块；并将仰坡、洞顶汇集的水排出洞口以外，以稳定洞口，保证隧道正常使用和行车安全。洞门的仰坡设置如图3—36所示。

（一）一般隧道洞门

隧道洞门有环框式洞门、端墙式、翼墙式、台阶式、柱式、耳墙式等。图3—37为端墙式洞门。

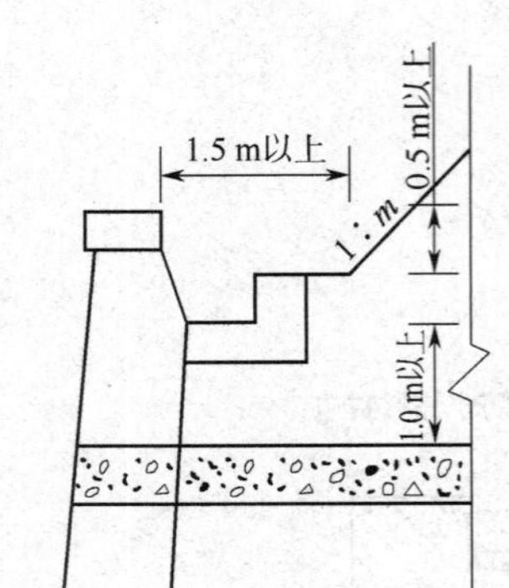

图3—36 洞顶仰坡图

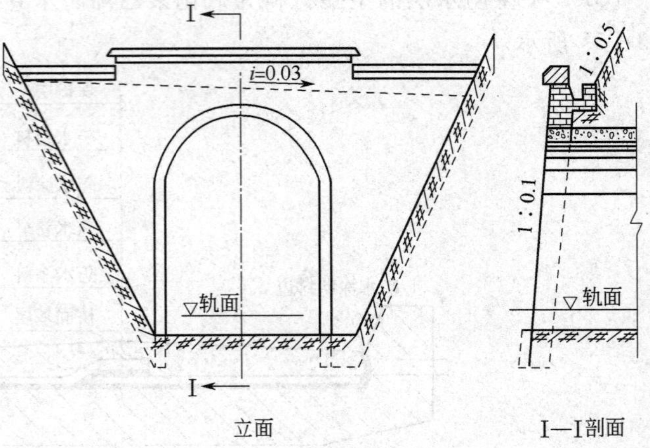

图3—37 隧道洞门图

（二）明洞洞门

有拱形明洞洞门和棚洞洞门，一般分为路堑式与半堑式两类。

1. 拱形明洞洞门

（1）路堑式明洞洞门有端墙式和翼墙式两种。

（2）半路堑式明洞门，多用于傍山线路，其靠山一侧与原地层相接，靠山侧边坡破碎时，可设置翼墙或挡墙，另一侧设置翼墙，以防回填土的锥体侵入路基。

2. 棚洞洞门

当山坡路堑外侧低下，不能适当地安置拱形明洞的庞大外墙时可以修建棚洞。棚洞是一种框架式结构，如图3—38所示。

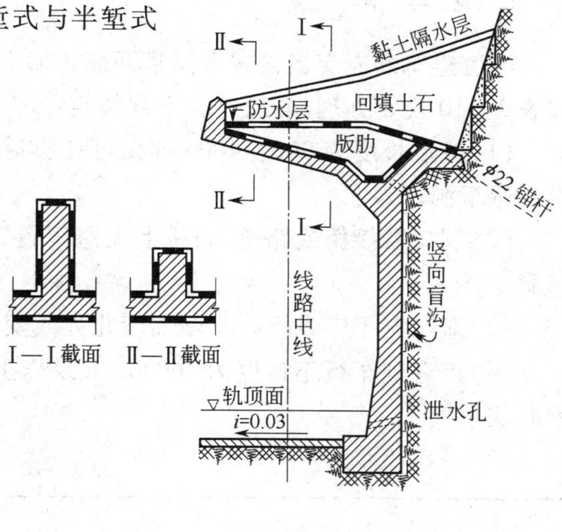

图3—38　棚洞洞门图

二、衬　　砌

运营隧道内应有衬砌。衬砌可为模筑整体式、砌体拼装式、复合式或喷锚式。既有隧道无衬砌地段，应有计划地补做衬砌或加固。新建或改建隧道单线Ⅲ级以上、双线Ⅲ级及以上围岩地段应设置仰拱；单线Ⅲ级、双线Ⅱ级及以下围岩地段是否应设置仰拱，应根据岩性、地下水情况确定。仰拱及以上回填混凝土强度等级与拱部相同。无仰拱地段应设混凝土铺底，其厚度不小于25 cm，并设置钢筋，且混凝土保护层厚度不小于30 mm。常见的衬砌类型见表3—9所列。

表3—9　隧道衬砌类型

顺　序	类　型	适用围岩别	说　　明
1	防护衬砌	Ⅰ	表面喷6 cm厚度的混凝土层
2	喷锚衬砌	Ⅱ	一般用喷锚混凝土衬砌厚6～10 cm，对层间结合差的平缓岩层用锚喷衬砌，厚8 cm，锚杆直径 ϕ16～22 mm，长1.2～1.5 m，间距1 m
		Ⅲ	用锚喷衬砌，厚8～12 cm，锚杆直径 ϕ16～22 mm，长2.0～2.5 m，间距1.2～1.5 m。对于个别易坍塌部位，宜用锚网喷衬砌，厚12 cm，锚杆直径 ϕ16～22 mm，长2.0～2.5 m，间距1m；钢筋网的钢筋直径6～12 mm，间距15～30 mm，对于层间结合一般的厚层岩层，可采用素喷衬砌，厚14 cm
3	大拱脚薄边墙衬砌	Ⅱ—Ⅲ	拱部及铺底为混凝土；侧壁一般采用素喷混凝土5 cm或喷水泥砂浆3 cm
4	花边墙衬砌（柱式射砌）	Ⅱ—Ⅲ	边墙不连续而是一段一段相间者，墙柱与岩柱宽度均为3 m，岩柱面喷混凝土厚3～5 cm
5	直墙式衬砌	Ⅲ—Ⅰ	一般为等截面，宜用于垂直围岩压力为主而水平围岩压力较小的情况
6	曲墙式衬砌	Ⅵ—Ⅳ	一般Ⅰ—Ⅱ类围岩宜采用带抑拱的封闭式衬砌，Ⅲ类围岩曲边墙的外轮廓宜采用斜线，条件好的可不用抑拱
7	其他衬砌		如钢花拱或钢筋混凝土衬砌，偏压衬砌各适用于特殊地段

三、避 车 洞

隧道避车洞应交错设置在隧道两侧边墙上，大避车洞之间设置小避车洞，其间距和尺寸应按表 3—10 规定办理，并应符合下列规定：

(1)隧道长度为 300～400 m 时，可在隧道中部设一个大避车洞，长度小于 300 m 时，可不设大避车洞；

(2)洞口紧接桥或路堑，当桥上无避车台、路堑侧沟无平台时，应与隧道一并考虑布置避车洞；

(3)避车洞不应设于衬砌断面变化处或变形缝处；

(4)旅客列车行车速度为 160 km/h 及以上的隧道内，避车洞内应沿洞壁设置高 1.2 m 的钢制扶手。

表 3—10　避车洞尺寸

名　称	一侧间距(m)		尺寸(m)		
			宽	深	高(中心高)
大避车洞	有砟道床	300	4.0	2.5	2.8
	无砟道床	420			
小避车洞	有砟道床	60	2.0	1.0	2.2
	无砟道床				

注：(1)双线隧道小避车洞每侧间距按 30 m 设置。
(2)避车洞洞门涂成白色、侧壁画有白色指示箭头。

避车洞布置如图 3—39 所示。

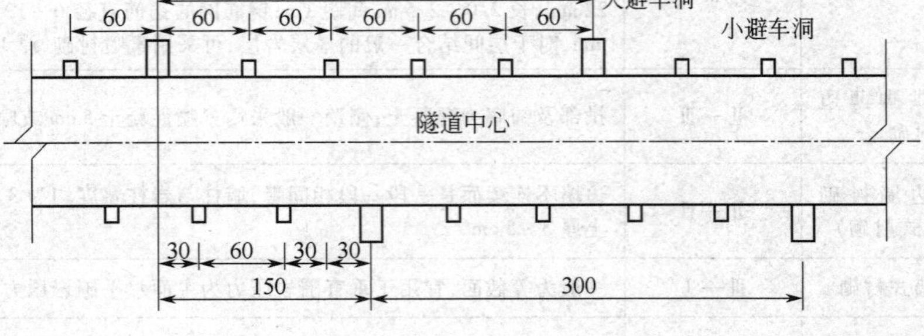

图 3—39　避车洞布置图(单位：m)

四、通风与照明

(一)隧道通风

(1)运营隧道内空气的卫生标准:列车通过隧道后15 min以内,空气中一氧化碳浓度应在30 mg/m^3 以下,氮氧化物(换算成 NO_2)浓度应在10 mg/m^3 及以下。电气化运营隧道内的卫生标准还应符合:湿度应小于80%,温度应低于28 ℃,臭氧浓度小于0.3 mg/m^3,含有10%以下游离 SiO_2 的粉尘浓度应小于10 mg/m^3。

瓦斯隧道在运营期间,必须进行瓦斯检测,隧道内在任何时间、任何地点瓦斯浓度不得大于0.5%。

(2)自然通风条件不良的隧道,应改善风道、设置机械通风。机械通风洞内风速不应大于8 m/s。机械通风方式宜采用射流风机通风,射流风机安装应牢固可靠,启动灵活,便于维修。洞内通风设备应具有防潮、防腐蚀、防漏电功能。机械通风设备必须经常保持良好状态和正常运行。工务段应配设专职通风司机及机电检修人员,负责通风机的使用和检修。

(3)隧道内为自然通风设置的通风井两端衔接必须圆顺,边墙面必须平滑,外口应有防护设施。如有妨碍空气流通的地方,应予整修。洞口如设置帘幕式通风时,帘幕结构应轻便、刚劲、启闭灵活和具有完善的安全设施,设有信号联锁装置并与行车部门建立使用制度。

(4)通风不良的隧道应在避车洞处安设防烟门。

(5)新建或改建隧道设置机械通风时,验交前必须进行通风试验,其试验结果作为隧道交接验收资料移交。根据环卫规定,对通风不良隧道内的作业人员应采取劳保措施,定期对巡守和维修人员进行身体检查。

(二)隧道照明

全长1 000 m及以上的直线隧道和全长500 m及以上的曲线隧道应设照明设备。全长大于3 000 m的隧道应设置固定式照明设施;其他隧道可配备移动式照明设施。

第十节　轨道几何尺寸

线路轨道设备包括钢轨、轨枕、道床、联结零件、防爬设备和道岔。对各种设备的作用、结构构造可参看有关资料,这里不再介绍。下面仅介绍轨道的几何尺寸。

一、轨　　距

轨距是钢轨踏面下16 mm范围内两股钢轨工作边之间的最小距离。

轨距分为三种:标准轨距、宽轨距和窄轨距。我国《铁路技术管理规程》规定,线路直线地段的标准轨距为1 435 mm,曲线地段需按不同半径加宽。

轨距的容许误差应符合《铁路线路修理规则》的规定。轨距变化应和缓平顺,轨距变化率应符合《铁路线路修理规则》规定。

【例题】 如图3—40所示直线轨道,计算轨距变化率。

解:AA'—BB'轨距变化率 = (1 438 - 1 436)/2 000 = 1‰

BB'—CC'轨距变化率 = (1 441 - 1 438)/6 250 = 0.48‰

CC'—DD'轨距变化率 = (1 441 − 1 435)/3 000 = 2‰

轨距的大小是由机车车辆的轮对宽度确定的,轮对是机车车辆的基本走行部分,由轮轴和两个车轮组成,如图 3—41 所示。

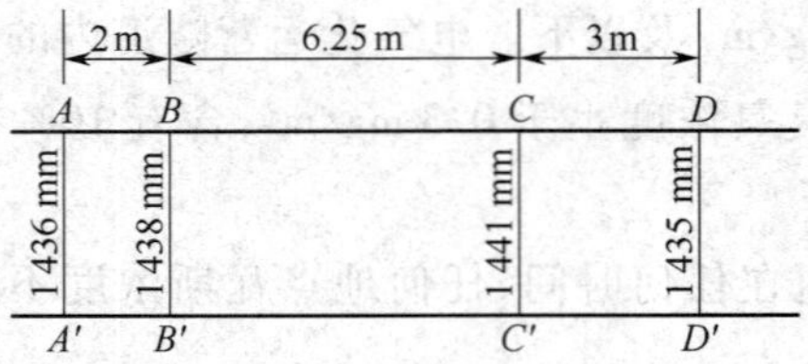

图 3—40 轨距变化率计算图

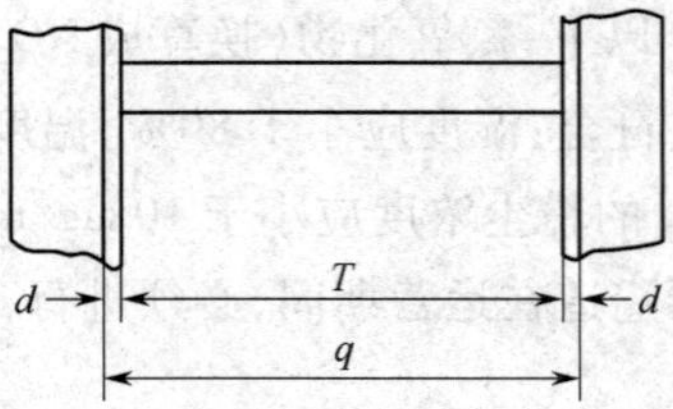

图 3—41 车轮轮对

q—轮对宽度;T—轮背内侧距;d—轮缘厚度

踏面是指车轮和钢轨接触的面。轮缘是指为防止车轮脱轨,在车轮踏面内侧制成的凸缘。为了使轮对沿两钢轨滚动时不被楔住,轨道的轨距须稍大于轮对宽度,轮缘与钢轨之间有一定的间隙,亦称游间。

车辆轮对在直线钢轨上运行时,由于轮缘与钢轨内面侧存在间隙,且车轮踏面具有锥度,当运行速度提高后,轮对一方面会产生垂直于钢轨的横向运动,同时产生垂直于路面的回转运动,如图 3—42 所示。

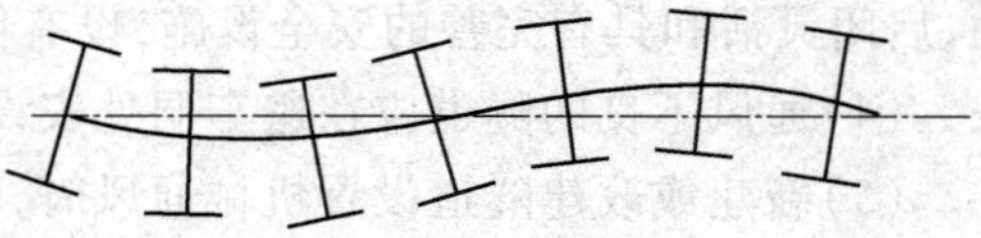

图 3—42 车轴中心运动轨迹

图中曲线是车轴中心的运动轨迹。在某一运动速度下,如果轮对运动时,位移既不增大,也不减小,呈正弦曲线,那么这个速度就称为蛇行临界速度。蛇行临界速度是列车提速的主要障碍,一般车辆的最大运行速度应控制在蛇行临界速度之下,并留有一定的余量,以保证安全运行。当车辆运行速度超过蛇行临界速度,称为蛇行失稳,轮对会产生剧烈横向振动而冲击钢轨,甚至引起脱轨。夏天时,由于轮轨摩擦系数大,车辆的蛇行临界速度相应降低,增加了车辆脱轨的可能性,因此夏天应加强轨道检查养护,采取防止脱轨的防范措施。

二、水平、三角坑

水平指的是轨道上左右两股钢轨顶面的高差,满足均匀承受车辆传来的力和运行平稳的要求。

线路上实际存在两种形式的钢轨水平误差:一种是水平差,就是在较长的距离内,一股钢轨顶面始终高于另一股。另一种是三角坑(扭曲),就是在一段不太长的距离内,钢轨顶面连续出现两个正负不同的水平差,检查三角坑时基长为 6.25 m,但在延长 18 m 的距离内无超过《铁路线路修理规则》规定的三角坑。

通常情况下水平差即使超过允许误差标准,也只是引起车辆的摇晃和两股钢轨的不均匀受力及磨耗。但如果在 18 m 的距离内,有超过允许的三角坑管理值(尽管水平都不超限),就有可能使车辆的四个车轮只有三个正常压紧钢轨,另一个悬空。如果此时再有一个巨大的横向力作用,悬空的车轮就有可能爬上钢轨顶面,造成脱轨事故。因此,线路上如发现超限三角坑，须及时消除。

为了使两股钢轨均匀承受荷载，保证车辆平稳运行，线路两股钢轨顶面，在直线地段，应保持同一水平，曲线地段按规定设置超高。水平、三角坑容许误差应符合《铁路线路修理规则》规定。

【例题】　图 3—43 所示为某直线线路两股钢轨水平检查结果，试计算三角坑值。

解：由图可知 AA' 处水平偏差为 $+2$ mm，BB' 处水平偏差为 -3 mm，CC' 处水平偏差为 $+1$ mm。

则，AA'—BB' 段三角坑值 $=|+2-(-3)|$

$=5$ mm

BB'—CC' 段三角坑值 $=|-3-(+1)|$

$=4$ mm

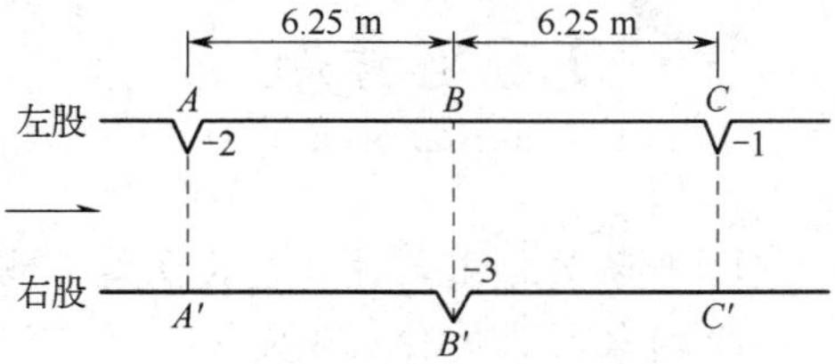

图 3—43　三角坑计算图

三、轨　　向

轨向是指钢轨头部内侧面沿钢轨方向的横向凹凸不平顺，即直线上轨道是否直，曲线上轨道是否圆顺。直线上以 10 m 弦在轨头内侧顶面下 16 mm 处量取最大矢度。轨道的中心线位置，应与它的设计位置一致。直线不直，必然会引起列车的蛇行运动。相对轨距来说，轨道方向往往是控制性的。只要方向偏差保持在容许范围内，轨距变化对车辆的影响就不会很大。所以，轨道方向对行车平稳有着特别重要的意义。线路轨向容许偏差应符合《铁路线路修理规则》规定。

四、高　　低

高低是指钢轨顶面沿钢轨方向的竖向凹凸不平顺，在钢轨顶面中间以 10 m 弦量取最大矢度。

轨道高低不平顺，主要是路基沉陷、捣固不良、扣件松动、枕木腐朽和钢轨磨耗等因素造成的。有些地段，表面上看轨面是平顺的，但实际上轨底与铁垫板或轨枕之间存在间隙（间隙超过 2 mm 时称为吊板），或轨枕与道砟之间存在空隙（空隙超过 2 mm 时称为空板或暗坑），当列车通过时，这些地段的轨道下沉较大，也会产生不平顺。

轨道高低不平顺，危害甚大。列车通过这些地方时，会增加冲击力，使道床变形加速，从而又进一步扩大不平顺，使机车车辆对轨道的破坏力增大。所以，对轨道来说，这是一个恶性循环过程。线路高低容许偏差应符合《铁路线路修理规则》规定。

五、轨 底 坡

因车轮踏面设计成锥形，踏面上有两个坡度。经常与钢轨顶面接触的车轮踏面是 1∶20 坡度的圆锥面，1∶10 的坡度只在小半径曲线上才与钢轨接触。所以在直线上，钢轨不应该竖直铺设，而在轨底设置一个横向坡度，人为地使得两股钢轨顶面向线路中心线倾斜。钢轨中心线与垂直线之间的倾斜度称为轨底坡。在木枕地段，轨底坡是通过楔形垫板设置的；混凝土轨枕槽事先就按轨底坡的规定做成斜面，不需另设垫板。

轨底坡是否正确,可以从钢轨顶面上的光带位置判定。如果光带偏向内侧,说明轨底坡不足;如果光带偏向外侧,则说明轨底坡过大;如果光带居中,则说明轨底坡合适。线路养护维修工作时,可根据光带位置对轨底坡进行调整。

复习思考题

1. 护轨的作用是什么?长度如何规定?
2. 桥枕铺设有什么规定?
3. 钢桥联结系的作用是什么?
4. 曲线型伸缩调节器的特点是什么?
5. 支座锚栓的尺寸有什么规定?
6. 涵洞为什么要预留上拱度?
7. TQF—Ⅰ型防水层有什么优点?
8. 隧道洞门的作用是什么?
9. 隧道常用衬砌有哪些种类?
10. 轨道几何尺寸包含哪些方面?

第四章 桥隧检查

本章主要介绍桥隧设备的检查制度，桥隧建筑物的状态标准、保养质量标准、大维修及验收标准。各种标准的具体内容见于《铁路桥隧建筑物修理规则》，这里不再赘述。

第一节 检查制度

检查制度包括水文观测、经常检查、定期检查、临时检查、专项检查、检定试验等。各项检查必须建立相应的责任制和考核制度，保证各项检查工作的落实。

各有关单位应建立检查登记簿、病害观测记录簿，并按规定认真填写，保证数据准确可靠，为状态分析评定和修理工作计划的编制提供依据。

为保证检查的工作效率和质量，应配备必要的交通工具，对各级检查人员配备检查工具和仪器、仪表，仪器、仪表定期标定，统一计量标准。

一、经常检查

对桥隧设备状态变化较快和直接影响行车安全的部位应经常检查。桥隧建筑物的日常检查管理责任部门为工务段，由桥隧检测工区负责组织进行经常检查工作。

桥隧检测工区应根据《桥隧设备检查计划表》（工桥—2），每月应对钢梁桥、混合桥（钢梁部分）和其他重要桥隧设备（由工务段规定）检查一遍；每半年至少对管内设备全面检查一遍；在每座桥隧综合维修时，应进行一次全面检查。

桥隧车间主任（副主任）每半年有计划地对管内桥隧设备全面检查一遍，至少每季度对重要和病害桥隧设备检查一遍。

对使用年久、结构特殊及有严重病害的桥隧建筑物，应按工务段规定由指定人员进行定期检查，并做好记录，建立观测台账。

桥隧车间主任（副主任）、桥隧检查工区对每次检查情况，应认真填写《桥隧检查记录簿》（工桥—3），桥隧检查工区还应填写《桥隧设备检查结果汇总表》（工桥—4），将检查结果每周上报桥隧车间，车间汇总后于每月 25 日报工务段备存。对超过保养标准处所，桥隧检查工区应及时上报桥隧车间，由桥隧车间及时向桥隧保养工区下达《桥隧设备紧急保养通知书》（工桥—5），并由桥隧检查工区检查其完成情况。

发现重要病害或病害发展较快时，应及时逐级上报，绘制病害示意图，记入桥隧登记簿或桥隧卷宗内。

检查计划由桥隧车间编制，经工务段批准后，由车间、桥隧检查工区或检查保养工区执行。

工务段段长应有计划地检查技术复杂及有严重病害的桥隧设备，主管副段长对长大和病害桥隧设备每年至少全面检查一遍，工务段桥隧科每年对管内设备全面检查一遍。

工务段应对车间、工区填写的检查数据和状态描述进行不定期现场抽查核对，对检查质量进行考核。车间对工区也应进行相应的考核。

二、定期检查

春融及汛前，应对桥隧设备的排水、泄洪及度汛防护设施进行一次检查。秋季（三季度），应对桥隧设备进行全面检查，据以进行桥隧设备技术状态评定，拟定病害整治措施，安排设备改善计划。

检查工作由工务段根据铁路局的要求组织进行。长大桥隧及重要设备，工务段长必须亲自检查，铁路局应有重点地进行检查。

对桥隧设备各部分的技术状态，应按《铁路桥隧建筑物状态评定标准》（附录七）的规定进行全面细致的检查，必要时用仪器检测或试验，以查明各种病害情况及发生原因。

工务段根据秋检结果，对每座设备填写《桥隧建筑物状态评定记录表》（工桥—6），凡劣化桥隧建筑物应填写《桥隧建筑物状态评定明细表》（工桥—7）并汇总填写《桥隧建筑物状态评定报告表》（工桥—8），提出病害发生原因、增减情况等状态分析报告，铁路局审查汇总后于10月底上报铁道部，并将《存梁清查年报》（工桥—9）随同秋检资料一并报部。

三、专项检查

（一）限界检查

重要线路的桥隧限界每五年、其他线路的桥隧限界每十年检查一遍，并根据检查结果绘出每座桥隧综合最小限界图，填写《桥隧综合最小建筑限界尺寸表》（工桥—10）及《区段桥隧综合最小建筑限界尺寸表》（工桥—11）。铁路局应绘制管内各区段桥隧综合最小限界图，报铁道部。当发现桥隧建筑物有变形或修理加固后，应立即检查该桥隧建筑物的限界。如影响原有最小尺寸时，应修正限界图并报铁道部。

注：各类检查架检查时，半径小于800 m的曲线地段桥隧限界应按下列加宽公式折减后绘制：

$$C = L^2/8R$$

式中 C——曲线内外侧加宽量（m）；

L——货车转向架中心销间距离（常用平板车为9 350 mm）；

R——该区段内桥隧的最小曲线半径（m）。

（二）挠度和拱度测量

凡跨度在40 m及以上的钢梁，由工务段负责至少每三年测量一次挠度和拱度（固定测点位置）。对有病害的钢梁、钢筋混凝土梁和预应力混凝土梁，其挠度、拱度和跨中横向振幅的测定由铁路局确定。

挠度测量时，可先测动荷载所产生的挠度，必要时再复测静荷载所产生的挠度。

（三）墩台变形及基础病害检查

（1）特大桥及病害严重的桥梁，对其墩台均应进行下沉或位移的观测。

为求得各墩台位移和下沉的绝对值，墩台标高应与桥梁附近国家水准点相联系，基准线在观测区以外应有控制系统。

观测工作一般每年一次。经多年观测基本稳定时，可每隔若干年观测一次。历年观测资料应妥善保存，绘制出汇总后的图表，以分析了解其变化趋势。

(2)固定观测点的设置一般应设在墩台顶面的两端,使全桥能通视。为保证观测精度,应设置强制归心装置,其“标心”既是仪器固定点,又是垂直位移和平面位移的观测点。

(3)为正确掌握墩台所发生的微小变形,观测应尽可能使用精密仪器及相应的配套设施。大跨度桥梁观测墩台间距离的变化可采用激光测距等方法。

墩台基础类型和埋深不明时,应采用挖验、钻探、物探、声波、遥感等探测技术予以查明。

检查墩台及基础是否存在严重病害,可通过测量墩台、承台顶水平横向振动,与同类型墩台相比较,观测其波形、振幅和频率来判定。必要时挖验承台底与桩顶的连接状态。

检查桥墩水下墩身和基础有无裂损、冲空时,可使用水下电视或摸探。

时速 160 km 以上区段的桥梁墩台顶水平横向振动,可使用便携式墩台振动检测仪每年检测一次,发现横向振幅异常时,应立即逐级上报,必要时可由铁路局组织检定。

四、水文观测

凡有洪水通过的桥涵,应在上游设置稳固而垂直的水标尺或在墩台侧面的上游处或涵洞的进口端用油漆画出水标尺。水标尺的起点须与国家水准基点高程相对应,标出历史最高洪水位和发生时间。

水文观测包括河床断面测量、洪水通过观测、结冰及流冰观测。凡跨越江河水库的特大桥、大桥及其他需要了解墩台基础冲刷、河床变化、河道变迁、流量、冰凌等情况的桥梁,均应进行河床断面测量、洪水通过观测、结冰及流冰观测。其他有洪水通过的桥梁和涵洞,只需观测最高洪水位。

(一)河床断面测量

河床断面测量,应符合下列要求:

(1)测量时间:至少每年洪水后测量一次。对季节性河流上的桥梁,洪水冲刷河床断面发生变化时,汛后测量一次。

(2)测量地点:一般在桥下及桥梁上下游各 25 m 的三个断面上进行,每次测量的断面应固定。

(3)测量范围:应在桥梁全长范围内进行。

(4)测点位置:应能明确表示出河床断面,每隔 10 m 左右一个测点,必要时应增加测点;每次测量应在固定的测点上进行。

(5)对常年有水的桥梁,需要了解墩周冲淤变化时,应以桥墩中心为圆心,一定距离为半径,测量该范围内的水下地形。必要时在墩台周边进行潜水摸测。

(6)每次测量结果应绘在图纸上,用不同色笔绘制历年冲刷总图,每五年更换一次。图上应绘有各种水位、轨底、墩台顶、基底、河床的标高以及水深、墩台中心线及河床断面。

(二)洪水通过观测

(1)洪水通过时,应观测水流流向、流速,以及有无旋流,斜流、流木、漂浮物等情况,同时应监视墩台、调节河流建筑物、防护设备和桥头路基是否正常。对排洪能力不足和墩台稳定有疑问的桥涵,应特别加强观测。

(2)对冲刷严重的墩台,可在该处设置自动记录的测深装置或在洪水通过时使用铅鱼进行测深,必要时使用仪器测深。

(3)洪水过后,须立即检查河道、河床、防护设备、调节河流建筑物和桥头路基的状态。

(4)位于泥石流区的桥涵,应注意检查泥石流动态,谷坊内储量和冲积扇的变化。

(5)设有巡守工的桥梁,应在汛期或水库放水时期每日上午八时观测水位一次,其余时间每旬首日上午八时观测水位一次,并填写水位观测记录。在主汛期水位上涨时,应增加观测次数,找出当年最高水位及其发生日期。其他排洪桥涵应设洪峰观测水尺,指派专人记录当年最高洪水位。设备管理单位应根据水位观测记录,定期绘制水位曲线图。

(三)结冰及流冰观测

(1)结冰初期,须观测结冰时间、封冰情况和气温、水温、风力及风向。

(2)结冰期,须经常观测冰层厚度、河面及河岸处是否结冰、有无冰槽(亮子)及水温、气温。

(3)解冻期,须观测水位、冰层厚度、冰色及冰槽(亮子)的变化;冰层初期移动时间,流冰密度等;并测水温风向,以判断流冰的可能及流向

五、临时检查

临时检查是当设备遭受地震、洪水、台风、火灾及车船撞击等紧急情况或发生突发性严重病害时,为及时掌握结构物状态而进行的检查。临时检查由工务段组织进行,必要时由铁路局组织进行。

第二节 桥隧建筑物状态评定

为了切实掌握并改善桥隧设备的技术状态,合理安排大维修及更新改造计划,工务段每年应结合秋季设备大检查,对每座桥隧建筑物按项目进行一次状态评定。对于有病害的项目,其状态评定按劣化程度分为A、B、C三级,A级又分为AA、A1两等。凡结构物或主要构件功能严重劣化,危及行车安全,评定为A级AA等;凡结构物或主要构件功能严重劣化,进一步发展会危及行车安全,评定为A级A1等;凡结构物或构件功能劣化,进一步发展将会升为A级,评定为B级;凡结构物或构件劣化,对其使用功能和行车安全影响较小,评定为C级。评定项目及标准见《铁路桥隧建筑物修理规则》附录七。

结构物或构件状态评定为A级者,其病害一般需要通过大修或更新改造进行整治;当结构物存在影响行车安全的病害时,应采取相应的限速或限载措施,遇紧急情况,应立即采取临时加固措施,并视具体情况,尽快安排彻底整治或列入下一年度的桥隧大修或更新改造计划,及时进行整治。结构物或构件状态评定为B级者,其病害一般需要通过维修进行整治(个别病害需要通过大修进行整治)。结构物或构件状态评定为C级者,其病害可通过维修进行整治,个别病害只需加强观测并根据其变化情况采取相应的措施。

第三节 桥隧建筑物保养质量标准

一、经常保养

通过对桥隧建筑物的经常保养,及时消灭超限处所和临近超限处所,保持桥隧设备状态经

常均衡完好，确保行车安全平稳。

经常保养工作一般以整座设备进行，也可分区段进行。保养周期应按不同设备类型的状态变化加以控制，钢梁桥（含混合桥钢梁）3～6个月，其他设备6～12个月。在做好适时保养的同时，还应加强预防性的周期保养，使设备质量经常控制在保养合格状态。

桥隧建筑物保养质量标准见《铁路桥隧建筑物修理规则》附录九。

二、桥隧建筑物保养质量评定工作

（1）通过工区自评，车间定期评定和工务段抽查评定的方式进行。定期评定工作可由车间主任、副主任或主管技术人员组织有关人员，结合春检和秋检，每季度对钢梁桥、每6～12个月对其他设备进行一次保养质量评定。工务段派主管工程师会同车间进行抽查评定。

（2）每座设备的保养质量评定是根据该设备各部分存在的问题，按照《桥隧建筑物保养质量评定标准》（附录九）的规定，根据扣分的情况来评定保养质量的优劣。每座设备扣分总和除以该设备的维修长度（取整数）即为该设备的保养质量平均分（取小数点后一位）。保养质量每米维修长度平均分在5分及以下且无单项质量扣10分者为合格，否则为失格。

（3）每次评定的情况，均应填写《桥隧建筑物保养质量评定记录表》（工桥—18），以备抽查。

（4）工务段每月应对车间、工区经常保养的质量和数量进行现场抽查核实，根据抽查结果进行考核。车间对工区也应进行相应的考核。

第四节　桥隧建筑物综合维修及验收标准

桥隧建筑物的综合维修应以整座设备进行（混合桥可分类、特大桥可分孔或分段进行），按照"预防为主，防治结合，有病治病，治病除根"的原则，做到全面整修，项目齐全。通过对桥隧设备适时预防性的修理和病害整治，恢复或部分恢复各部件的功能，保持整座设备质量均衡完好。

综合维修的周期，宏观上应按照不同设备类型进行，钢梁桥（含混合桥钢梁）2～3年，圬工桥（含混合桥圬工梁）4～5年，隧道、涵渠、框构桥等设备的维修周期视技术状态而定。

综合维修计划编制与实施见《铁路桥隧建筑物修理规则》第7.0.4条，综合维修作业质量验收见第7.0.6条，验收标准见附录十。

综合维修作业质量评定分为合格、不合格两个等级。全部项目一次验收达到合格，可评为"合格"，否则为"不合格"。若出现不合格处所，经返修复验合格，评为"合格"。

复习思考题

1. 桥隧建筑物的检查制度是什么？
2. 如何评定桥隧建筑物的保养质量？
3. 桥隧建筑物综合维修的原则是什么？

第五章 桥隧建筑物常见病害检查

本章主要介绍桥隧建筑物常见病害的检查方法。

第一节 桥面检查

桥隧建筑物常用的检查方法，一般为以目视、尺量、检查锤检查等或使用较简单的仪器进行，并将检查结果如实做好记录。

桥面的检查方法见表5—1。

表5—1 桥面检查表

项 目	检 查 方 法
明桥面线路钢轨爬行	(1)在桥头挡砟墙上(长大桥梁还应在桥上适当地点)设置钢轨爬行观测标或观测桩，检查桥头线路(或桥上线路)有无爬行影响桥上线路； (2)桥上钢轨爬行，还可从轨底上道钉痕迹上看出； (3)定期检查记录，控制爬行量不超过20 mm
伸缩调节器检查	(1)用轨距检查尺、小钢尺、温度计、放大镜、小锤等检查轨距、伸缩量、钢轨磨损、飞边、裂纹、螺栓松动等情况； (2)用目视检查其他缺陷
钢轨上弯度	(1)一般用目视方法，检查是否设有上弯度以及上弯度是否圆顺； (2)必要时可用水平仪检查设置情况及是否圆顺
护 轨	(1)用尺量、眼看检查护轨是否符合铺设标准； (2)用5 mm厚的吊板器检测吊板； (3)护轨爬行量可从轨底痕迹上量出，亦可设爬行观测标观测
桥枕和护木	(1)用目视、尺量检查是否符合铺设要求，表面腐朽以及垫板螺栓垫圈切入木料尺寸；顶面及侧面裂纹宽度，灌缝的质量等； (2)对桥枕是否压钢梁上平联杆件，可用3 mm厚铁片(或木塞)进行检查； (3)腐朽可采用下列方法结合起来检查： ①看：目视桥枕外表腐朽情况及列车通过时桥枕挠曲状态，道钉浮起情况； ②敲：用检查小锤敲击木料侧面或顶面，根据声响来判断内部是否腐朽； ③探：用直径3～5 mm的探针，对内部可能腐朽处进行探测； ④钻：用12～14 mm的木钻进行取样检查，若钻末腐烂即为腐朽失效。 垫板底下钉孔部位和螺栓孔周围是枕木最易腐朽处，应特别加强检查
明桥面吊板	用2 mm厚、5 mm宽的扁铁片制成吊板器检查基本轨与垫板间或垫板与桥枕间缝隙，如插入长度超过垫板1/2时，即为吊板

第二节 钢结构检查

一、涂装涂膜劣化评定

桥梁钢结构保护涂装，在大气环境中受有害物质的侵蚀，随着使用年限的延长，其状态将逐步劣化。为此应对涂膜的劣化情况进行检查评定，并根据劣化程度适时进行重新涂装或维护性涂装。

(一)劣化类型

涂膜劣化类型有粉化、起泡、裂纹、脱落、生锈五种。

1. 粉　　化

表面老化，出现白色或深色粉状物及粉化脱落现象。

2. 起　　泡

涂膜分布直径不同的膨胀隆起，出现点泡或豆状泡现象。

3. 裂　　纹

涂膜出现裂痕，能见到下层或底层的网状或条状裂纹。

4. 脱　　落

面层与底层之间或新旧涂层之间失去附着力，出现小片或鳞片剥落现象。

5. 生　　锈

涂膜出现针状、点状、泡状或片状锈斑。

(二)劣化等级

劣化等级分为四级，如表 5—2 所示。

表 5—2　劣 化 等 级

劣化类型 / 劣化等级	粉化	起泡、裂纹、脱落（面积 F）	生　锈（面积 F）
轻微(D 级)	1 级	$F<5\%$	$F<0.3\%$
中等(C 级)	2 级	$5\%\leqslant F<16\%$	$0.3\%\leqslant F<3\%$
较重(B 级)	3 级	$16\%\leqslant F<33\%$	$3\%\leqslant F<5\%$
严重(A1 级)	4 级	$F\geqslant 33\%$	$F\geqslant 5\%$

(三)劣化评定方法

在光线明亮的情况下，借助放大镜用肉眼观察、用手擦拭或用样板图片对照等方法评定。

1. 粉化等级评定

用食指在涂膜表面往复擦拭两次，擦痕长 5 ~ 7 cm，视手指上黏附颜料粒子的多少按以下分类定级：

(1)1 级——用力擦拭，手指沾有少量颜料粒子。

(2)2 级——用力擦拭，手指沾有较多颜料粒子。

(3)3 级——用力较轻，手指沾有较多颜料粒子。

(4)4 级——轻轻一擦,整个手指黏附大量颜料粒子或出现漏底。

2. 起泡、裂纹、脱落和生锈等级评定

用标有不同失效面积百分数的样板图片,放在涂膜上进行对照比较后定级。

当出现多种劣化类型,且各自评定等级不一致时,则以最严重的一级作为评定等级。

(四)涂膜劣化的处理

(1)钢梁涂膜粉化达 3 级时,应清除涂层表面污渍,用细砂纸除去粉化物,然后覆盖相应的面漆二道。当涂膜粉化达 4 级且底漆完好时,也应按以上要求处理。

(2)涂膜起泡、裂纹或脱落劣化达 2 ~ 3 级时,底漆完好,清理损坏区域周围疏松的涂层,并延伸至未损坏的涂层区域 50 ~ 80 mm 坡口,局部涂相应的底漆和相应的中间漆、面漆。如要保持涂层表面一致,可在局部涂面漆后,全部再覆盖面漆。

(3)涂膜劣化达 2 ~ 3 级生锈时,应清除松散的涂层,直到良好结合的涂层区域为止,表面清理应达到 St2. 0 级,未损坏的涂层区域边缘按本条第 1 款要求处理,然后局部涂装相应的底漆和相应的中间漆、面漆。如要保持涂层表面一致,可在局部涂面漆后,全部再覆盖面漆。

(4)旧喷锌或铝涂层发生锈蚀劣化类型为 2 ~ 3 级时,应除去松动的锌或铝涂层和涂料涂层直到良好结合的锌或铝涂层区域为止,钢表面锈蚀清理应达到 Sa2. 5 级。对于未损坏的涂料和锌或铝涂层区域边缘按本条第 1 款要求处理。对于电弧喷锌或铝涂层清理部位,也可改涂特制环氧富锌防锈底漆二道,然后涂相应的中间漆和面漆。

(5)涂膜局部严重损坏应及时清理和涂装。

(6)限高防护架底漆采用第一套涂装体系,面漆按照有关规定执行。

(7)运营中钢梁保护涂装起泡或裂纹或脱落的面积达 33% ,点锈面积达 5% ,粉化劣化达 4 级且底漆已失效时,应进行整孔重新涂装。

二、钢梁杆件裂纹的检查

(一)钢梁杆件裂纹的检查方法

1. 从涂装表面的变化情况进行观察

(1)涂层表面有锈痕。在平滑的钢板或角钢的边缘,如涂层表面有成直线的锈痕,颜色为褐色,两边呈浅色发白状态,细看中间是一条黑线,铲去涂层,下面可能找到裂纹。

(2)涂层表面呈细而直开裂。在拼接板或盖板的边缘、铆钉孔的周围,涂层面呈细而直的开裂,有时沿直线呈细小的锯齿形开裂,用 10 倍放大镜观察为犬牙交错现象。在腹板的大面上,这种开裂处的两边有时鼓起,形成中部下凹现象,将涂层铲去,下面可能找到裂纹。这种现象易发生在涂装质量较差的钢料上。

(3)涂装表面局部鼓起且颜色较深。在拼接板或盖板的边缘及铆钉孔周围,如发现涂装表面有小块条状鼓起,且颜色比其他部位为深,将鼓起的涂膜刮开后,里面有迹,就可能发现裂纹。这种现象易发生在涂装质量较好的钢料上。

(4)对可疑处,可用刮铲涂膜的方法来判断,如刮下的涂膜分成两半或留下锈痕,则此处存在裂纹。

2. 钢料上涂白铅油或滴油检查

当发现有裂纹的迹象但不能肯定时,可将钢料表面涂层铲去,涂上一层薄的白铅油,经过列车振动后，如果是裂纹，则白铅油上会出现一条很规则的黑线。或将油滴在钢料上，若油滴不成圆弧状扩散而成线状伸展，说明可能有裂纹存在。

3. 木槌敲击

一般可用包有橡皮之木槌轻轻敲击梁的每一个节间，如发音不清脆、不洪亮，以及传音不均有传音突然中断等情况，可断定该处有无裂纹或损伤。

4. 有色渗透液探伤

将可疑处涂膜除净、打光、洗净（用丙酮），涂红色渗透液 10 ~ 15 min 后洗净，涂白色吸附液，若显示红线则该处可能有裂纹。

此外还可用磁粉探伤和超声波探伤等方法来探测钢梁杆件裂纹情况。

（二）钢梁杆件裂纹应重点检查的部位

1. 钢结构应重点检查部位

（1）杆件及其联结铆钉、螺栓、焊缝的伤损状态及其发展情况；对老龄化钢梁，要特别注意严寒季节是否发生杆件裂纹和断裂。

（2）大跨度下承钢桁梁桥面系伸缩纵梁端横联处，上承板梁支座位置不正时，应检查支座处上下翼缘角钢是否有裂纹。

（3）结合梁应注意混凝土与钢梁联结部位的共同作用是否良好。

（4）对塔架墩台应注意水位升降部位是否有锈蚀、裂纹，水下部分应重点摸探。

（5）对钢梁角落隐蔽部位，特别是纵梁上翼缘桥枕压着部位应注意锈蚀的检查。检查可使用探伤仪器、化学药剂和手工结合进行。

（6）老龄化钢梁在严寒季节可能会发生杆件裂纹或断裂。

2. 栓焊梁、铆焊梁、全焊梁应重点检查部位

（1）纵梁与横梁及主梁与横梁联结处的母材、焊缝、高强度螺栓及铆钉。

（2）受拉及受反复应力杆件的节点及联结系节点的高强度螺栓及铆钉。

（3）对接焊缝。

（4）受拉及受反复应力杆件上的焊缝及邻近焊缝热影响区的钢材。

（5）杆件断面变化处焊缝。

（6）联结系节点及焊缝。

（7）加劲肋、横隔板及盖板处焊缝。

（8）加劲肋未顶紧上下盖板时，腹板上加劲肋两端焊缝处。

（9）工厂手工焊及气割部位。

（三）焊缝的检查方法

1. 目 视 法

观察焊缝及邻近涂膜状态，发现可疑处，将涂膜除尽，用 4 ~ 10 倍放大镜观察。

2. 硝酸酒精浸湿法

将可疑处涂膜除净、打光、洗尽（用丙酮或苯），滴上浓度 5% ~ 10% 的硝酸酒精（该浓度视钢材表面光洁度而定，光洁度高时，浓度宜低）浸湿，如有裂纹即有褐色显示。

3. 着色探伤法

将可疑处涂膜除净、打光、洗净，吹干后喷涂渗透液，隔 5 ~ 10 min，最长 30 min（时间根据

光洁度和气温而定),用洗净液除去多余的渗透液,擦干。再喷涂显示液,在缺陷处即可显示红色现象。

(四)裂纹处理

经检查发现焊缝或杆件有裂纹时,应做到:

(1)立即汇报负责人,并根据裂纹的严重程度采取保证列车安全的临时措施。

(2)加强观察,必要时派专人监视,直至采取相应的整修措施为止。检查监视人员应在裂纹的尖端与裂纹的垂直方向用红漆做箭头标记,箭头指向裂纹尖端;并与之相距 3 ~ 4 mm,在箭杆端部标明检查日期。裂纹的位置、长度、发展情况及检查日期均应记入"桥梁病害检查记录簿"。

(3)根据裂纹的位置、性质、大小及数量,采取以下相应的措施:

①在裂纹的尖端钻圆孔(一般孔径为 10 ~ 12 mm,最大不超过 32 mm),裂纹的尖端必须落入孔中。目的是消除尖端的应力集中,防止裂纹的发展;但垂直主应力的裂纹则不宜钻孔。

②用高强度螺栓拼接加固。

③抽换杆件或换梁。

三、钢梁弯曲检查

(一)钢梁弯曲的检查方法

用弦线或铁丝在杆件两端拉紧,量出各点的矢距,竖向弯曲矢度小于跨度的 1/1 000,横向弯曲矢度小于自由长度的 1/5 000,任何情况下不超过 20 mm。

对大面积的腹板或弦杆翼缘弯曲变形,可以在钢板上划分成纵横坐标系,量出每点的矢度,绘出等值曲线图。

(二)钢梁杆件弯曲矢度及其他伤损容许限度

钢梁杆件弯曲矢度及其他伤损容许限度详见《铁路桥隧建筑物修理规则》第 3. 3. 3 条。

四、铆钉的检查

铆钉铆接不良或养护不良经列车长期运行,会造成铆钉松动或烂头,影响桥梁的稳定和行车的安全。因此铆钉检查是一项重要工作。

(一)不良铆钉的形状、容许限度及原因

不良铆钉的形状、容许限度及原因详见《铁路桥隧建筑物修理规则》第 3. 3. 4 条。

(二)检查松动铆钉的部位

检查松动铆钉应特别注意下列部位:

(1)纵梁与横梁及主梁与横梁联结角钢;

(2)承受反复应力的杆件(如桁梁斜杆)的节点;

(3)纵梁或上承板梁上翼缘角钢的垂直肢;

(4)钢梁联结系的联结铆钉,铆合过厚的地方;

(5)刚性较强的杆件联结处;

(6)由于节点下垂或铆钉大量松动而修理过的处所;

(7)桥枕下上盖板铆钉及隐蔽部位的铆钉;

(8)钢梁与支座联结的铆钉。

(三)铆钉检查方法

1. 眼　　看

铆钉头处有流锈痕迹,或周围涂膜有裂纹,是铆钉可能松动的现象。铆钉头与钢料不密贴,钉头飞边、缺边、裂纹、锈蚀、烂头和歪斜等都可用眼看、塞尺、钢尺及拉线检查。

2. 敲　　摸

用0.2~0.4 kg的检查小锤敲打钉头一侧,用手指按在钉头另一侧或按在钉头另一端,如果感到震手或钉头颤动,即为松动铆钉。

3. 铲钉检查

多在新梁铆合时采用,铲去钉头,冲出钉杆,按杆长分段测量三个断面直径,每个断面测两个方向直径,求算钉杆平均直径。同时用测径内规测量相应的钉孔直径,求算钉杆平均直径。两者之差不超过0.4 mm且同一截面相应直径径差不超过0.4 mm,铲下钉数中有80%以上合格者,方为符合质量标准。

检查烂头铆钉应着重注意上承板梁及纵梁上盖板(包括桥枕下面)的铆钉,以及角落易积土、积水部位的铆钉。

(四)发现不良铆钉的处理

发现松动铆钉及其他超过容许限度的不良铆钉应分别做出标志,以便予以更换。

五、高强度螺栓检查

高强度螺栓检查方法如下:

(一)目视法检查

如发现杆件滑移(一般表现为连接处涂膜被拉开或流锈水),导致拱度、挠度变化,即表明连接处高强度螺栓大部分欠拧,如螺栓头或螺母周围涂膜开裂脱落或流锈水,表明该螺栓多属严重欠拧、漏探或出现裂纹。根据经验,一般情况下,长螺栓欠拧的较短螺栓为多。

(二)敲击法检查

用重约0.25 kg的检查小锤击螺母一侧,手指(食指及中指)按在相对另一侧,如手指感到轻微颤动,即为正常拧紧螺栓,如颤动较大,则是严重欠拧螺栓。这种方法一般只能检查出预拉力不足100 kN左右的螺栓。

(三)应变仪测定法检查

(1)在运营线上检查时,在可疑的高强度螺栓杆端面和螺母的相对位置上划一直线,然后将其拆卸除锈待用。

(2)在原栓孔处用贴电阻片的高强度螺栓测定所需的初拧扭矩值(使螺栓预拉力 P 和螺母转角 θ 的变化曲线成直线变化的最低值)和所需要的终拧螺母转角范围(包括设计预拉力的容许误差±10%和预应力损失在内)。

预拉力的损失规定:M22螺栓为10 kN;M24螺栓为15 kN。

(3)拆卸上述贴有电阻片的螺栓。

(4)将前述待用螺栓装上进行初拧,使其达到上述测定所需的初拧扭矩值。

(5)测量螺杆端面和螺母上原划直线间的角度,并与上述测定的所需螺母终拧转角范围比较,即可判明该螺栓是否欠拧或超拧。

(四)扭矩测定法检查

更换高强度螺栓如采用扭矩法施工,则终拧后的复验可采用如下检查方法:先在螺杆端面、螺母相对应位置划一直线,用扳手将螺母松回30°~50°,再用定扭扳手(或示功扳手、音响扳手等)将螺母拧回原位测取扭矩值,该扭矩值换算的螺栓预拉力应在设计预拉力的范围内。

六、钢梁挠度与限界检查

凡跨度在40 m及以上的钢梁由工务段负责至少每三年测量挠度和拱度一次(固定测点位置)。测量挠度时,可先测动活载所产生的挠度,必要时,再复测静活载所产生的挠度。

(一)简易挠度计测量

当桥下无水或水很浅,桥又不高(净高不超过6 m)时,可采用这种方法,其安装方法如图5—1所示。

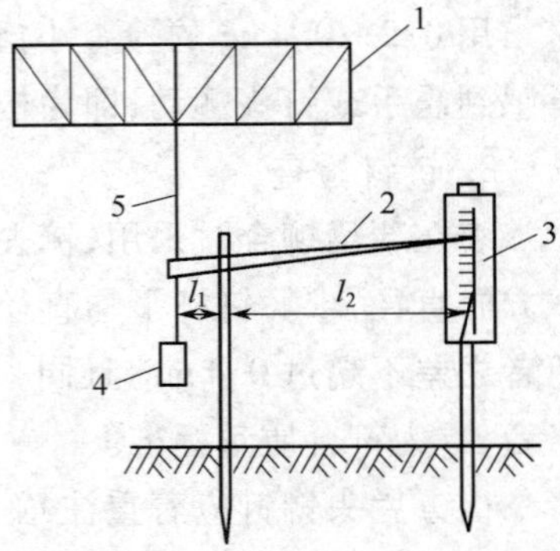

图5—1 简易挠度计测挠度

1—桁梁;2—指针;

3—度盘;4—重物;5—钢丝

(二)用水准仪测量

水准仪架设在钢梁附近稳固的地面上(或大跨度桥桥墩上),在需测挠度的位置(一般为跨中处,大跨度桁梁增加1/4及3/4跨度处)设置标尺。在未加载前,先将仪器对准一个整数读数,加载后钢梁产生挠度,标尺下移,读出又一个读数,两者相减即为挠度值。

(三)用挠度仪测量

(1)一般可将仪器用特制的卡具固定在梁跨上,如图5—2(a)所示,或打入河床的桩上测量,如图5—2(b)所示。

(2)若桥梁较高(净高超过6 m)可用如图5—4所示的办法,增设紧线器和弹簧,加粗主钢丝,防止钢丝被风吹动而影响仪器读数的准确性。

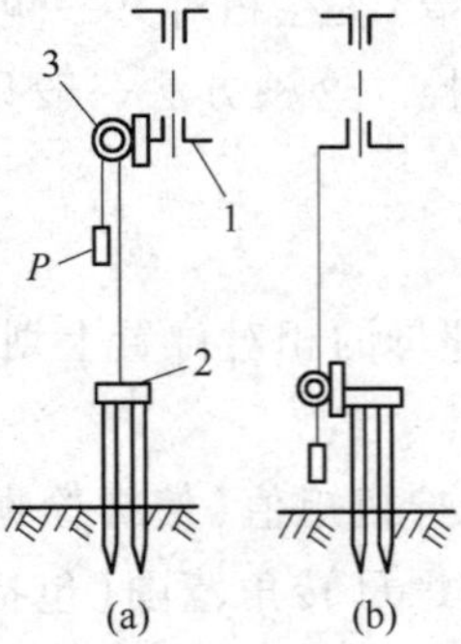

图5—2 挠度仪测挠度

1—桥跨结构;2—不动支架;

3—挠度仪;P—重物(2~3 kg)

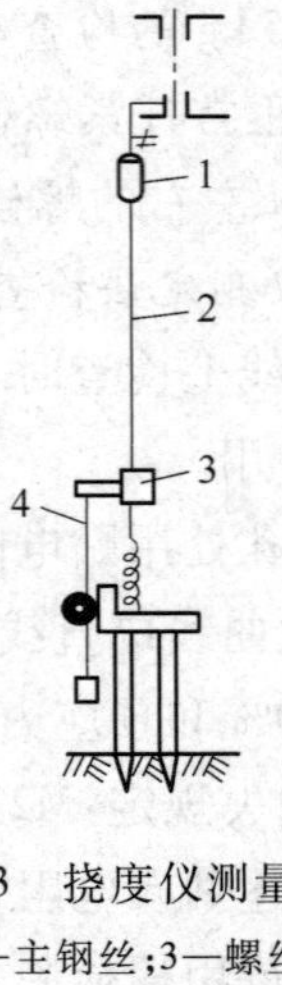

图5—3 挠度仪测量挠度

1—紧线器;2—主钢丝;3—螺丝;4—细钢丝

(3)桥梁很高时,可采用如图 5—4 所示的方法,主钢丝的一端固定在梁跨上弦,另一端吊重物(30 ~ 50 kg)至河底为固定点,主钢丝与钢梁相连处加入弹簧,使主钢丝拉紧,仪器装在梁跨下部测点上,连接方法同前。

钢桥的限界检查方法与隧道检查方法相似,具体详见本章第六节。

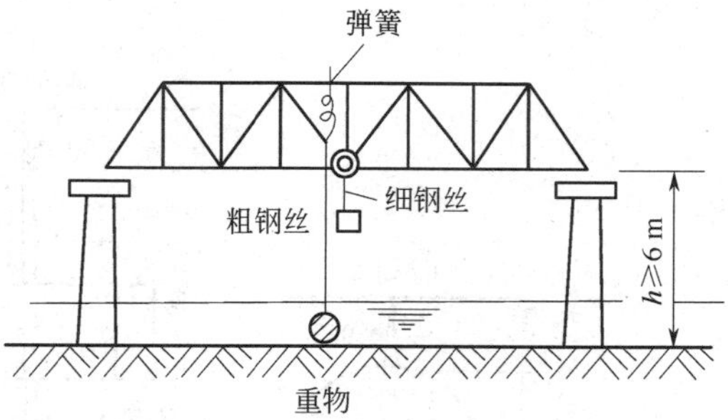

图 5—4　挠度仪测量挠度

第三节　圬工梁拱裂纹检查

圬工梁拱裂纹形式多样,产生裂纹的原因有混凝土的收缩、梁拱截面的变化、设计施工的缺陷、梁拱端部的应力集中及养护不当等原因。由于大气的污染,混凝土中性化造成梁拱裂纹也成为十分普遍的现象。此外由于混凝土骨料选择不当,发生混凝土结构碱集料反应致使圬工梁(特别是预应力混凝土梁)产生裂纹的状况也很突出。

一、圬工梁拱检查

(一)圬工裂纹检查方法

(1)在裂纹的起点及终点,用红油漆或红铅笔与裂纹相垂直画细线,并在圬工体上注明检查日期和裂纹宽度。

(2)选择裂纹平直的位置作为放置读数显微镜测量裂纹宽度的固定地点,量出裂纹宽度,量出主要裂纹的部位、走向、宽度、长度、分布情况及特征,用坐标法绘制裂纹展示图,记录检查日期及气温,裂纹深度检查:在裂纹中注射酚酞溶液(0.1 克酚酞,60 mL 酒精,40 mL 水配制),然后凿开至不显红色为止,测量其深度。

(3)选择裂纹适当处所,做灰块或玻璃测标,注明日期,以观察裂纹是否有发展。测标做法:先将该部位圬工表面凿毛、洗净,然后用 1∶2 水泥砂浆或石膏在裂纹上抹成厚 10 ~ 15 mm的方形或圆形灰块,或用石膏将细条状玻璃固定在裂纹两侧,裂纹处玻璃断面应较窄(图 5—5)。

(4)梁拱、墩台两侧有明显对称裂纹时,应检查是否内外贯通。其方法是将裂纹清洗封闭,并在适当的对应位置两侧安装压浆嘴,从一侧压浆嘴通入压缩空气,在另一侧嘴上抹以肥皂水,如发现微气泡或鼓起,则说明裂纹内外贯通。

(二)圬工梁拱应重点检查观测

(1)钢筋混凝土梁钢筋锈蚀、混凝土溃碎、脱落情况:钢筋混凝土梁、预应力及部分预应力混凝土梁横隔板裂纹和顺主筋方向的水平裂纹,缝宽超过限值的垂直裂纹及斜裂纹的变化和发展,并绘制平面展示图。

(2)悬臂梁的锚梁和集梁在动荷载作用下的技术状态,并检查受拉部位有无裂纹。

(3)连续梁、框构和刚架桥应着重检查有无因墩台发生不均匀下沉所造成的梁体裂缝以及支座的状态,长跨连续梁还应检查活动伸缩装置的工作状态。

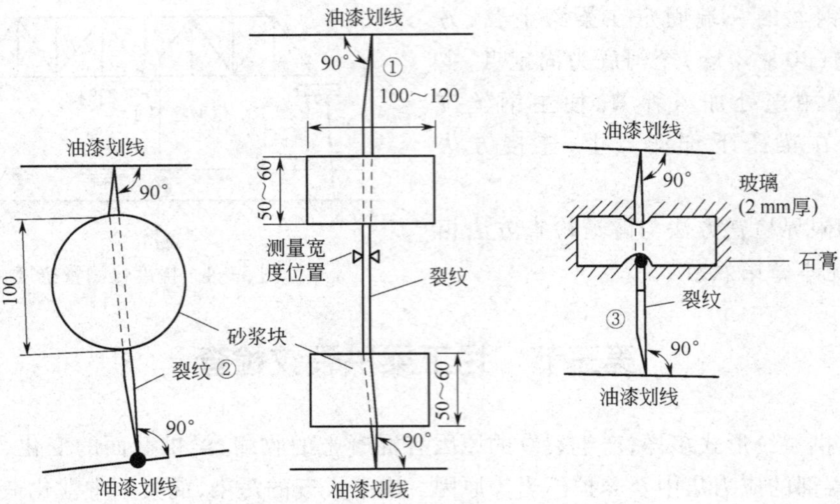

图 5—5　圬工梁拱裂纹测标(单位:mm)

(4)装配式梁拱及预应力混凝土串联梁等应检查各联结部位在动荷载作用下有无开裂。

(5)拱桥的拱圈有无纵向裂纹,拱顶及 1/4 跨度附近有无横向贯通裂纹;边墙及拱圈在拱脚附近有无外臌、开裂等。

(6)空腹式钢筋混凝土拱桥应检查拱肋以及拱上结构的联结横撑、立柱上下联结处有无裂缝、吊杆和系杆有无裂缝;大跨度拱桥应着重检查拱肋有无掉混凝土、钢筋锈蚀等。

(7)斜拉桥应定期检查缆索索力或频率的变化,缆索防护是否完好,缆索锚具有无变化,索塔在恒载和活载情况下的纵横位移和振动以及缆索与梁体联结处动、静载下挠情况。

(8)无砟无枕梁桥面应检查螺栓锚固是否牢固,扣件及轨下弹性垫层使用是否正常,桥头与线路衔接状态是否良好。

(9)圬工梁拱发现渗水、流白浆或漏水时应检查防水层和泄水管状态是否完好。

(10)每年应安排计划,对圬工梁中性化深度进行检测。

(11)预应力混凝土梁上拱度变化及桥面道砟厚度不匀情况。

(12)梁体与桥台胸墙、相邻梁端、相邻跨人行道是否顶紧,能否自由伸缩。

(13)混凝土梁施工接缝是否有开裂。

(14)桥上无砟轨道混凝土底座和凸形挡台外露部分裂缝。

(15)梁缝止水装置是否开裂、脱落,排水是否通畅、有无漏水。

(16)梁体混凝土横隔板是否有裂缝、掉块、露筋。

(17)地震区防落梁设施是否稳固、完整。

二、混凝土强度

可以用回弹仪或拨出仪检查。

三、混凝土梁挠度与桥梁限界检查

混凝土桥梁挠度测量与钢梁挠度测量相同，桥梁限界检查方法与隧道限界检查方法相同，具体方法详见本章第六节。

第四节　墩台及支座的常见病害检查

一、支座的病害与检查方法

（一）铸钢支座的病害与检查

铸钢支座的病害与检查见表5—3。

表5—3　铸钢支座的病害与检查表

项　　目	检　　查　　方　　法
一般病害	如支座不平、翻浆，变形损坏，锚栓销子弯曲或剪断，辊轴变形磨损等可用目视、钢尺、塞尺、小锤检查
支座纵向位移量	(1)弧形支座可测量上下座板中心线的错动量； (2)摇轴支座可在底板上安装有刻度的钢尺，在摇轴垂直状态时读数为0，检查摇轴与底板接触点离开0点的读数即为该温度时的纵向位移； (3)辊轴支座可安装测标(图5—6)； (4)根据当地最高最低气温值与检查时梁温值以及动载尚可能发生的位移量，计算位移是否正常
固定支座安装位置	弧形支座的固定与活动支座安装后难以从外表上加以区别，其安装位置是否正确不能像摇轴或辊轴支座那样易于区别，故须顶起梁身检查

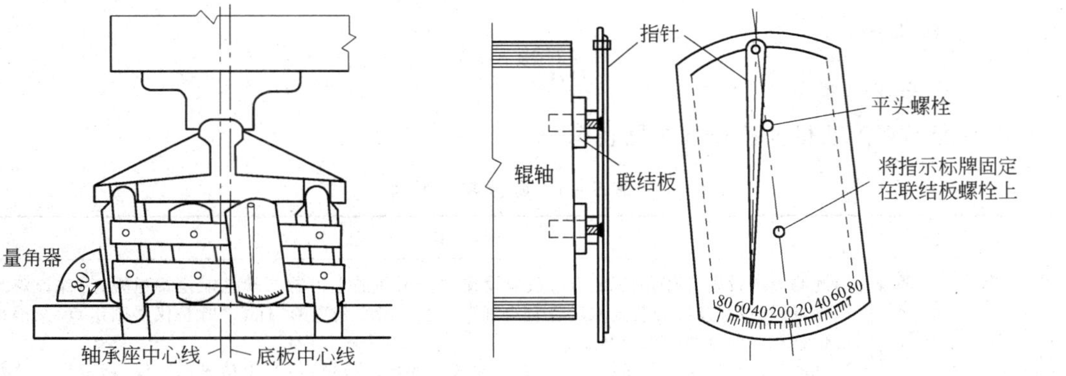

图5—6　辊轴支座位移测标

（二）橡胶支座检查

橡胶支座应重点检查：

(1)平板橡胶支座有无裂纹、不均匀外臌、钢板外露、剪切变形超限、位置串动等情况，限位装置是否可靠。

(2)盆式橡胶支座有无钢件裂纹、脱焊、锈蚀、聚四氟乙烯板磨损、位移转角超限等情况。

(3)支座与梁身、支承垫石间是否密贴。

(4)梁端横向位移的限位装置作用是否良好。

(三)圆柱面钢支座检查

圆柱面钢支座应重点检查:

(1)聚四氟乙烯板有无串出、是否变形;

(2)固定、限位螺栓是否松动。

(3)支座与梁身、支承垫石是否密贴。

(4)限位挡块是否开裂。

(四)双曲面钢支座检查

双曲面钢支座应重点检查:

(1)上、下座板相对水平扭转角度偏差,上、下座板相对水平错动位移量。

(2)聚四氟乙烯板 4 个角点的外露高度。

(3)非活动方向的滑动间隙偏差。

(4)限位挡块是否开裂。

(五)铰轴滑板钢支座检查

铰轴滑板钢支座应重点检查:

(1)平面滑板是否清洁、有无锈蚀。

(2)固定、限位螺栓是否松动。

(3)支座与梁身、支承垫石是否密贴。

(4)聚四氟乙烯板有无串动、是否变形。

(5)铰轴的注油情况、有无裂纹。

(6)底座板挡块有无开裂。

二、墩台观测

(一)墩台变形观测

墩台变形观测项目及检查方法见表 5—4。

表 5—4 墩台变形观测

项 目	检 查 方 法
墩台变形观测(特大桥及病害严重的桥梁均应进行位移或下沉观测)	(1)观测点的设置:固定的观测点一般应设在墩台顶面的上下游两端且能全桥通视;为保证观测精度,应埋设强制归心装置取代普通的钉头标志。归心装置的“标心”既是仪器固定点,又是垂直位移和平面位移的观测基点。 (2)观测使用水平仪和经纬仪。为正确掌握微小变化,应尽可能使用精密水平仪、精密经纬仪及相应的配套设备。观测墩台间距离的变化,小跨度桥梁可使用特制钢线尺用固定拉力对各墩间距离做悬空测量;大跨度桥梁可使用电磁波测距仪等。 (3)下沉观测应根据具体情况采用适宜的观测方案进行。为求得各墩下沉的绝对值,墩台标高应与桥梁附近国家水准点相联系。水平横向位移可观测在上下游方向测点离基线的距离变化而得;水平纵向位移可测量各墩间距离变化而得。为求得墩台平面位移的绝对值,基线在观测区以外应有控制系统。 (4)观测工作一般每年一次,经多年观测比较稳定时可隔若干年观测一次。观测资料积累并绘制图表,了解其变化趋势以利分析
浅基或基础埋深不明时检查	(1)直接挖验:河床无水时,可直接在墩台基础的一角,挖验墩台基底的埋置深度。 (2)钻探检查:采用 100 型钻机穿过基础襟边,钻探出墩台基底的标高。 (3)无损检测:采用物探、声波、遥感等技术探明基础埋深。 (4)查阅设计及竣工文件,了解施工时是否有为赶进度,盲目提高基底标高而造成浅基的情况

续上表

项　目	检　查　方　法
墩台下部（水中、土中部位）病害检查	(1)直接挖验或钻探。 (2)刨冰检查。在距墩台边缘刨冰，刨去一层冻结一层直至基底，一般在每一冰层厚达 25～30 cm 时，即可开始刨冰。 (3)潜水摸探。 (4)水下电视检查：检查时将探头放入水中紧靠墩台（水中含泥量太大时，探头前应安装特制清水箱），在墩台顶可从荧光屏上看出水中部分墩身及基础的各种病害，也可录像
桥墩振动检查	适用于重力式桥墩，方法是测量墩顶横向水平振动，观测其频率、振幅和波形进行综合评判，可判定桥墩下隐蔽部位有无严重病害
墩台倾斜观察	(1)用经纬仪和横放的水准尺进行观察，如图 5—7(a)所示。 (2)用两个较长的水准器互相垂直地水平埋置在墩台面上，看水泡移动的刻度来测得墩台倾斜程度，如图 5—7(b)所示

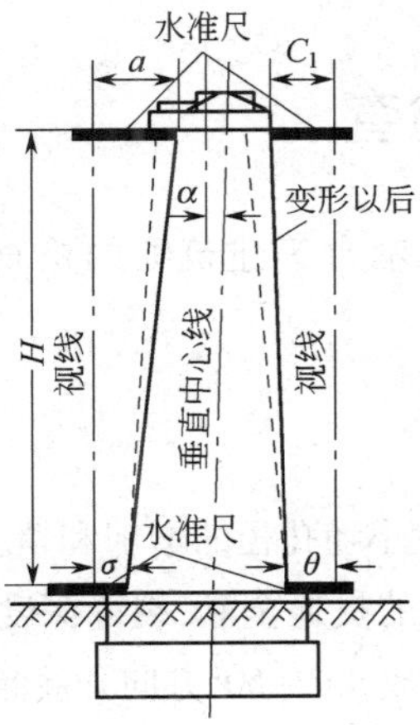

桥墩倾斜 $K=\frac{(\alpha-\sigma)-(\theta-2)}{2}$

倾斜角度 $\tan\alpha=\frac{K}{H}$

(a)

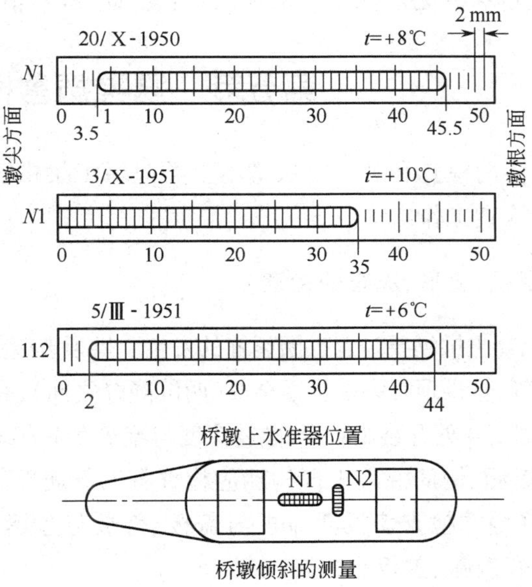

(b)

图 5—7　桥墩倾斜的测量

(二)墩台检查

对圬工墩台应重点检查观测：

(1)墩台应进行裂缝、腐蚀、倾斜、滑动、下沉、冻融、空洞等病害的检查。

(2)高桥墩须观测墩顶位移。高墩曲线桥，应注意线路与梁跨中线、梁跨与墩台中线所造成的叠加偏心对墩台的不利影响。对砌体高墩应注意墩身受拉而产生的裂纹及其发展。

(3)柔性墩应检查有无水平裂纹和斜裂纹，双线及多线桥墩两线间有无裂纹，并应经常检查支座状态和定期测量墩顶位移及桥上线路有无异常。

(4)空心桥墩应测定内外温差，注意因温度变化造成裂纹的发展。当发现裂纹内外对应时，应查明裂纹是否贯通。还应检查因进水而造成的冻胀裂损。

(5)桩柱式桥墩应检查不均匀下沉而产生的墩顶剪切裂纹。锚定板桥台应检查肋柱、锚板有无裂损、下沉和外臌。

(6)拼装式板凳桥墩应检查所有接头部位,特别是顶帽与柱头联结部位,并定期观测墩顶位移。

(7)高桩承台桥墩,当发现支座变位、墩身有位移时,应详细检查承台下基桩有无环状裂纹或断裂。

(8)桥台护锥应检查砌体灰缝有无缺损、开裂、下沉变形、土体有无陷穴(黄土、粉细砂填筑者尤须注意);雨天有无水从护锥背后盲沟排出等。

(9)寒冷地区应检查水位变化部位对墩台基础的冻害、腐蚀程度,墩帽顶防落梁支架有无冻起,墩帽托盘有无冻裂。

(10)对加固、帮宽的墩台基础还应重点检查新旧混凝土结合部的状态。

(11)对横移梁跨的墩台应重点检查支承垫石有无裂缝、掉块等现象。

(12)梁跨的横向限位装置作用是否良好。

(13)行洪桥涵有无水标尺。水标尺是否稳固、标示清晰。

第五节 涵渠病害检查

涵渠圬工体的检查和观测方法基本上类似圬工梁拱及墩台等建筑物的检查,此外还应作好以下的重点检查工作:

一、涵身裂损、变形、冻害的检查

(1)对于混凝土拱涵要注意拱圈裂缝的发生。拱顶裂缝大小随孔径的增加和填土高度而异,有0.1~12 mm不等,且拱顶开裂多贯通全段(两沉降缝之间),有的贯通全涵,裂缝深度大部分是垂直流水面。在拱圈1/4处开裂则较少,裂缝深度与流水面垂直线成40°~50°方向开展倾斜。

(2)对盖板涵、钢筋混凝土框构涵应检查有无露筋现象(由于施工不良或保护层过薄所造成)。检查沉降缝并检查盖板涵盖板与盖板、盖板与边墙顶的接缝有无渗水现象。检查盖板与边墙顶是否有瘸腿、盖板有颠簸现象。

(3)检查因高路堤下沉或填土压力不均匀引起涵洞管节的下沉和倾斜,错牙和滑移,以及管段相接处被拉开,防水层损坏使涵洞产生裂缝漏水漏土等病害。

(4)石砌或砖砌涵洞应检查砌体有无松动、风化和勾缝有无脱落;水泥砂浆有无起壳、空响、裂纹等。

(5)当涵洞发生变形裂缝,虽用水泥砂浆或环氧砂浆填塞,但裂缝继续扩大或危及安全时要对该管节涵身进行临时加固,由于加固增加临时结构导致涵洞孔径有所减少,故对水流通过情况进行特别观测,应尽先安排这些涵洞进行修理、加固或改建。

(6)严寒地区,对涵沿两端应检查有无冻害。

二、净空检查

除设洪峰尺以外,平时大雨洪水季节应对水流通过涵洞情况进行观测。

运营线上涵洞应能通过规定频率(50年一遇)洪水及历史上最大洪水。如实际入口处洪水位高于或等于1.2倍涵洞高或有严重泥石流影响排洪者即为孔径不足，应有计划地进行扩孔或改建。

三、河道排水检查、出入口铺砌裂损冲刷检查

涵渠上下游及洞内应定期进行清淤，保证排水畅通。为防止涵渠被飘浮物或泥石等堵塞，必要时应在涵渠前设置护栅或沉淀池（特别是倒虹吸管等）。

如发现水流从涵洞底下流过，有潜流或冒水甚至基底被淘空时，应检查上游河床铺砌涵洞端垂裙深度，并做妥善处理。

四、防水层及沉降缝的检查

涵洞的沉降缝和管节处缝都应按要求进行防水处理。防水层及沉降缝损坏常使涵洞漏水漏土。常遇到两种情况：

（1）涵洞内的水流，特别在有压力状态下由涵洞向路基渗水漏土。

（2）过人涵洞（如地道等），由路基向洞内渗水漏土。

五、洞口及防护设备状态的检查

检查洞口的端墙、翼墙、护锥状态是否完好，有无因土压力、冻害等而引起的倾斜、挤出、裂缝和损坏等。

此外还应检查行洪涵渠有无水标尺、水标尺标注是否清晰。

第六节　隧道病害检查与处理

隧道检查中混凝土的裂缝及强度检查方法基本上与圬工梁拱相同相同，下面主要介绍其他项目的检查方法。

一、起拨道量观测

在需要检查和控制隧道内线路起道量和拨道量的地段，应尽可能利用原设计的基线进行观察，无原基线且能确认边墙衬砌稳定的情况下，可以在两边墙埋设固定测标的方法，量测线路变化。直线地段固定测标宜埋设低于主轨顶面50 mm，统一水平线上；曲线地段固定测标要埋设在曲线起始点内轨顶面同一水平线上。固定测标埋设如图5—8所示。

观测方法：用测标检查尺量测线路的起道量和拨道量。

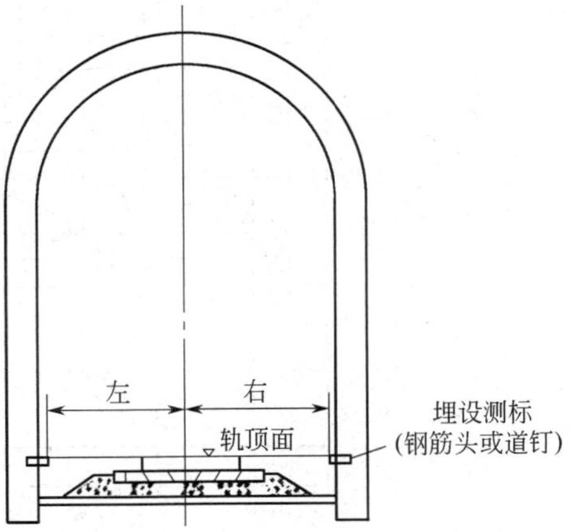

图5—8　固定测标的埋设

二、衬砌裂损变形检查

（1）对衬砌腐蚀、裂纹、变形、错牙等采用安设测标，定期观测。

①对裂纹的扩张程度及错牙，可以安设牵钉测标（图 5—9）测量其变化值。

②衬砌边墙或拱脚发生变形时，可在变形部位埋牵钉，钉上悬挂垂球，与埋设在隧底的固定点对位（图 5—10），如变形发展，可从测标上读出相应的变化值，并可测出牵钉与固定点的距离以求算角变位。

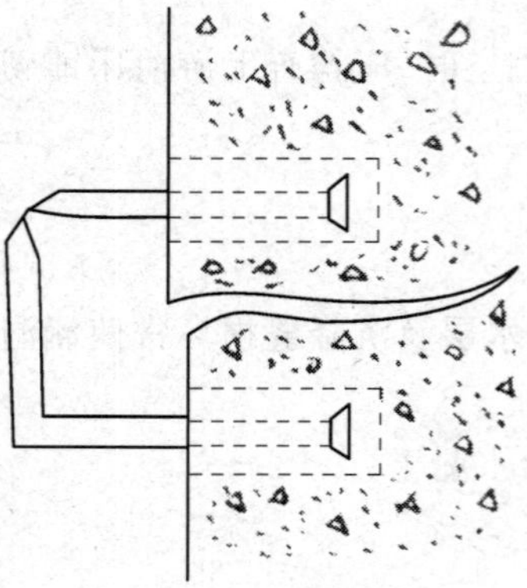

图 5—9　牵钉测标

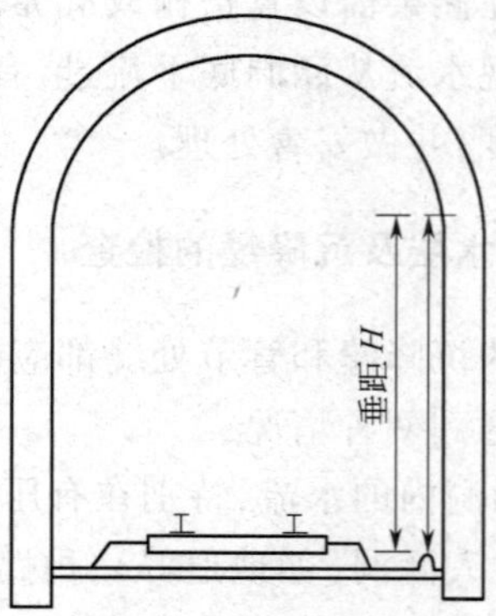

图 5—10　拱墙变形观察

（2）用分格法，纵向每 25 ~ 45 m 为一段，每米为一格，横向衬砌分部位，将查出的病害正确显示在展示图上（图 5—11）。

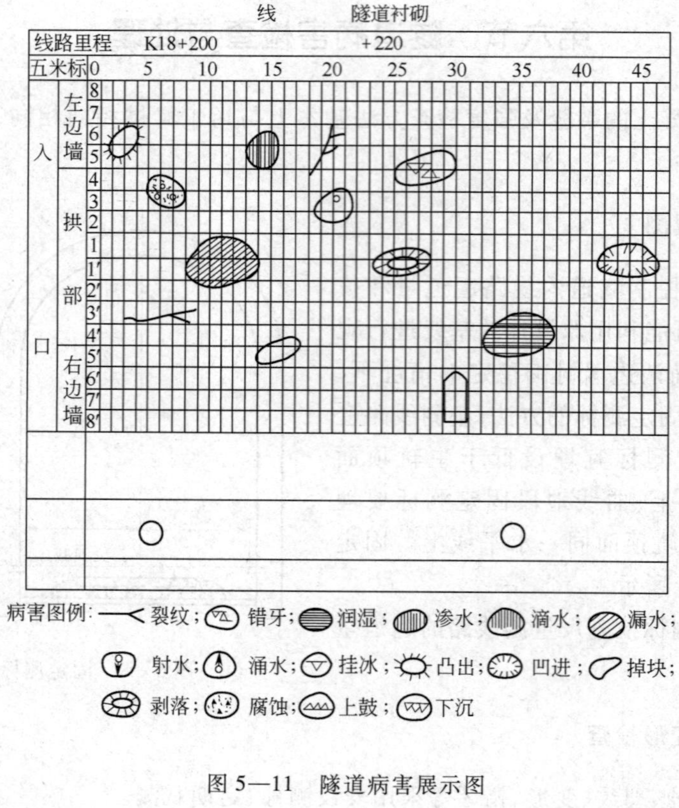

图 5—11　隧道病害展示图

三、衬砌腐蚀及防治

(一)腐蚀类型

1. 水　　蚀

地下水对隧道衬砌的侵蚀是极为严重的。由于地下水的化学成分的不同,对隧道衬砌的侵蚀程度和形式也不相同,一般有溶出型侵蚀、碳酸型侵蚀、硫酸盐侵蚀和镁侵蚀等。隧道的拱部、边墙、仰拱、排水沟和电缆槽等部位都可能出现水侵蚀病害。尤其是高度在1m以下的墙角部位最为严重。排水沟、整体道床表面次之;漏水的拱顶,衬砌接缝,各种施工缺陷和裂纹周围也较普遍。

2. 烟　　蚀

(1)化学性腐蚀:蒸汽机车排出的废气中含有大量的有害气体,如一氧化碳(CO)、二氧化碳(CO_2)和二氧化硫(SO_2)等。这些有害气体都溶于水,与水作用形成腐蚀性强酸,对混凝土衬砌腐蚀很大。在蒸汽机车牵引区段上的隧道,常常在拱部宽1~2 m范围内有条带状的腐蚀剥落,尤其是渗水或漏水部位腐蚀剥落更为严重。

在内燃机车牵引区段,因内燃机车排放的废气中含有大量的氮氧化物,尤其是二氧化氮(NO_2)极易溶于水,与水结合成硝酸,这也是一种腐蚀很强的有害物质,对衬砌产生酸性和碱性侵蚀,这些侵蚀是无孔不入的。在旧隧道的衬砌翻修中,发现衬砌内部及衬砌背后围岩处都有化学侵蚀的迹象。

(2)机械性磨蚀:机械性磨蚀主要指蒸汽机车烟筒喷出的高压高温烟气中含有煤颗粒,对隧道衬砌起到喷砂作用。尤其是净高较低的旧隧道,这种高温高压喷砂作用,对隧道衬砌侵蚀很严重。不仅是机械磨蚀作用,长期在循环高温高压作用下,混凝土强度降低,甚至粉化。

3. 冻　　蚀

严寒地区的隧道,由于衬砌混凝土中存在孔隙,冬季孔隙中含水结冰冻胀,使混凝土破坏开裂,导致衬砌损坏。尤其地下水丰富、排水不良的隧道,衬砌内含水,一旦结冰,破坏更为严重。

(二)防治方法

1. 局部腐蚀整治

(1)抹补法:当衬砌总腐蚀厚度在10 cm以下时,可以采取抹补法进行修补,即在腐蚀处将腐蚀层凿除,清理好基面,抹防水防蚀砂浆,厚度一般不小于3 cm。防水防蚀砂浆的选用,要根据衬砌腐蚀的原因,有针对性地选择防蚀剂和水泥配料等。例如,沥青对于浓度50%的硫酸,20%的盐酸,浓度<20%的氢氧化钠,硫酸氢钠以及任何浓度的硫酸钠溶液均有抗侵蚀性。因此沥青砂浆对酸性腐蚀处所的修补是最合适的材料。但施工时需要热拌热铺工艺,故宜用于做仰拱底或铺底和整体道床的防蚀层。沥青砂浆层下用M10强度等级的水泥砂浆找平。

(2)浇补法:当衬砌总腐蚀厚度大于10 cm时,可以采取浇补法进行修补,即将腐蚀层凿除,露出无腐蚀混凝土新茬,清理表面后立模浇注抗渗标号≥P10的C25等级的防水混凝土,并在防水混凝土上设防蚀层。

(3)喷补法:当隧道拱部衬砌腐蚀严重时,不宜采用抹补和浇补,而宜采用喷补。喷补即直接在被清理的基面上喷射防蚀砂浆或混凝土。一般拱部都采用挂钢筋网,用锚钉嵌固在旧衬砌上，然后喷射防蚀混凝土。为提高喷射混凝土的防蚀能力，在其上还可以喷射一层防蚀涂料。

(4)镶补法：用耐腐蚀的块材将被腐蚀的断面砌筑镶补，形成衬砌结构补强层即为防蚀层。并以镶补层作为模型，在其内已清理的基面间灌入防蚀混凝土，施工时随砌镶补层，随灌混凝土。此法适用于腐蚀层总厚度大于 25 cm 的严重腐蚀部位。

(5)勾补法：当石块砌筑的衬砌在灰缝处发生严重腐蚀时，可将失效灰缝剔出来，用耐蚀胶泥重新勾缝。常用耐蚀胶泥有沥青胶泥、环氧树脂胶泥、其他树脂胶泥以及各种有机粘结剂等。

2. 大面积腐蚀整治

衬砌腐蚀总深度超过原衬砌实有厚度的 2/3，其面积超过该段边墙或拱部表面积的 60% 以上时，宜将该段边墙或拱部进行翻修。如所占面积不足 60% 时，可以考虑采取局部镶补或翻修。翻修时应优先采用结构层、防水层及防蚀层合一的做法。即用防蚀材料作衬砌，使防水、防蚀与结构合一。除做好翻修部分的防水外，还要注意对新旧衬砌接茬边界附近的一定范围内的防水、防蚀处理，以扩大防蚀范围和效果。实践证明，施工缝处理不好会使防水、防蚀工作前功尽弃。

当总腐蚀厚度超过衬砌实有厚度的 1/2 且面积较大时，必须先查明衬砌的实际受力状态。根据不同情况，采取必要的临时加固措施，然后研制整治施工方案，以确保行车和施工安全。

对于有严重冻融、骨料膨胀和有分解性侵蚀病害时，除有明显可见的衬砌内表面向外的腐蚀外，还要查明有无从外面向内腐蚀的情况。当发现衬砌内外均有腐蚀时，宜首先采取治水防蚀措施。当经过治水已能消除或大为减缓腐蚀的发展时，可以仅做内表的挖补加固。如经治水仍不能有效控制冻融和骨料膨胀时，应采取套拱加固整治措施。即将旧衬砌普遍铲除一定深度，固定钢筋网，用喷射混凝土的方法制成套拱。喷射混凝土的厚度不宜大于 15 cm，混凝土应是防蚀的并有足够的抗渗性。

当原衬砌腐蚀极为严重时，可以考虑预制套拱更换旧衬砌。

四、衬砌漏水检查

(一)隧道衬砌漏水的四种情况

1. 渗　水

地下水从衬砌向外润湿，使衬砌表面出现面积大小不等的润湿，但水仍然附着在衬砌表面。

2. 滴　水

水滴间断地脱离衬砌落入隧底，有时连续出水，滴水连成线。

3. 淌　水

为漏水连续顺衬砌流淌而下。

4. 冒　水

有一定的压力水向外涌流。

(二)洞外检查漏水源

(1)洞顶地表坡面是否平顺，有无裂隙、洞穴、洼地，排水设备是否完好。

(2)在山顶积水处或高于隧道的远处河流中放入可溶性荧光素(分子式为 $C_{20}H_{10}O_5Na_2$),荧光素溶于水能发出强烈绿色荧光,检查洞内漏水处是否有绿色水液流出,可查明水源所在。

(三)洞内检查程度

(1)查清漏水量大小、持续时间及变化。漏水严重处所每月至少观测一次,绘出漏水量变化曲线,特别需观测晴天和雨天的漏水量变化,查明漏水属地下水还是地表水造成的原因。

(2)每年对流入隧道内的水在流量最大的月份和地点,测量流量和水温(严寒地区冬季最冷月份应增测水温),必要时,取样化验水质,了解其对砂浆和混凝土衬砌的侵蚀作用。

(3)夏季漏水的隧道,在寒冷及严寒地区,冬季还要检查挂冰、围岩冻胀等所造成隧道病害的程度以及对限界的影响。

(4)应根据流水程度将漏水病害处所标明在衬砌分格检查病害展示图上,定期进行测量,比较病害有无发展。

五、隧道限界检查

(一)时间要求

重要线路的隧道每五年,其他线路的隧道每十年检查一次。

(二)检查方法

1. 横断面法

横断面法是一种定位测量断面的方法,即先选定施测横断面位置,逐个测出隧道的净空轮廓。然后综合全隧道各横断面的最小内轮廓点(包括附属设备突出点),构成综合最小限界的方法。

横断面测量中的测点,由轨面至起拱线间,左右两侧的测点高度间距应不大于 400 mm;隧道起拱线以上拱部左右两侧的测点圆心角应不大于 10°。定点间有突出的控制点应加测补点。

横断面法检查限界所用工具有净空检查尺、净空检查架(开屏式检查架或 W30M 型检查架)。检查架垂直装设在车辆的前部转向架中心线上,一般将装有检查架的车辆挂在机车次位。对于半径小于 800 m 的曲线,由检查架测得的限界应按下面公式进行折减后绘制:

$$C = L^2/(8R)$$

式中 C——曲线内外侧加宽量(mm);

L——货车转向架中心销间距离(常用平板车为 9 350 mm)(mm);

R——隧道线路的最小曲线半径(mm)。

2. 摄 影 法

(1)隧道限界摄影检查车:车上装有固定摄影机,可以在行车条件下,对固定焦距处显示隧道内轮廓的光带,定时一个个的拍照,经过冲洗,判读换算出隧道断面的实际尺寸或找出区段的最小综合断面尺寸。

(2)激光带断面仪:它由主体部分、里程显示器、比例方尺、挡光板及摄影机等部分组成。测量时,把激光光带发射仪主体置于被测断面处,摄影机安在任意端 20 m 处,里程显示器安在前两者之间,距摄影机 5 m 处,数字面对摄影机。将摄影机焦轮调至 20 m 刻度对好,激光光带发射器接通电源,进行光带曝光,与此同时进行比例光点曝光,拍好后不卷动胶片,将摄影机焦轮在 5 m 刻度处对好，接通里程显示器电源，进行里程曝光（光带及里程利用重复曝光拍在同一张底片上），拍好后关闭电源，卷好胶片。

复习思考题

1. 涂膜劣化评定方法是什么？
2. 铆接梁哪些部位易产生裂纹？
3. 铆钉如何检查？
4. 高强度螺栓如何检查？
5. 圬工梁拱裂纹如何检查？
6. 支座有哪些常见病害？
7. 隧道内漏水如何检查？

第六章　桥隧维修作业

桥隧各部分的状态应符合《铁路桥隧建筑物修理规则》的有关规定，若状态不良，应通过综合维修整平桥面作业加以改善，达到规则要求标准。本章将介绍这方面的内容。

第一节　桥面维修作业

一、整平桥面

明桥面线路的轨道几何状态要符合《铁路线路修理规则》要求，设上拱度的轨面状态还需符合《铁路桥隧建筑物修理规则》的有关规定。

（一）基本要求

消灭所有2 mm及以上吊板，跨度30 m及以上钢梁轨面还需同时调整钢轨上拱度，整平后线路轨距、水平、高低符合线路维修标准，上拱度设置符合《铁路桥隧建筑物修理规则》的要求。

（二）质量要求

（1）整平桥面线路不能盲目采用垫的办法，更不能采取削挖桥枕的方法处理，应采取更换适当厚度的防磨垫板来解决。垫板以一层为主，个别难以处理需垫两层的处所，也应加以控制，做到少垫不削。

（2）所更换的防磨胶垫厚度应事先细致调查确定，不得超出4～12 mm范围。

（3）旋拆螺纹道钉及抽出旧防磨垫板后，道钉孔应加木塞、枕木面切入或腐朽超限处所应削平并作防腐处理。

（4）防磨垫板应安装方正，窜出缩入或歪斜量不得大于3 mm。

（5）双层胶垫处所不得大于5%，总厚度不得超过15 mm，总厚度12～15 mm处所也不得大于5%。

（6）应设上拱度的轨面，上拱度值与设计值误差不超过±3 mm。最大值应居于跨中，偏移不大于1 m，梁端为0，呈抛物线圆顺布置，不得出现大于2 mm的折线状。

（7）无缝线路应遵守《铁路线路修理规则》规定的作业要求。

二、桥枕作业

（一）桥枕防腐

1. 桥枕腐朽的原因

桥枕腐朽的原因有菌类腐蚀、昆虫蛀蚀、机械磨损、缺陷失修等。

2. 桥枕最易腐朽的部位

（1）道钉孔（包括护轨道钉孔）；

（2）道钉孔边的裂缝（这些裂缝大部分是作业不良发生的）；

(3)铁垫板底(包括钢轨铁垫板和钩护螺栓垫板)部位;

(4)螺栓孔(包括钩螺栓、护木螺栓、防爬角钢联结螺栓等);

(5)与主梁或纵梁相扣的槽口处;

(6)已经削平或挖补及镶拼的处所;

(7)桥枕面被压伤凹陷及裂缝较宽处所。

3. 桥枕腐朽的防治

(1)防腐材料:氟化钠、煤焦油、防腐浆膏、防腐油膏是枕木主要防腐剂。防腐浆膏是用氟化钠和煤焦油按质(重)量比1∶1调配而成,是桥面养护中常用的防腐材料;防腐油膏是用塑橡油膏、煤焦油及氟化钠以1∶1∶0.25质(重)量比配制而成,用于枕木裂缝灌注,具有不下沉、防水性强和与木质粘结好的优点。

(2)防腐方法:

①道钉孔防腐:新钻钉孔可在钉孔内注入氟化钠5~6 g,普通道钉端部蘸煤焦油打入,螺纹道钉需经渗锌处理后旋入。

原有钉孔应清除腐朽部分后用氟化钠饱和溶液浸煮过的木塞打入,氟化钠溶液加温到40 ℃以上不超过80 ℃,将木塞泡至24 h后取出晾干待用。

②螺栓孔防腐:一般可用防腐油或防腐浆膏涂抹孔眼,但一定要注意不能漏涂。

③裂缝防腐:桥枕顶面及侧面上能进水的裂缝均应灌缝。缝宽2 mm及以上的裂缝用防腐浆膏灌注,微小缝隙,在缝口用浆膏涂刷封闭。

④表层防腐:注油桥枕,因开槽、挖补等作业后,新削面应涂刷防腐油防腐。在使用中的注油桥枕也应每隔三年或稍长的时间涂刷防腐浆膏。

(二)桥枕修理

1. 桥枕灌缝

桥枕、护木顶面裂缝(2 mm以上)以及侧面向上能进水的裂缝(5 mm以上)均应灌缝。

(1)较宽的裂缝将塑橡油膏、煤焦油、氟化钠按1∶1∶0.25的比例加温配制成防腐油膏,进行灌注。

(2)宽度较小的裂缝可将将氟化钠、煤焦油按1∶1的比例加温配置成防腐浆膏进行灌注,灌缝后在列车震动下防腐浆膏会下沉,则要再灌第二、第三次,直至不再下沉时捣实刮平即可。

灌缝之前应将缝内污垢尘屑等杂物清除干净。

2. 桥枕防裂处理

(1)桥枕端部产生裂纹后,可在桥枕端面钉棘齿组钉板,当裂纹长100~130 mm时也可钉C钉或S钉,防止裂纹继续发展。

(2)用直径3.5~4.0 mm的镀锌铁线在距枕木头100 mm处捆2~3圈,铁线与枕木各边应垂直,铁线两头均应钉固在枕木侧面上,防止松弛。

3. 桥枕削平及挖补

(1)桥枕表层因钢轨垫板机械磨损产生毛刺或切入枕面,当铁垫板切入桥枕深度在3 mm以上时,应进行削平以利排水,削平范围为垫板外30~60 mm。削平面应平顺无积水,并涂刷防腐剂。

(2)桥枕磨损或腐朽较剧时,应进行挖补,挖补厚度不超过30 mm,并用木螺钉固定。镶木块应做成楔形，并进行防腐处理。侧面应有斜坡、顶面窄、底面宽，以达到嵌紧密实，如图 6—1 所示。

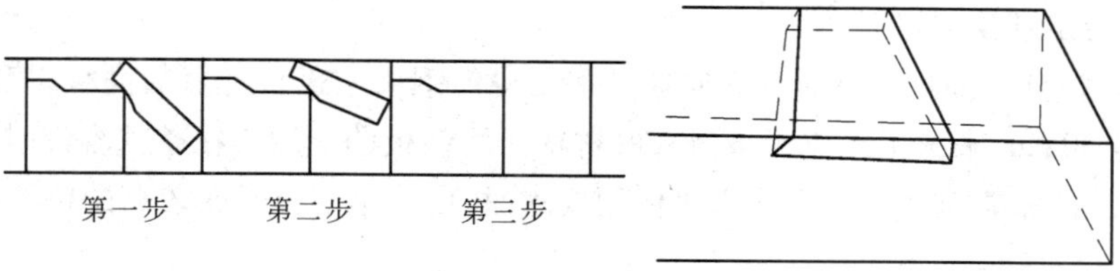

(a)　　(b)

图 6—1　桥枕嵌补图

(三)桥枕更换

1. 木桥枕失效判定

木桥枕有下列状态之一时即为失效：

(1)标准断面木桥枕因腐朽、挖补、削平和挖槽累计深度超过 80 mm；

(2)钉孔周围腐朽严重，无处改孔，不能满足持钉及保持轨距；

(3)木桥枕内部严重腐朽；

(4)通裂严重，影响共同受力。

2. 更换木桥枕的规定

(1)钢轨接头处 4 根木桥枕(支接时为 5 根)中有一根或其他部位有连续 2 根及以上的失效木桥枕时，行车速度大于 120 km/h 区段钢梁明桥面有隔一或连二失效木桥枕时，均应立即抽换。单根抽换时，可使用整修后的旧木桥枕。

(2)一孔钢梁上的木桥枕失效达 25% 及以上时，行车速度大于 120 km/h 区段一孔钢梁上的木桥枕失效达 20% 及以上时，行车速度大于 160 km/h 区段一孔钢梁上的木桥枕失效达 15% 及以上时，均应进行整孔更换。

3. 桥枕更换的方法

(1)"大揭盖"法：拆除桥上线路，移出钢轨，然后将旧枕全部拆除换上新枕，再恢复线路。一般采用一节钢轨长为一单元，旧枕由中间向两端(或由一端向另一端)依次运走，然后依次由两端(或由一端)运入新枕，并指派专人接放枕木于预先指定的位置，在防爬角钢处，在桥枕铺上后立即穿上防爬螺栓。

(2)逐段抽换法：在一定长度内松开桥上钢轨与桥枕的联结，用千斤顶(起重能力 5 ~ 8 t)顶起钢轨及护轨并用垫木楔住，旧枕与新枕均由两侧横向移出或穿入，最后落下钢轨恢复线路，单根抽换轨枕可采用此法。

整孔更换时应根据钢轨接头、防爬角钢位置确定桥枕净距及布置、计算桥枕根数并进行编号，进行桥面抄平，决定防磨垫板厚度，计算每根桥枕刻槽深度及桥枕高。

三、明桥面上拱度抄平

(1)在钢梁上设置线路上拱度时，如有设计计算拱度曲线，应按设计计算办理。一般情况，拱度曲线可用二次抛物线，根据经验，拱度线始终点最好放在距离梁端 1 ~ 1.5 m 处并做顺坡以保持钢梁端部的线路平顺，避免相邻两孔钢梁端发生吊板现象。拱度线可按梁长分成8、10、12、16、18、20等分，根据钢梁的长短来选择一种等分，然后根据二次抛物线关系求出各等分点的高差，绘出理论拱度曲线。

(2)根据理论拱度曲线、桥面的纵向坡度和测得的钢梁上盖板各点的高程，控制桥枕最大刻槽深度不超过30 mm来选用相应规格要求的桥枕防磨垫板的厚度。在条件容许时防磨垫板厚度最好采用一种，在标准断面桥枕不能满足使用要求时，可采用部分断面较高的桥枕来进行调整。

四、分开式扣件的维修工作

明桥面的钢轨扣件应采用分开式扣件，用轨卡及轨卡螺栓将钢轨与垫板联结，垫板与桥枕用3个(内二外一)或4个螺纹道钉牢固联结(允许速度为120 km/h及以上时，必须4个)，垫板与桥枕间防磨垫板厚度为4～12 mm。

明桥面两端桥头线路用木枕过渡时，必须采用分开式扣件彻底锁定，锁定长度至少为75 m。

(1)分开式扣件铺设安装要求如图6—2所示。

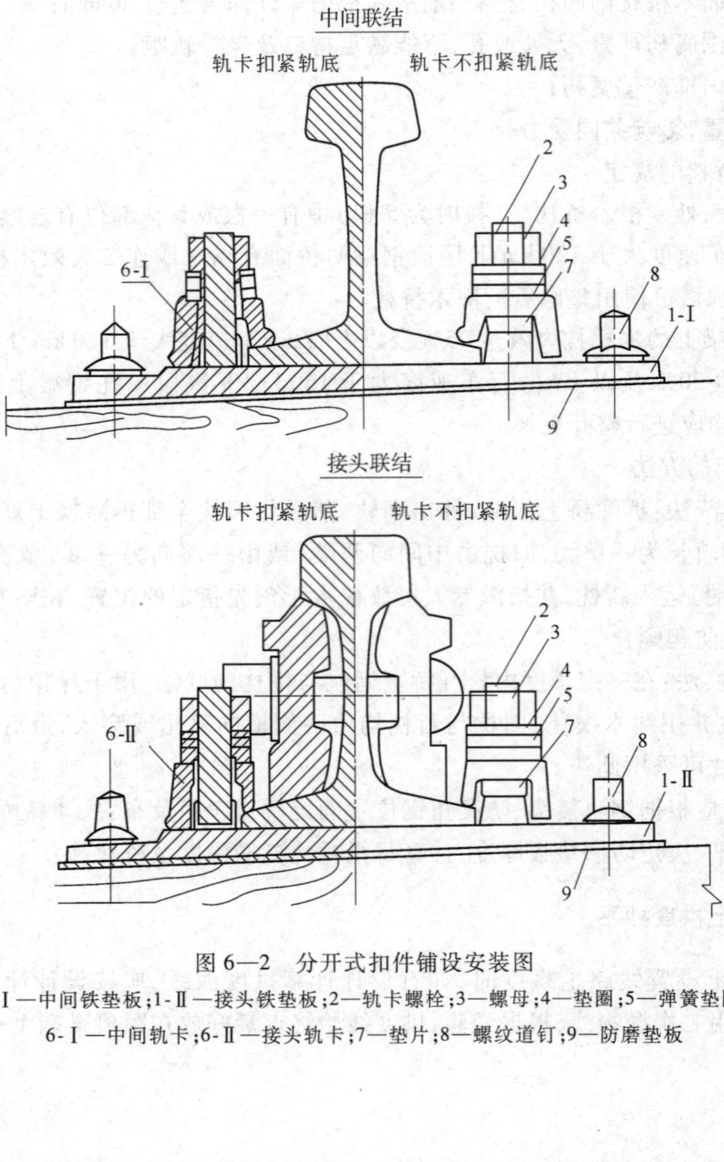

图6—2 分开式扣件铺设安装图

1-Ⅰ—中间铁垫板；1-Ⅱ—接头铁垫板；2—轨卡螺栓；3—螺母；4—垫圈；5—弹簧垫圈；6-Ⅰ—中间轨卡；6-Ⅱ—接头轨卡；7—垫片；8—螺纹道钉；9—防磨垫板

(2)分开式扣件安装技术质量要求：

分开式扣件设置和轨卡螺栓的拧紧方法，无缝线路地段根据设计要求确定，普通线路地段按以下规定办理：

①简支梁跨度 $L<40$ m 时，采用全部扣紧轨底方式，螺栓扭矩为 50 ~ 70 N·m。

②简支梁跨度 40 m $\leqslant L<80$ m 时，可采用全部扣紧轨底或扣紧与不扣紧轨底相间隔的方式。全部扣紧时，螺栓扭矩为 50 ~ 70 N·m。扣紧与不扣紧相间隔时，间隔为 1—2—1（扣紧—不扣紧—扣紧），螺栓扭矩为 80 ~ 120 N·m。

③简支梁跨度 $L>80$ m 时，一般采用分段扣紧轨底方式，跨中扣紧，支座附近不扣紧，扣紧和不扣紧长度范围各为 1/2 梁长。当设有钢轨伸缩调节器时。仅在伸缩调节器端扣紧，另一端不扣紧。当设有伸缩纵梁时。在伸缩纵梁两端至少 24 m 范围内不扣紧。螺栓扭矩为 80 ~ 120 N·m。

④连续钢桁梁，根据结构形式选取。

a. 设有伸缩纵梁的连续梁，采用分段扣紧轨底的方式，在伸缩纵梁两端至少各 24 m 范围不扣紧，在中间支座和钢轨伸缩调节器附近扣紧（无伸缩调节器时在端支座附近不扣紧），其扣紧长度范围为每联长的 1/2，螺栓扭矩为 80 ~ 120 N·m。

b. 无伸缩纵梁的连续梁，当连续梁两端设有钢轨伸缩调节器时，宜采用全部扣紧方式，螺栓扭矩为 50 ~ 70 N·m。若采用分段扣紧方式，仅在设有伸缩调节器的活动端扣紧，螺栓扭矩为 80 ~ 120 N·m。扣紧与不扣紧长度范围各为 1/2。

⑤桥面钢轨接头冻结或焊接时，轨卡螺栓扭矩为 40 ~ 60 N·m。

⑥分开式扣件的螺纹道钉应齐全顺直，并不得有浮离松动；动荷载下铁垫板与螺纹道钉不得有相对位移。

五、整孔更换桥面

整孔更换桥面的范例说明：某桥跨度 8.04 m 工字梁加盖板，梁中心线间距离 1.95 m，梁顶及钢轨下铁垫板底的水平高度用水平仪测量，资料见表 6—1 的第 1 ~ 6 项及图 6—3。查阅原有技术资料，桥在 1‰的下坡上，旧桥枕断面 220 mm × 250 mm 已腐朽，需全部更换为标准桥枕（200 mm × 240 mm × 3 000 mm）。

表 6—1　某桥技术资料

测　　点	距离(m)	水平高度(mm)				铁垫板底计划高度(mm)	铁垫板底至梁底距离(mm)	
		梁　顶		铁垫板底				
		左	右	左	右		左	右
1	2	3	4	5	6	7	8	9
	-10			274	268			
	-5			267	267			
北台挡砟墙上	-0.35	(123)	(129)	262	259	273.9	150.9	154.9
梁　　端	0	5	1	262	260	273	268	272
工字梁上	0.85	7	2	261	260	270.9	263.9	268.9
第一层盖板上		16	12				254.9	258.9

续上表

测点	距离(m)	水平高度(mm)				铁垫板底计划高度(mm)	铁垫板底至梁底距离(mm)	
		梁顶		铁垫板底				
		左	右	左	右		左	右
1	2	3	4	5	6	7	8	9
第一层盖板上	1.33	18	11	259	259	269.7	251.7	258.7
第二层盖板上		29	22				240.7	247.7
第二层盖板上	2.10	29	22	256	256	267.8	238.8	245.8
第三层盖板上		40	32				227.8	235.8
第三层盖板上	4.2	42	37	246	248	262.5	220.5	225.5
第三层盖板上	6.305	43	41	243	245	257.2	214.2	216.2
第二层盖板上		34	32				223.2	225.2
第二层盖板上	7.04	34	32	243	245	255.4	221.4	223.4
第一层盖板上		25	22				230.4	233.4
第一层盖板上	7.54	26	24	241	244	254.1	228.1	230.1
工字梁上		16	13				238.1	241.1
梁　　端	8.40	18	13	241	243	252	234	239
南台挡砟墙上	8.75	(125)	(112)			251.1	126.1	139.1
	13.4			220	223			
	18.4			191	190			

（一）更换桥面步骤

1. 定计划坡度

在梁顶高度(图 6—3)定出桥面计划坡度为 2.5‰较符合现状。

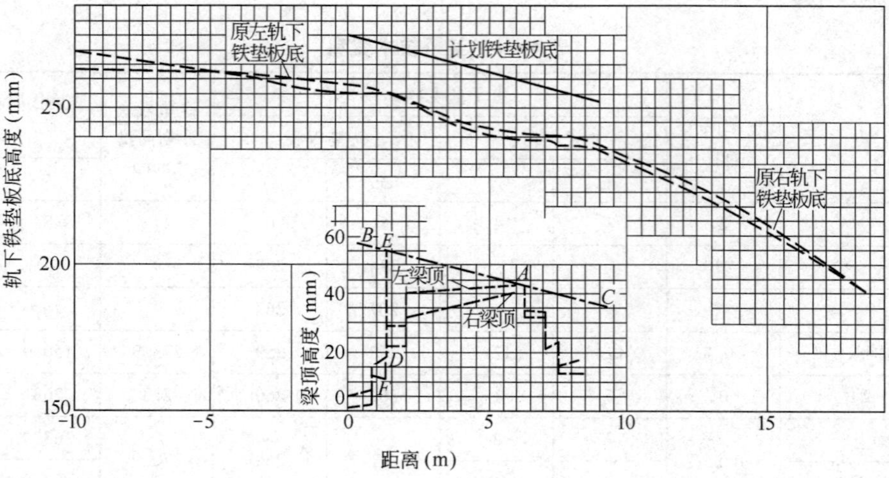

图　6—3

2. 定钢轨铁垫板底计划高度

断面为 200 mm × 240 mm 的桥枕，照规定净厚可为 210 ~ 240 mm，在图上将三角板的一边摆成 2.5‰的坡度，然后把它平行移动，待这个边在 *A* 点（左梁第三层盖板终点时，画线 *BC*，在 *A* 点上的桥枕的净厚为最小），故：

A 点上的铁垫板底高度 = 210 + 4 + 43 = 257（mm）。其中，*A* 为防磨胶垫厚度，*B* 为 *A* 点左梁顶水平高度。

钢梁北端的垫板底高度 = 257 + 2.5 × 6.3 = 273 mm，计算出由梁端算起各测点上的垫板底计划高度见表 6—1 第 7 项。

3. 算出铁垫板底至梁顶的距离

垫板底高减去梁顶高即可求得，如表 6—1 第 8、9 项，例如在距离 0 处该值为

在左梁上　　273 − 5 = 268 mm

在右梁上　　273 − 1 = 272 mm

4. 决定应换桥枕规格

铁垫板底至梁顶距离 = 桥枕净厚 + 防磨垫板厚。防磨垫板选用胶垫板，最薄 4 mm 最厚 12 mm，因无 200 mm × 260 mm 规格的桥枕，可在 200 mm × 240 mm 桥枕下嵌入木垫块加高（也可使用 220 mm × 260 mm 断面桥枕代替）。

5. 桥枕间距计算

两桥枕间的净距应为 100 ~ 180 mm。桥长 20 m 及以下明桥面上不应有钢轨接头，采用宽为 200 mm 桥枕时，两桥枕中心距为 300 ~ 380 mm。

一根桥枕最好不要搁置在盖板厚度变化处，因为跨层桥枕的高低槽口不易做到正确（如能掌握好，跨层桥枕也可以），为计算方便，做示意图 6—4。

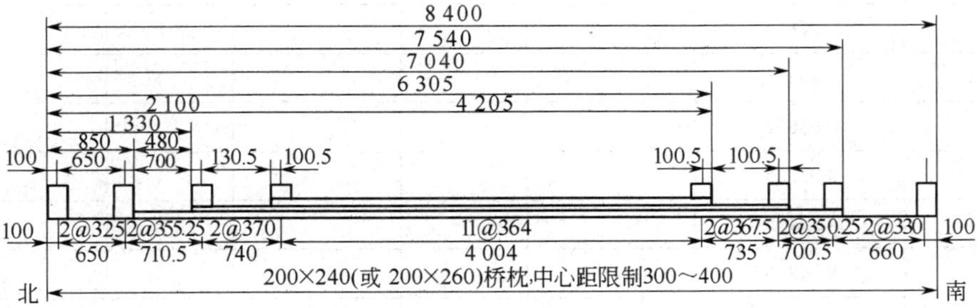

图 6—4　（单位：mm）

（1）第三层盖板上桥枕间距：（4 205 − 100.5 × 2）÷ 11 = 364 mm，可。

（2）北端第二层盖板上桥枕间距：770 ÷ 2 = 385，用 370 mm。

（3）北端第一层盖板上桥枕间距：（480 + 130.6）÷ 2 = 305 mm。

（4）北端工字梁上桥枕间距：850 ÷ 2 = 425 mm，超过容许值；今将（3）、（4）两项稍匀一下，工字梁上改为（850 − 200）÷ 2 = 325 mm，第一层盖板上改为（100 + 480 + 130.5）÷ 2 = 355.25 mm。

用同样方法，可确定出南端桥枕间距。

如不考虑桥枕跨层问题则可用公式：$N = 1 + (l - b)/(b + a)$。当采用净距为 160 mm 时，

所需桥枕数为 24 根，实际间距为 344.4 mm，均匀设置，其中北端第二根桥枕跨不等高盖板为高低槽口。

6. 编制桥枕计划表

先根据图 6—4 算出各桥枕距北梁端的距离，然后对照表 6—1 计算出相应桥枕梁顶高及铁垫板底高度、各桥枕净厚及胶垫板厚度，见表 6—2。计算时，可先算出几个盖板变化处的数值，其他空白栏可用插入法求得，该表未全部列出。

从表 6—2 可知，共需 200 mm × 260 mm × 3 000 mm 桥枕 4 根（也可用 220 mm × 260 mm × 3 000 mm代替），200 mm × 240 mm × 3 000 mm 桥枕 20 根。

表 6—2　某桥桥枕计划表

枕木编号	桥枕中心线距钢梁北端距离（mm）	桥枕净厚及防磨垫板厚（mm）				桥枕规格（mm × mm × mm）
		左		右		
		防磨垫板	桥枕	防磨垫板	桥枕	
北端挡砟墙处			151		155	
1	100	12	256	12	260	200 × 260 × 3 000
2	425	12	254	12	259	200 × 260 × 3 000
3	750	12	252	12	259	200 × 260 × 3 000
4	1 105	9	244	9	250	200 × 260 × 3 000
5	1 460.5	9	231	9	238	200 × 240 × 3 000
6	1 830.5	9	230.5	9	237.5	200 × 240 × 3 000
7	2 200.5	6	221.5	6	229	200 × 240 × 3 000
8	2 564.5					
9	2 928.5					
10	3 292.5					
11	3 656.5					
12	4 020.5					
13	4 384.5					
14	4 748.5					
15	5 112.5					
16	5 476.5					
17	5 840.5					
18	6 204.5	4	210.5	4	213	200 × 240 × 3 000
19	6 572	4	219	4	221	200 × 240 × 3 000
20	6 939.5	4	218	4	220	200 × 240 × 3 000
21	7 289.8	4	225	4	228	200 × 240 × 3 000
22	7 640	6	232	6	235	200 × 240 × 3 000
23	7 970	6	230	6	234	200 × 240 × 3 000
24	8 300	6	228	6	233	200 × 240 × 3 000

（二）安全注意事项

更换桥枕施工复杂，多人在狭窄的施工面上一起操作，直接关系到行车和人身安全，必须确保安全施工。

（1）施工时，由施工负责人统一指挥，按分工负责制，严格遵守安全操作规程。

（2）进行联合操作时，必须动作一致，齐心合力，防止压伤、碰伤、摔伤和打伤人。

（3）移动钢轨时，不得将手脚伸入轨底，抬运钢轨动作要一致，脚步要踩稳，绳和钳子要牢靠。

（4）起道机应由经验丰富的人员使用。

（5）使用撬棍应防止滑脱和伤人。

（6）更换桥枕应使用桥枕夹钳。

（7）桥面及人行道上不得有朝天的铁钉。

（8）材料工具应堆放在指定地点，要稳固而不侵入限界。

（9）恢复桥面后，在放行列车前，应由施工负责人和有关人员仔细检查轨道和桥枕的技术状态，确认符合标准后方可开通线路。

第二节　钢结构涂装维修

钢梁、钢塔架、钢拱肋、人行道栏杆支架、限高防护架等都应进行保护涂装，防止钢结构生锈。钢结构涂装失效后应对钢结构表面进行重新涂装或维护性涂装。

一、钢料表面的清理

（一）手工清理

适用于杆件拐角、作业不集中或局部维修中零星作业，没有定型的工具，根据各自情况自行制作，一般有以下几种。

1. 刮　　刀

刮刀两端或一端弯成直角，薄刃（图 6—5），长度与宽度根据需要确定。使用时手持刮刀腰部，刀刃与钢料表面成 30°～50°角。当使用一端弯成半圆形的刮刀时，手稍许放平些，由前方向胸前拉或一手压住刮刀前端，一手向胸前拉（刮铆钉头时用）。

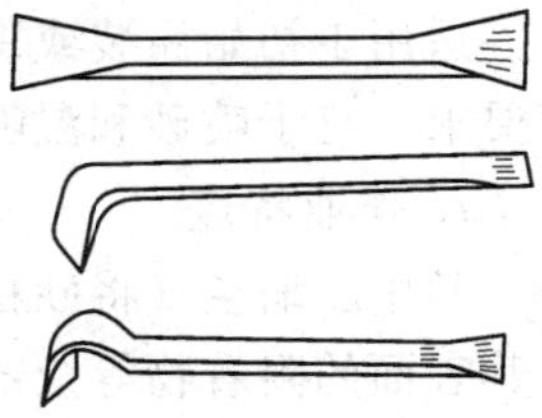

图 6—5　刮　刀

2. 锤

分一头尖形，另一头平行或两头均为平行两种形式（图 6—6），尖头为敲除表面不平凹陷处，平头为敲除平面锈层严重处所。敲击时应防止击伤钢板。

3. 钢 丝 刷

用于清除钢料上残留杂质和氧化皮。有平把、翘把两种形式（图 6—7）。使用翘把钢丝刷最为方便。

4. 手工清理注意事项

（1）手工清理大多为单人作业，应防止用力过猛而滑倒踩空，发生高空坠落。

（2）禁用剁斧等剁击清理，也不宜使用过分质硬刃锐的工具刮铲，以免损伤钢料。

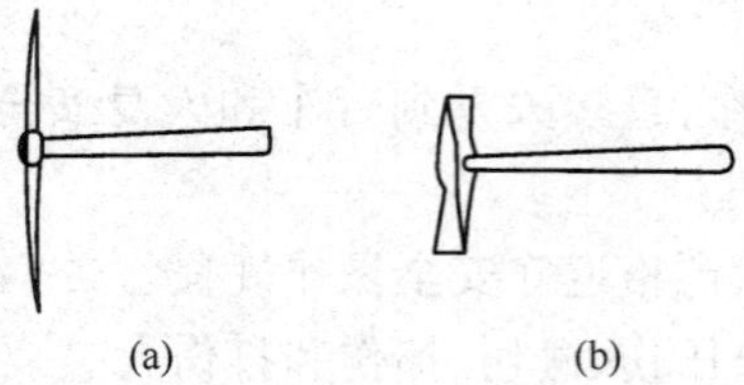

图 6—6　锤

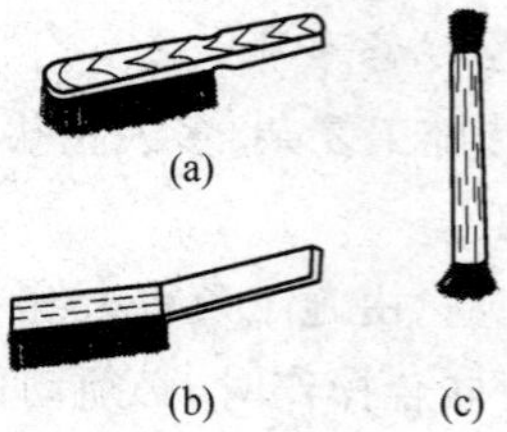

图 6—7　钢丝刷

(3)除锈应彻底,钢料表面露出金属光泽,但不能留有明显的刀痕锤印。

(二)机动工具除锈

常用的工具有风动或电动刷等(图 6—8)。这些工具借助于轴的冲击与摩擦对钢料表面进行清理。清理效率和质量比手工高但不及喷砂等方法。

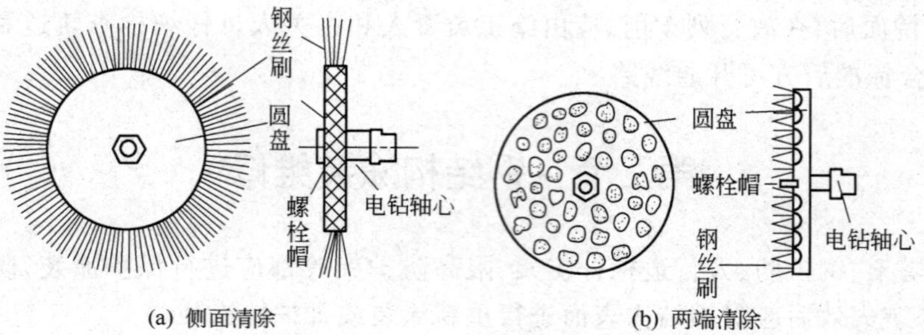

图 6—8　风动、电动刷

(三)喷砂清理

适用于初始涂装或重新涂装钢结构大面积的钢料表面清理,并对钢材表面有一定的粗糙度要求。有干喷砂和湿喷砂两种,由于湿喷砂易引起锈蚀,因此一般用干喷砂。

1. 作业特点

利用压缩空气将砂粒送至专用喷嘴,以高速度喷射于钢料表面,借助砂粒的冲击和摩擦,将其表面的附着物等全部除去。

2. 喷砂主要机具

(1)动力设备:空气压缩机(内燃或电动,容量 3 m^3/min 以上,风压不小于 0.5 MPa)、贮风桶、送风管路。

(2)喷砂设备:ϕ25 mm 压力橡胶皮管、油水分离器、贮风桶、盛砂设备(喷砂器)、喷砂嘴及连接管路(图 6—9)。

(3)喷砂衣等劳动保护用品和喷砂器的维修工具。

3. 喷砂用砂子

采用干燥、洁净、无盐分、无玷污、形呈锐角的石英砂或河砂,粒径为 0.5 ~ 2 mm。用砂前必须冲洗、干燥、筛选,保证清理效果,防止发生堵嘴。

4. 喷砂操作

(1)准备工作:连接好管路及喷砂机具,检查性能是否良好,连接是否牢固。试风,保证每

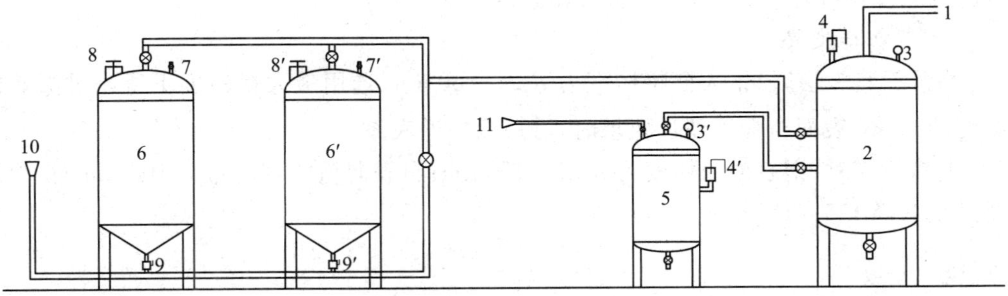

图 6—9　喷砂设备示意图

1—压缩空气；2—储气罐；3、3′—压力表；4、4′—安全阀；5—油水分离器；6、6′—喷砂器；
7、7′—排气阀；8、8′—灌砂口；9、9′—出砂阀；10—喷砂嘴；11—呼吸用气管

个喷嘴的供风量为 3～4 m^3/min，风压 0.4～0.6 MPa。

(2)喷砂操作：风压达到 0.4 MPa 以上时，先打开喷砂器风阀，再开出砂阀。喷砂一般自上而下，由一端向另一端推进。先喷角落后喷窄缝处，后喷宽敞部分，先边缘后中间，先喷铆钉头后喷平面。喷嘴与钢料表面距离以 150～250 mm、喷射角 45°～80°为宜，移动速度均匀，恰好除去锈蚀和氧化皮而不伤钢料。使用新喷嘴时，喷砂器砂阀应开小一些，随着喷砂工作的不断进行，喷砂嘴口径逐渐磨大，风压也要求高一些，风、砂阀都要开大一些。喷砂结束后先关闭砂阀后关闭风阀。

(3)用压缩空气清除钢料表面尘埃和积砂，必要时用手工工具进行一次找细，同时检查钢梁有无裂纹。

5. 施工注意事项

(1)施工人员应穿好劳保用品，接好防护头罩内输送新鲜空气的管路，喷砂衣要密闭。

(2)不能带风检修喷砂设备或更换零件。

(3)喷砂时喷嘴不能对准人或其他工具。

(4)喷砂管应避免弯折过剧。

(四)涂膜粉化清理

涂膜表层粉化，底层完好。此时清理不需要清除底层，可用水刷洗，等干后用砂纸打磨，将粉化表层清除干净但不伤及底层。

二、涂装前表面清理及粗糙度要求

在涂装底层涂料前，应将钢料表面的污泥，油垢，铁锈，旧涂膜和氧化皮彻底清除干净。清除方法可采用喷砂，喷丸，手工清理和溶剂擦洗。严禁使用腐蚀性物质清理钢表面。

(一)清理等级要求

根据使用的涂料品种、施工方法和构件部位的不同，钢结构表面清理应达到相应等级。

(1)电弧喷铝或涂装环氧富锌底漆时，钢表面清理应达到 Sa3.0 级。

(2)涂装酚醛红丹、醇酸红丹底漆时，钢表面清理应达到 Sa2.5 级。

(3)箱形梁内表面涂装环氧沥青底漆时，钢表面清理应达到 Sa2.0 级。

(4)限高防护架、人行道栏杆、扶手、托架、墩台吊篮、围栏等附属结构及铆钉头、螺栓头或

局部维护涂装使用红丹底漆时,钢表面清理应达到 St3.0 级。

(二)清理粗糙度要求

(1)涂装涂料涂层时,钢表面粗糙度为 $R_z25 \sim 60\ \mu m$;选用最大粗糙度不得超过涂装体系干膜厚度的 1/3。表面粗糙度超过要求时,需加涂一道底漆。

(2)电弧喷铝时,钢表面粗糙度为 $R_z25 \sim 100\ \mu m$;当表向粗糙度超过 $R_z100\ \mu m$ 时,涂层应至少超过轮廓峰 $125 \sim 150\ \mu m$。

三、涂　装

(一)涂料质量检验

涂料使用单位在现场应对涂料的漆膜颜色及外观、弯曲性能(mm)、附着力(MPa)、细度(μm)、干燥时间(h),流出时间(s,ISO 6 号杯)进行抽样检验。

1. 现场抽样检验项目要求

(1)底层涂料抽验项目和技术指标见表 6—3。

表 6—3　底层抽验项目和技术指标

项目＼涂料名称		特制红丹酚醛	特制红丹醇酸	特制环氧富锌	无机富锌	棕黄聚氨酯盖板	环氧云铁中间
漆膜颜色及外观		橘红色,涂膜平整,允许略有刷痕		锌灰色,涂膜平整,允许略有刷痕		棕黄色,涂膜平整	灰色,涂膜平整光亮
弯曲性能(mm)		<2,<3(120 ℃,1 h)					
附着力(MPa)		≥3	≥3	≥4	≥2	≥6	≥3
细度(μm)		≤50	≤50	≤90	≤90	≤50	≤80
干燥时间(h)	表　干	≤4	≤4	≤2	≤2	≤4	≤3
	实　干	≤24	≤24	≤24	≤24	≤24	≤24
流出时间(s)(ISO 6 号杯)		≥50	≥50	≥30	≥20	≥40	≥60

(2)面层涂料抽验项目和技术指标见表 6—4。

表 6—4　面层涂料抽验项目和技术指标

项　目＼涂料名称		灰铝锌醇酸	灰云铁醇酸	灰铝粉石墨醇酸	灰聚氨酯盖板	灰云铁氯化橡胶
漆膜颜色及外观		灰色,漆膜平整,半光				
弯曲性能(mm)		<2,<3(120 ℃,1 h)				
附着力(MPa)		≥3	≥3	≥3	≥3	≥3
细度(μm)		≤55	≤80	≤60	≤80	≤80
干燥时间(h)	表干	≤10	≤10	≤5	≤1	≤10
	实干	≤24	≤24	≤24	≤16	≤24
流出时间(s)(ISO 6 号杯)		≥60	≥90	≥60	≥65	≥90

2. 现场检验方法

（1）漆膜颜色及外观。可制备规格为长 120 mm、宽 50 mm 的铁样板，用砂布将表面铁锈等杂物清理干净，将调配好的涂料涂刷表面，厚度以完全遮盖底面、不露底色为宜，待完全干燥后，在阳光下目视观察其颜色及外观。

（2）弯曲性能。

①试件准备：一是用若干长 50 mm、宽 25 mm 的马口铁皮，将表面清理后，涂上调配好的涂料，涂膜厚度基本一致，约 30 ~ 40 μm，让其完全干燥固化，作为试板；二是用圆钢制成长 35 mm，直径分别为 5、4、3、2、1 mm 的试棒。

②测试方法：把试棒固定在台钳或特制的台座上，将试板涂膜向外紧贴试棒，用两指以 2 ~ 3s时间将其均匀地围绕试棒弯曲 180°，用 4 倍以上放大镜观测涂膜有无裂纹、剥落现象。按上述方法，在直径为 5、4、3、2、1 mm 的试棒上依次进行测试，当涂膜出现裂纹或剥落时为止，则上次测试的试棒直径即为该涂膜的弯曲性能指标，以 mm 表示。弯曲性能检验一般在常温下进行，为了检验其耐候性，可将试板在 120 ℃恒温箱内放置 1 h，其测试结果即为 120 ℃情况下的弯曲性能。

（3）附着力：附着力即涂膜与被涂物件表面牢固结合的能力，可用拉开法或划格法测定。拉开法可测出其附着强度，而划格法不能测出具体强度指标，只能测定其是否牢固结合。划格法方法简单，常为现场采用。具体测试方法如下：

先制备好涂上涂膜的样板，待完全干燥固化后，用锋利的刀片在涂膜上切划了六道平行的切痕，长约 10 ~ 20 cm，间距随涂膜厚度而定，小于 80 μm 时为 1 mm，80 ~ 120 μm 时为 2 mm，大于 120 μm 时为 3 mm，一般采用 1 mm。然后再在垂直方向切划六道平行的同样切痕，每道切痕必须切透整个涂膜厚度。这样，涂膜就切割成相互断开的小方格，用手指或指甲在切痕上轻轻触摸移动，若没有涂膜脱落，则认为附着良好，约可达 3 MPa。

（4）细度：涂料的细度是用刮板细度计来测试的。刮板细度计由槽板和刮刀组成。槽板表面磨光平滑，中间刻有一条长 155 mm、宽 12 mm 的倾斜沟槽，即槽深为 0 ~ 150 μm（也有 0 ~ 100 μm 或 0 ~ 50 μm），使沟底呈倾斜状，在沟槽边刻有表示槽深的等分刻度线；刮刀的刀刃平直磨光。

测试前，先将涂料按指标要求黏度调好后置于杯中，并予以充分搅拌均匀。测试时置平槽板，将杯中涂料取出少许，滴置于槽板沟槽最深一端，以注满沟槽略有溢出为宜。然后用双手拇指、食指和中指持稳刮刀两端，横置于槽板上沟槽最深处，使刮刀垂直于槽板顶面，以平稳速度将刮刀由沟槽最深端刮滑移向沟槽最浅端，立即在 5 s 内将槽板横握，使槽板平面与视线呈现 15° ~ 30°倾角，对光观察沟槽内多数颗粒显现的位置，读出该位置旁的刻度数，精确到 1 μm，同样测试三次，取其算术平均值即为细度值，以 μm 表示。

（5）干燥时间：

①表面干燥测试可用吹棉球法或指触法。涂膜涂刷完成到表面干燥时的间隔时间，即为表面干燥时间。

a. 吹棉球法——在涂膜表面轻轻放一个脱脂棉球，距棉球 10 ~ 15 cm 处，用嘴顺水平方向轻吹，如能吹走棉球，且涂膜表面不沾棉丝，即认为达到表面干燥。

b. 指触法——用手指轻轻点触涂膜表面，如感到略有发粘，但没有涂料黏附手指，即为表面干燥。

②实际干燥测试可用滤纸法、棉球法和刀刮法。前两种方法均需使用干燥试验器,现场常用简单的刀刮法测试。用锋利的保险刀片将涂膜刮起,若涂膜底无黏着现象,可认为涂膜已实际干燥。涂膜涂刷完成到实际干燥时的间隔时间为实际干燥时间。

(6)流出时间:涂料的流出时间是衡量涂料稀稠程度的指标,也就是涂料的黏度,用黏度杯测定。

测试前,先将黏度杯内壁和漏嘴擦拭洁净,保持干燥,并将需测的涂料充分搅匀,过筛滤去杂质,放在杯中备用。

测试时,将黏度杯放稳置平,用手指堵住漏嘴孔,将涂料徐徐倒入杯内,约略溢出杯面为止,用玻璃棒刮平杯面,使涂料表面与杯面持平,然后松开手指让涂料自然流出,同时开动秒表计时,当涂料从成线状流出到出现点漏时,止住秒表读时,其经历时间即为流出时间。

(二)涂料调配

涂料使用前应按使用规定进行配合和搅拌,使之混合均匀,并对涂料黏度进行控制,使既适合当时环境温度满足施工需要,又应尽量少加稀释剂(一般不超过涂料重量的 2%)以保证涂膜质量。

涂料调配时应注意事项:

(1)涂料名称、牌号、出厂日期确认无误后才进行调配工作。

(2)调配前 1 ~2 天将涂料整桶倒置,使沉淀颜料浮动,使用当天开桶进行搅拌。

(3)充分搅拌。有条件时使用搅拌机,一般搅拌 15 ~25 min,使之均匀。

(4)搅拌后用 120 ~200 目筛网过滤,除去油皮、渣子。

(5)控制黏度。通过黏度测试,决定是否掺加稀释剂。所用稀释剂应与涂料配套并控制用量,调配搅匀至合适黏度。调配好的涂料在桥上施工时不准再加稀释剂。

(6)涂料尽量现调现用。为防止调好后涂料结皮、起泡,在贮存时可用牛皮纸封闭涂料面层,防止变质失效。

(三)手工涂刷

手工涂刷设备简单,操作方便,灵活性大,但效率低,涂膜不均匀且有刷痕,只在不易喷涂的少数地方使用。主要工具为漆刷(图 6—10),对于构件之间的隐蔽处所可根据情况自制漆刷。涂刷时漆刷的蘸漆深度以刷毛长度的 1/3 ~2/3 为宜。操作时动作敏捷,用力均匀,厚度要适中,一次涂刷厚度不宜过厚,否则易发生皱皮或流淌现象。

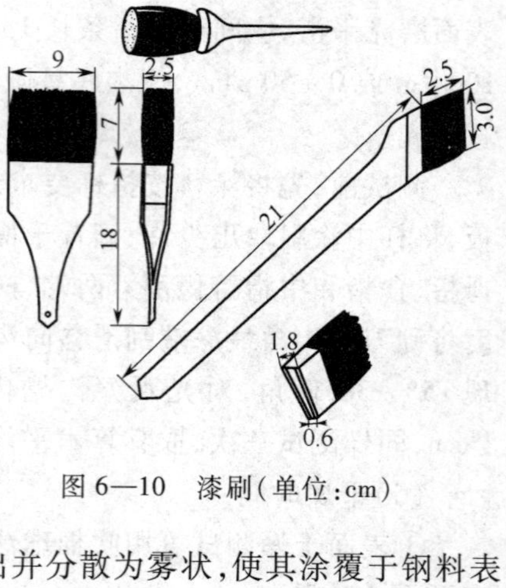

图 6—10　漆刷(单位:cm)

(四)用喷枪喷涂

1. 作业特点

利用压缩空气在喷枪嘴处产生的副压,将涂料液流带出并分散为雾状,使其涂覆于钢料表面上。

2. 主要工具

(1)喷枪:有两种型式,即 PQ-1 型和 PQ-2 型。

(2)压力喷桶:利用 $\phi8$ mm 胶管向喷枪输送调配好的涂料。

(3)油水分离器:除去压缩空气中的油脂和水分,保证涂膜质量。

(4)喷涂设备安装如图 6—11 所示。

3. 喷涂作业要领

根据不同涂料的性能确定风压,一般为 0.3 ~ 0.5 MPa,先对空试喷,调节喷嘴,保持正常后正式喷涂。喷枪与物面应保持垂直,距离适中,以 15 ~ 30 cm 为宜。喷涂采用横喷或纵喷,自上而下,自左至右顺序进行,每次叠压一半,速度均匀。每喷至边缘时应注意关风,防止流挂。

4. 涂膜厚度

每道干膜厚度 30 ~ 45 μm,最小总厚度为 160 ~ 245 μm,应视涂装部位的腐蚀环境和涂装体系而定。为控制干膜厚度,应在施工时,先控制湿膜厚度。根据检验,干膜厚度约为湿膜厚度的 70% 左右。

5. 质量要求

涂料涂层表面平整均匀,不允许有剥落、起泡、裂纹、气孔,允许有不影响防护性能的轻微橘皮、流挂、刷痕和少量杂质。厚度符合标准。

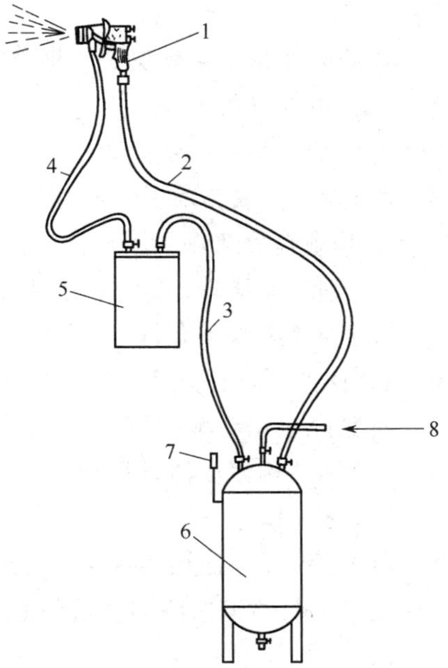

图 6—11　喷涂设备示意图

1—喷漆枪;2、3—胶皮送风管;4—压力输油管;5—压力喷油桶;6—油水分离器;7—压力表;8—压缩空气

6. 涂料涂层质量检验方法

(1)涂层的外观用目视法进行检验。即在光照良好的情况下,肉眼观察所有涂层表面的状态,有时也可借助刻度放大镜、铲刀等工具进行,检查有无缺陷,颜色外观是否达到涂料技术指标规定的要求。

①脱落——表面明显鼓起、掉皮,用手指按压有起壳感觉,涂层与钢表面或底面层间有小片分离或成张揭皮现象。

②咬底——指面漆中的溶剂把底漆涂膜软化,表现为涂层的颜色外观异常,表层松软,有明显的渗色、变色、起皱现象。

③漏涂——表面颜色光泽异常,有明显的刷痕、失光、露底现象。

④起泡——涂膜鼓起,有大小不一的不规则的半圆形突起状,用手指按压有起壳感觉,尤以涂层较厚,或者潮湿气候涂刷处所,最易出现起泡现象。

(2)涂层厚度用涂膜测厚仪进行检验。

①湿膜厚度测试——用滚轮式或梳形刮片等湿膜测厚器,测试涂装过程中涂膜未干燥固化时的厚度,以能随时掌握涂装达到的涂层厚度,若发现涂刷时涂膜厚度不足,可及时加涂,以保证涂膜干燥成膜后的干膜厚度。一般情况干膜厚度约为湿膜厚度的 70% 。

②干膜厚度测试——用“钢料涂膜测厚仪”、“非磁性测厚仪”和德国进口的“显微测厚仪”等干膜测厚仪测试涂膜干燥固化后的厚度。底层和总涂层应分别测试,这样可测定底层、

面层和整个涂层的厚度,以对照标准是否相符。每次测试应在同一位置附近,可进行统计分析。

③检验数量——桁梁的主要杆件抽验20% 杆件,次要杆件抽验5% 杆件,每根杆件检测3处;板梁、箱形梁每10 m^2 检测3处。

④检验结果——每处取一个边长为10 cm 的正方形范围,在正方形四角及中心共五点,分别检测其厚度,取算术平均值,即为涂层厚度的检验结果。

7. 作业注意事项(涂装施工条件)

(1)钢表面清理,严禁在雨、雪、凝露和相对湿度大于80% 及风沙天气进行。

(2)环氧类漆不允许在10 ℃以下施工,无机富锌防锈防滑涂料、酚醛漆、醇酸漆、聚氨酯漆、氟碳面漆不允许在5 ℃以下施工。

不允许在相对湿度80% 以上、雨天、雾天或风沙场合施工。

(3)钢结构表面清理后应在4 h 内涂装第一道底漆或电弧喷铝涂层,电弧喷铝完成后应立即覆盖封孔剂。

(4)涂装涂料涂层需在上一道涂层实干后,方可涂装下一道漆,底漆、中间漆最长暴露时间不超过7 d,两道面漆间隔若超过7 d 时需用细砂纸打磨涂层表面成细微毛面后方能涂下一道漆。

(五)电弧喷铝

1. 作业原理

电弧喷涂是以电弧为热源,将熔化了的金属丝用高速气流雾化,并以高速喷到工件表面形成涂层的一种工艺。图6—12 是电弧喷涂的示意图。

喷涂时,两根丝状金属喷涂材料用送丝装置通过送丝轮均匀、连续地分别送进电弧喷涂枪中的两个导电嘴内,导电嘴分别接电源正、负极.并保证两根丝之间在未接触之前的可靠绝缘。当两丝材端部由于送进而互相接触时,在端部之间短路并产生电弧,其温度约为6 000 ℃,可使丝材端部瞬间熔化。用压缩空气把熔化的金属雾化呈微溶液,以很高的速度喷射到工件表面形成涂层,熔粒的喷射速度司达200 m/s。在喷涂开始时,两根金属丝存在瞬间短路状态,在喷涂过程中,两电极的端部频繁地产生金属熔化——熔化金属脱离——熔滴雾化成微粒的过程。

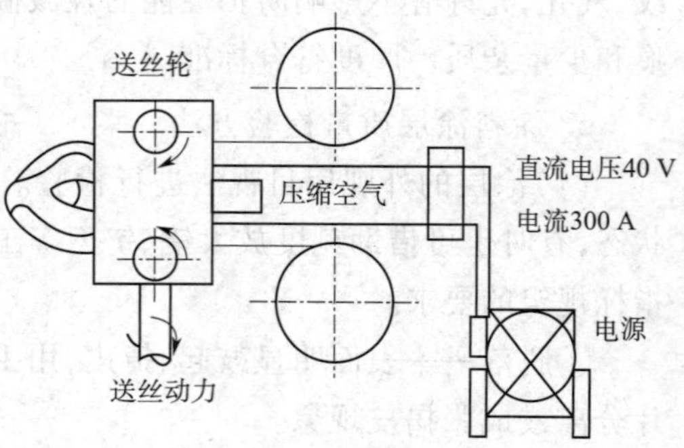

图6—12 电弧喷涂示意图

将不锈蚀的金属丝(锌丝、铝丝等)送入金属喷涂枪内高温熔化,然后借助压缩空气的气流,以相当高的速度将熔化了的金属丝吹成细微的雾点,喷射在经过表面清理过的钢表面上,使钢表面热涂一层固结的金属涂层。

2. 电弧喷涂设备系统组成

电弧喷涂设备系统由电弧喷枪、控制箱、电源、送丝装置及压缩空气系统等组成。

3. 电弧喷涂机安装

电弧喷涂机安装示意如图6—13 所示。

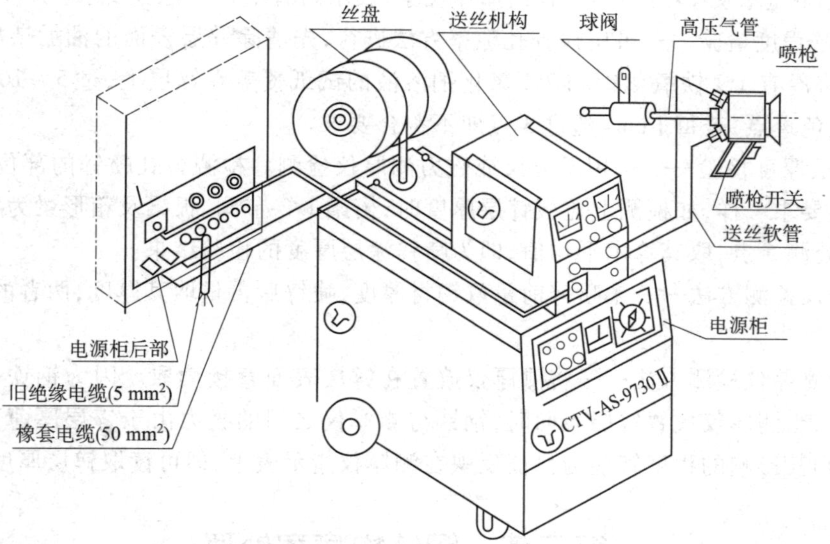

图 6—13　电弧喷涂机安装图

4. 作业前准备

(1)检查钢表面:清理后的钢表面严禁油垢玷污,检查发现后应予清除。

(2)检查铝丝:铝丝表面光洁、无折伤、无氧化、无油垢,直径一般为 2.0 ~ 3.0 mm,纯度不小于 99.95% 。

(3)检查设备:设备状态良好,电弧喷涂要求空压机容量不小于 3 m^3/min,风压 0.5 ~ 0.7 MPa。

5. 作业要点

(1)开机试喷,运转正常,调节弧度并根据情况随时调节风量、电流、电压、电弧,保持工作状态,发现异状应立即停喷处理。

(2)喷射距离控制适当,喷底层或中间层时为 200 ~ 250 mm,面层为 250 ~ 300 mm。喷射角度一般保持 60° ~ 80°,栓钉头为 45°。

(3)控制一定速度,快慢均匀,防止漏喷。若分层喷涂应间隔 10 ~ 15 min,后喷层应搭盖前喷层,保证厚度均匀。

(4)喷涂完毕或中途停喷,应立即将枪口移开涂面,并先停电断弧,再放空气,防止压缩空气击碎涂层。

6. 质量要求

电弧喷铝涂层的质量要求是:金属涂层表面均匀一致,不允许有起皮、鼓泡、大熔滴、松散粒子、裂纹、掉块,允许有不影响防护性能的轻微结疤、起皱。厚度应符合标准。

7. 电弧喷铝涂层质量检验方法

(1)外观检验——借助放大镜用肉眼观察锌层表面,看有无碎裂、漏涂、气泡、夹杂、孔洞等现象。也可用检查锤进行敲检,凭音响判断有无开裂、分层,如声音清脆,表示状态良好,发现音哑,表示有脱离分层或裂纹,需再进一步查明。

(2)结合性能检验——用锋利的刀刃刮削或用检查锤击打锌层,若有光亮刮痕和锤印仍无异常，表示状态良好，若锌层有剥落、掉片现象，表示附着结合不符合要求。

(3)致密程度检验——可用检查孔隙率方法进行，先清除锌层表面的油垢杂质，用水冲洗干燥，然后将浸有1%铁氧化钾和2%氯化钠溶液的试纸覆盖在锌层上，过5～10 min，孔隙部位会出现蓝色斑点，若每1 cm^2 超过3点即不符合要求。

(4)涂层厚度检验——可用千分尺或磁力测厚仪检测。检测整孔喷锌的部位处数与涂料涂层测厚仪要求一样，如检测上盖板锌层厚度时，桁梁1/3节间、板梁及箱形梁为每10 m，各检测3处，每处测5点，取其算术平均值，即为喷锌涂层厚度的检验结果。

①千分尺检测方法——未喷锌前量取钢材厚度，喷锌后再量取其厚度，两者的差值即为锌涂层厚度。

②磁力测厚仪检测方法——将测厚仪放置在锌层表面直接读取。因为钢铁是强磁体，而锌是非磁体，当测厚仪放置锌层表面时，钢铁与测厚仪之间的吸力由于锌层厚薄不同，所受影响也不同，则其影响的程度转换为量值反映在测厚仪指示表上，即可读取锌层厚度。

第三节　钢结构病害处理

一、铆钉的更换

桥梁养护中，在钢梁杆件联结处发现铆钉有松动、钉头裂纹、烂头、浮离等不良超限状态，应做好标记进行更换，主要联结处的松动铆钉必须立即更换。钉头偏心、缺边、过小等超限时应根据实际不良状态，确定是否更换。

在行车线上拆除铆钉，联结处铆钉少于10个的，每次只准拆除1个，多于10个的，每次容许拆除10%，主梁或纵梁上翼缘角钢垂直肢的组合铆钉每次只准拆除一个，更换铆钉时，可用双帽精制螺栓或高强度螺栓代替，应拆除一个，上紧或铆合一个，必要时可使用30%以下的冲钉过渡。禁止使用锛斧和大锤铲除钉头。

无活载情况下更换铆钉时，一般应每隔2个钉孔装一个螺栓，螺栓间距不得超过400 mm，必要时，应每隔1个钉孔穿一个螺栓，每组孔眼应打入10%的冲钉。

更换铆钉应做好以下工作：

1. 调查工作

在需要更换铆钉位置打上标记；调查铆合杆件及板束层数、厚度和钉孔直径，确定所需铆钉规格及数量。

2. 拆除铆钉

一般先除去钉头，再冲出钉杆，采用旋除、钻除或锯断等方法。对少量不便于旋、钻、锯的处所可采用熔割办法但不得损伤钢板。禁止使用大锤、剁子铲除铆钉。

旋除时先把铆钉头周围旋除，剩下一段比钉杆直径稍小的圆杆(图6—14)；钻除时，钻头比铆钉杆小2～3 mm，钻去钉心，仅留钉头外围(图6—14)。施钻前应检查铆钉头有无偏斜并在铆钉头中心打上冲眼，避免滑动。用扳钻时，可用多功能扳钻架。在腹板大面上的铆钉，可使用腹板扳钻架(图6—15)。

使用风铲拆除钉头时，应先顺铆钉直径处刻槽，然后再铲除两边剩余部分。

3. 清理钉孔

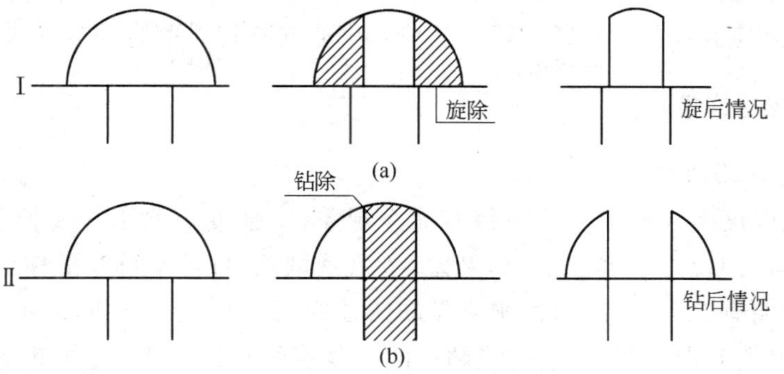

图 6—14 旋除和钻除铆钉

清除孔内铁屑、铁锈及污垢,如有钉孔不平或错孔,应用铰刀或冲钉加以修正。

4. 烧 钉

根据铆合板束的厚度选用适当长度的铆钉,应按照作业的先后排好顺序,依次放入铆钉炉中加温。先用火焖钉,使整个铆钉均匀受热;焖热后,再鼓风烧钉,使钉梢比钉跟温度略高。钢的温度与火色可做目测参考,然后用钳子夹出,送至作业地点顶铆。

5. 铆 合

(1)烧好的铆钉敲打洁净,除去浮皮再插入钉孔内。

(2)铆合风力不小于 0.6 MPa。

(3)铆钉杆长度在 100 mm 以内,铆钉直径小于 25 mm,可用铆钉枪配合风顶把进行铆合。开始铆合时,铆钉枪必须和钉杆成直线,后手拇指按风门,前手握稳枪筒、不可把钉杆推歪。铆合开始应慢风轻打,使钉杆镦粗、镦满钉孔,再急风快打、铆成钉头,最后旋转铆钉枪 2 ~3 圈,将铆钉头与钢板打严密贴。转窝压边时应用力按压,不使窝头有很大跳动,转窝时不许使风枪过于倾斜,以免击伤钢板。铆好后先把风门关闭,才可由铆钉头上取下铆钉枪。

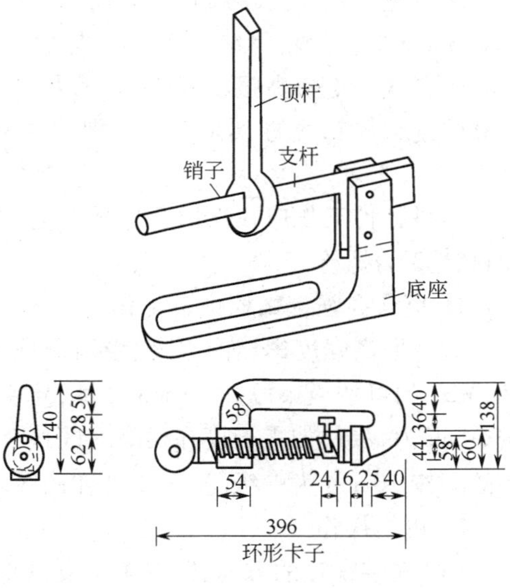

图 6—15 多功能扳钻架(单位:cm)

(4)铆合杆件板束厚度大于铆钉直径 4.5 倍或铆杆直径大于 25 mm 时,应用铆钉机铆合,无该设备时用两支铆钉枪对铆,或用铆钉枪配合冲击式风顶。先用冲击式风顶将钉杆镦粗,当风顶冲击力不能将钉杆再向钉孔内压进时,立即开大铆钉枪风门,依靠铆钉枪上风窝头的冲击力把钉杆压入顶孔内,铆钉枪与风顶继续共同作用,直到顶头形成。上述过程中铆钉枪应与板面保持垂直。钉头形成后将铆钉枪气门改小,铆钉枪旋转 3 ~5 周进行压边,使钉头边缘随枪的旋转与板面密贴。

(5)铆好后的铆钉,发现少量飞边,应用剔刀剔除齐整。

铆合时铆钉温度控制在 1050 ℃ ~1150 ℃,且温度下降至 500 ℃ ~600 ℃之前应施铆完毕。

铆合时先铆没有拼装螺栓、冲钉的孔，然后适当拆去螺栓、冲钉（不宜拆除过多、过远，以免板层存有缝隙）铆合其他钉孔。旋铆一般应从节点中心向外逐排铆合并分区进行。

二、高强度螺栓连接

（一）高强度螺栓的更换

栓焊梁的高强度螺栓连接部分不得有流锈现象，高强度螺栓不得超拧和欠拧（实际预拉力大于或小于设计预拉力 10%）、漏拧、松动、断裂或缺栓，杆件不得有滑移。

对经检查判明有严重锈蚀（有肉眼可见的锈蚀麻面者）、裂纹或折断的高强度螺栓应立即更换，对经检查判明有严重欠拧、漏拧或超拧的高强度螺栓应予拆下，如卸下的螺栓无严重锈蚀、严重变形（指不能自由插入栓孔）和裂纹的，或施拧未超过设计预拉力 15% 以上的，除锈涂油后可以再用，否则不得再用，应予拆换。

进行整个接点更换高强度螺栓时，被连接钢板表面之间安装冲钉和高强度螺栓后应密贴，以 0.3 mm 的塞尺不得深入 20 mm，然后将冲钉逐个换为高强度螺栓。

运营线上更换高强度螺栓，对于大型节点，每次同时更换数量不得超过该节点处每根杆件上高强度螺栓总数的 10%。对于螺栓数量较少的节点则要逐个更换。更换应在桥上无车时进行。

组拼杆件工作应在无活载情况下进行，并至少有 1/3 的孔眼安装螺栓及冲钉，其中 2/3 为冲钉，1/3 为螺栓。

1. 更换高强度螺栓准备工作

调查原高强度螺栓的强度、级别、规格、尺寸，新换的应与原有者相同。更换所用新栓的长度：M22 的可按板束厚加 40 mm 计算，M24 者可按板束厚加 43 mm 计算，螺栓长在 100 mm 以下按 5 mm 为一级，如需长度在两级之间按 2 舍 3 入或 7 舍 8 入的原则定级。长度在 100 mm 以上的则按 10 mm 为一级，实需长度在两级之间，则按 4 舍 5 入的原则定级。

2. 更换操作

（1）安装螺栓的方向，除纵梁上翼缘螺母应在下面以利安放桥枕外，其余以风动扳手操作便利为准，同时兼顾方向一致以求美观。

螺栓头及螺母支承面一侧均应有一个垫圈，垫圈内径有 45°的斜坡是与螺栓头下的过渡圆弧相配合，不能装反，至于螺母一侧则不论。

（2）扭角法施工：如有条件用应变仪测定一定板束厚度及层数的条件下所需的初拧扭矩值（使螺栓预拉力 N 和螺母转角 θ 的变化曲线成直线变化的最低值）和所需终拧螺母的转角范围（包括损失规定值：M22 螺栓为 10 kN，M24 螺栓为 15 kN）。

无上述测定条件时可采用：初拧扭矩 300 ~ 320 N·m，当采用长 0.55 ~ 0.6 m 扳手时，一人下压扳手拧紧螺母至不能转动为止，或以示功扳手拧紧至 300 ~ 320 N·m 扭矩值。

终拧扭角：初拧后的螺栓和螺母端面相对位置划一细直线，然后拧紧到规定的角度。可参照原竣工文件。

（3）扭矩法施工：要求高强度螺栓的扭矩系数 k 平均值为 0.11 ~ 0.15，且标准偏差等于或小于 0.01。扭矩法也分初拧和终拧两步：初拧扭矩值可比扭角法初拧为高，为终拧扭矩的 60%，一般为 300 ~ 600 N·m。终拧可用定扭矩扳手，将初拧后的螺母拧紧至表规定的扭矩值。

高强度螺栓施工扭矩值见表 6—5。

表 6—5　高强度螺栓施工扭矩值

螺栓性能等级	公称直径（mm）	计预拉力（kN）	终拧扭矩（N·m）	
			$k=0.19\sim0.21$ 时	$k=0.11\sim0.15$ 时
10.9S	M22	200	900 ~ 1 000	520 ~ 710
	M24	230	1 140 ~ 1 260	650 ~ 900
8.8S	M22	160	730 ~ 810	

3. 注意事项

高强度螺栓不论初拧或终拧均应从节点刚度大的部分向不受约束的边缘进行。在初拧时，后拧的螺栓会使附近先拧螺栓的预应力降低，故在初拧完毕后用同样方法将螺母再逐个复拧一遍，复拧后须对每个螺栓做检查，对不合格未拧紧的应予补拧。

高强度螺栓在拧紧过程中，有时会发生随螺母同时转动的现象，因此，在拧紧时应用短扳手卡住螺栓头。

（二）拧紧工具

1. 初　　拧

一般用长 550 ~ 600 mm 的套动扳手，在死角处可用开口扳手，也可采用扭力较小的风动定扭扳手。

2. 终　　拧

以往使用国产的风动扳手有 QB839、B30、B39、BH42. SB 等多种，人力终拧可用长 1.6 m 的长扳手以及示功、灯光及音响扳手。

示功扳手使用前应进行标定。

三、钢结构修理

（一）杆件弯曲及损伤的修理

钢梁杆件的弯曲及损伤，超过容许限度时，除经检定许可或其他局部硬弯不影响正常使用者外，均应进行整修、加固或更换。

1. 弯曲杆件的矫正

一般用整直器、千斤顶、滑车组进行（图 6—16，图 6—17），对于旧梁个别缀条也允许用大锤敲打整治。

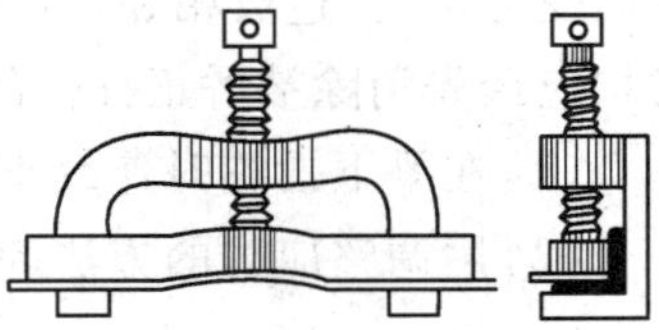

图 6—16　用整直器矫正杆件

杆件用矫正法修整必须无裂纹及显著的局部压损或缺口等损伤。矫正变形杆件时应尽量使力量逐步增加，在矫正的最后阶段，当变形已消失时应使压力保持 10 ~ 15 min，使钢材承受压力而慢慢复位，以后再撤去压力，防止反弹。

拆除受压组合杆件的角钢或缀条进行整直时，必须逐个进行或用临时缀条代替。杆件整直后，应用放大镜检查有无裂纹，特别注意原有损伤部位有无恶化，铆合杆件矫正后应检查并拆换松动铆钉，对不便铆合的钉子，可用精制螺栓或高强度螺栓代替。

矫正工作若在冷态（普通温度）下进行，一般适用于较小弯曲及受活载冲击影响小的杆件。冷矫时应缓慢用力，不得损伤钢料。加热矫正则用于有较大折角和大截面杆件的矫正（图6—18）。加热长度应扩大到变形范围的1.5～2倍，矫正温度应在700℃以上，一般为800℃～1100℃。

2. 杆件伤损的修补

杆件腹板上如有弹孔超过容许限度时，应把伤损部分的边缘修整后再进行修补。缺口处应嵌以填板，再加补强板铆合（或高强度螺栓拧紧），其尺寸应满足每边能铆两排铆钉。

若板梁腹板及翼缘均损伤或桁梁杆件局部伤损时，可用铆合法（或高强度螺栓连接）修补，其拼接板尺寸，角钢和盖板等的长度要根据计算需要的铆钉（或高强度螺栓）数来确定。

当杆件扭曲伤损过甚不能矫正或修补时，可割去损坏部分，然后以新料接续，如果杆件、拼接板损坏或扭曲严重，无法修整，则应更换新杆件。

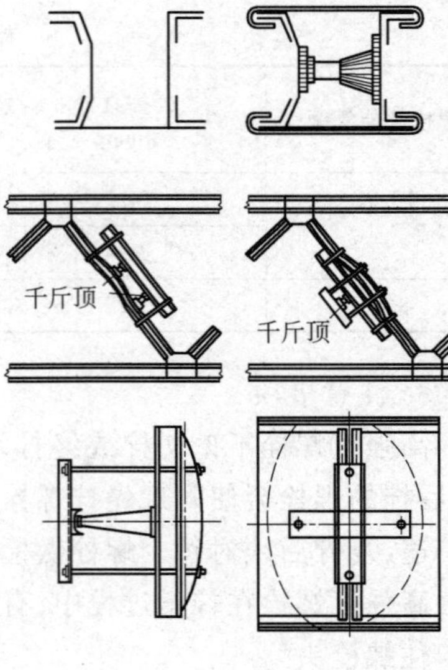

图6—17　用千斤顶矫正杆件

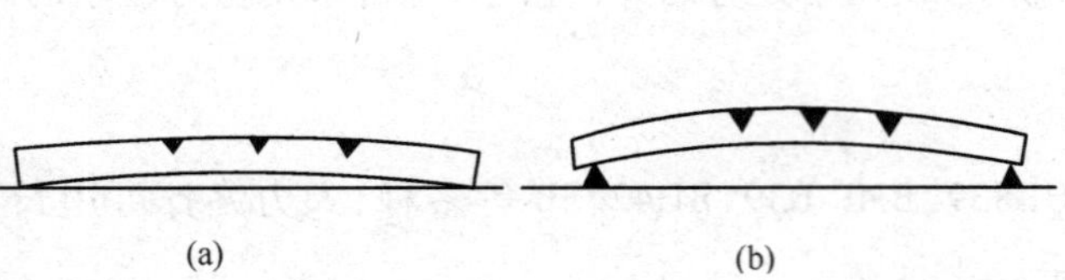

图6—18　三角形加热法矫正杆件

3. 消除杆件恒载影响

当拆下杆件进行矫正或杆件损伤严重需切断、拆开接头进行更换时，都会影响结构其他部分的受力情况，造成相邻杆件的应力超载，或在平面或立面上发生变形，故在拆除、更换及修复时均应预先消除被矫正杆件的恒载应力，一般采用下列方法：

（1）在梁下设临时连续支承，支承节点进行卸载。

（2）用调整应力的方法卸载（图6—19）。

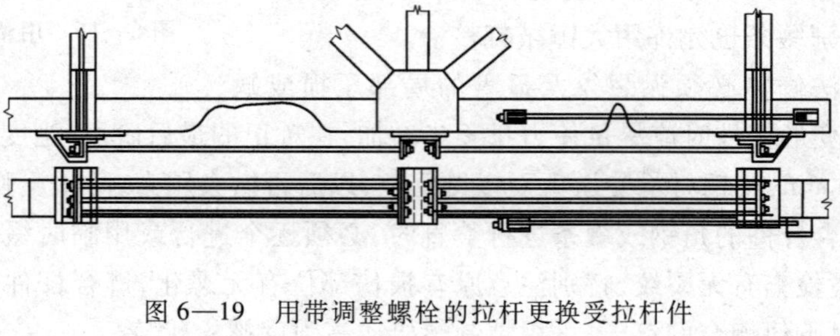
图6—19　用带调整螺栓的拉杆更换受拉杆件

（二）钢梁焊缝及邻近钢材裂纹的修理

1. 临时措施

在裂纹的尖端钻与钢板厚度大致相等的圆孔。裂纹的尖端必须落入孔中，但垂直于主拉应力方向的裂纹不得钻孔。

2. 永久性加固

应经设计用高强度螺栓连接的拼接板加固。

3. 必要时更换杆件

由于在运营线上手工施焊不能保证质量，故不得用电焊补强方法加固焊缝或焊补钢材的裂纹。在紧急抢修特殊情况必须采用电焊加固时，也仅限于次要杆件，焊补时要了解钢材的可焊性，并进行应力放散。

对运营线上的钢梁，当安检设备或其他设施需与主梁联结时也禁止使用电焊联结。

四、钢结构的改善和加固

（一）结构改善

结构不良会造成钢梁裂纹和铆钉松动。以往运营线上旧有钢梁在养护中进行改善的常用方法见表 6—6。

表 6—6　钢结构改善

结构不良及病害	改　善　方　法
纵横梁联结角钢发生裂纹和铆钉拔头	一般以增设上下鱼型板进行改善。方法是：当纵梁与横梁顶面等高时，可直接在上下面增设鱼型板；当纵梁与横梁不等高时，最好把纵梁抬高与横梁上翼缘齐平，在上面增设鱼型板，在下面增设牛腿
板梁（或纵梁）断面联结系的下平角钢与腹板竖加劲角钢联结处缺少水平联结板时，常使竖加劲角钢下部产生裂纹	应增设水平联结板，但当纵梁下翼缘原无铆钉时，应检算由于增加水平联结板新钻钉孔减少翼缘断面面积所产生的影响
上承板梁的上翼缘与腹板联结处上下错动，有"喘气"现象	联结处应改换较大直径的铆钉或在角钢下安一块填板后加铆一块补强板进行改善
旧英制板梁平板支座处翼缘角钢裂纹，主要由于加劲立柱角钢与座板偏心所造成	在适当位置增设成对加劲角钢；在裂纹尾端钻孔以同类型角钢补修，为改善平板支座适应钢梁挠曲和伸缩，对 22 m 以下的旧英制板梁，可采取在梁底板与座板间设一定厚度的橡胶支座板或设法更换为弧形支座
旧英制下承桁梁端横梁与主梁连接处角钢裂纹	更换裂纹角钢，在竖联结板下部两端内侧增设水平短角钢，并增加铆钉；同时将外侧原水平短角钢下的缺口垫紧，使连结部分能承受横梁的支承反力
焊接板梁纵横梁联结处纵梁腹板上切口处裂纹	在该裂纹处腹板两侧中短角钢的一肢紧贴上翼缘，另一肢紧贴腹板，钻孔后用高强度螺栓（或精制螺栓）拧紧
焊接纵梁竖加劲肋焊缝下端焊趾处腹板的水平裂纹	一般用角钢和拼接板联结翼缘和腹板以阻止面外变形作用，减缓裂纹部位的应力

（二）钢梁加固

经过检定，钢梁的承载系数小于 1 时，应进行加固，一般的加固方法如表 6—7 所述。

表 6—7 钢梁加固

结构不良及病害	加 固 方 法
1. 局部加固:使某些承载力不能满足要求的杆件或联结处受力均匀,以达到投资不大而能提高桥梁承载能力的效果	(1)增加杆件横断面:对钢梁局部杆件薄弱,以及由于整个结构的应力分布造成某些杆件的超应力时采用。如图 6—20 所示,在加固钢料的布置上,应使结合受力时能立刻发生最大作用,从而减轻原有杆件的负担,并应尽可能使与加固前的重心重合或使与重心相偏差的数值减至最小限度。在加固旧桁梁杆件的断面时,应将新加钢料尽可能设置在靠近杆件的中心线处,使新加钢料在承受轴向应力的杆件中利用得更好。加固受压杆件时,还可采用增加补充杆件以减少斜杆或立柱的自由长度来进行加固
	(2)联结处或结点加固:板梁腹板联结处承载能力不足,一般用补充拼接钢板增加拼接铆钉来加固;桁梁的节点一般用增加节点的联结铆钉数量,将节点中杆件结合的单剪铆钉改为双剪铆钉,或使用较大直径的铆钉等方法来加固。必要时,可采用增设短联结角钢或补充拼接板与填板等来解决需要的铆钉增加量
	(3)稳定性加固:板梁的受压翼缘可缩短其自由长度,即在受压翼缘平面内增加联结系的水平联结杆来加固;腹板可采用增加加劲角钢对数以缩短加劲角钢间距离的办法来加固,大跨度板梁腹板较高时,可根据情况加水平加劲角钢(最好加在压力区域的 1/2 处,即腹板全高上部 1/4 处),或加设斜加劲角钢加固
2. 全面加固:对原设计承载能力不能适应现行活载要求需提高其承载能力的加固	(1)改变主梁结构形:增加第三弦使简单体系的梁改为联合体系的梁(图 6—21),或在板梁下增设副桁架(图 6—22)。采用该办法应注意不妨碍桥下净空的要求
	(2)变简支梁为连续:一种形式是将两孔或多孔简支梁改成连续梁;另一种形式是增加中间墩,使原来一孔简支梁为两孔连续梁
	(3)预应力加固钢梁:用高强度钢丝索以强拉状态固定于主梁下翼缘上,使主梁结构产生与活载所起的应力符号相反的应力以达到增加钢梁承载能力的目的
	(4)将钢梁改成钢筋混凝土桥面的结合梁,使钢筋混凝土板的桥面和上翼缘共同受压,从而使钢梁的中性轴提高,改善钢梁的受力状态

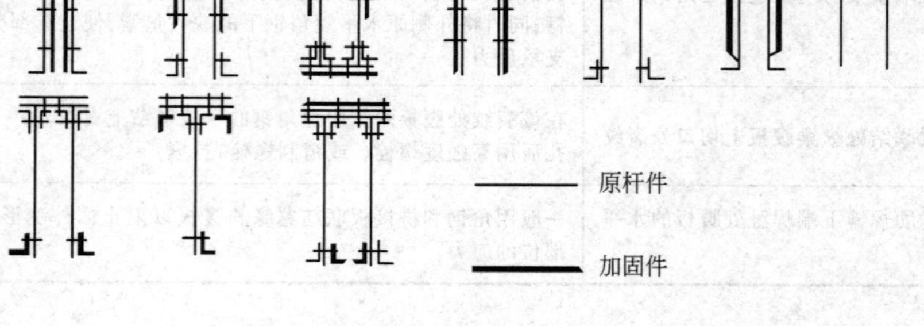

图 6—20 杆件截面加固(粗线表示加固部分)

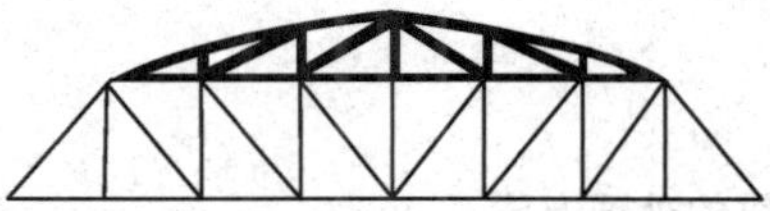

图 6—21　用第三弦加固桁梁(粗线表示加固部分)

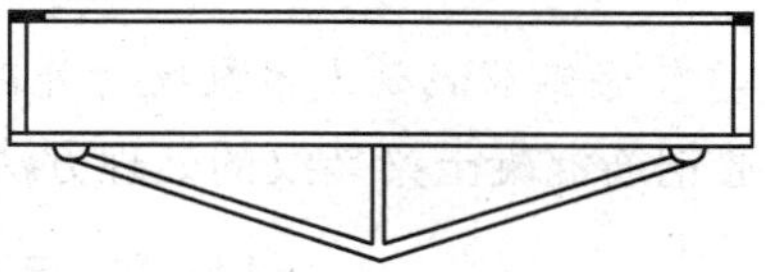

图 6—22　用副桁架加固板梁(粗线表示加固部分)

第四节　圬工梁拱及墩台的养护维修

一、排水设施及养护要求

排水设施及养护要求见表 6—8。

表 6—8　排水设施及要求

项　目	要　　求
1. 流水坡	(1)墩台顶面、道砟槽等圬工表面均应有纵向横向排水坡,坡度不小于 3%。 (2)现有建筑物排水坡或坡度不足时,应凿成流水坡,用 1:2 水泥砂浆抹面,或凿毛后铺筑一定厚度混凝土,再抹面做成不小于 3% 坡度。 (3)经常清扫,定期清筛道床,使墩台顶面、道砟槽积水能迅速排出
2. 泄水管	(1)直径不小于 10 cm,严寒地区不小于 15 cm。 (2)每平方米汇水面积应有 4 cm^2 以上的管孔排水。 (3)汇水口与圬工体表面齐平或略低,盖以铁丝网或铁罩,并用大石砟覆盖防护。必要时在实体拱桥上设检查孔。 (4)汇水口至出水口间应顺直,出口端须伸出建筑物以外不小于 15 cm(双线桥梁受线间距限制的除外),必要时可接长泄水管或设滴水檐,不使出水湿润渗入圬工体。 (5)及时清理,保持排水畅通
3. 桥台排水	桥台常显潮湿或从镶面石缝内流水,说明桥台后路堤或道砟槽积水严重排水不畅应加处理。 (1)台后填土换为砂夹石或碎石等透水性土壤。 (2)在边墙内的路堤面上铺盖一层三合土,顺路堤方向使有不小于 5% 的下坡;在桥台边墙后再做一道或二道盲沟,盲沟周围设反滤层,出水口砌石防护,也可把隔水层以上部分换成片石路堤,台后隔水层做成 10% 坡向路堤两则排水。 (3)T 形桥台表面改铺防水层,再从道砟槽两侧埋泄水管排水

二、圬工裂纹的处理

(一)预应力混凝土梁裂纹的处理

预应力混凝土梁裂纹的处理见表 6—9。

表 6—9　预应力混凝土梁裂纹处理

项　目	要求及注意事项
1. 恒载裂纹宽度限值	(1)梁体不允许有竖向和腹板主拉应方向的裂纹,纵向和斜向裂纹的宽度不超过 0.2 mm。 (2)横隔板裂纹宽度不超过 0.3 mm
2. 裂纹的处理	(1)下翼缘纵向裂纹如内外侧裂纹部位走向相似,若裂纹宽度、长度有所发展,将破坏梁的受力性能,同时水汽进入,会使钢丝锈蚀,则必须加强监视,必要时,要进行修补加固或换梁。 (2)其他裂纹,一般不影响梁的正常使用,裂纹已趋稳定者,应采用改性树脂或高分子化合物进行注浆封闭和涂装保护

(二)普通钢筋混凝土梁裂纹的处理方法

普通钢筋混凝土梁裂纹的处理方法见表6—10。

表6—10 普通钢筋混凝土梁裂纹的处理方法

项 目	要求和注意事项
1. 恒载裂纹宽度限值	(1)主筋附近竖向裂纹宽度不得超过0.25 mm,每1 m梁长裂纹宽度总和不得超过0.6 mm。 (2)斜向裂纹宽度不得超过0.3 mm,且不得有伸入中性轴的裂纹。 (3)腹板上裂纹不得超过0.3 mm。 (4)顺主筋方向水平裂纹不容许存在
2. 裂纹的处理	(1)有顺主筋方向的纵向水平长大裂纹时,必须予以修补加固或换梁。 (2)裂纹宽度达到或超过宽度容许值,若已趋稳定,可用改性树脂或高分子化合物进行注浆封闭。 (3)裂纹较多,宽度不大的梁,其刚度会相应降低,裂纹不断发展同时易引起钢筋锈蚀,必须加强监视。必要时进行裂纹封闭涂装保护

(三)墩台裂纹的处理

墩台裂纹的处理要求见表6—11。

表6—11 墩台裂纹的处理

项 目	要求和注意事项
1. 裂纹宽度限值	(1)墩帽:不大于0.3 mm。 (2)墩身常受浸蚀性环境水影响时:有筋不大于0.2 mm,无筋(或石砌)不大于0.3 mm。墩身常年有水但无浸蚀性时:有筋不大于0.25 mm,无筋(或石砌)不大于0.35 mm。干沟或季节性有水河流不大于0.4 mm,有冰冻作用部分不大于0.2 mm
2. 裂纹的处理	(1)网状裂纹一般无需补修。仅在墩台顶部或容易积水处,可用改性树脂或高分子化合物封闭涂装。 (2)不影响墩台安全的裂纹,凡裂纹宽度小,已趋稳定,可用改性树脂砂浆修补整治。 (3)对继续发展且裂纹较宽,上下贯通,左右前后对称,或过车时有明显张合现象的受力裂纹,应找出裂纹发生的原因,采取相应的加固措施。如因墩台圬工质量不良而发生者可采取躯体包箍,局部翻修,压注高分子化学浆液或拆除重建。U形桥台可采用换填填心圬工等措施加固。 (4)对有急剧发展,张合严重,缝口错牙影响承载能力,危及行车安全的裂缝,在加固改善前,应采取临时加固或其他应急措施。 (5)表面补强:圬工表层风化、剥落、裂纹比较细密且面积较大时,可用挂网喷射水泥砂浆、钢纤维水泥砂浆和碳纤维等进行修补加固。挂网的铁丝网的铁丝直径为2~4 mm,网格5~10 cm。每隔30~80 cm在混凝土结构中埋放牵钉与铁丝网扎牢。水泥砂浆用32.5及以上水泥,灰砂配合比为1∶1.2~1.5(体积比),用水量为水泥重量的10%~15%。喷层厚度一般为2~4 cm,分2~3层喷射,在一层砂浆凝固后再喷第二层。也可用手工抹面修补进行补强

(四)圬工裂损、风化剥落和内部孔洞的整治方法

圬工裂损、风化剥落和内部孔洞的整治方法见表6—12。

表6—12 圬工裂损、风化剥落和内部孔洞整治

病害情况	整治方法
1. 圬工裂纹	用一定的压力将改性树脂类或其他高分子化合物压入缝内,以达到封闭粘合裂缝、恢复混凝土整体性的目的
2. 圬工内部有空隙	一般梁体内空隙较大时则采取压注普通水泥浆
3. 圬工表面剥落、掉块、露筋	表面清理后在修补部位涂刷两层涂料(第一层涂料不粘手后涂刷第二层),用聚合物砂浆或聚合物混凝土将表面嵌补抹平。嵌补时应分层进行,每层厚度约3~5 mm(每一层涂料要待上层不粘手后进行

续上表

病害情况	整治方法
4. 石砌墩台砌缝裂纹，灰缝失效，空响	采用捣缝整治方法：将不良灰缝或裂纹处凿 20 ~ 30 mm 宽，200 ~ 400 mm 深的缝，洗净，刷水泥砂浆一道；用干硬性水泥砂浆将缝分层捣实。如缝太宽或有较大空洞，可用小石子填塞，个别处可用两端带弯钩的钢筋埋入缝中加强表面用 M10 水泥砂浆勾缝。如勾缝有张合现象，整治时应卸载
5. 墩台断裂贯通的裂缝	设钢筋混凝土套箍后压浆注水泥浆或高分子化学浆液

（五）混凝土结构物保护涂装

混凝土结构物保护涂装项目及施工方法见表 6—13。

表 6—13 混凝土结构物保护涂装

项　目	施　工　方　法
1. 涂刷 M1500	将圬工表面及原封闭的环氧浆液彻底清除，表面用请水冲洗干净，喷上足够的水，待表面呈湿而不干的状态时先喷涂第一遍。待圬工表面干后，用水冲洗去除垢工表面析出的白色物质 NaOH（喷涂前掌握天气预报，喷涂后 2 ~ 3 天内不下雨，以免降低效果。喷涂时气温应在 10 ℃ 以上）
2. 涂料涂装	圬工表面清理后，对缺损部分进行修补，然后涂刷聚丙烯酸乳胶、改性环氧树脂等有机高分子材料或硅酸钠硅酮树脂等无机涂料三道以上。要求涂膜厚度不小于 0.6 mm

三、圬工加固与改善

（一）圬工拱桥加固或改善的常用方法

圬工拱桥加固或改善的常用方法见表 6—14。

表 6—14 圬工拱桥加固或改善的常用方法

拱桥类别	加固或改善方法
1. 小跨度实体拱桥	铺设钢筋混凝土板分担原有拱圈的载重（如图 6—23 所示）
2. 一般拱桥	（1）增设新拱圈（石砌或钢筋混凝土）①新拱圈设在旧拱圈上面。需设卸载梁束，扒开拱上结构，重铺防水层。此法新拱圈能很好发挥作用，常用在拱上填料不良的综合整治，但施工困难。②新拱圈设在旧拱圈下面。也可做成拱肋式衬砌。适用于喷射混凝土施工。如采用模注混凝土，则需立模板及拱架。新旧拱圈之间需采取措施（如压注灰浆、加钢筋联结等）使联结紧密。大多情况下还需同时加大墩台截面来支承新拱圈。 （2）在原拱圈两侧各建一个拱肋。适用于桥下净空或建筑高度受限制时，结合旧拱圈加宽进行。 （3）用钢夹板拉杆加固石拱桥。当拱圈边墙有裂缝或不太严重的变形时采用（如图 6—24 所示）

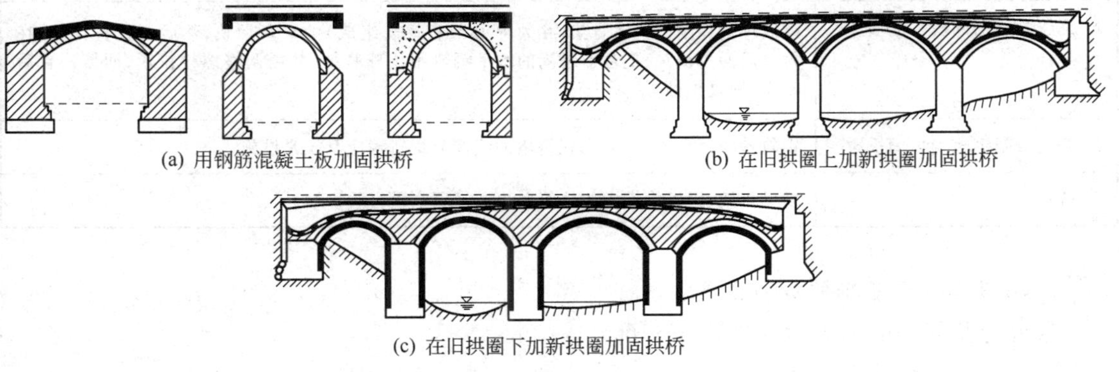

(a) 用钢筋混凝土板加固拱桥　(b) 在旧拱圈上加新拱圈加固拱桥

(c) 在旧拱圈下加新拱圈加固拱桥

图 6—23 铺设钢筋混凝土板分担原有拱圈的载重

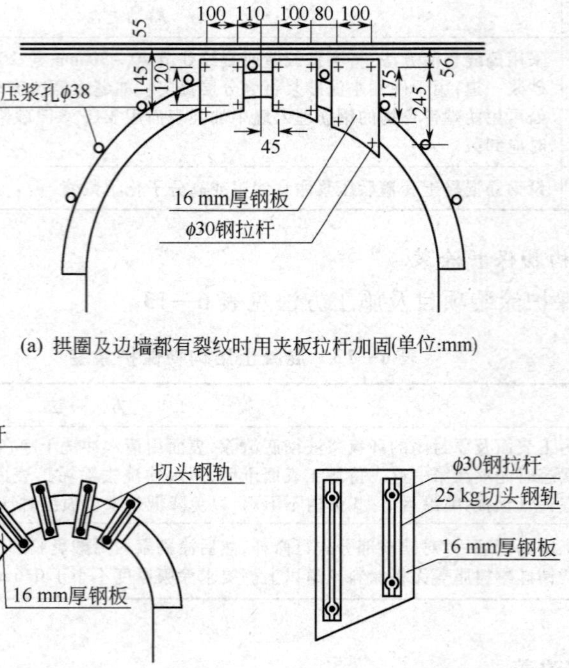

(a) 拱圈及边墙都有裂纹时用夹板拉杆加固(单位:mm)

(b) 当拱圈出现裂纹时用夹板拉杆加固　　(c) 用切头钢轨加劲钢板

图 6—24　钢夹板拉杆加固石拱桥

(二)预应力电张法加固钢筋混凝土梁

在预应力钢筋混凝土两梗底部两侧加设低通长的合金钢筋,通电加温使其伸长,当达到设计要求后在两梗两端锚定,钢筋温度降低回缩产生预应力使梁体受压。

(三)墩台的临时加固措施

墩台的临时加固措施见表 6—15。

表 6—15　墩台的临时加固措施

加 固 措 施	具 体 方 法
1. 钢轨骨架加固桥台前墙	前墙埋锚栓锚固钢轨骨架(由水平和竖直钢轨组成)的竖直钢轨,然后开挖护锥,并在桥台后面挖横沟,把台前锚固的水平钢轨用拉杆联结,并用调整螺栓拉紧,回填桥台后横沟,恢复护锥
2. 安装数圈钢轨箍加固桥墩	钢轨箍间距 0.4 ~ 0.7 m,在桥墩曲线部分钢轨箍应有拉紧设施
3. 减载	增设排架、设置纵横向扣轨等办法减轻原有墩台载重等

(四)墩台身及基础的加固措施

墩台身及基础的加固措施见表 6—16。

表 6—16 墩台基础的加固措施

名 称	具 体 方 法
1. 钢筋混凝土套箍压浆	桥墩用环形箍,桥台用U形箍,如图6—25所示。一般横向裂缝用单箍,竖向裂缝可用数个箍,破坏严重时者可整个墩台包箍。套箍高度为1.0 m～1.5 m,厚度25～40 cm,箍与箍间距根据病害情况确定,但不大于桥墩正面宽度。混凝土强度不小于C13,ϕ20～22 mm倒刺牵钉挂网,钢筋网主筋采用ϕ12～20 mm
2. 喷射钢纤维混凝土加固	一般厚度为30 cm,先喷射3 cm厚砂浆做底层,再喷射10 cm厚早强混凝土做内层,外层喷射14 cm厚钢纤维早强混凝土,最后喷射一层3 cm厚砂浆做保护层。墩身挂网的竖向主筋采用ϕ16 mm,间距50 cm深入承台,横向ϕ12 mm,间距20 cm,牵钉ϕ20 mm,间距50 cm
3. 墩台水下部分加固	采用钢筋混凝土箍或套箍加固,有水时先修围堰抽水后施工(必要时灌水下混凝土封底后抽水)
4. 翻砌墩台	旧墩台保留部分的顶面应为水平或成台阶式,每一台阶面积不小于连接处全截面的1/4,宽度为墩台的全宽。接触面凿毛清洗并安装牵钉(ϕ16 mm以上,一端带倒刺,外端带弯钩,间距不大于50 cm),再行接筑或灌注混凝土
5. 桥台倾斜加固	(1)对状态良好但不能承受过多土压力的桥台,可将台后填土换以分层干砌片石,或增设短梁跨以减轻路基一侧土压力。 (2)对向桥孔方向倾斜或移动的埋式桥台,可在台前修筑支撑壁加固。 (3)单孔小跨度桥台前倾,可在两桥台台帽之间修筑支撑顶住(如检算容许,也可将桥跨两端全改为固定支座)。若桥台基础也有滑动时可在桥台基础间加建支撑(整块的浆砌片石撑板、钢筋混凝土支撑或仰拱等)顶住
6. 基础承载力不足时墩台基础加固	(1)扩大基础:加宽基础面积。 (2)桩基础:在原基础周围加设基桩(如钻孔桩等或下沉井),并将旧墩台基础凿槽埋设牵钉(或在原承台凿孔穿型钢等),再浇注新的钢筋混凝土承台方法增强桩基摩擦力,使新旧基础共同受力。 (3)压注水泥灰浆或其他化学浆液硅化土层,增强基底承载力:在基础下斜向钻孔(向墩台中心)或打入钻管至需要深度,压入水泥砂浆(砾石或粗砂土)、水泥浆(中砂土);对大空隙土可采用硅化法(灌化学浆液)增强基底承载力。有设备条件时也可用旋转喷射桩加固基础
7. 改建为涵洞或箱桥、箱涵	当墩台损坏严重,桥下净空有富余或没有要求时时,可在旧桥内修建涵洞或改建为箱形框构桥涵等

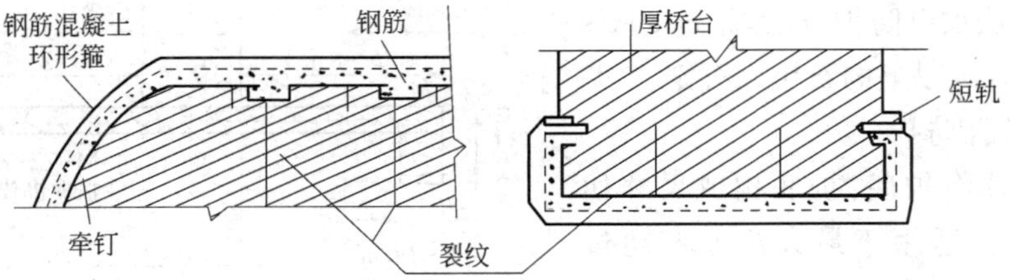

图 6—25 钢筋混凝土套箍压浆加固墩台

四、浅基础整治

(一)加深基础

(1)梁跨较小,墩台不高,基底埋深较要求相差不大的浅基,可用排架或枕木垛将梁托起,然后分段开挖,分段用贫混凝土或浆砌片石加深基础。原基底与新加基础之间进行压浆。

(2)用钻孔桩整治浅基础。在墩台周围布置桩孔,钻孔至要求深度或岩层,在桩头上围绕墩台修筑钢筋混凝土包箍承台,并使新旧承台及墩身连接成坚固的整体,如图6—26所示。

（二）浅基础防护

1. 平面局部防护

（1）浆砌片石防护：将片石用 M10 级水泥砂浆砌筑，厚度 50 cm。适用于冲刷较小的平原砂质河床，护基顶面设置在一般冲刷线及以下。

（2）混凝土墩台包基：防护尺寸视基岩风化程度及基础淘空情况而定，一般嵌入基岩 0.25 m，并加以封闭。适用于基岩位置较高，基础淘空情况。

（3）钢筋混凝土块排护基：块排间联结（块体下部设连接环）必须灵活牢固，块排应向墩身四周倾斜。适用于一般冲刷较小的山前区砂卵石河床。

（4）铁丝石笼护基：石笼直径 0.5 ~ 0.6 m。石笼上下做放射状联结并固定在墩周围。适用于平原细砂河流，河床下降接近一般冲刷线。

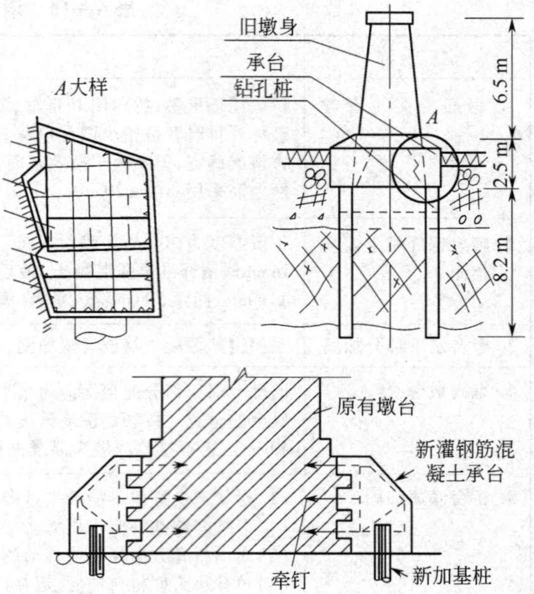

图 6—26　钻孔桩整治浅基础

（5）干砌片石护基：适用于河床宽、浅，流向稳定，水流流速较小的河床。

2. 立体局部防护

（1）钻孔桩加承台：与采用钻孔桩加深基础相同。适用于水流流速、冲刷均较大河流。

（2）桩围堰内填片石：利用深入局部冲刷线以下的闭合桩群来防止淘空。围堰的材料视水流和河床情况而定。

（3）桩围幕压水泥砂浆：用钻孔桩或打入钢板桩等作成密闭围幕，向内压注水泥砂浆。

3. 临时防护

汛期洪水威胁基础安全时常用抛投块石或石笼的方法加以防护，流速超过 3 m/s 时采用直径 30 cm 以上的石块或石笼。

4. 浅基整孔防护

（1）浆砌片石护底：护底构造尺寸如图 6—27 所示。适用于最大流速不超过 4 m/s的山区或山前区。

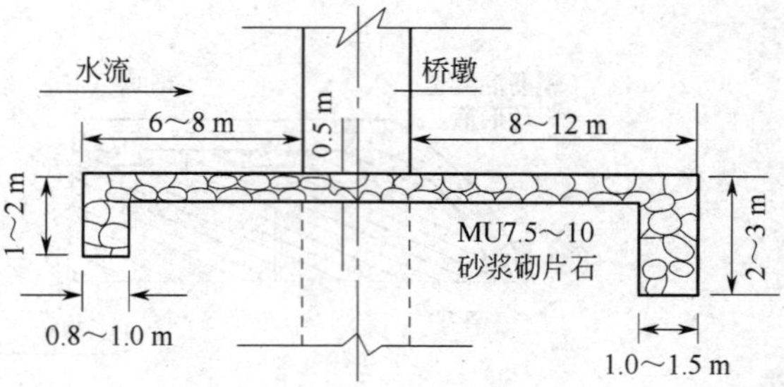

图 6—27　浆砌片石护底

（2）拦砂坝：坝位及顶高，坝身尺寸及结构根据具体情况确定。适用于桥下河道比降大、水流急的河流。

（3）石笼护底：采用圆形或方形石笼，单层时顺水流铺设，双层再在直角方向铺设。垂直于石笼方向每隔一定距离用 ϕ16 mm 钢筋联牢。

五、营业线上换梁常用方法

营业线上换梁有人工法、机械法、浮运法和就地灌注拼装法。下面介绍营业线上常用的几种方法。

(一)横向拖拉法

该方法是在桥孔上下游就地拼装钢梁或灌注混凝土梁,然后把梁从墩台一侧横移就位。主要作业方法如下:

1. 准备工作

(1)在桥孔上下游搭放脚手架,上游脚手架作拼装钢梁或灌注混凝土,下游脚手架做移放旧梁用。

(2)将新梁提高到旧梁梁底面比支座略高为止,用枕木垛支承好。

(3)在桥梁两端上下游铺设钢轨滑道,布置好滑车、绞车、钢丝绳、千斤顶等移梁、顶梁设备。两端钢丝绳应平行。新旧梁两端分别布置一台绞车,绞车可设在桥梁的一侧或两侧。

(4)拆除旧梁人行道、栏杆等设备,卸开旧梁支座锚栓螺帽等锚固设备,松紧桥梁两端钢轨接头与扣件,顶松梁身。

(5)铺设新梁桥面,清理新梁支承垫石面,凿出新梁锚栓孔。

(6)新梁对好位置,进行试拉。

2. 作业程序

(1)线路封锁后先拆除桥面,顺线路方向拉出钢轨,起高旧梁装上移动设备。

(2)当旧梁拉出 1 m 左右时开始拉新梁,"旧出新近"同时进行。

(3)新梁落位,恢复线路。

(4)运走旧梁,拆除脚手架。

3. 技术要求与注意事项

(1)新梁预先钉道的轨节位置应与旧梁的准确相符,使新梁就位后,钢轨接头吻合无误。

(2)气温较高季节应预先检查并适当调整轨缝,不使梁上和两端轨缝挤死。

(3)新旧梁的支座可整套地扣在梁底,随梁一起移动。

(4)横移所用上滑道应在钢梁接点之下,并承托弦杆的全宽且伸至横梁下面,钢梁接点下的上滑道伸出部分不得超越千斤顶顶起钢梁处的加劲角钢部位,而中间接点则以伸出 0.5 m 为限。

(5)新梁若是在脚手架上就地灌注的钢筋混凝土梁,则脚手架上通常铺设纵梁以承托模板,纵梁上安设木楔以调整模板托各点的高度,并便于拆除模板及脚手架。

(6)就地灌注的钢筋混凝土梁强度达到 100% 后才能准备移动。

(7)新旧梁如为分片式钢筋混凝土,移动时分片进行。

(二)导梁拖拉法

当桥孔不便搭设临时墩架时,采用此法。

在梁的前端加拼一段临时性导梁,拖拉时当桥梁尚有一半以上留在滑道上时,导梁则已先行到达对面墩台,使其继续拖拉时不致倾覆。架设大跨度桥梁,需设置特制诱导架。对跨度较小的梁木梁、轨束梁做导梁即可。

施工时由于梁的前端下垂,当梁初上墩时的阻力较大,此时需采用"边顶边拉"的办法,即在导梁前端两侧各装一个特制牛腿,当梁前端上滑道接近墩顶的下滑道时,牛腿已经伸入下滑道的上方。事先安置在墩顶下滑道上的千斤顶将其顶起。由于千斤顶底盘和滑道间填有小直径滚轴，因此可以一面顶高一面随梁前进。随着梁的顶高，就可以顶入滚轴。待上下滑道间已吃上 2 ~ 3 根滚杠后，即可拆除千斤顶，恢复正常速度前进。拖拉滑车的千斤绳须连接在新梁上，不能连接在导梁上。

六、涵洞病害整治

涵洞病害整治方法见表 6—17。

表 6—17　涵洞病害整治

病害情况	整治方法
1. 基础底下有潜流	在上游河床铺砌护底，端部修筑垂裙或加深原有垂裙防止冲刷
2. 涵管脱节或离缝	用防水弹性嵌缝膏或半干硬性水泥砂浆填塞。接缝分离较大时，在缝中先放入木衬圈，两边填砂浆，待砂浆初凝后取出木衬圈，砂浆凝固后在原木衬圈位置填入防水弹性嵌缝膏，再用砂浆抹平
3. 涵洞有满流情况	在入口处加筑抬高节成为漏斗形进口；必要时应按压力涵进行验算
4. 涵管下沉量大或由于河床淤积造成涵身排水不畅	用抬高管节的办法，适用于填土较高的涵洞，用本办法施工前应在线路上扣好轨束梁。 (1)整体抬高：从涵洞一端起掏挖涵顶路基土方，随挖随支撑，挖完一节，利用前后管节作支点，用千斤顶顶高，在基底下填塞砂浆或碎石捣紧，逐节进行，最后修建端墙及洞口。 (2)仅中间部分管节需抬高时，可采用拆除管节，挖除管节顶上土方至设计高度，然后砌筑基础，再挖旁边之一管节顶的土方至要求标高，用前述相似的方法起顶该管节，并纵移就位，按规定做好外贴防水层。逐节进行，最后缺少的一节就地灌注
5. 涵洞管节裂损严重或管节离缝过大	孔径许可时，可在洞内增建一层封闭式钢筋混凝土套管或拉入直径较小的涵管。拱涵可在内侧加筑套拱，并用半干硬性砂浆或聚合砂浆填塞间隙。新旧混凝土间设置牵钉，必要时压注灰浆。孔径较大，有条件时，可采用锚网喷射混凝土加固
6. 涵洞损坏严重，无法修理或孔径不足	用顶进法或顶拉法在原涵洞附近另行新建涵洞

七、运营线上修补、更换或新铺圬工防水层

目前防水层均采用 TQF—Ⅰ型。修补、更换或新铺设防水层施工卸载方法见表 6—18。

表 6—18　卸载方法架空线路

卸载方法	施工步骤与内容
1. 轨束梁卸载	(1)小跨度的石拱桥经检算允许时，卸载梁可支承在边墙上。 (2)道砟槽的钢筋混凝土梁侧墙或拱桥边墙不能支承轨束梁时，可以在纵向轨束梁下隔一定距离垫方木垛支承(图 6—28 所示)分段倒换铺设防水层： ①安装轨束梁； ②在道床中扒开缺口，设置若干方木垛(图 6—28 实线所示 1、2 木垛)； ③清除方木垛间的道砟，铺设该地段防水层； ④在保护层能承受载重后，即在其上设置若干方木垛(如图 6—28 虚线所示方木垛 1、2)； ⑤拆除 2 号方木垛并铺设该段防水层，拆除 1 号木垛回填道砟(第一阶段)； ⑥1、2 木垛间防水层铺设完毕，保护层硬化完毕后即回填道砟(第二阶段)； ⑦拆除 1，木垛回填道砟； ⑧照上述顺序继续进行，2 木垛在下一区段中作为 1 号木垛

续上表

卸　载　方　法	施　工　步　骤　与　内　容
2. 槽型梁架空	(1)焊接工字钢高 38 cm,槽形梁结构见图 6—29(a)、(b)、(c)所示。 (2)工字钢槽形梁架空其轨底至混凝土梁道砟槽顶面距离为 0.4～0.5 m,槽形梁的支点可放在混凝土梁的支承枕木上(图 6—29(d)、(e)所示),支承枕木与混凝土梁边墙以槽钢锚栓钉固,对于拱桥轨底至拱顶面距离一般为 0.7 m 以上,槽形梁支点可用横抬梁支承在拱桥边墙上(临时开凿凹槽)并以锚栓固定;拱桥两边墙间距 4 m,可采用 12 根 50 kg/m 扣轨梁或 5 根组 30 a 工字钢(图 6—29(f)所示)

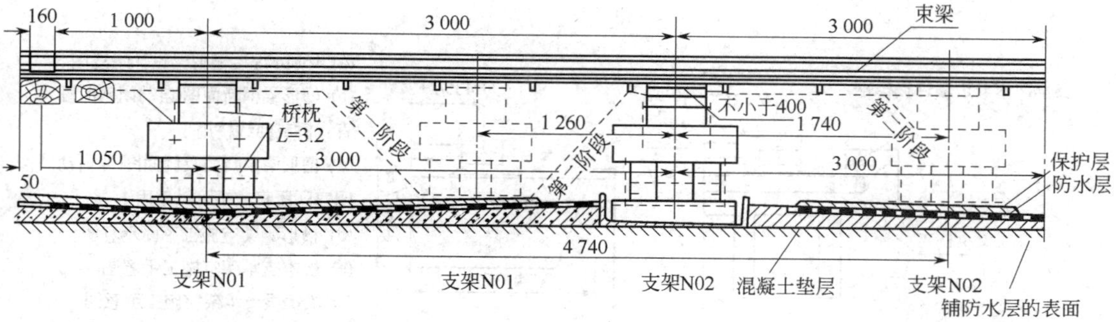

图 6—28　轨束梁卸载铺设防水层

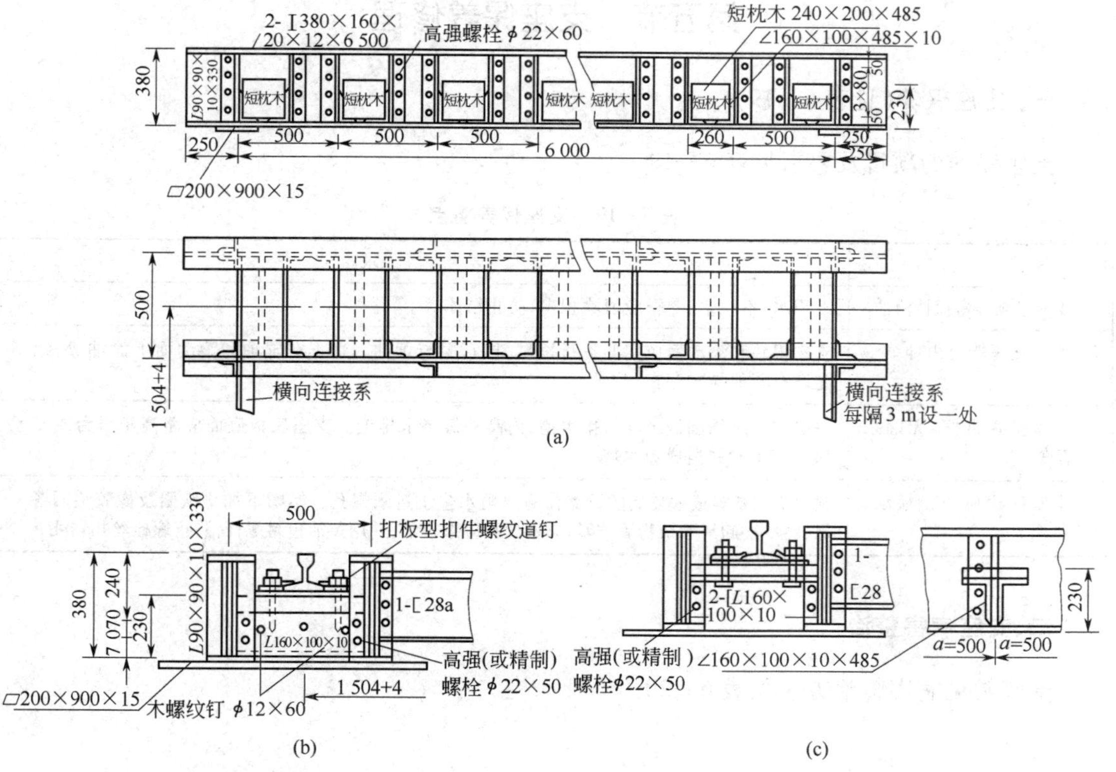

(a)

(b)　　(c)

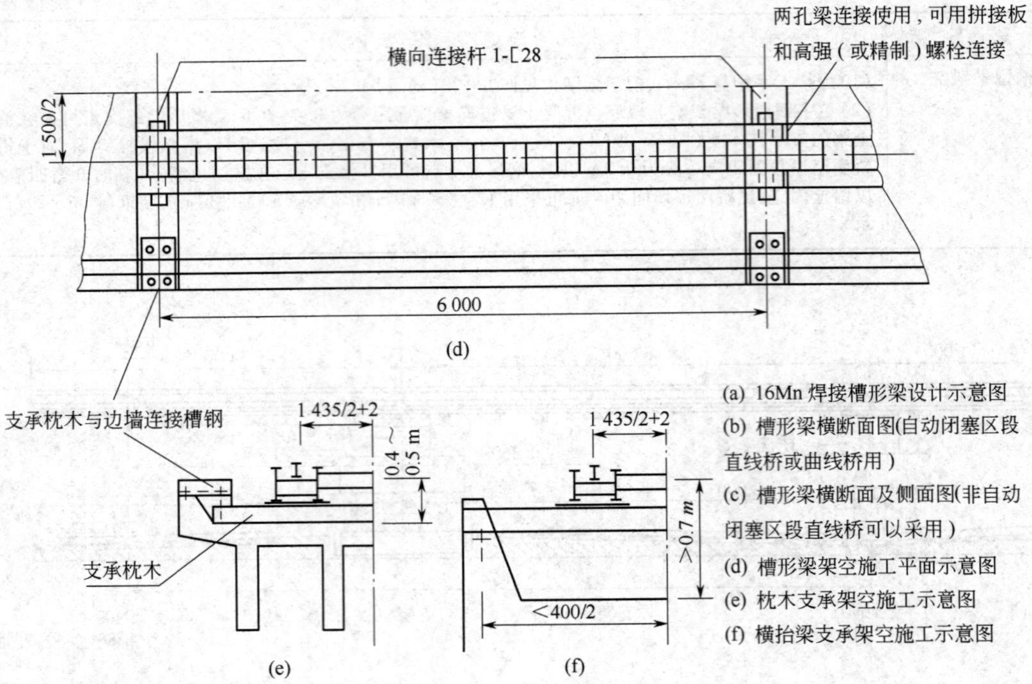

(a) 16Mn 焊接槽形梁设计示意图
(b) 槽形梁横断面图(自动闭塞区段直线桥或曲线桥用)
(c) 槽形梁横断面及侧面图(非自动闭塞区段直线桥可以采用)
(d) 槽形梁架空施工平面示意图
(e) 枕木支承架空施工示意图
(f) 横抬梁支承架空施工示意图

图 6—29 槽形梁架空铺设防水层

第五节 支座保养修理

一、支座保养(见表 6—19)

支座保养的项目及要求见表 6—19。

表 6—19 支座保养重点

项 目	要 求
1. 支座必须经常保持清洁	不积水、不积尘，冬季应清除积雪，防止结冰
2. 活动支座能自由伸缩	支座辊轴和滚动面应定期进行擦拭，擦石墨与黄油。禁止在辊轴和滚动面上涂油漆，绝不允许有其他异物存在
3. 支座排水良好，无翻浆流锈	一般在支座周围做半圆形排水槽，内高外低将水排走。支座底板底面应略高于墩台或支承面 2～3 mm 并凿成流水坡
4. 支座锚栓应防止松动、锈死	锚栓应用塑料或铁皮制的罩盖住防止雨水尘土进入螺孔。螺帽下加垫铁圈及橡胶垫圈各一层，经常松卸清除杂物后拧紧，螺栓丝扣应涂机油，并用黄油包封螺杆，防止螺栓丝扣锈死

二、支座病害整治

支座常见病害整治方法见表 6—20。

表 6—20　支座常见病害整治

病害类别	整治方法
1. 跨度不超过 6 m 的钢筋混凝土梁横向移动	梁身顶起移正，增设橡胶支座外，并在板梁两侧的墩台顶面埋设角钢或修筑混凝土支挡
2. 支座上下锚栓折断、弯曲、锈死	(1)下锚栓：在支座底板旁斜向凿去部分混凝土，取出旧锚栓，更换新锚栓。 (2)上锚栓： ①将支座上摆与混凝土梁底镶角板焊起来(当镶角板与梁体为整体时)，如图 6—30，每个支座用 2 根 200 mm 长，60 mm×40 mm×8 mm 的不等肢角钢(也可用 10 mm 钢板弯制而成)。沿梁长方向将角钢短肢焊在梁底镶角板上，长肢焊在支座上摆上。 ②夹板加固法，如图 6—31，每个支座用 2 块 480 mm×70 mm×20 mm 钢板与 2 根 ϕ20 mm 螺栓将其置于支座上摆两侧夹紧于梁体上(如支座与梁底不等宽，则钢夹板与支座间应加填板，并与钢夹板焊牢)，并在夹板中间钻孔做丝扣，用顶丝顶紧在支座上摆上，使夹板与支座上摆联结成一体。 ③上摆与梁底胶结法：先将锚栓割除平齐，镶角板面，然后在上摆与镶角板间用结构胶粘结牢固
3. 辊轴或摇轴活动支座倾斜超限	(1)移动锚栓法：按照当时梁身温度考虑活载影响计算的位移量矫正辊轴或摇轴的倾斜度，移动底板，重新锚固下锚栓。 (2)支座底板扩孔法，根据位移量在底板原螺栓孔旁割一个月牙形缺口，不动锚栓，只移动底板进行矫正，然后堵死孔眼。 (3)填钻法：取出底板，用预制圆柱形钢柱填塞原锚栓孔，根据矫正量，对底板重新钻孔后安装就位。 (4)异形牙板法：用异形辊轴牙板更换原牙板，如图 6—32，矫正辊轴的倾斜度。整治前均需顶起梁身再行处理，而前三种方法都要移动底板，辊轴支座均较笨重，工作量大，若采用异形牙板法，则工作量大为减小
4. 支承垫石裂损，梁体存在"三条腿"及个别支座出现明显悬空现象	用下列办法处理：顶起梁身(如垫石损坏应先凿除其损坏部分) (1)当抬高量为 30～100 mm 时，可捣填半干硬性砂浆。 (2)当抬高量为 50～200 mm 时，可分两至三次捣填半干硬性砂浆。 (3)当抬高量在 200 mm 以上，可就地灌注钢筋混凝土垫块或更换钢筋混凝土顶帽。 (4)抬高量在 30 mm 以内时也可采用压力灌注高分子化学浆液
5. 活动支座不活动时	弧形支座应顶起梁身，将上下支座板的穿销进行除锈涂黄油，并清除椭圆孔内的圬垢杂物或移动活动支座下座板，使穿销居于椭圆孔中央；如发现固定支座和活动支座位置安装错误时应予调整。对摇轴及辊轴支座应找出不活动的原因进行处理，必要时予以更换
6. 支座陷槽、积水、翻浆、流锈	使支座底板略高出墩台支承垫石，细凿垫石呈 3% 的排水坡。墩台面也应修凿成大于 3% 的坡面，以利排水

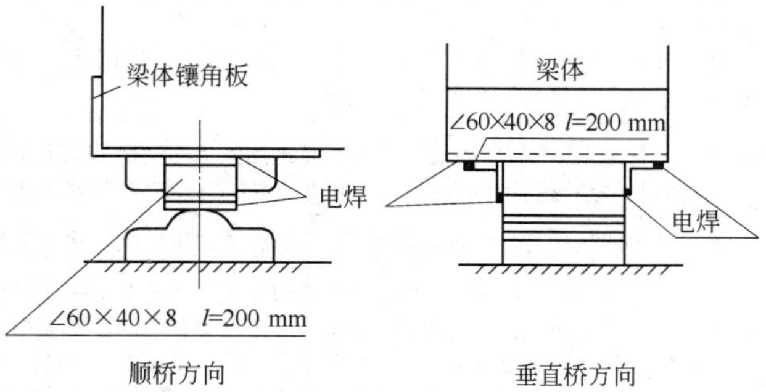

图 6—30　上锚栓折断后加固(上下锚栓未示)

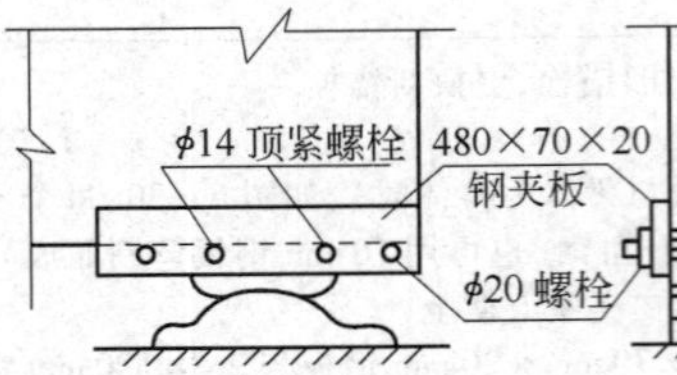

图 6—31 加固上锚栓(夹板加固)

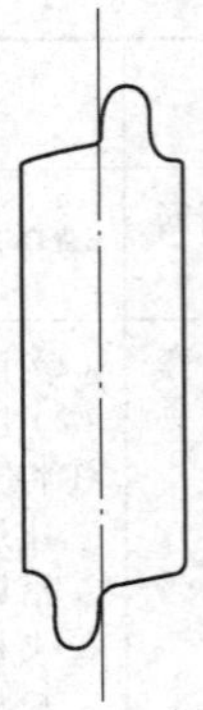

图 6—32 异形牙板消扁辊轴示意图

支座维修的其他作业详见技能部分单项作业,这里不再赘述。

第六节 隧道维修整治

一、漏水整治

隧道漏水与隧道所处的环境和结构以及施工质量有关,应在充分调查后掌握资料的基础上(如隧道所处的地质、衬砌构造及施工质量、水源、漏水位置及水量的大小等),遵循"防、截、排、堵相结合,因地制宜,综合治理"的原则进行整治。

(一)洞顶地表水处理

(1)隧道外地表水丰富时,特别是对埋置较浅,覆盖层系易于渗漏冲刷的大孔隙砂质土壤、松散岩石等,应填平坑洼、清除杂草树丛乱石等易积水处所,并采用疏导、勾补、铺砌等方法利于排水。必要时设置浆砌片石的截、排水沟。

(2)对原地质钻孔、探孔、施工集水坑应回填夯实,或加以铺砌,废弃的竖井及斜坑应封闭出口。

(二)隧道周围岩层排水

加强隧道周围岩层排水,具体见表 6—21。

表 6—21 加强隧道周围岩层排水

1. 立式渗井降低隧道周围地下水位	隧道隧底以下有渗水地层时,可做渗井至隧底下隔水层下面的渗水地层中去,以疏干隧道。渗井可用 100~150 mm 的钻孔(必要时填以卵石),或用带孔的钢管或水泥管。适用于地层渗透系数大于每昼夜 5 m,且不致淤塞渗井处
2. 边墙背后设置竖向暗沟边墙以上钻扇形排水孔	适用于Ⅲ类以下围岩(松散破碎岩层及土层隧道不适用)利用隧道内避车洞或专设横洞,向上用钻机钻扇形孔道(ϕ100 mm),再用暗沟(或盲沟)经截水沟将水排出疏干
3. 利用导坑排水	做好长大隧道平行导坑的防坍衬砌,降低洞底利用导坑排除隧道渗漏水
4. 严寒地区岩层排水	围岩含水丰富时,宜做深埋中心水沟或泄水洞,深度应在冻结线以下。局部范围漏水或衬砌背后积水对边墙产生冻结等病害时,可在衬砌背后沿隧道纵向适当距离(不小于 8 m 处)设置竖向排水管或滤水管,其上部用钻孔把拱部前后积水引出。如用盲沟,其宽可为 60~100 cm,深度 20 cm 以上(还应考虑保温措施)盲沟两侧亦可用钻孔引水
5. 一般部位漏水处理	在施工缝及衬砌空洞涌水处设置泄水孔,根据漏水量安装管路或排水暗槽排除衬砌背后积水,封闭排水暗槽时中间层宜用柔性防水材料防止暗槽渗漏

（三）衬砌结构漏水整治

1. 拱部（或边墙）漏水

注浆是将不透水的胶凝物质（防水材料可根据情况，可选用丙凝、聚氨酯浆液等）通过钻孔注入扩散到初砌及背后一定深度（例如最大冻深）的岩层裂隙中去，把裂隙中的水挤走，堵住地下水的通路，减少或防止衬砌漏水，同时起到固结破碎岩层的作用。这种方法只要应用得当，对整治隧道漏水是有一定作用的。但要注意压注浆液不是为了简单地把水流封闭在围岩内，一般都应给每一压浆防水段落的地下水安排一条出路。禁止使用水玻璃浆液做永久堵水材料。因为水玻璃短期内效果虽好，但不耐久，故永久防水不得使用。

初砌外贴防水层，如和排水设施结合得好是能够根治水害的，可采用防水性较好的焦油聚氨酯冷涂或其他防水材料。由于外贴防水层施工困难，失效后不易重做。

衬砌内贴防水层是整治衬砌大面积漏水病害的常用方法。常用的有抗裂性防水涂料和防水砂浆（掺入防水剂和速凝剂的水泥砂浆）抹面等。

2. 边墙淌水

可采用边墙内间隔一定距离设竖向排水暗槽或边墙背后设竖向盲沟排除。为扩大集水范围，在不影响围岩稳定或引起盲沟堵塞的前提下，可以盲沟为轴心，在垂直面上、左、右三方面适当钻一些集水孔，以拦截水流，集中排出。

3. 施工缝、伸缩缝、沉降缝渗漏水

可采用嵌填弹性防水橡胶条、防水膨胀嵌缝腻子条、粘贴橡胶止水带等，对施工接缝也可用压注水溶性聚氨酯等速凝止水浆液。

4. 隧底冒水

一般可采用压注速凝水泥或化学堵水浆液以堵塞隧底裂隙，加大、加深或增设排水沟使隧底水流能迅速排除等方法整治。

当隧道内结冰时，不论是挂浆或冰溜、冰柱或侧冰以及冰锥，当其侵入限界或冰锥覆盖轨面时都将危及行车安全，或者隧道内排水设备出现冰塞，不但造成沟、管自身破碎不能再用，冬季不能排水，同时隧道内各种病害现象接踵而来，所以都必须及时刨除。电气化区段隧道应离接触网带电部分 2 m 以外才能作业，故起拱线以上要进行刨冰时，接触网必须停电或采取隔离防电措施，并应由接触网工区派人安设临时接地线后方可进行工作。

隧道漏水病害的整治采用"拱堵边排"方案，即拱部以封堵为主，边墙为引排为主，通过堵与排的结合处理，尽可能将渗漏水引排流入侧沟。为了保证治漏的质量，不论堵或排的部位，均应按先后顺序，设有临时堵漏（用双快水泥或水泥水玻璃）、柔性防水（氯丁乳胶水泥浆或改性聚氨酯涂料）和刚性防水（改性环氧砂浆或防水砂浆）等多道防水层，切忌单一处理，以防止堵水材料因收缩而失效。因此，在进行漏水整治时，一定要因地制宜，优化材料，精心施工。

（四）排水设备应满足的要求

（1）排水沟应有足够的坡度和排水断面。水沟断面应视水量的大小选定，应有足够的过水能力，特别是当洞内排水量较大时，除扩大水沟断面外，还应有足够的深度以利疏干衬砌及隧道地下水。

根据运营经验，排水沟底部或疏水盲沟中心深度应在隧道铺底或仰拱底面以下至少 0.5 m，否则难以疏干道床底部积水。

(2)为了使隧道排水沟流水畅通,排水沟应具有一定的沟底坡度。以往规定一般不少于3‰是考虑排水的需要,现在要求水沟坡度应与线路坡度一致。

若在隧道中的分坡平道范围内不设水沟坡度,将影响水流的排泄。水沟坡度过大,则将增加水沟边墙基础工程量。分坡平道多设于隧道中间坡顶地段,长度不长,水流量较小,故可适当减少坡顶水沟的深度。但在隧道中的分坡平道范围内,排水沟底部应有不小于1‰的坡度,车站内的隧道排水沟坡度也不应小于1‰,否则不利于水流排泄。如果造成洞内积水漫流,将影响隧道运营、养护和车站作业。

为了防止道床积水漫流,加速水流的排泄,要求流入排水沟的横向排水坡不小于2‰。

(3)排水沟间隔一定长度应设置检查井,以便于清理和检查,沟顶应有混凝土或石质盖板。

(4)寒冷及严寒地区的排水设备,应有防寒设施,或设有在冻结线以下的深埋水沟。

由于影响隧道内气温、水温的因素较多,目前防寒水沟的形式与长度主要根据当地最冷月平均气温和参照邻近的隧道确定。根据现有运营线的使用经验,一般最冷月平均气温在 -10 ℃ ~ -15 ℃之间应设两侧保温水沟,其设置长度一般为洞口起200 ~ 500 m即可。

最冷月平均气温低于 -15 ℃的严寒地区,只要确定冬季有水,其水沟均应采取防寒措施。

二、衬砌裂损整治

1. 压浆加固

(1)圬工体内压浆加固:衬砌裂损发展非常缓慢或者已呈稳定状态时,可向圬工体内压浆。一般以压注超早强水泥浆或改性树脂类等高分子化学浆液为多。

(2)衬砌背后压浆加固:衬砌背后压浆的目的是增加拱或边墙的约束,提高衬砌刚度和稳定性的作用。所以一般可以在外鼓部位局部应用。如果衬砌同时存在外鼓和内鼓部位,应首先采取临时措施控制内鼓继续发展,然后在外鼓变形部位压浆加固之后再对内鼓采取加锚措施。最后达到对全断面进行整体加固目的。

2. 嵌　补

对已呈稳定暂不发展的局部裂损,可以采用嵌补的方法进行修补。即将裂损部分凿除剔净,再用防水防蚀砂浆或混凝土进行嵌补。

3. 钢拱架加固及嵌轨加固

当衬砌裂损严重而且发展很快时,为确保行车安全,可以采用钢拱架临时加固。加固拱部时,拱架脚应嵌入边墙顶或支承于埋设在边墙牛腿上,并加纵向连接。全断面加固时,可以用长腿钢拱架直接支承于墙脚基础上,做好纵向连接。钢拱架与被加固的衬砌间的缝隙,应用密排的木楔楔紧顶严,木楔间距不可过大并要注意均匀分布,要保证拱脚或墙脚不会发生下沉和移动。如需变钢拱架做永久加固,当限界允许时,可以把钢拱架作为加设套拱的劲性构架,先在钢拱架之间加纵向连结,然后再挂网喷射混凝土做成套拱。

采用嵌轨加固的施工方法与钢拱架大致相同,但应注意避免对衬砌原有截面的过大削弱。

4. 锚杆加固

衬砌内鼓变形和向内位移,当背后围岩坚固良好时,采用锚杆加固是有效的。有条件时,最好采用预加应力锚杆加固,效果更好。

5. 喷射混凝土加固

喷射混凝土作裂损衬砌的加固措施,其作用大致有:

(1)高压喷射的混凝土在裂损衬砌上形成极密实的喷层,与衬砌圬工体在高压下紧密粘合,大大提高了粘结强度,可以有效地阻止破损衬砌的变形。

(2)喷射混凝土可使水泥浆在喷射压力下嵌入裂缝内一定的深度,使碎裂的衬砌重新粘合起来,增强整体性。

(3)新旧混凝土间粘结力强,加之水泥浆的渗入,提高了碎裂的衬砌整体性。新旧混凝土共同承力,较大幅度地提高了裂损衬砌的承载力,达到了加固的目的。

为了减少和防止喷层的收缩裂纹,一般常采用挂钢筋网喷射混凝土。这种钢筋混凝土喷层,增加了结构的整体性和抗震、抗冲击的能力。在运营线上多被采用。

6. 喷锚结合加固

把锚杆加固与喷混凝土加固并用,可以使锚杆、高压喷层和钢筋网互相发挥其优点,弥补其缺点,对提高裂损衬砌的刚度、稳定性、承载能力效果更好。故被广泛采用。

三、明洞病害及防治

(一)常见病害及原因

(1)衬砌裂纹:明洞的衬砌裂纹主要有拱部纵向裂纹,多发生在拱腰部位;边墙水平裂纹,多发生在墙腰处;环形裂纹多发生在洞口附近及施工接缝处。

(2)洞口端墙竖向开裂,洞门翼墙、挡墙断裂等。

(3)洞口山体边坡落石坍方、泥石流等,会埋没线路中断行车。

(4)洞内漏水,特别是沉降缝处最为严重。

(二)防治措施

(1)明洞顶应按设计要求保持足够的填土厚度。对于滑坡坍方的堆积物要及时清理,避免产生额外荷载。

(2)建立完善的防排水系统,在明洞顶部填土与边坡交接处要增设截水沟,并经常保持良好状态。

(3)局部岩体失稳导致的墙脚内移,可在底部墙脚间增设横向支撑。当整段洞身在横向有蠕动滑移时,可在洞外设抗滑挡墙或抗滑锚固桩及抗滑沉井等。

(4)在洞口两端及洞顶有针对性的增设必要的支(拦)挡和防护建筑物。防止危石坍落影响运输。

(5)专为泥石流跨越铁路而修建的明洞,要增设必要的导流建筑物,保证泥石流的宣泄,防止泥石流溢流改道,威胁行车安全。

(6)在明洞顶部及其周围,有针对性增设防护冲刷措施,保持洞顶填土及其周围压力平衡。

(7)维修养护时要特别注意边墙基础的防护,确保稳固和不被冲刷。根据不断变化的情况,适时加固洞口挡墙,确保仰坡边坡稳定。

(8)当明洞病害非常严重、加固的难度和费用较大时,可考虑局部改线废弃明洞,重建。

四、洞门病害及防治

(一)常见病害

(1)洞门常见病害主要是端墙前倾、裂损及与衬砌脱离错开;拱部和边墙的衬砌出现环形裂纹和纵向裂纹;洞门排水设备不良或失效等。

(2)洞口仰坡和边坡主要病害是堑坡坍方落石,砸坏洞门或堵塞线路中断行车。

(3)洞口水害主要指水流冲刷仰坡和边坡,造成堑坡溜坍堵塞洞口;甚至发生泥石流淤埋隧道或造成隧道倾斜、滑移、下沉等。

(二)防治措施

1. 稳定坡面和岩体的防护措施

(1)刷方改缓边坡和仰坡,彻底清除危石和孤石。

(2)用浆砌片石填补坡面空洞支撑危石和用砂浆对危石较大的裂隙灌浆勾缝,如图6—33(a)所示。

(3)修建加固护墙护坡,土质坡面宜铺草皮,黄土坡面可用灰浆抹面;石质坡面可用喷锚加固。

(4)在坡面大孤石下修砌支柱或支挡墙进行加固,如图6—33(b)所示。

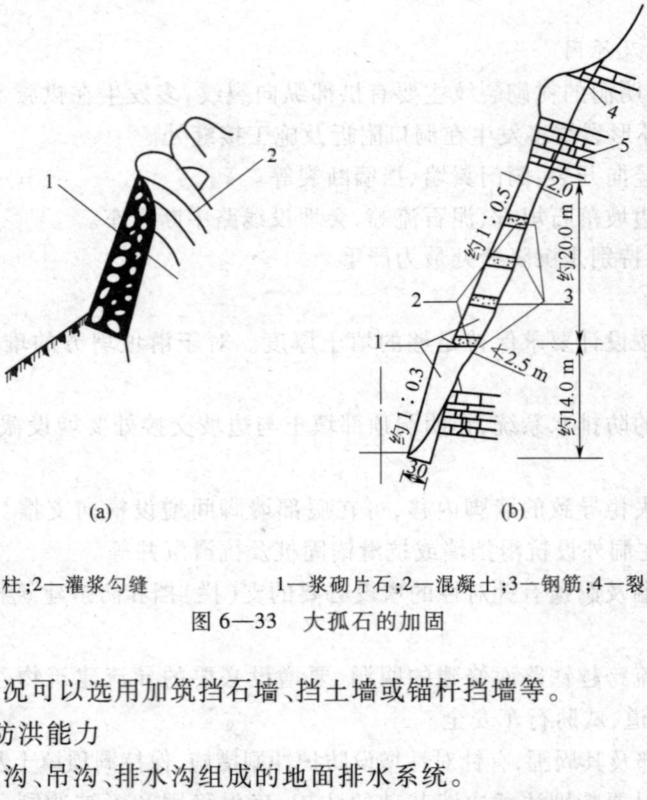

1—浆砌片石支柱;2—灌浆勾缝　　　1—浆砌片石;2—混凝土;3—钢筋;4—裂缝;5—石灰岩

图6—33　大孤石的加固

(5)根据病害情况可以选用加筑挡石墙、挡土墙或锚杆挡墙等。

2. 提高洞口的防洪能力

(1)改善由截水沟、吊沟、排水沟组成的地面排水系统。

(2)当洪水因沟槽变迁而威胁洞口安全时,应加大沟槽排水断面,或对沟床采取防冲措施。

3. 针对洞门下沉、倾斜、裂纹发展情况所采取的措施

(1)已稳定无发展的裂纹,可用水泥砂浆或改性环氧树脂砂浆等补修。

(2)地基承载力不够,可用硅化压浆加固或用其他方法稳固地基。

(3)受纵向推力而破裂的洞门,可在洞门墙外加设支撑墙、翼墙或加筑新洞门墙等。

(4)对已破碎的衬砌,可参照本节衬砌加固方法进行处理。

复习思考题

1. 哪些情况应更换桥枕?
2. 设置上拱度的明桥面如何抄平?
3. 手工清理应注意哪些事项?
4. 喷砂清理的操作要领是什么?
5. 喷枪喷涂的操作要领是什么?
6. 更换高强度螺栓应注意哪些问题?
7. 圬工裂纹整治有哪些方法?
8. 明洞常见病害有哪些?

第七章 桥隧作业机械

第一节 常用装吊机具

一、钢 丝 绳

（一）钢丝绳的种类

钢丝绳是由高强度钢丝搓捻而成的。它具有自重轻、强度高、耐磨损、弹性大、在高速下运转平稳、无噪声、安全可靠等优点，是起重装吊作业中最常用的绳索。

(1)按捻制的方向或外形分有顺绕钢丝绳、交绕钢丝绳、混绕钢线绳，见图7—1中(a)、(b)、(c)。

图7—1 钢丝绳

(2)按绳股数和每股中钢丝数量不同分有6×7、7×7、6×19、6×37、6×61等种类(前者数字表示股数，后者数字表示每股丝数)。

钢丝绳中钢丝越细越不耐磨，但比较柔软，弹性较好，钢丝越粗越耐磨，但比较硬不易弯曲，故应视用途不同而选用。

（二）钢丝绳的荷载计算

$$S=\frac{P}{K}$$

式中 S——安全荷载；

P——破坏荷载；

K——安全系数。

一般对 K 值的规定如下：

十字牵绳及人字牵绳为3；手摇绞车起重之钢丝绳为4；机械绞车起重之钢丝绳为5；绑扎用钢丝绳为8。

镀锌钢丝绳的强度较打光钢丝绳(镀其他金属的)强度约降低10%。

简单计算：常用钢丝绳多为6股19丝；6股24丝；6股37丝，若安全系数为5时可用简单公式计算：

容许荷载(kgf)=直径(mm)×直径(mm)×9

二、吊　　钩

吊钩是起重工作中的主要工具之一(图7—2)。为了保证安全,使用前应认真检查:

(1)所有吊钩应有制造厂的牌号和载重能力的说明,否则应经过试验才能使用。试验方法:试吊比容许载重大25%的重量10 min,吊钩上应无裂纹或残余变形。

(2)吊钩表面应光滑,不得有飞刺以及加工切削痕迹等。每使用一次应检查一次,凡发现有细裂纹或尾部螺纹中有刀具的深切削痕迹时应停止使用。

(3)在吊钩的危险断面上,若磨损厚度超过10%时,应进行检查以确定其容许吊重。

(4)吊钩不得施行焊补或填补。

(5)吊钩必须有适当的保护辅助设备,防止挂在钩上的绳链从吊钩开口处掉出。

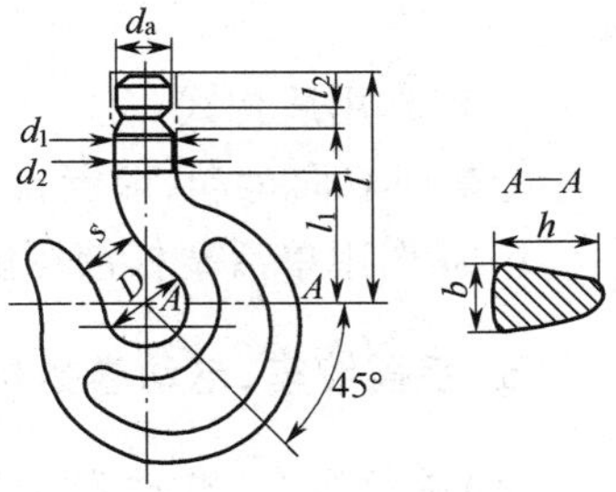

图7—2　吊钩

三、滑　　车

滑车如图7—3所示。

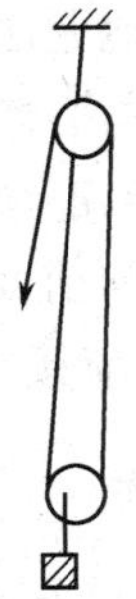

图7—3　滑车

(一)牵引计算

1. 精确算法

$$P = Q\alpha$$

式中　P——通到绞车上牵引力大小;

Q——提升质(重)量;

α——系数。

2. 近似算法

$$绳受力 = 吊重 \div 绳数$$

(二)滑轮直径与钢丝绳直径的关系

决定滑车直径时还要考虑到所用钢丝绳的直径,在装吊工作中滑轮(车)直径应为钢丝绳直径的16~20倍,一般采用18~20倍。

四、千 斤 顶

千斤顶是一种可以用较小的力量把重物升高、降低或移动的机械。起重能力可以从几吨到几百吨。

按其构造的不同可分为螺旋式、液压式和齿条式千斤顶三类。

(一)螺旋式千斤顶

螺旋式千斤顶是利用斜面和螺旋的原理制成的。结构简单起升高度较大,工作速度较油压式的快,但起重能力不大,一般在50 t以下。

(二)液压千斤顶

液压千斤顶的起重量较大,最大可达500 t。

(三)卧式千斤顶

主要用于钢筋混凝土框架地道顶进工作。一般有两种:

1. 单作用柱塞式

柱塞仅单向运动、回镐时需用活塞式拉镐或其他小顶镐拉回,一次顶程200 mm左右,效率低。

2. 双作用盾构式

能来回双向运动,即能自动回镐,一次顶程为1~1.1 m,效率高。

3. 双作用单活塞杆液压缸:该设备配以相应油泵已广泛使用于梁的横移和纵移的施工。

五、手摇绞车、电动卷扬机

(1)手摇绞车、电动卷扬机的固定位置要求牢固,防止使用中发生倾覆和滑动,固定方法有:

①固定基础:用底脚螺栓把机座底盘直接固定在稳固的建筑物基础上。

②锚锭(即地龙法):用钢丝绳固定在地龙或其他固定物上。

③平衡重:先平整好安装位置,铺设垫木及板,把机座底盘固定在上面的前方,前端并设桩防止滑动,后方用重物压住,倾覆稳定系数应大于1.5。

(2)卷扬机与前面最近转向滑车间要有足够的距离,其距离应大于卷筒宽度的20倍。钢丝绳引入卷筒时应接近水平、并应自下面引入,以减少卷扬机的前倾力矩。

六、地　　龙

地龙为锚锭设备的通称,是用来固定绞车、定滑车、缆风绳以及扒杆和起重机的平衡索之用。

(一)地龙的种类

1. 站　　龙

站龙是最简单的临时地龙之一,适用于土质较坚硬的地层,如图7—4所示。

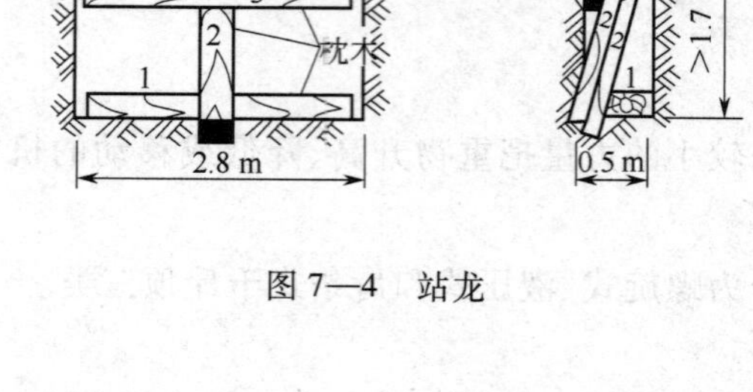

图7—4　站龙

2. 卧　　龙

卧龙是埋入土中的横置木料,将钢丝绳拴于木料的中间的一点或两点从坑前端槽内引出。卧龙能承受较大的作用力,一般为3~50 t,如图7—5所示。

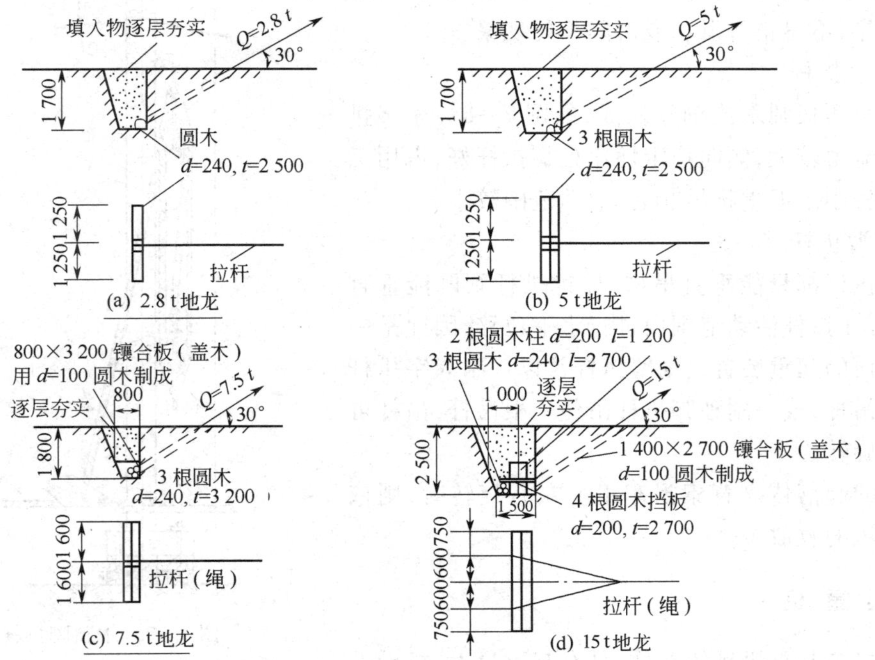

图 7—5　卧龙(单位:mm)

3. 混凝土地龙

永久式地龙多采用之,如图 7—6。混凝土地龙依靠自重平衡作用力,不考虑上压,其稳定可按下式计算:

$$G \cdot b \geq K \cdot Q \cdot l$$

式中　G——混凝土块自重(kg);

Q——作用荷载;

K——稳定系数,$K \geq 1.4$;

b, l——如图 7—6 所示。

埋入混凝土中的拉杆应系于型钢制的横梁上。

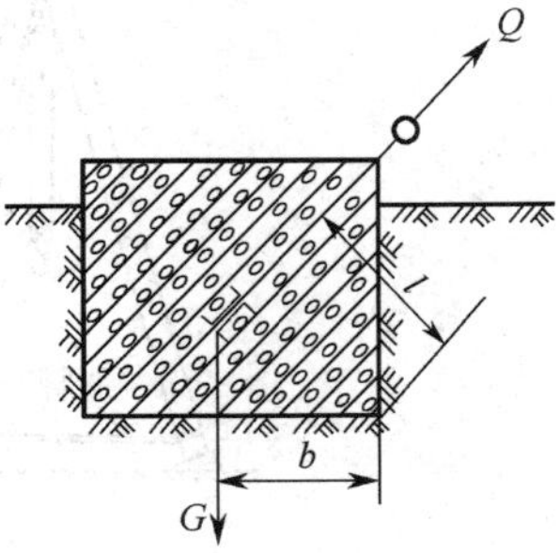

图 7—6　C8 强度等级混凝土地龙

七、扒　　杆

扒杆是一种简单的起重装吊工具,在机械缺乏和工作条件受到限制的地区,常用来升降重物和进行建筑物的安装。

(一)结构类型和规格性能

常用的扒杆有独脚扒杆、人字扒杆、龙门扒杆、摇臂扒杆等。

1. 独脚扒杆

扒杆由单根木料(圆木或方木)或钢管或钢结构做成。

木独脚扒杆的构造如图 7—7 所示。

独脚扒杆的基础应先整平夯实。并搭铺枕木两层,将扒杆脚锯平,并用扒锯钉钉在底座上，在起重量较大时，应将扒杆脚镶入底座。扒杆脚必须稳固牢靠，不得稍有滑动或沉陷不匀现象。

2. 人字扒杆

扒杆由两根圆木或钢管做成，如图7—8。人字扒杆的起重能力较大，侧向稳定性比独脚扒杆好，占用工作场地比较小。但重物吊起后，活动范围较小。

3. 摇臂扒杆

前述扒杆都只能垂直吊重，摇臂扒杆则既能垂直吊重，又可在扒杆活动范围内进行水平位移，因此是一种比较灵便的起重装置。摇臂扒杆常以一副人字扒杆吊住一根吊杆，或一副独脚扒杆吊住一根吊杆，吊杆可以起落及旋转。

吊杆的起落依靠背索滑车组。左右旋转时，则依靠吊杆缆风的收放。

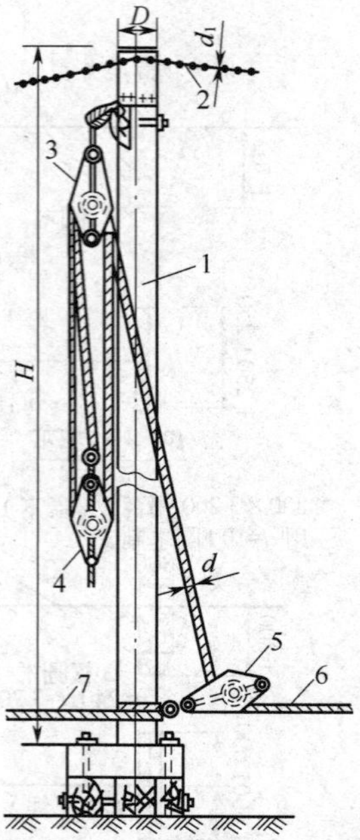

图7—7 木独脚扒杆

1—扒杆；2—缆风绳；3—定滑车；4—动滑车；5—转向滑车 6—进绞车；7—留绳

八、起 重 机

起重机是起重机械的总称，具有起重量大、机动性强等优点，鉴于其类型繁杂且专业性甚强，在此从略。

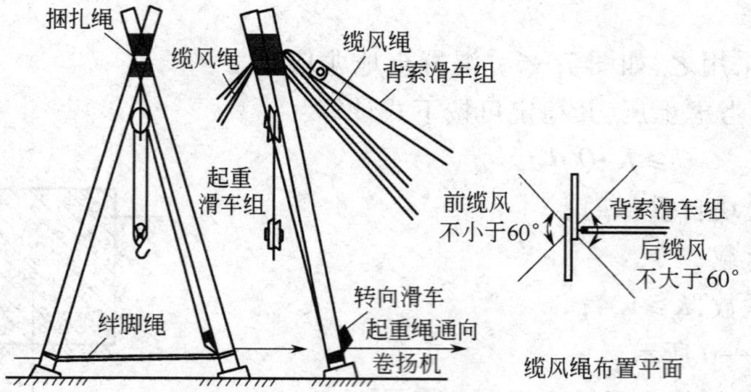

图7—8 人字扒杆

第二节 电 动 机

电动机是利用电磁感应原理，把电能转为机械能，输出机械转矩的原动机。根据电动机所使用的电流性质可分为交流电动机和直流电动机两大类。交流电动机按所使用的电源相数可分为单相电动机和三相电动机两种，三相和单相电动机又分同步和异步两种。

异步电动机具有结构简单、工作可靠、使用和维修方便等优点，因此，在工农业生产和生活各方面都得到广泛的应用。本节仅介绍三相异步电动机。

一、三相异步电动机的构造

电动机是由定子和转子两个基本部分组成，如图 7—9 所示。

三相异步电动机的定子由机座、铁心和定子绕组组成。机座通常用铸铁或铸钢制成，其作用是固定铁心和定子绕组，并以前后两个端盖支承转子轴，它的外表面铸有散热筋，以增加散热面积，提高散热效果。定子铁心是电动机的磁路部分。铁心固定在机座内，它由表面绝缘的硅钢片叠压而成，硅钢片的内圆上冲制有均匀分布的槽口，用以嵌放对称的三相定子绕组。定子绕组是电动机的电路部分，它由三相对称绕组组成，三相绕组按照一定的空间角度依次嵌放在定子槽内，并与铁心绝缘。三相绕组共有六个出线端引出机壳外，接在机座的接线盒中。每相绕线的首末端用符号 U1—U2、V1—V2、W1—W2 标记，在接线形式上要按电动机铭牌上的说明，接成星形或三角形。图 7—10(a)是定子绕组连成星形的连接图，图 7—10(b)是定子绕组连成三角形的连接图。

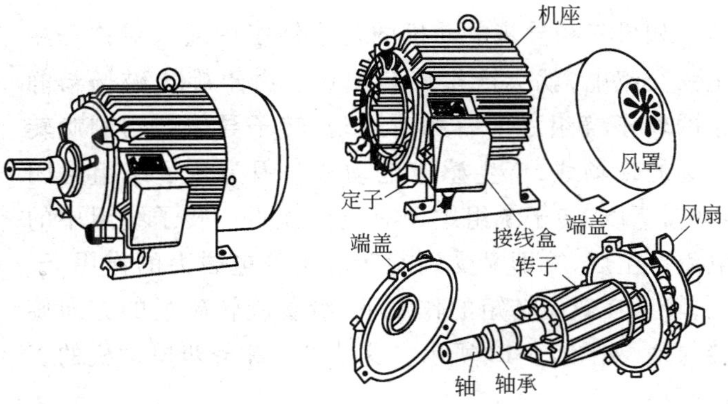

图 7—9　电动机的组成

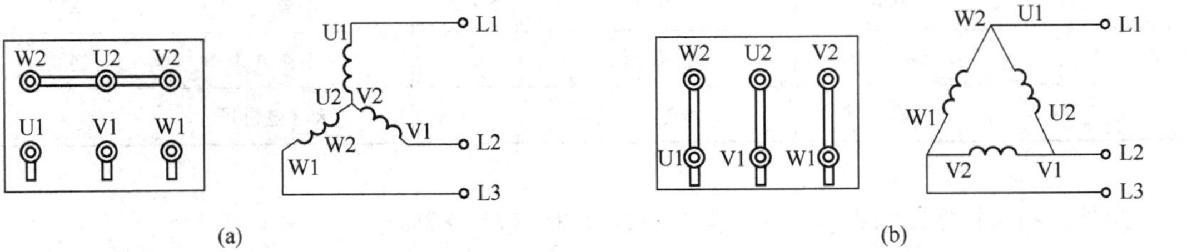

图 7—10　定子绕组

转子是异步电动机的旋转部分，由转轴、转子铁心和转子绕组三部分组成，它的作用是输出机械转矩。转子铁心是把相互绝缘的硅钢片压装在转子轴上的圆柱体，在硅钢片外圆上冲有均匀的沟槽，供嵌转子绕组用，称为导线槽。转子绕组根据构造上的不同分为两种形式：绕线式和笼型。绕线式转子绕组和定子绕组相似，在转子铁心导线槽内嵌放对称的三相绕组；笼型转子绕组是在转子导线槽内嵌放铜条或铝条，并在两端用金属环焊而成，形似笼子，如图 7—11 所示。其中，(a)图所示为笼型绕组，

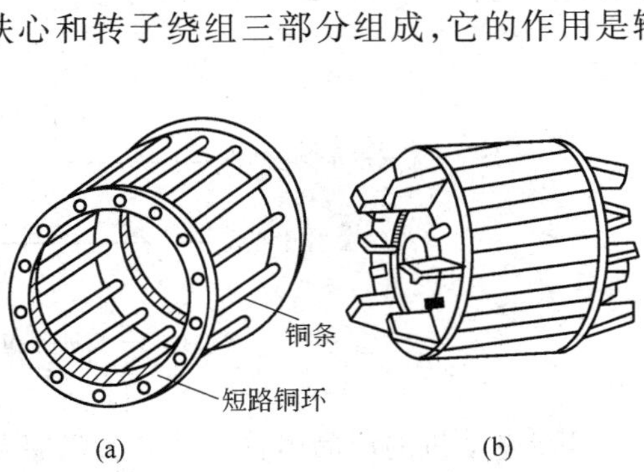

图 7—11　笼型转子绕组

(b)图所示为铸铝的笼型转子。

笼型与绕线式只是在转子的构造上不同,它们的工作原理相同。

二、三相异步电动机的工作原理

如果三相异步电动机的定子绕组中通入对称三相正弦交流电,就会产生旋转磁场。由于旋转磁场与静止的转子绕组之间有相对运动,转子导体就切割旋转磁场的磁场线,产生感应电动势。因为转子绕组是闭合的,所以,转子绕组中便有电流流过。转子绕组中的电流产生后,立即又受到旋转磁场的电磁力的作用,于是,转子在电磁转矩的作用下,沿着旋转磁场的方向旋转起来,如图 7—12 所示。这就是三相异步电动机的工作原理。

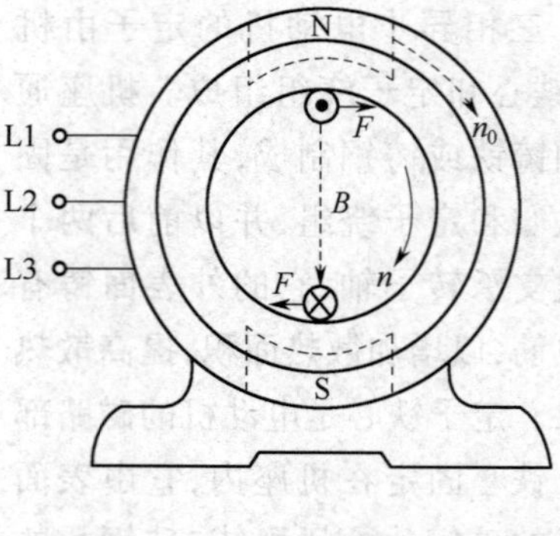

图 7—12 三相异步电动机的工作原理

三、三相异步电动机的铭牌

要正确使用电动机,必须要看懂铭牌,现以 Y132M-4 型电动机为例,来说明铭牌上各个数据的意义,见表 7—1。

表 7—1 三相异步电动机

型号	Y132M-4	功率	7.5 kW	频率	50 Hz
电压	380 V	电流	15.4 A	接法	△
转速	1 440 r/min	绝缘等级	B	工作方式	连续
年	月	编号		××电机厂	

此外,它的主要技术数据还有:功率因数 0.85,效率 87%。

(一)型　号

为了适应不同用途和不同工作环境的需要,电动机制成不同的系列,每种系列用各种型号表示。例如,Y132M-4 的含义如下:

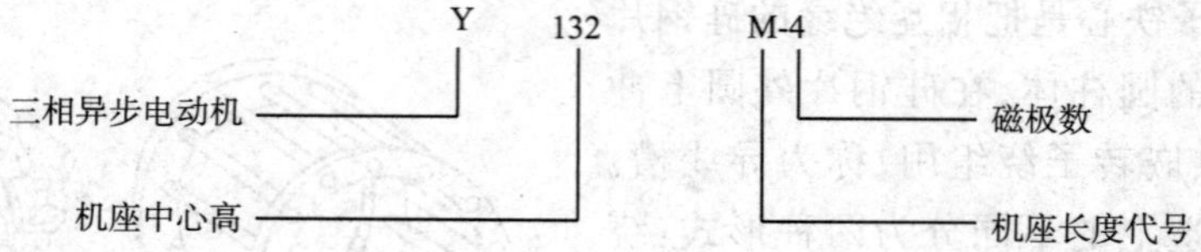

(S——短机座;M——中机座;L——长机座)

异步电动机的产品名称代号及其汉字意义见表 7—2。

表　7—2

产　品　名　称	新代号	汉字意义	老代号
异步电动机	Y	异	J、JO
绕线式异步电动机	YR	异　绕	JR、JRO
防爆型异步电动机	YB	异　爆	JB、JBS
高起动转矩异步电动机	YQ	异　起	JQ、JQO

（二）电　压

铭牌上所标的电压值是指电动机在额定运行时定子绕组的线电压值。一般规定电动机的电压不应高于或低于额定值的5%。

（三）电　流

铭牌上所标的电流值是指电动机在额定运行时定子绕组的线电流值。

（四）功率和效率

铭牌上所标的功率是指电动机在额定运行时轴上输出的机械功率值。输出功率与输入功率不等，其差值等于电动机本身的损耗功率，包括铜损、铁损和机械损耗等。输出功率与输入功率的比值就是电动机的效率。

以 Y132M－4 型电动为例：

输入功率　$P_1=\sqrt{3}U_1I_1\cos\psi=\sqrt{3}\times380\times15.4\times0.85\ \text{W}\approx8.6\ \text{kW}$

输出功率　$P_2=7.5\ \text{kW}$

效率　$\eta=\dfrac{P_2}{P_1}\times100\%=\dfrac{7.5}{8.6}\times100\%\approx87\%$

一般笼型电动机在额定运行时的效率约为 72%～93%。

（五）功率因数

因为电动机是电感性负载，定子相电流比相电压滞后一个 ψ 角，$\lambda=\cos\psi$ 就是电动机的功率因数。三相异步电动机的功率因数较低，在额定负载时约为 0.7～0.9，而在轻载和空载时则更低。因此，必须正确选择电动机的容量，防止“大马拉小车”，并力求缩短空载的空间。

（六）绝缘等级

绝缘等级是按电动机绕组所用的绝缘材料在使用时容许的极限温度来分级的。所谓极限温度，是指电机绝缘结构中最热点的最高容许温度。一般分为三分：A 级极限温度为 105 ℃，E 级极限温度为 120 ℃，B 级极限温度为 130 ℃。

（七）接　法

这是指定子三相绕组的接法。若铭牌上的电压写 380 V，接法写“△”时，就表明定子每组绕组的额定电压是 380 V，当电源线电压为 380 V 时，定子绕组应接成“△”形；若铭牌上的电压写 380/220 V，接法写“Y/△”，就表明电动机每相定子绕组的额定电压是 220 V，所以，当电源线电压为 380 V 时，定子绕组应接成“Y”形，当电源线电压为 220 V 时，定子绕组应接成“△”形。

（八）工作方式

这是指电动机的运转状态，通常分连续、短时和断续三种。

第三节　其他常用机械设备

一、常用涂料喷枪

（一）种类、构造及故障检修

涂料喷枪的作用是使涂料通过喷枪的喷嘴而雾化，附着于物体表面，完成喷涂。

喷枪的种类很多，以下介绍几种常用的喷枪。

1. PQ-1 型吸上式喷枪

PQ-1 型吸上式喷漆枪是一种最简易的喷枪，也称为对嘴式喷枪。但由于涂料罐容量较小，需要不断往涂料罐内加料，又不能使用压力输入涂料罐，故不宜用于钢梁等大型结构大面积喷涂，只可作零星涂装的维修保养之用。

常见故障和检修：

（1）气道里的滚珠与气孔不太密贴。可用抛光砂蜡将滚珠与气道孔周围接触之处研磨，使两者接触表面光滑，以达到配合密贴，不漏气。

（2）顶部滚珠或气门芯子的弹簧松动。可以把弹簧拆下伸长一些，必要时将弹簧进行热处理，以达到一定的弹性，或者更换新弹簧达到合适的顶力。

（3）有的滚珠与气道孔是用皮垫圈密封的，若皮垫圈不密封，可取下用黏度大的硝基漆将垫圈粘贴密实；如皮垫圈磨损破裂，应更换新皮垫圈，也可用牛皮制成大小相同的垫，用漆贴严密。气门芯子是用硬质塑料作垫圈，但与芯子孔精密相配。

（4）喷枪的气门开关较紧，扳动费劲时，可将弹簧卸下放在酒精灯上加热，稍微退火后装上，扳起来就自如了。

（5）气嘴与涂料嘴相对成直角。气嘴孔 1/3 至 1/2 的地方垂直对准涂料嘴，这样才可使气流吸上涂料。气嘴不能过高或低于涂料嘴，否则吸不上涂料，形成出气不出料。出气和出料嘴之间的距离和位置正与歪，都会影响出料的多少和喷涂的均匀性，所以必须严格校正。校正试喷可用清水代替喷涂试验。喷漆壶的盖子上有一只小孔，是回气用的，如果发现有堵塞时，可用针和钢丝疏通。

2. PQ-2 型喷漆枪

PQ-2 型喷漆枪也属于吸上式，又称扁嘴喷枪。如大面积喷涂时，可以将喷壶拆掉，接压力输漆罐的输漆胶管。需要调整漆雾射流时，将控制阀顺时针方向旋转。当旋紧到关住喷枪头侧边的两个出气孔的空气通道（两侧空气孔在斜位置上）时，压缩空气只经中心孔道流出，喷出的漆雾成圆锥形。若喷嘴两侧小孔与中心孔成水平位置，则左右两孔喷出来的空气流将中心孔喷出来的漆雾压缩成纵形扇式漆雾形。若两侧小孔与中心孔成垂直位置，左右两孔喷出来的空气流将中心孔喷出来的漆雾压缩成横向扇形漆雾。一般操作以水平位置为多。调整出气孔通路的程度，可得到扁平扇形不同程度的漆雾。当控制阀完全打开时，侧边两只出气孔喷出来的气流最大，喷出来的漆雾也最扁、最宽。选择好纵向扇形和横向扇形位置后，可旋紧前喷头螺帽加以固定。

常见故障和检修：

(1)使用喷枪时喷出来的漆时断时续，很不均匀，严重时只出气不出漆。这是由于喷枪漏气或喷枪头没有拧紧。漏气是由于喷嘴顶针后密封垫圈破损或不严密，需要将顶针卸下来或退出(约10 mm长)。先拆下螺栓，露出顶针的垫圈，在垫圈上涂点润滑脂或凡士林，再用石棉绳或棉线绕几圈，重新拧上螺栓，不要拧得太紧，再扳动几下扳机，试试垫圈是否已压紧严密。

(2)扁嘴式喷漆枪两侧的两个出气孔必须保持通气，如果两孔或一孔不出气，必须加以疏通。可把枪头拿下来，泡在香蕉水中浸一会，等小孔的漆浸软了，再用压缩气吹通即可。注意不要用针或钢丝去捅出气孔，因捅的次数太多时，会使小孔变形，喷枪就不好使用了。另外，枪头在使用完毕后，应该将喷枪部分清洗干净，防止产生出气孔不通气的现象。

(3)发生堵塞时，可以从三个方面找原因：一是检查喷嘴中心针孔眼和枪头中心眼有无堵塞，可用香蕉水浸洗，用压缩空气吹通；二是漆壶盖上的小眼可能堵塞；三是看喷嘴的内部是否有漆皮及脏物堵塞。如果有堵塞，可先将枪头拆下，再用扳手拧下嘴子，并用稀料洗干净。如果嘴子内有漆皮或杂物，再用长针将漆皮或杂物扒出来，干净后再装上嘴子和枪头。

(4)气流不足时，应检查压缩空气机的压力表。如压力表已达到0.4～0.6 MPa还感到气流不足时，再检查胶管是否有漏气，胶管连接头是否严密，空气调整杆和弹簧作用是否良好，喷枪是否漏气等，并应分别修理、更换和调整。

(5)扳机失灵，涂料从喷嘴内自动喷出。应将控制阀拆开检查，清除脏物，并用砂蜡或凡尔砂将气阀芯子研磨至严密后装上。可用口吸附喷枪进气接头处，若能将嘴皮吸住，才证明气阀芯子已严密可用。

(6)如果涂料调整杆的弹簧变弱，以致涂料从喷嘴处渗漏流出，则应更换此弹簧。如漆壶口漏漆，则应分别修平漆壶盖口和更换垫子。涂料罐接头螺母处有漏料时，可用扳手紧固螺母以消除渗流。

(7)若涂料罐或涂料不清洁，喷出来的涂膜表面呈粒状，漆雾流粒粗大或不细腻，应将喷枪解体，经清洗干净后加润滑脂再装好使用，将涂料重新过滤再用。

二、钢筋对焊机

常用的钢筋对焊机有UN_1-75型和UN_1-100型闪光对焊机。利用闪光对焊机接长钢筋成本低，质量好，效率高。

(一)主要结构组成

闪光对焊机主要由机身、固定平板、活动平板、电极、变压器、压力机构组成。

(二)工作原理

两根电极分别装在对焊机的固定平板和活动平板上，活动平板可在机身的导轨上进行直线移动，它又和压力机构相连，电流通过变压器的次级线圈引到接触板，并通过接触板引到电极。需要对焊的钢筋夹在电极内，使钢筋端面接触发热到焊接温度，再利用压力机构将钢筋用力挤压，使两段钢筋焊接在一起。

(三)常用闪光对焊机规格性能

常用闪光对焊机规格性能见表7—3。

表 7—3　UN_1-75 型和 UN_1-100 型闪光对焊机规格性能

序号	项目	单位	型号	
			UN_1-75	UN_1-100
1	额定容量	kVA	75	100
2	初级电压	V	380	380
3	次级电压	V	3.52~7.04	4.5~7.6
4	调节级数		8	J8
5	暂载功率	%	20	20
6	最大焊接面积	mm^2	600	1 000

(四)闪光对焊适用范围

闪光对焊适用范围见表 7—4。

表 7—4　闪光对焊适用范围

适用范围	操作工艺
直径 25 mm 及以下的钢筋	可采用一般的连续闪光焊
直径 25 mm 及以下的Ⅳ级普通低合金钢钢筋	宜采用强焊接电流、快焊接速度和大顶锻压力的强参数连续闪光焊
直径大于 25 mm 且端面较平整的钢筋	预热闪光焊
直径大于 25 mm,端面不够平整的钢筋	闪光—预热—闪光

(五)闪光对焊操作工艺要点

闪光对焊操作工艺要点见表 7—5。

表 7—5　闪光对焊操作工艺要点

项目	工作目的	操作要点
一次闪光	将钢筋端面烧化平整,并为预热加温均匀创造条件	轻送料,始慢逐渐快,闪光连续;端头闭接快推开,闪光重激起,端平热匀不再来
预热	使焊件的温度均匀而充分地提高	手轻动作快,肘臂反复摆,频率 3~5 次/s,接触—分离—接触。预热时间 5~6 s,温度均匀
二次闪光	排出焊口内的夹杂物,并将过热金属闪去,钢筋端部保持一定长度的热影响区和足够的热量	徐徐渐进烧化稳,连续闪光强弱匀。不可中间有间顿,清晰无噪声。火花喷射细而明,锻前高速善用劲
顶锻	完成以上步骤,在二次闪光后掌握顶锻留量,以适当压力迅速顶锻(分有电顶锻和无电顶锻,两者区别在于留量的长短),使两钢筋焊接成一体	顶锻留量 5 mm,有电、无电二三分。瞬间闭合焊接口,焊接紧密无氧生。实践认识再实践,认真操作工艺新

(六)闪光对焊的主要参数

闪光对焊的主要参数见表 7—6。

表 7—6　闪光对焊主要参数

参数项目	说　明	要 求 或 规 定
调伸长度	指两钢筋端部从电极钳口伸出的长度	Ⅰ级钢筋为 0.75d Ⅱ、Ⅲ级钢筋为(0.75～1.0) d Ⅳ级钢筋为 1.25d (d 为钢筋直径)
闪光留量	闪光过程中使所消耗的钢筋长度在闪光结束时钢筋端部能产生均匀的热并达到足够的温度	连续闪光焊约 8～12 mm,闪光—预热—闪光焊,一次闪光为 3 mm +2c,2 次闪光为 6～8 mm(c 为钢筋端面凹出不平部分长度)
闪光速度	闪光过程的进度随钢筋直径增大而降低,要求闪光强烈使焊缝金属免受氧化	由慢到快,一般从 0～1 mm/s 至 1.5～2.0 mm/s
顶锻留量	指钢筋在顶锻压紧后接头处受挤压而缩短的长度,分有电顶锻与无电顶锻两种情况	连续闪光焊一般为 4.5～5.0 mm;闪光—预热—闪光焊为 5～8 mm;有电顶锻比上列数约少一半
顶锻速度	指在挤压钢筋接头时的速度。其速度愈快愈好,使焊口迅速闭合,焊缝金属免受氧化	开始时 0.1 s 要压缩钢筋 2～3 mm,焊口闭合后每 1 s 压缩量不少于 6 mm,钢筋直径大于 28 mm 时要增加助手,使之有足够的顶锻压力
预热留量	指预热时所消耗的钢筋的长度,它应随钢筋直径增大而增加	约 2～7 mm,如钢筋端面不平,应另加其凸出长度
变压器的选级	通过变压器分级调节电流大小	焊接钢筋直径大,选择级数要高。技术熟练的焊工可采用较高级数,以缩短焊接时间

(七)闪光对焊中缺陷及消除方法

闪光对焊中缺陷及消除方法见表 7—7。

表 7—7　对焊中缺陷及消除方法

编号	缺 陷 情 况	消 除 方 法
1	烧化过分剧烈产生爆烈杂音	降低变压器级数,减少闪光速度
2	闪光不稳定	提高变压器级数,增大闪光速度
3	钢筋轴线不在同一直线上,接头偏移或偏斜	调整电极夹具,修理或更换变形的电极夹具钳口,并拧紧夹具丝杠。检查钢筋端头,矫直或切割平齐
4	有夹渣气泡或焊接不良现象	增加预热过程,提高顶锻前烧化,避免过早切断电流,加强顶锻速度与顶锻压力
5	接头有缩孔	降低变压器级数,避免闪光过分强烈,加大顶锻压力
6	热影响区域产生裂纹	降低变压器级数,控制有电顶锻留量和速度
7	接头区域产生裂纹	检验钢筋化学成分,如不合格应更换钢筋,如合格可增加预热程度并适当减小顶锻压力
8	钢筋表面微熔及烧伤	消除电极内表面杂质并清扫钢筋被夹紧部分的铁锈,钢筋在电极内要夹紧,必要时要改进电极槽口形状,增大接触面积

三、电 焊 机

(一)用　途

手工电弧焊是利用电弧热使焊条和基本金属熔化,达到焊接接头的目的,如图 7—13

所示。

（二）构　　造

手工电弧焊使用的电焊机按焊机的结构形式一般可分为直流电焊机、交流电焊机和整流电焊机。

1. 直流电焊机

直流电焊机由一台电动机和一台直流弧焊发电机组成。它发出适合于焊接的直流电，具有焊接电流稳定、焊接质量高等优点，型号有 AX-300、AX-500 等。

2. 交流电焊机

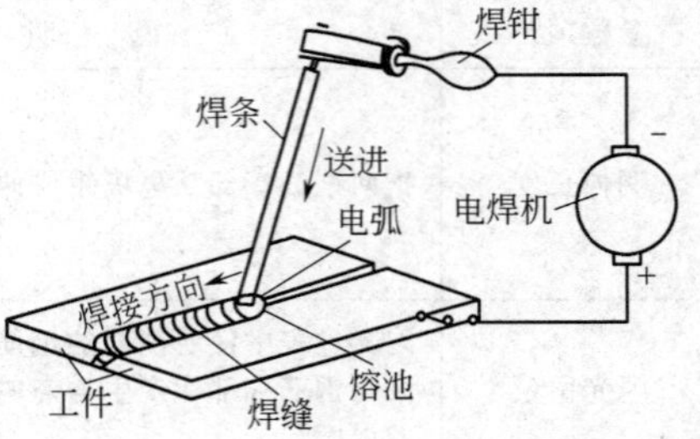

图 7—13　手工电弧焊焊接示意图

交流电焊机具有结构简单、价格低廉、保养和维修方便等优点，常用的型号有 BS-330、BK-300、BK-500 等。BK-500 型交流弧焊机是将变压器部分和电抗器部分装在一起的。

3. 整流电焊机

整流电焊机是将交流电经过二极管整流成直流电的一种电焊机，一般都采用硅二极管整流，故又称为硅整流电焊机。它与直流电焊机相比，具有噪声小、空载损耗小、效率高、成本低和制造维护容易等优点，常用型号有 ZXG-300、ZXG-500 型等。ZXG-300 型硅整流电焊机的空载电压为 70 V，工作电压为 20 ~ 30 V，焊接电流调节范围为 15 ~ 300 A。ZXG-300 型硅整流电焊机主要由三相主变压器、三相磁饱和电抗器、磁整流器、输出电抗器、通风机组和控制系统等部分组成。

（三）常用电焊机的规格性能

常用电焊机的规格性能见表 7—8。

表 7—8　常用电焊机的规格及性能表

序　号	项　　目	单位	交流弧焊机		直流弧焊机	
			BS-330	BK-500	AK-300	AX-500
1	输入功率	kW	—	—	10	25
2	额定容量	kVA	20	31	—	—
3	初级电压	V	220/380	220/380	220/380	220/380
4	次级空载电压	V	60	60	—	—
5	转　　速	r/min	—	—	2 900	1 450
6	工作电压	V	30	40	30	40
7	电流调节范围	A	50 ~ 450	150 ~ 700	40 ~ 365	100 ~ 600
8	暂 载 率	%	65	65	60	60

（四）操作方法

（1）检查电焊机各部件和供电是否正常。

（2）准备焊件，清除焊件铁锈、油污和灰尘。

（3）根据已知钢筋直径选择电流和焊条，并调节成需要的电流。

（4）接好搭铁线，并保证有良好的接触。

(5)引弧施焊。用焊条末端轻击焊件或用焊条末端擦过焊件,并立即提起2～3 mm,使电弧引燃。当电弧产生后,焊条与焊件立即熔化,并在焊件间产生一个熔坑。焊条末端与熔坑金属表面的距离称弧长,一般弧长为0.5～1.1倍焊条直径。为了提高焊接效率和取得一定的熔化深度,一般要求电弧短一些(1～2 mm)。为了得到固定的电弧长度,可将焊条沿中心线以焊条熔化的相等速度来送焊条。为了获得优良的焊缝,要使焊条与焊件成45°角,焊条的水平投影与焊缝重合,同时焊条的横向摆动应均匀一致。

(6)当焊完一根焊条而进行更换时,应把电弧逐渐地缩短,随后很快地移去,使其在接头处吹出陷槽,以便再接头时不致起伏不平。当焊缝结尾时,应停止移动,填满陷槽后再缓慢拉长,熄灭电弧或引向焊件一边。

(五)注意事项

(1)无论哪种电焊机的电源部分都要妥加维护,防止钢筋和电源接触。不允许两台电焊机同用一个电源闸刀开关。

(2)电焊机要正确安装接地线,其入土深度应在冻结线以下,地线电阻不应大于4 Ω。焊钳把手要绝缘。调节焊接电流或停止工作时,都必须将电源切断。露天作业要搭设临时防雨棚。在电焊机的工作地点,宜铺设干燥木板等绝缘垫板。

(3)电焊工作人员必须穿戴好规定的安全劳动保护用品后,才能工作。

(4)焊机工作房宜用防火材料搭盖。焊机周围不能放置易燃易爆物品,以免引起火灾。

复习思考题

1. 常用装吊机具有哪些?
2. 三相异步电动机有哪些组成部分?
3. PQ-Z喷涂枪有哪些常见故障?
4. 使用电焊机应注意哪些事项?

第八章 安全知识

本章介绍施工防护、材料的堆放、人身安全、安全用电等方面知识。

第一节 施工安全及防护

一、施工组织

（一）对施工负责人的要求

对施工负责人的要求见表 8—1。

表 8—1 对施工负责人的要求

施工项目	施工负责人
1. 影响路基稳定的开挖路基、建筑物基坑，整治路基病害，加固或改建桥隧建筑物，拆铺便线、便桥和临时架空结构，更换或铺设防水层，整修隧道衬砌等较复杂的大型施工	由段级领导担任
2. 办理封锁手续，设置停车信号防护，线路开通后需限制列车运行速度的施工	由职务不低于车间主任的人员担任
3. 办理慢行手续，设置减速信号防护，限制列车速度的施工	
4. 办理封锁手续设置停车信号防护，线路开通后不限制列车运行速度的施工及在区间装、卸轨料及沙石料的作业	由职务不低于工长的人员担任
5. 设置作业标防护的作业及使用轻型车辆和小车时	由工长（班长）担任

注：特殊情况下，上述作业可由段长指派胜任的人员担任。

（二）施工负责人应遵守的规定

施工负责人必须严格遵守下列规定：

（1）开工前，应有针对性的对全体施工人员（包括劳务工）进行安全教育和技术交底。

（2）指派的防护员必须由经考试合格的员工持证上岗。

施工前，应按审定的方案做好各项准备工作，确认信号备品、机具、材料齐全完好，安全关键岗位和配合人员已到位，封锁和慢行命令无差错，防护已设好，各项安全措施已落实，方可发布施工命令。

（3）施工中，应严格按审定的方案作业，随时掌握进度和质量，监督施工人员执行各项安全规定，消除不安全因素，并保持与防护员之间的联系。

（4）在开通线路前，要认真进行质量检查，确认线路设备状态达到放行列车条件，材料机具无侵入限界，并做好记录。

（5）列车通过后，应组织复查整修，确认线路、桥隧等设备质量达到规定要求并做好记录后，方准收工。

在线路、道岔上施工，涉及信号或通信等设备的正常使用时，必须与相关设备管理单位联系，由其配合人员负责拆除和恢复各自设备。

二、放行列车条件

（1）施工地段放行列车时，轨道静态几何尺寸偏差不得超过经常保养（速度 v_{max} = 120 km/h）容许偏差管理值。列车速度 v_{max} > 45 km/h 时，工务设备状态符合《铁路线路修理规则》、《铁路桥隧建筑物修理规则》有关规定。列车限速 v_{max} ≤ 45 km/h 时，线路状态应符合下列要求：

① 轨枕盒内及枕头道砟不少于三分之一。

② 枕底道砟串实。

③ 轨枕间隔每隔六根可空一根。

④ 道钉或扣件：

a. 钢轨接头两根轨枕和桥枕上道钉、扣件齐全、有效。

b. 半径小于 800 m 曲线地段，混凝土轨枕可每隔一根拧紧三根，木枕可每隔一根钉紧六根。

c. 半径大于 800 m 曲线地段及直线地段，混凝土轨枕可每隔二根拧紧一根，木枕可每隔一根钉紧一根。

⑤接头螺栓：每个接头至少上紧四个（每端两个）。

⑥钩螺栓：每隔三根桥枕上紧一根。

⑦起道（含垫砟）顺坡率不小于 200 倍。

⑧冻害垫板平台两端的顺坡率不小于 200 倍。

（2）在进行钢梁修理或上盖板涂装时，可根据施工需要移动桥枕，但桥枕移动后，其中心距一般不应超过 550 mm，个别情况下，也不超过 600 mm，接头处桥枕净距不得超过 210 mm；每根桥枕上的钩螺栓、道钉或分开式扣件应齐全有效，固定枕木的拉条保证枕木间距不变化。如桥枕状态不良，可根据具体情况，采取必要的加固措施或限速运行。行车速度 100 km/h 以上的区段，桥枕净距大于 210 mm 的钢梁桥客车限速 100 km/h，货车限速 60 km/h。施工期间，列车限速不得超过 45 km/h。

（3）明桥面上为无缝线路，当发现线路方向发生不良时，不得拨动线路，应迅速采取降温措施，必要时应限速。

（4）道砟桥上线路作业，扒开道床至计划深度、垫砂起道及无缝线路作业等均应按线路有关规定办理。

三、防护条件

进行桥隧作业应认真按表 8—2 做好防护工作。

表 8—2 防 护 工 作

作 业 项 目	防 护 条 件
1. 下承式钢梁整孔喷砂除锈涂装 2. 喷锚加固隧道衬砌 3. 更换或拨正钢梁、圬工梁 4. 抬高或降低桥梁 5. 拨正支座、更换桥梁支座或翻修支承垫石砂浆厚度超过 50 mm	应办理封锁施工手续，设置移动停车信号防护。开通后，第一列 25 km/h、第二列 45 km/h、第三列 60 km/h 不少于 24 h，其后正常

续上表

作业项目	防护条件
长大隧道宽轨枕垫砟	开通后，第一列 25 km/h、第二列 45 km/h、第三列 60 km/h，其后正常
隧道整体道床翻修	应办理封锁施工手续，设置移动停车信号防护。施工期间速度不超过 25 km/h；施工结束后，第一列 45 km/h、第二列 60 km/h，其后正常
拆除钢轨，无砟桥全面更换桥枕	应办理封锁施工手续，设置移动停车信号防护。开通后，第一列 25 km/h、第二列 45 km/h、第三列 60 km/h，其后恢复正常（施工期间每日开通后至次日施工封锁前最高速度不超过 60 km/h）
不拆除钢轨更换桥枕	应办理封锁施工手续，设置移动停车信号防护。开通后，第一列45 km/h、第二列 60 km/h、第三列 80 km/h、第四列 120 km/h，其后恢复正常。
1. 整治和铺设圬工梁、桥台防水层 2. 翻修隧道内排水沟 3. 加深隧道内侧沟整治道床翻浆冒泥 4. 整治隧道仰拱破损及换填隧道铺底 5. 在线路上安装、拆除轨束梁、横穿梁和 D 梁	开通后，速度不得超过 45 km/h，限速时间、次数和速度由施工负责人根据具体情况决定
1. 钢梁上盖板涂装 2. 清理危石有碍行车时和隧道除冰 3. 拨正支座，支座垫砂浆厚度在 50 mm 及以下时 4. 桥隧施工或检查所搭的脚手架侵入机车车辆限界左、右及上边各加 150 mm 的范围内时（不包括拆装迅速的轻便装置） 5. 安装更换防磨垫板 6. 更换桥上护轨 7. 隧道拱顶漏水整治 8. 清除隧道衬砌表面烟尘 9. 隧道衬砌裂损加固 10. 清理修补隧道内纵向排水沟 11. 跨越线路上部且有碍行车安全的施工	应办理封锁施工手续，放行列车或单机时不限速
1. 桥梁施工进行试顶，需要起动梁身并落回原位时 2. 抬起钢轨，单根抽换桥枕 3. 利用小型爆破开挖侧沟或基坑（限于不影响路基稳定的范围）	应办理封锁施工手续，放行列车或单机不限速
隧道内增设密井暗管施工	应办理施工慢行手续，设置移动减速信号防护，施工期间速度不超过 25 km/h，施工结束后第一列 45 km/h、第二列 60 km/h，其后正常
新建明、棚洞开挖基础	应办理施工慢行手续，设置移动减速信号防护，施工期间速度不超过 45 km/h
桥涵顶进	应办理施工慢行手续，设置移动减速信号防护，施工期间限速 45 km/h，施工结束后 45 km/h 不少于 12 h，60 km/h、80 km/h 各不少于 24 h，后 120 km/h 一列，其后恢复正常
其他影响行车安全和较复杂的施工	应照设计文件或施工方案中规定办理，如无设计文件或施工方案时，则由施工单位根据具体情况制定安全措施施工

四、施工故障防护方法

(一)在区间封锁线路施工时,使用移动停车信号的防护方法

(1)单线区间施工时,见图8—1。

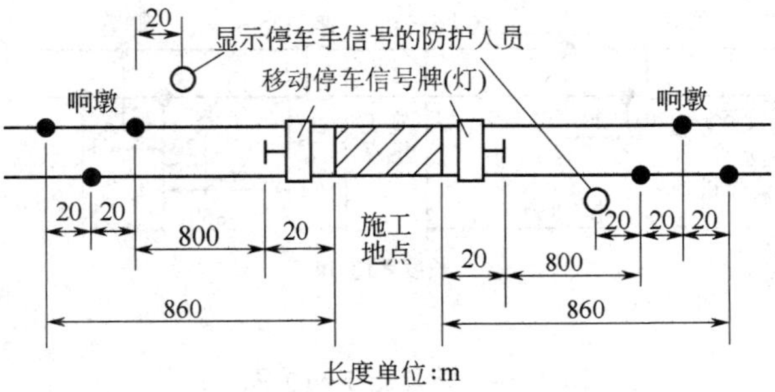

图8—1　单线区间施工防护图

(2)双线区间一条线路上施工时,见图8—2。

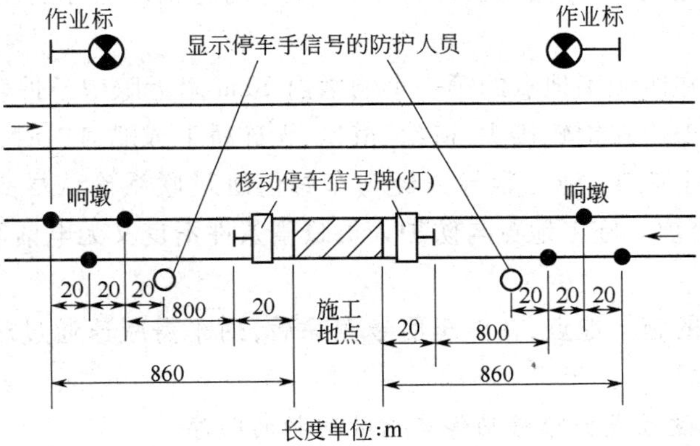

图8—2　双线区间一条线路施工防护图

(3)双线区间两条线路上同时施工时,见图8—3。

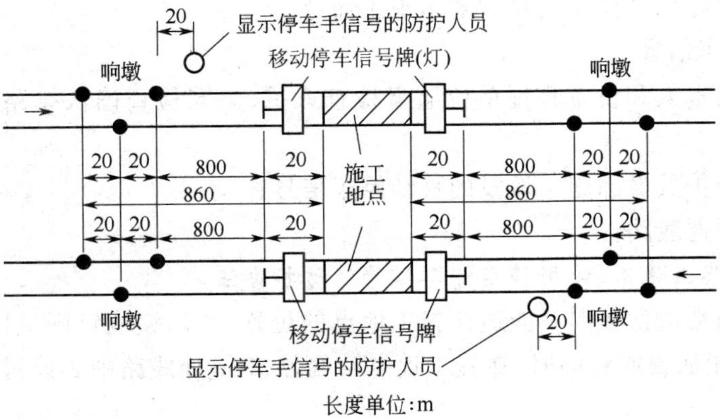

图8—3　双线区间施工防护图

(4)施工地点在站外,距离进站信号机(或站界标)少于860 m时,见图8—4。如车站方向防护距离少于60 m时,可不设响墩。

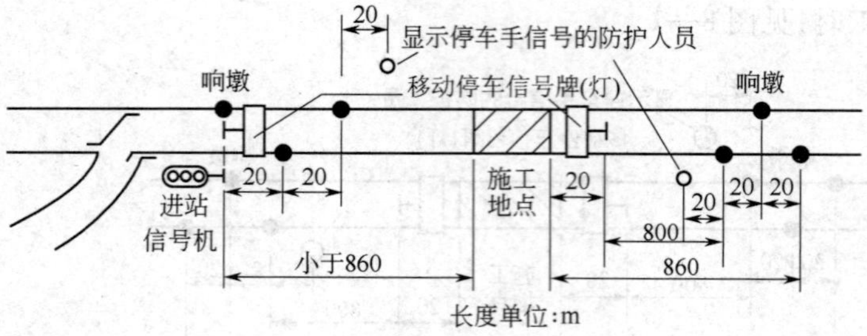

图8—4 站外施工防护图

(5)在规定利用动能闯坡的区间施工,其防护距离(自施工地点至最外方第一个响墩间)不得少于1 100 m。

在区间施工,除按上述各项办法防护外,还应在车站与施工地点分别设专职联络人员和防护人员,用电话联系。

施工防护人员应站在距施工地点的第一个响墩内20 m附近瞭望条件较好的地点,显示停车信号。响墩放置位置如恰在钢轨接头、道岔、道口、无砟桥上或隧道内时,应将响墩放置位置向外方延伸。在尽头线上施工,施工领导人经与车站值班员联系确认尽头一端无列车、动车时,则尽头一端可不设防护。施工地点与防护人员瞭望条件不良又无电话联系时,应增设中间防护人员。

凡用停车信号防护的施工地点,在停车信号撤除后,列车需减速通过施工地点时,应按减速信号防护的办法防护。

(二)在区间线路上设置或撤除移动停车信号防护的顺序

1. 设置移动停车信号

(1)驻站联络员抄录并确认施工封锁调度命令,通知现场施工负责人。

(2)现场施工负责人通知现场防护员按规定在施工地点设置移动信号。

(3)按规定设置好移动停车信号后发出施工命令。

2. 撤除移动停车信号

(1)现场施工负责人和设备管理单位监督检查人员,共同检查确认线路已达到放行列车条件;

(2)通知现场防护员撤除施工地段的移动停车信号;

(3)通知车站开通线路。

(三)在站内线路上施工,使用移动停车信号的防护办法

(1)施工线路两端道岔扳向不能通往施工地点的位置,并加锁或钉固,可不再设置移动停车信号。如道岔不能加锁或钉固时,在施工地点两端各50 m处线路中心设置移动停车信号防护,如图8—5所示。

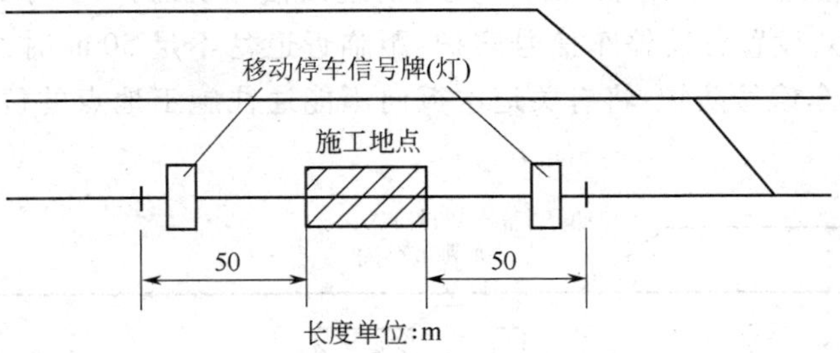

图　8—5

(2)如施工地点距离道岔少于50 m时,将该道岔扳向不能通往施工地点的位置并加锁或钉固,如不能加锁或钉固时,在警冲标相对处线路中心设置移动停车信号防护,如图8—6所示。

(3)在进站道岔外方线路上施工,对区间方面,以关闭的进站信号机防护,对车站方面,在进站道岔外方基本轨接头处(顺向道岔在警冲标相对处)线路中心设置移动停车信号防护,如图8—7所示。

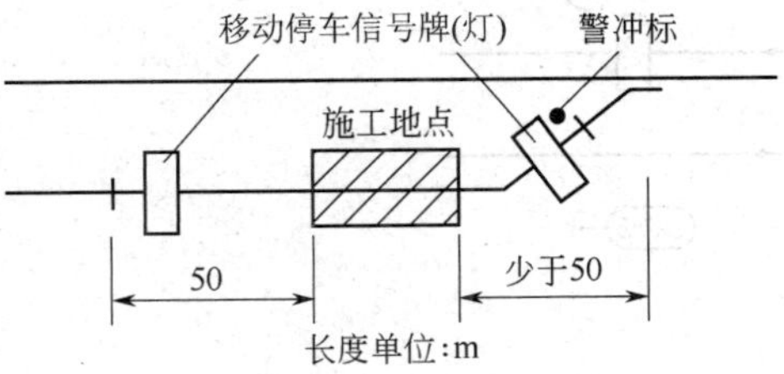

图　8—6

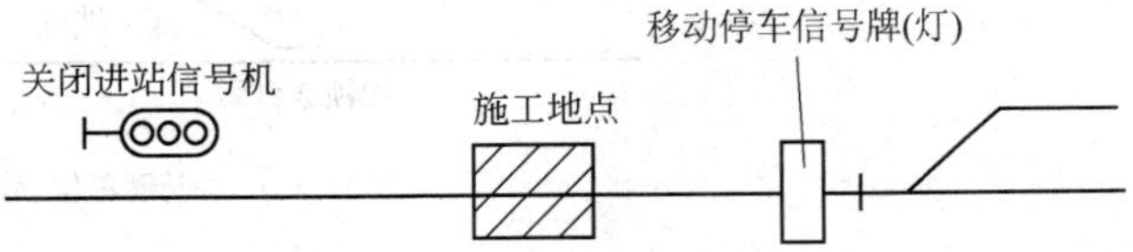

图　8—7

(4)双线区段,在站界标至出站道岔的线路上施工,对区间方面,在站界标相对处线路中心设置移动停车信号防护,如图8—8所示;对车站方面,按上述(3)的办法防护。

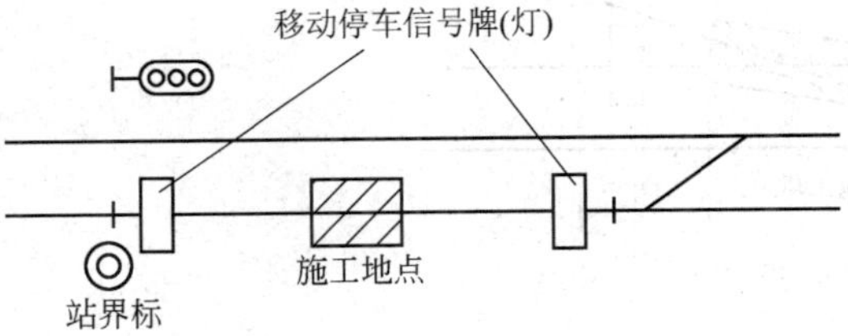

图　8—8

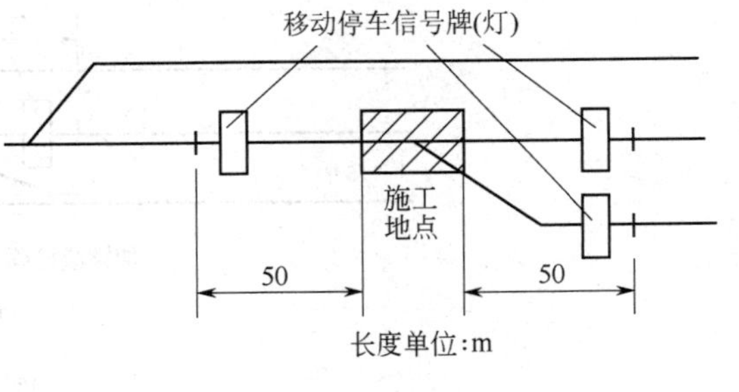

图　8—9

(四)在道岔上(含警冲标至道岔尾部线路)施工

(1)在站内道岔上施工,一端距离施工地点50 m,另一端两条线路距离施工地点50 m,分别在线路中心设置移动停车信号防护,如图8—9所示。如一端距离外方道岔少于50 m时,将道岔扳向不能通往施工地点的位置,并加锁或钉固。

(2)在进站道岔上施工，对区间方面，以关闭的进站信号机防护；对车站方向，在距离施工地点 50 m 处线路中心，设置移动停车信号防护，距临近道岔不足 50 m 时，在临近道岔后基本轨接头处设置移动停车信号防护，将有关道岔扳向不能通往施工地点的位置，并加锁或钉固，如图 8—10 所示。

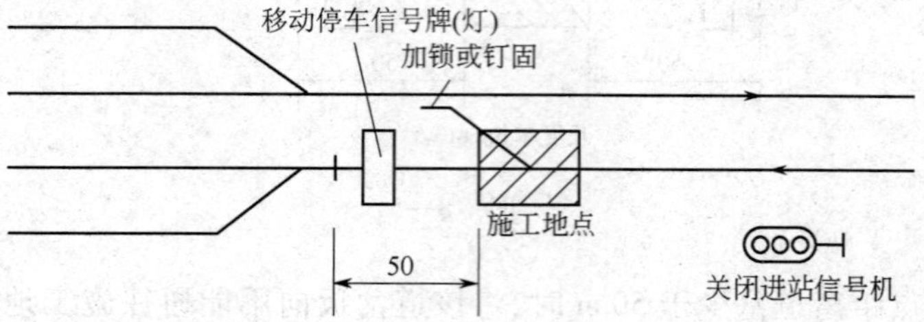

图 8—10

(3)在出站道岔上施工，对区间方向，在站界标相对处线路中心，设置移动停车信号防护，如图 8—11 所示。对车站方向按上述(2)的方法进行。

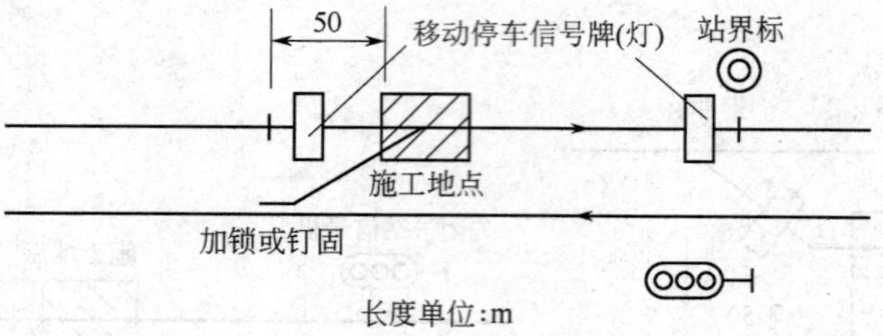

图 8—11

(4)在交分道岔上施工，将有关道岔扳向不能通往施工地点的位置，并加锁或钉固，在施工地点两端 50 m 处线路中心，设置移动停车信号防护，如图 8—12 所示。

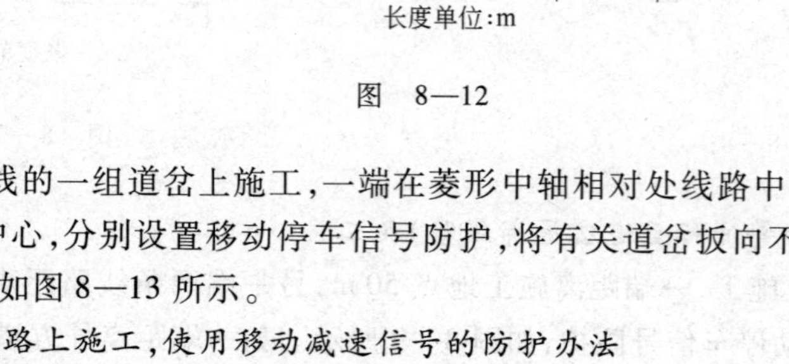

图 8—12

(5)在交叉度线的一组道岔上施工，一端在菱形中轴相对处线路中心，另一端在距离施工地点 50 m 处线路中心，分别设置移动停车信号防护，将有关道岔扳向不能通往施工地点的位置，并加锁或钉固，如图 8—13 所示。

(五)在区间线路上施工，使用移动减速信号的防护办法

(1)单线区间施工，如图 8—14 所示。

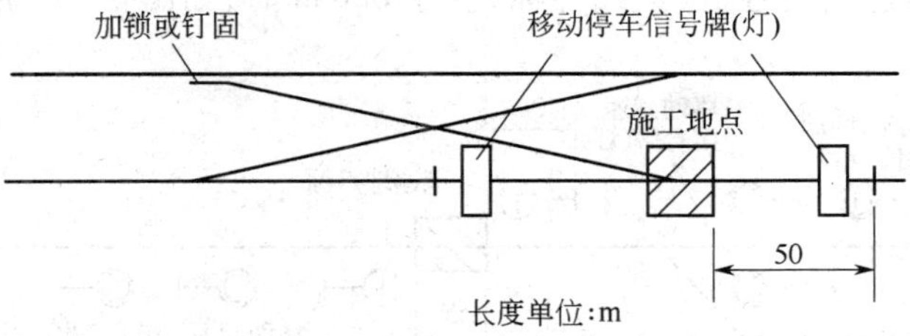

图　8—13

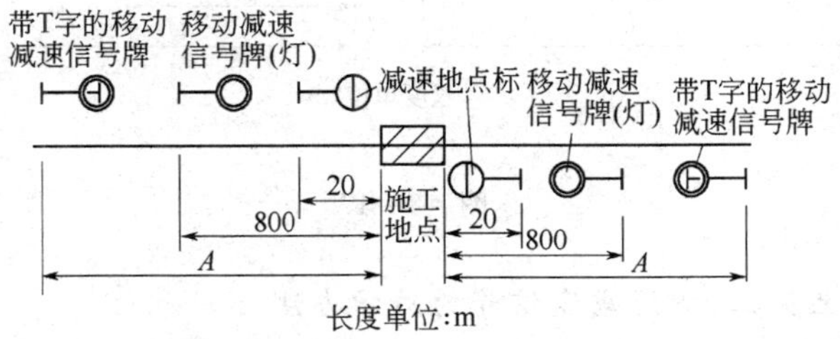

图　8—14

注:图中“A”为不同线路速度等级的列车紧急制动距离,v_{max} ≤ 120 km/h 为 800 m;120 km/h < v_{max} ≤ 160 km/h 为 1 400 m;160 km/h < v_{max} ≤200 km/h 为 2 000 m。有行包列车运行的线路,A 不得小于 1 100 m;有 120 km/h 货物列车运行的线路,A 不得小于 1 400 m(以下同)。

(2)双线区间在一条线路上施工,如图 8—15 所示。

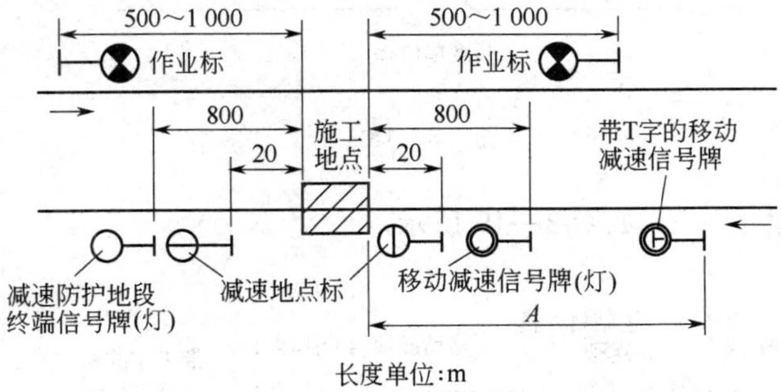

图　8—15

(3)双线区间两条线路上同时施工,见图 8—16 所示。

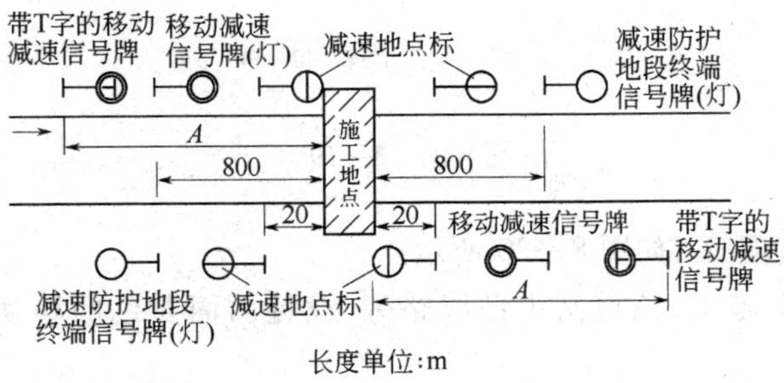

图　8—16

(4)施工地点距离进站信号机(或站界标)少于 800 m 时,如图 8—17 所示。

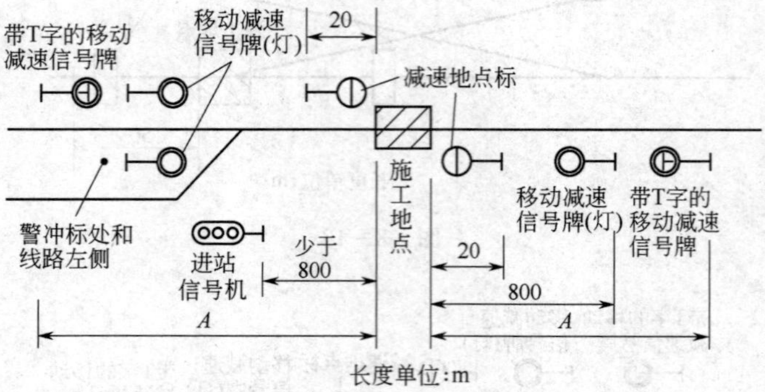

图　8—17

(六)在站内线路上施工,使用减速信号的防护办法

(1)在站内正线线路上施工,如图 8—18 所示。

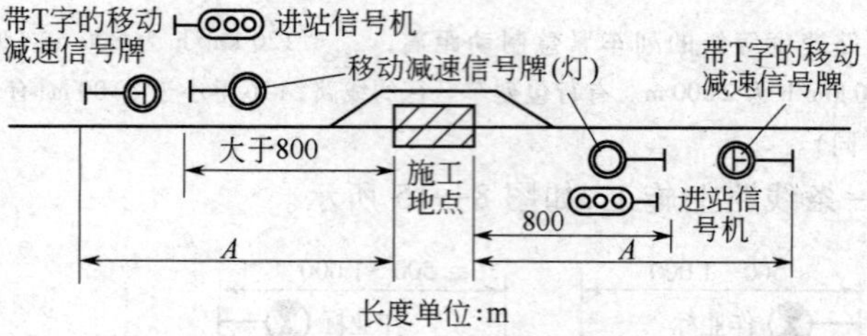

图　8—18

(2)在站内正线道岔上施工,如图 8—19 所示。

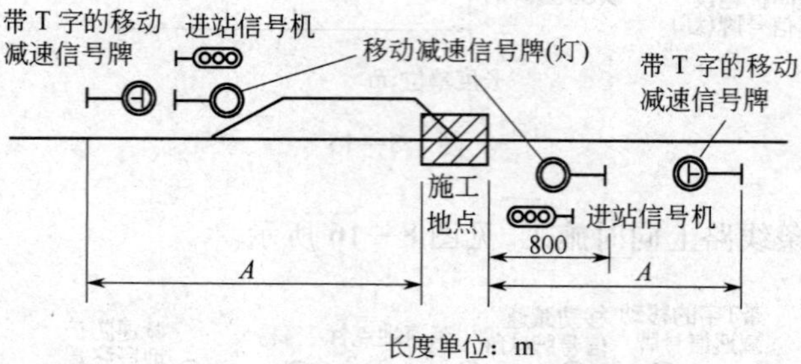

图　8—19

(3)在站线线路上施工,如图 8—20 所示。

(4)在站线道岔上施工,该道岔中部线路旁,设置两面黄色的移动减速信号,如图 8—21 所示。

凡线间距不足规定时,则应设置矮型(1m 高)的移动减速信号牌。在移动减速信号上,应注明规定的慢行速度。

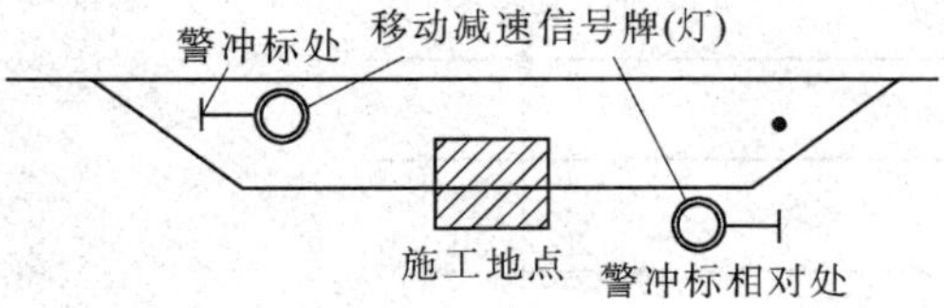

图 8—20

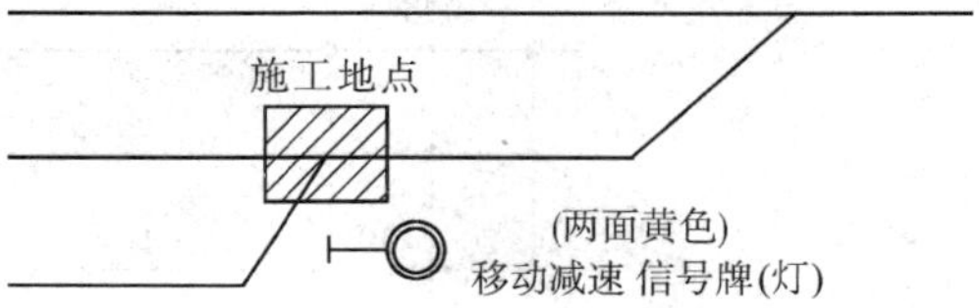

图 8—21

（七）线路上作业，使用作业标防护的办法

在不需要以停车信号或减速信号防护的区间线路上作业，应在施工地点两端 500～1 000 m 处列车运行方向左侧（双线在线路外侧）的路肩上设置作业标，如图 8—22 所示。

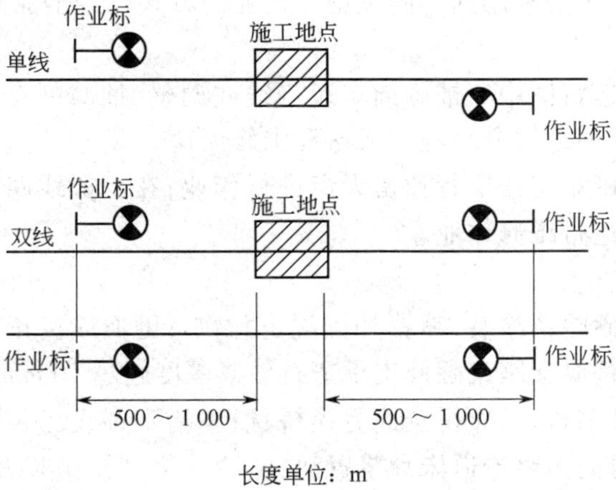

图 8—22

（八）线路发生故障的防护办法

（1）应立即使用列车无线调度电话等通信设备通知车站或运行列车，并在故障地点设置停车信号，如瞭望困难，遇降雾、暴风雨（雪）扬沙等恶劣天气或夜间，还应点燃火炬。设有固定信号机时，应使其显示停车信号。

（2）当确知一端先来车时，应先向该端，再向另一端设置响墩，如图 8—23 所示。然后返回故障地点。

（3）如不知来车方向，应在故障地点注意倾听和瞭望，发现来车，应急速奔向列车，用手信号旗（灯）或徒手显示停车信号，并将响墩放置在能赶到的地点，使列车在故障地点前停车。如瞭望困难，遇降雾、暴风雨（雪）扬沙等恶劣天气或夜间，发现来车后，奔向列车前应在故障地点点燃第二支火炬。

站内线路、道岔发生故障时，应立即通知车站值班员采取措施，防止机车、车辆通往该故障地点，同时按规定设置停车信号防护。

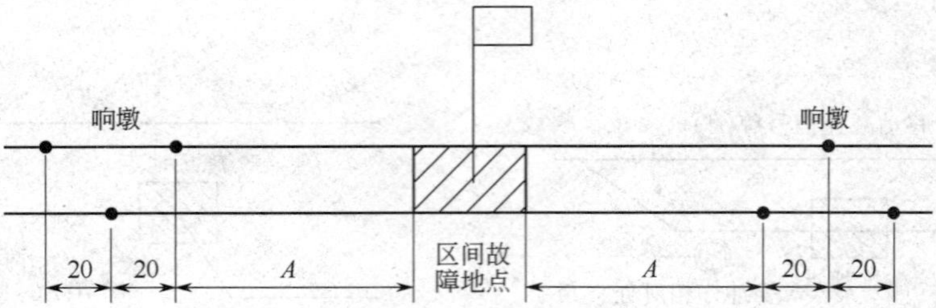

图 8—23

五、施工“天窗”和维修“天窗”

随着国民经济的发展及铁路技术水平的提高，列车速度在不断提高，行车密度逐渐增大。高密度、高速度的行车对铁路线路的破坏速度加快，而线路设备检修和施工的直接作业时间不断减少，作业量增大。传统的利用列车间隔进行作业的方式已经不能满足作业质量、人身安全和行车安全的要求。

所谓天窗是指列车运行图中不铺画列车运行线或调整、抽减列车运行线，为营业线施工、维修作业预留的时间，按用途可分为施工天窗和维修天窗。

在繁忙干线和特殊困难地区实行预留天窗进行作业；在一般线路上，若线路能力富余，则利用列车间隔开设天窗进行维修作业。

(一)施工天窗作业项目

下承式钢梁整孔喷砂除锈涂装；喷锚加固隧道衬砌 ；更换或拨正钢梁、圬工梁；抬高或降低桥梁；拨正支座、更换桥梁支座或翻修支承垫石砂浆厚度超过 50 mm；长大隧道宽轨枕垫砟；隧道整体道床翻修；拆除钢轨，无砟桥全面更换桥枕；整治和铺设圬工梁、桥台防水层；翻修隧道内排水沟；加深隧道内侧沟整治道床翻浆冒泥；整治隧道仰拱破损及换填隧道铺底；在线路上安装、拆除轨束梁、横穿梁和 D 梁；更换桥上护轨；清除隧道衬砌表面烟尘；清理修补隧道内纵向排水沟；隧道内增设密井暗管施工；新建明、棚洞开挖基础；桥涵顶进

(二)维修天窗作业项目

抬起钢轨，单根抽换桥枕；桥梁施工进行试顶，需要起动梁身并落回原位时；拨正支座，支座垫砂浆厚度在 50 mm 及以下时；清理危石有碍行车时和隧道除冰；桥隧施工或检查所搭的脚手架侵入机车车辆限界左、右及上边各加 150 mm 的范围内时(不包括拆装迅速的轻便装置)；跨越线路上部且有碍行车安全的施工；利用小型爆破开挖侧沟或基坑(限于不影响路基稳定的范围)；冻接钢轨；安装更换防磨垫板；钢梁上盖板涂装；隧道拱顶漏水整治；隧道衬砌裂损加固；不拆除钢轨更换桥枕。

施工天窗不应少于 180 min。维修天窗对于电气化双线不应少于 90 min，单线不应少于 60 min；非电气化双线不应少于 70 min，单线不应少于 60 min。

维修天窗在时间安排上与施工天窗重叠套用，原则上每月区间不应少于 20 次(双线为单方向)。各项施工、维修作业要采用平行作业的方式，综合利用天窗，提高天窗的利用率。要严格按照运行图预留的慢行附加时分控制线路慢行处所，原则上单线一个区段慢行处所不超过两处，同一区间内慢行处所不超过一处(包括施工慢行处所)。

第二节　材料装卸及堆放

一、线桥用料装卸作业

(1)装载材料(包括梁体)、机具应稳固,不得偏载、超载和超出限界。

(2)区间装卸车时,装卸车负责人应认真做好下列工作:

①配备足够的装卸车人员、工具和信号用品。

②夜间作业,应配有足够的照明设备。

③预先与行车调度员、车站值班员、工务调度员进行联系,确认到达车数、车型及到开时刻。

④列车出发前,向装卸料人员、司机讲清作业计划,卸车起讫里程与信号联络方法及安全注意事项。

⑤多个车辆卸车时,每辆车上应指定专人负责指挥卸车、开关车门、组织检查限界、清道及做好未卸完余料偏载时的整理工作;严禁在区间进行摘挂作业。

⑥卸车时,监督作业人员不得损坏线桥及信号设备。

⑦对笨重材料(如条石、片石、钢轨、混凝土枕等)禁止边走边卸(长轨车除外)。停车卸料时,车轮附近的材料要指定专人及时清理。每次卸车后开车前要认真检查,确认车门关好,材料堆放稳固,不侵入限界,方可通知司机(车长)开车。

(3)使用风动卸砟车时应遵守下列规定:

①应对风动卸砟车经常检查维修,使风动管路、杆件传动系统及塞门手柄等经常保持正确位置,性能良好。有较大故障时应摘车交车辆段修理。

②除卸砟时间外,操作室内各进风塞门(包括储风箱的放风塞门)应处于关闭状态,操作手柄应放在中立位。

③卸砟前,各车辆必须充足风。风压不足 0.4 MPa 时,应用手动装置配合操作。卸车顺序应由列车前部向尾部逐辆完成,卸砟时不得推进运行,不得突然停车或后退,卸车人员应掌握好车门开度,严禁单侧卸砟,避免道砟成堆和车辆偏载。卸砟完工后,用料单位应及时清理道沿。

④卸砟运行速度应控制在 8 ~ 15 km/h。

下列情况严禁卸砟:

夜间或隧道内照明不足;一人同时卸两节车。

(4)使用非风动卸砟车边走边卸时,应先在卸砟地点停车,停车后发出卸车通知,各车组长打开车门后,确认溜下的石砟不妨碍行车,再以 5 ~ 10 km/h 速度边走边卸,并及时清理限界内的道砟。

(5)在下列地点禁止卸车:

①道岔及道岔咽喉区。

②无砟桥上(不含卸长钢轨)。

③道口。

④无底砟的新线、有底砟但未经压道试验的线路。

⑤有可能损坏信号、超偏载检测装置、通信、客(货)车运行安全监测设备处所。

⑥站台处靠站台一侧。

⑦区间线路的道床有积雪覆盖超过轨面处所。

⑧线路两侧有大量堆积物地段。

⑨双线区间,两线不在同一平面时,向高处一线卸料有可能侵入低线限界的地段。

⑩邻线来车时,靠邻线的一侧。

特殊情况由施工单位制定有针对性的安全措施,报铁路局审批。

二、靠近线路堆放材料、机具

(1)靠近线路堆放材料、机具等,不得侵入建筑接近限界。道砟、片石、砂子等线桥用料可按图 8—24 所示堆放。每次卸车后,施工负责人应组织人员全面检查堆放情况,不符合规定或堆放不稳固的应立即整理。

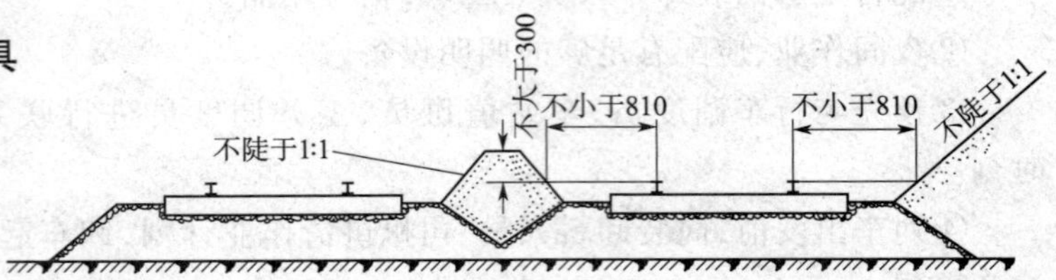

图 8—24　材料堆放图(单位:mm)

在桥梁人行道上堆放重物时,特别是在整孔换铺轨枕或换铺轨排等作业时,必须对桥梁状态进行全面调查,对桥梁结构、承载力和稳定性进行检算,当检算结果不满足有关规范要求时,应采取可靠的加固措施,并确定满足要求后,方准进行作业。在任何情况下,人行道上的竖向静活载不得超过设计标准值(道砟桥面的人行道,距梁中心 2. 45 m 以内为 10 kPa,距梁中心 2. 45 m 以外的为 4 kPa;明桥面为 4 kPa)。

(2)钢轨组在线路上放置时,应遵守以下规定:

①普通线路木枕地段,可放在道床肩上或木枕头上,直线地段可放在道心里(图 8—25)。

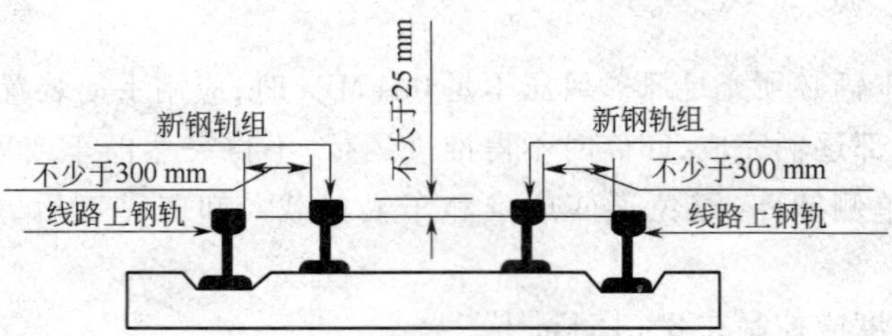

(a) 钢轨组放在道心里

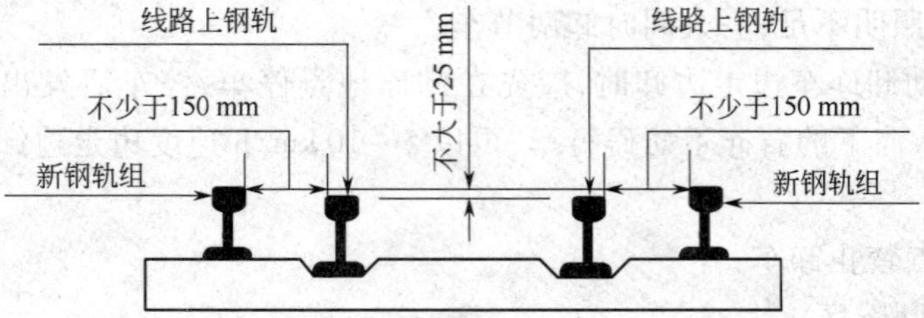

(b) 钢轨组放在木枕头上

图 8—25　钢轨放置图(单位:mm)

放在道床肩部时,道砟应事先拉平。放在木枕头上,两端至少各钉两个道钉,中间适当用道钉卡住。放在道心时,两端应弯向中心并用道钉固定,中间应当用道钉卡住。

②普通线路混凝土轨枕地段,一般应放在道床肩上、直线地段亦可放在道心里,两端用卡子卡在枕轨上或穿入木枕钉固,如钢轨组较长,中间应适当穿入木枕钉固。

③换出的钢轨一般应放在道床肩上或者路肩上,混凝土枕地段允许临时放在道心。

④道口、人行过道及平过道的道路路面上,一般情况下不得放置钢轨。

第三节　人身安全

一、一般要求

(1)各级单位应经常对职工进行人身安全教育,组织学习安全规章及有关安全操作技术。员工在任职、提职、改职前,必须经过段或段以上单位教育培训,考试合格。新工人、临时工必须提前进行安全技术教育,并经考试合格。未经安全技术教育,或经安全技术教育但考试不合格者,不得上道作业。

(2)对机具设备,要严格管理,经常检修,精心使用,动力机械及特种设备操作人员,必须经过专业培训、考试合格,取得相应资格,方可上岗。

(3)对易燃、易爆及有毒物品,必须有专人保管,存放时应与建筑物、烟火及水源隔离,搬运装卸和使用时,应严格按规定程序操作,慎防起火,爆炸和中毒。

(4)野外作业,遇雷雨时,作业人员应放下手中的金属器具,迅速到安全处所躲避、严禁在大树下,电杆旁或涵洞内躲避,酷暑、严寒季节,应采取切实措施,防止中暑、溺水、冻伤和煤气中毒。

二、避　　车

(1)在线路上作业和巡检的人员,必须熟悉管内线桥设备情况、列车运行速度、密度和各种信号显示方式,注意瞭望及时下道避车。步行上下班时,区间应在路肩或路旁走行;在双线区间,应面迎列车方向;通过桥梁、道口或横越线路时,应做到"一停、二看、三通过",严禁来车时抢越。在站内如必须走行道心时,应在其前后设专人防护。进路信号号辨认不清时,应及时下道避车。

下道避车时应遵守以下规定:

①作业人员下道避车时距钢轨头部外侧距离:

$v_{max}\leqslant 120$ km/h 时,一般应满足 2 m;120 km/h $< v_{max} \leqslant 160$ km/h 时,不小于 2.5 m;160 km/h $< v_{max} \leqslant 200$ km/h 时,不小于 3 m。

②本线来车按下列距离下道完毕:

$v_{max}\leqslant 60$ km/h 时,不小于 500 m;60 km/h $< v_{max} \leqslant 120$ km/h 时,不小于 800 m;120 km/h $< v_{max} \leqslant 160$ km/h 时,不小于 1 400 m;160 km/h $< v_{max} \leqslant 200$ km/h 时,不小于 2 000 m;200 km/h $< v_{max}$时,不小于 3 200 m。

③邻线(线路间距小于 6.5 m)来车下道规定:

本线不封锁时:邻线速度 $v_{max}\leqslant 60$ km/h 时,本线可不下道;60 km/h < 邻线速度 $v_{max}\leqslant 120$

km/h 时,来车可不下道,但本线必须停止作业;邻线速度 v_{max} >120 km/h 时,下道距离不小于1 400 m;瞭望条件不良,邻线来车时本线必须下道。

本线封锁时:邻线速度 v_{max} ≤120 km/h 时,本线可不下道;120 km/h < 邻线速度 v_{max} ≤160 km/h 时,本线可不下道,但本线必须停止作业;邻线速度 v_{max} >160 km/h 时,本线必须下道,下道距离不小于 2 000 m。

④在站内其他线作业,躲避本线列车时,下道距离不少于 500 m;邻线来车时,与正线相邻的站线按本条第一项和第三项办理,其他站线可不下道,但必须停止作业。列车进路不明时必须下道避车。

⑤速度小于 120 km/h 区段,瞭望条件大于 2 000 m 以上时,钢轨探伤小车、轨道检查小车作业。邻线来车可不下道。

⑥人员下道避车时应面向列车认真瞭望,防止列车上的抛落、坠落物或绳索伤人。

⑦人员下道避车的同时,必须将作业机具、材料移出线路,放置、堆码牢固,不得侵放限界,两线间不得停留人员和放置机具、材料。

(2)严禁钻车、扒车、跳车和从车底下、车钩上传递工具材料;休息时不准坐钢轨、枕木头及道床边坡上;绕行停留车辆其距离应不少于 5 m,并注意车辆动态和邻线上开来的列车。

三、搬运及装卸

(1)运料列车在开车前,负责人应确认有关人员已上车坐稳,方可开车;在列车未停稳前,卸车人员不得打开车门及做其他影响安全的准备工作。开车门前,车上人员应离开车门,车下人员不得站在车门下面。

轨道平车的随乘人员应坐稳扶牢,不准坐在堆放较高的物体上,车未停稳禁止上下,装载路料、机具的轨道平车不准搭乘人员,确因工作需要乘坐人员时,必须安装围栏及扶手。

单轨小车禁止搭乘人员。

(2)搬运及装卸重物时,应尽量使用机械操作,人力操作时,要统一指挥、动作一致;夜间要有充足的照明。

用滑行钢轨装卸钢梁及其他重型机械设备时,滑行钢轨应支撑牢固,坡度适当,滑行前方禁止站人,后方应有保险缆绳。

四、高空作业

(1)在离地面 2 m 以上的高处和陡坡上作业,必须戴安全帽、系安全带或安全绳。安全带不得结得太长,使用时应挂于作业者的上方,不准挂在脚下或身体两旁。

(2)安全带、安全绳使用前使用者必须详细检查。单位每半年应鉴定一次。

静荷实验:用静荷载 3 000 N 拉 5 min 不断;

冲击实验:固定安全(带)绳一端,用 800 N 重物由 3 m 高处自由坠落悬空不断。

(3)高空作业人员必须使用工具袋与工具箱,并注意不使工具物品掉落。严禁抛掷任何物品和工具,高空作业其垂直下方一般不得同时作业,否则必须有隔离措施。

(4)登高作业必须短装紧束。精神不振、睡眠不足、醉酒、患心脏病、高血压等病或老年体衰、怀孕女工及非熟练工人禁止登高作业。

(5)脚手板厚度不得小于 50 mm，应坚实无腐朽和破裂，不应有严重节疤、扭纹和弯曲；斜铺脚手板铺设坡度不得陡于 1∶3，并钉防滑木条。脚手板两端必须固定在横杆上。靠近架空电线搭拆脚手架时，应严格按照供电部门的规定留出安全距离（一般动力线 2 m 以上，照明线 1 m 以上）；作业中应时刻注意，防止碰触架空电线。

(6)脚手架必须满足工作安全的要求，搭设牢固，并经常检查整修。所用材料必须坚韧耐用，立杆有效部分小头直径：木杆不得小于 70 mm，竹竿不得小于 80 mm，横杆有效部分小头直径：木杆不得小于 80 mm，竹竿不得小于 90 mm。脚手架的荷载不得超过 2 700 N/m^2。脚手杆间距除经检算许可者外不应大于 1.5 m。

五、桥隧作业

(1)桥上作业，不得穿带钉和易溜滑的鞋。在无人行道桥上禁止在钢轨外侧起钉，装卸护木螺栓及勾螺栓不得向桥外方向使劲，防止摔下。桥面及人行道上，不准有露尖的铁钉。剁钢轨肥边应戴护目眼镜，两人不得对面作业。更换枕木应使用枕木钳。起、打道钉应防止撬棍滑动和飞钉伤人。

(2)进行钢梁喷砂除锈时，喷砂嘴不准对着人、车、船、不准带风、带砂修理喷砂设备和更换零件。

(3)开挖建筑物基坑和刷坡时，禁止掏底挖土；遇有滑层、裂纹、浸水等情况时，基坑应设支撑或改缓边坡；靠边基坑上方不得堆放弃土和放置料具。

在隧道内处理松动衬砌、危石及翻修衬砌工作时，必须有预防塌方伤人的安全措施。

(4)登山沿河检查应有防滑设备，经常通过的陡坡和路滑处应设台阶、栏杆；临时通过时，可钉安全桩，栓安全绳。

(5)水上作业应有救生圈、救生船或救生衣等设备。水害抢险时，要特别注意工地有无冲空、塌方和其他异状，及时采取安全防护措施。冰上作用应在冰层有足够厚度的时候进行，破冰时应按专门的安全措施办理。

(6)遇六级以上大风及雨雪、大雾天，桥上应停止作业。

六、机具使用

(1)机具应由专业小组或专门人负责检修、保养及使用，经常保持状态良好，不带“病”运行。

(2)露出机体的转动部分，如皮带、链轮、砂轮及风扇等应有网罩或其他防护设备。在线桥旁操纵动力机械时，应在靠近线路一侧设安全栅栏。

机械发生故障停车时，应立即切断电源、风源；修理应在停车后进行。各种切削、冲击工具的表面，不得有肥边、裂纹等缺陷。

(3)各种载重工具，应按其荷载规定使用。使用千斤顶，底座应平整、坚实，顶面与较滑的物件接触时，应加木板或胶垫防止滑动。如两台同时使用，应使每台受力均匀。起顶时应随时垫高保险木塞。

(4)风动工具的使用：

①压力容器必须按国家规定进行检验，未经检验或检验不合格的禁止使用，操作人员必须

具有授权单位颁发的操作证。

受压容器每隔三年应作水压试验一次，试验压力不得低于最高工作压力的 1.5 倍。受压容器应安装压力表和安全阀，并每隔三个月检验一次，不得超期使用。安全阀应保证压力容器具有 1.5 倍的安全系数。

②风动工具应有安全套(环)，保证工具头连接牢固，试风或放出残余冷风时，工具头必须向下；过冲或打击栓销时，两侧应联系好，防止冲头伤人。

(5)电气设备和电动机具：

①使用电压在 110 ~ 380 V 的电动工具，必须绝缘良好并有接地或接零措施，作业灯的电压不得超过 36 V。

②所有插座、开关和电缆线应经常保持良好，不漏电。一切动力开关，应设在加锁的保安箱内，并有专人负责。

③利用固定电源，采取移动变压器临时变压时，应按电源电压强度使用绝缘工具和劳保用品；挂线时，人员和携带的导电物不能进入电力危险区范围内；雨天应停止作业。

(6)从事机电、焊接、修配有关工作时，尚应遵守有关部门公布的安全操作规定。

第四节　电气化及自动闭塞区段作业安全

一、在电气化线路上进行作业时的规定

(1)禁止人员直接或间接地(通过任何物件，如棒条、导线、水流等)与接触网的各导线及其相连部件接触。

进行桥隧、线路作业或装卸车时，人员、工具及所携带物件距离牵引供电设备带电部分不得少于 2 m。如因工作需要不足 2 m 时，需先通知供电段停电，供电人员应于施工前在断电两端部分接上临时地线，施工完毕后才恢复供电。雷雨天气施工，必须离开接触网的支柱、接地线等带电设备。更换钢轨、夹板、道岔及伸缩调节器主要部件时，须事先放好临时回流电线。

(2)在电气化线路上进行下列作业、应遵循以下规定：

①起道高度单股不得超过 30 mm，隧道及桁架桥内不超过桥隧限界尺寸线。

②拨道作业，线路中心位移不得超过 ±30 mm；一侧拨道量年度累计不得大于 120 mm(并不得侵入限界)。

③无论起道或拨道其作业量超出上述规定标准时，均须事先通知接触网工区进行配合。

④爆破作业有碍接触网行车安全时，则应采取先停电，后作业。

(3)检查建筑接近限界时，接触网必须停电。

二、自动闭塞区段桥隧养护注意事项

为防止基本轨间偶然有导电物体搁置造成短路使自动闭塞信号显示错误，应注意以下事项：

(1)禁止使用非绝缘的道尺以及车轴为非绝缘的各种平车。

(2)撬棍应套以一定长度的胶管。

(3)若装有轨距杆，其绝缘状态必须保持良好。

(4)养护维修时，要防止基本轨与钢梁桥面系任何部位因金属导电工具或材料搁置而偶然连接，因明桥面在全桥范围内如上下游基本轨有一处与钢梁桥面系连通，就会造成自动闭塞电流短路，信号显示错误。

(5)不准用钢尺靠轨顶测量轨距。

第五节　安全用电常识

生产和生活都离不开电，但是如果使用不当，就会造成人身触电、设备损坏，甚至波及供电系统运行安全，导致大面积停电或引起火灾等事故。因此，学习安全用电知识，认真执行有关各项安全技术规程是十分必要的。

一、常见的触电方式

根据触电者接触的导线数目不同，触电可分为单相触电和两相触电两种。

(一)单相触电

单相触电是指人体某一部分触及一相电源或接触到漏电的电气设备，电流通过人体流入大地造成触电，又分为中性点接地的单相触电和中性点不接地的单相触电两种。

(1)中性点接地的单相触电：人站在地面上，如果人体触及一根相线，电流便会经导线流过人体到大地，再从大地流回电源中性线形成回路，如图8—26所示。这时人体承受220 V的相电压。

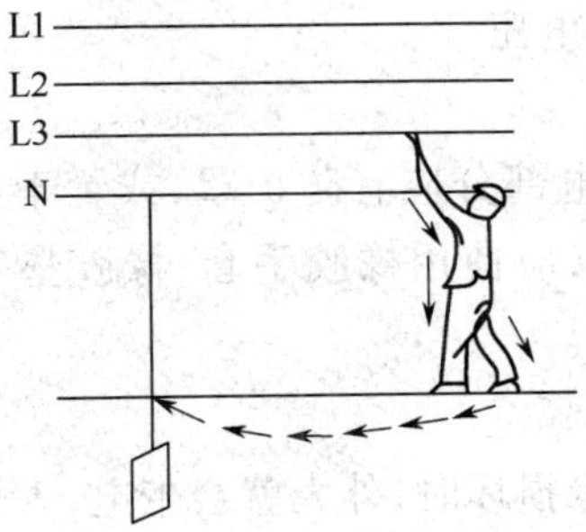

图8—26　中性点接地单相触电

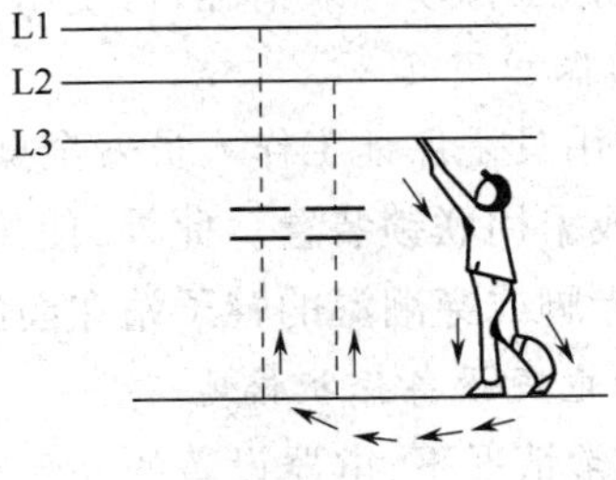

图8—27　中性点不接地单相触电

(2)中性点不接地的单相触电：人站在地面上，接触到一根相线，这时有两个回路的电流通过人体(图8—27)：一个回路的电流从L3相线出发，经人体、大地、对地电容到L2相；另一个从L3相出发，经人体、大地、对地电容到L1相。

单相触电大多是由电气设备损坏或绝缘不良，使带电部分裸露而引起的。

(二)两相触电

如图8—28所示，两相触电是人体的两个部分分别触及两根相线，这时人体承受380 V的相电压，危险性比单相触电更大。

(三)跨步电压电击

在高压电网接地点或防雷接地点及高压火线断落或绝缘损坏处，有电流流入地下时，强大的电流在接地点周围的土壤中产生电压降。因此，当人走近接地点附近时，两脚因站在不同的电位上承受跨步电压，即两脚之间的电位差（图 8—29）。

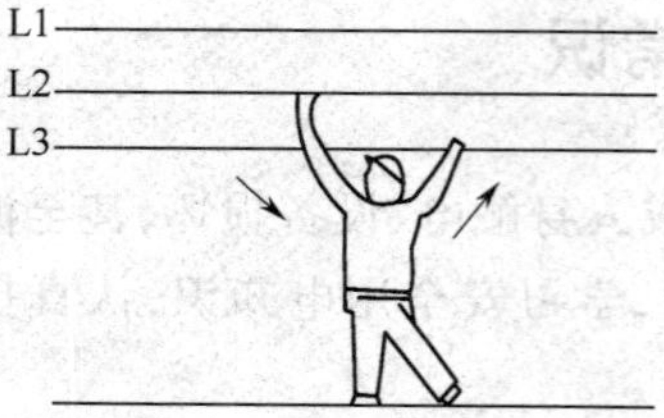

图 8—28　双相触电图

图 8—29　跨步电压触电图

跨步电压能使电流通过人体造成伤害。因此，当设备外壳带电或通电导线断落在地面时，应立即将故障地点隔离，不能随便触及，也不能在故障地点附近走动。

已受到跨步电压威胁者应采取单脚或双脚并拢方式迅速跳出危险区域。

二、常用的安全用电措施

（一）安全电压

一般情况下，36 V 电源对人体的安全不会构成威胁，所以通常称 36 V 以下的电压为安全电压。根据工作场地的情况，可使用 36 V、24 V、12 V 安全电压。

（二）保护用具

保护用具是保证工作人员安全操作的工具。设备带电部分应有防护罩，或置于不易触电的高处，或采用联锁装置。此外，使用电钻等移动电器时，应使用橡胶手套、橡胶垫等保护工具，不能赤脚或穿潮湿的鞋子站在潮湿的地面上使用电器。

（三）电气设备保护接地

在正常情况下，电器设备的外壳是不带电的，但当绝缘损坏时，外壳就会带电，人体触及就会触电。为了保证操作人员的安全，必须对电器设备采用保护接地或保护接零措施。这样即使在电器设备因绝缘损坏而漏电，人体触及时也不会触电。

（四）注意事项

（1）判断电线或用电设备是否带电，必须用试电器（如测电笔等），决不允许用手去触摸。

（2）在检修电器设备或更换保险熔体时，应切断电源，并在开关处挂上“严禁合闸”的牌子。

（3）安装照明电路时，开关和插座一般离地不低于 1.3 m。有必要时，插座可以装低，但离地不应低于 15 cm。

（4）在电力线路附近，不要安装收音机、电视机的天线；不放风筝、打鸟；更不能向电线、瓷瓶和变压器上扔东西等。在带电设备周围严禁使用钢板尺、钢卷尺进行测量工作。

（5）发现电线或电器设备起火，应迅速切断电源，在带电状态下，决不能用水或泡沫灭火器灭火。

(6)雷雨天尽量不外出;遇雨时不要在大树下躲雨或站在高处,而应就地蹲在凹处,并且两脚尽量并拢。

第六节　劳动安全措施

一、防止车辆伤害

(1)横越线路必须“一站、二看、三通过”。

(2)线路上作业必须按规定设置防护,穿好黄色防护背心(服),注意瞭望,安全避车。

(3)行车作业人员要严格执行部颁人身安全标准。

(4)严禁扒乘机车车辆。

(5)严禁钻车底。

(6)严禁在钢轨上、车底下、枕木头、道心内、棚车顶上坐卧、站立或行走(另有规定时除外)。

二、防止高处坠落

(1)高处作业,必须戴好安全帽,按规定使用安全带(绳、网)。

(2)脚手架必须按规定搭设,作业前必须确认机具、设施和用品完好。

(3)禁止随意攀登石棉瓦等屋(棚)顶。

(4)严禁患有禁忌症人员登高作业。

(5)登高扫、抹、擦、架设、堆放时,作业面下必须设置防护。

三、防止触电伤害

(1)维修电器设备,必须持证操作,按规定穿戴好防护用品。

(2)电器设备、线路必须保持完好,禁止使用未装触电保护器的各种手持式电动工具和移动式设备。

(3)必须严格按规定在高压线下进行作业。

(4)电力设备作业必须按规定执行工作票和监护制度,挂“禁止合闸有人作业”牌。

(5)电气化铁路区段作业人员必须严格执行《电气化铁路有关人员电气安全规则》。

四、防止起重伤害

起重作业人员必须持证操作,严禁多人或无人指挥;严禁在吊物下方站立和行走,应按规定操作。

五、防止物体打击

(1)进入作业区必须按规定使用好安全帽等劳动保护用品。

(2)高处和双层作业时,不得向下抛掷料具;无隔离设施时,严禁双层同时垂直作业。

(3)列车通过时,必须面向列车避车,防止落物击伤。

(4)搬运重、大、长物时,必须有专人指挥,动作协调。

六、防止机具伤害

(1)各种机具必须有切合实际的安全操作规程。

(2)机具设备严禁带病或超负荷运转,安全防护装置必须齐全良好。

七、防止炸药、锅炉、压力容器爆炸

(1)防止炸药、锅炉、压力容器爆炸伤害,必须严格按有关规定进行作业和贮存,作业人员必须持证操作,无压设备、设施严禁有压运行。

(2)施工单位需要使用和存放炸药、雷管时,必须得到当地公安部门的许可。

八、防止中毒、窒息

(1)有毒物品的运输、装卸、贮存,必须严格按照"危规"执行。

(2)使用有毒物品的场所在作业前,必须采取通风、吸尘、净化、隔离等措施,并正确使用劳动防护用品。

(3)对有毒作业场所要定期监测,作业人员要定期进行体检。

(4)熬制焊锡、绝缘胶、石蜡及沥青防腐剂时,应选择空旷场地,并远离易燃、易爆物且应避开地下管线。不宜在室内熬制沥青与焊锡。

(5)熬制沥青、硫黄胶泥和砂浆时,除按国家现行有关消防规定执行外,尚应符合下列规定:

①室外熬制沥青、硫黄胶泥和砂浆的地点,应设在施工现场的下风方向并远离住所,并用耐火材料搭设雨棚。不宜在室内、电线下方熬制。

②严禁在烈火空锅时投料及中途投放大块沥青、硫黄;溶液不得超过容量的3/4,严禁用锡焊制品盛装热沥青、硫黄胶泥和砂浆,装熔液量不得超过容器容量的2/3。人员离开时,必须灭火。

③吊运热沥青、硫黄胶泥和砂浆时,吊运范围内严禁站人。

(6)凡有毒、有粉尘侵害的作业必须符合国家环保有关规定,并应制订相应的防护措施。

九、防火作业

(1)施工防火必须符合铁道部现行《铁路工程设计防火规范》和国家现行有关消防安全规定。易燃和可燃材料的存放场地与作业场地,应保持足够防火间距并留出消防通道,配设消防器材。

(2)现场的生产、生活区、仓库、加工场地及重要机械设备处应配备相应的消防灭火器材。消防器材应有专人管理,定期检验。房屋、库棚、料场等的消防安全距离,应符合国家现行有关的消防规定。室内设置火炉取暖时,应有预防煤气中毒的措施。

(3)消防设施应有防雨、防冻措施,并定期进行检查。消防器材应放置在明显、易取处。有关材料应在有效期内。

(4)在油库、木工车间及其他易燃易爆物品仓库等场所应设置明显的"严禁烟火"标志。

(5)严禁在办公室、工具房、机械室、休息室、宿舍等房间内存放易燃、易爆物品。

(6)在易燃、易爆物品存放区周围严禁采用明火作业和带电作业。

(7)现场动火的作业点,应采取相应的防火措施。当需立体交叉动火作业时,应用非燃烧材料进行隔离;野外动火作业,应遵守当地护林防火的有关规定并应有安全防范措施。

(8)各种气瓶的运输、存放和使用,必须符合现行国家标准《气瓶安全监督规程》的有关规定。氧气瓶与乙炔瓶、氯气瓶及易燃物品严禁同室储存;放置地点不得靠近热源和电器设备,距明火的距离不得小于10 m。

(9)储存易燃、易爆液体或气体仓库的管库人员严禁穿用丝绸、合成纤维等容易产生静电的衣料制作的服装。

(10)凡进入易燃、易爆区域的机动车辆的排气管必须加设防火罩。

(11)凡在输气、输油管道及其设施附近进行施工,有可能影响管道及设施安全运营时,应事先与有关单位取得联系,采取保护措施后方可施工。施工单位应在施工现场设置"严禁烟火"标志。

(12)照明灯具与易燃物之间应保护一定的安全距离,与普通灯具的安全距离不宜小于300 mm;与聚光灯、碘钨灯等高热灯具的安全距离不宜小于500 mm,且不得直接照射易燃物。当间距不够时应采取隔热措施。

十、防风作业

现场施工应掌握风力预报,在危及施工和作业安全时应采取措施或停工:

(1)在风力达到4级时,不宜进行防水层作业;

(2)在风力达到5级时,不应进行吊运安装玻璃、桥梁防水层等作业;

(3)当风力达到6级时,应停止露天起吊、装卸、高处作业、水塔的水柜安装、浮运架梁、泵送混凝土等作业。

复习思考题

1. 施工负责人应遵守哪些规定?
2. 桥上哪些作业放行列车后应限速通行?
3. 线路发生故障如何防护?
4. 人身安全的一般要求是什么?
5. 高空作业应注意哪些事项?
6. 单相触电有哪些方式?
7. 常用的安全用电措施是什么?
8. 安全用电应注意哪些事项?

第九章　桥隧其他知识

第一节　防洪、防寒、防震一般知识

一、桥涵的防洪

为了使桥涵能保证洪水、流冰的正常通过，防止堵塞淤积河道或河床冲刷，应对桥涵上下游一定范围的河道进行疏浚或采取措施进行预防。

（一）疏通河道

对平时无水的河道，必须清理桥涵附近的淤泥杂物和阻碍水流的杂草，清除上下游至少各约 30m 范围内的灌木丛，使洪水能正常通过。在春汛和每次洪水通过后，须组织人力将小桥下及涵洞内的淤积物清除。

（二）防止堵塞

对易被漂浮物，泥石等堵塞的涵洞，应在洞前设置栅栏或沉淀池并及时进行清除。

（三）防止淤积

在山区铁路，小桥多设在沟口或临近沟口处，由于泥石堵塞桥孔，易形成水漫桥梁、路基，甚至冲毁桥梁和路基。整治山区小桥涵的泥石流，根据不同的情况，可采用下列措施：

(1)水土保持。在山坡上种植成长快，防御力强的树木，并顺等高线挖掘鱼鳞坑，其作用在于拦蓄泥沙并起缓流作用，也能保证幼年树木的成长。

(2)谷坊拦截。在上游沟谷适当的位置修建拦砂坝（谷坊）或拦石栅栏截砂石。即将水位分段抬高，使水流从坝顶漫过，而砂石在坝间沉积下来。

(3)排泄。对河床已沉积的泥石等淤积物，可采取加大河床坡度和流速的方法向桥孔下游排泄，防止桥渡淤积。

上述各项措施最好配合使用，可以收到较好效果。在修建谷坊或跌水坝等时，两端应伸入河床（例如 0.5 ~ 1 m）并设防护（例如三角洲或圆锥形的砌石护体），坝下游设有坚固的护坦以防止被洪水冲毁。

（四）防冲刷

为防止小桥涵，特别是山区或山前区小桥涵上下游附近河道被冲刷，应保持桥涵墩台基础有足够的埋置深度，并根据当地条件进行防护。

1. 草皮护底

一般用平铺法。在河床坡度为 7% ~10% 时，应分段钉竹或木橛；坡度为 10% ~15% 时，可加筑几道截水墙；坡度再大时可挖成阶梯形，筑砌跌水墙降低坡度后再铺草皮，如图 9—1 所示。

2. 柴排护底

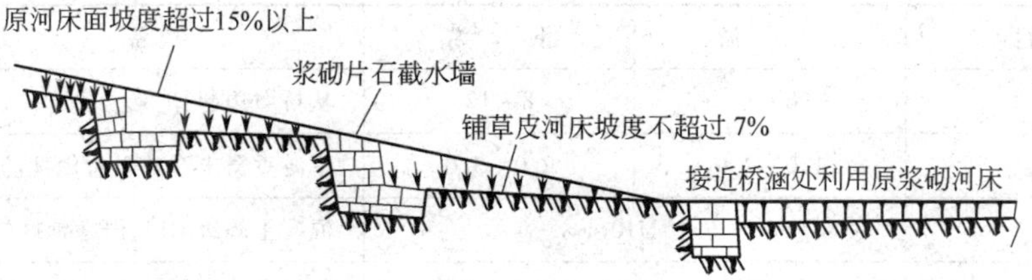

图 9—1 河床坡度大时铺草皮护底

桥梁一般用方格式柴排护底，涵渠用鱼鳞式柴排护底(图 9—2)。方格柴排有 2 层 10 ~ 13 cm 厚的树枝粗缆编成方格(约 1 m^2)，上下方格间铺设厚为 25 ~ 30 cm 的树枝层，纵横缆交叉处用铁线捆紧并在该处树枝上钉上木桩，木桩突出的端部编成 15 cm 高篱格，当柴排浮运到要沉入的地方时在方格处填充石块。柴排厚度一般为 0.5 ~ 1 m，长宽在 50 cm × 15 cm 以内，石块填层厚度约为柴排厚度的三分之一。

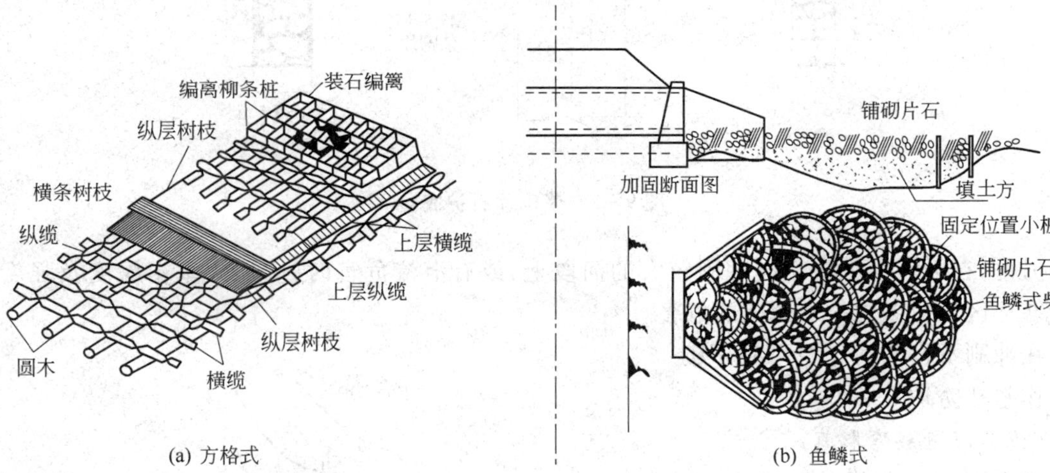

图 9—2 柴排图

3. 增设消能设备

山坡陡，冲刷较严重的小桥涵，可以上游附近设置缓流井或者带阶梯的跌水槽等消能设备来减少桥涵下的河床冲刷。

4. 下游筑拦砂坝

桥下河道比降大、流速急，河床逐年下切，这对桥梁基础特别是浅基非常不利，当河面不宽时，为了稳定河床，一般可在桥梁下游适当位置修筑拦砂坝，坝位及顶高可根据各桥具体情况确定，但需严格注意坝下及两端冲刷或潜流危及坝身安全。

5. 浆砌片石(或混凝土)护底

浆砌片石护底是桥梁整孔防护最常用的一种，这一类防护适用于山区及山前区漂石、石及砂质河床(或平原砂质河床集中冲刷不严重的河流)，当流速 $\leqslant 4$ m/s 时采用浆砌片石，当流速 >4 m/s 时宜采用混凝土护底。浆砌片石护底尺寸如表 9—1 和图 9—3 所示。

表 9—1 浆砌片石护底尺寸(m)

项　　目	上　　游	下　　游	备　　注
平面尺寸	6 ~ 8	8 ~ 12	从桥墩边起算
垂裙尺寸	1.0 ~ 2.0	2.0 ~ 3.0	下游垂裙末端应设置消能防冲设施
砂浆等级	M10		混凝土等级 C15,严寒地区应酌情提高
厚　　度	0.5		
防护面高程	河床最地点		应考虑上游农田淹没问题

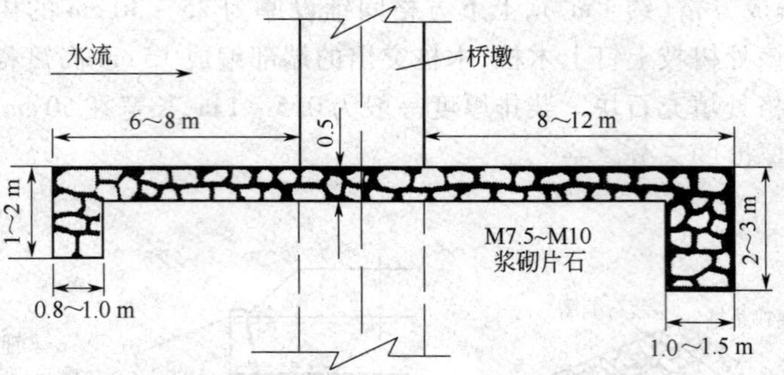

图 9—3 浆砌片石护底

另外,在天然河床下切成冲刷较大的河段上,或有潜流危害时,应加大垂裙深度及强度。在严寒地区还应考虑护底冰冻的危害。

在冲刷不剧的河床也可用干砌片石作整孔防护。

(五) 河道裁弯取直

在平原地区曲折的河流上,为消除桥涵上游具有威胁性的河湾,可根据具体条件做适当的裁弯曲直(图 9—4)。

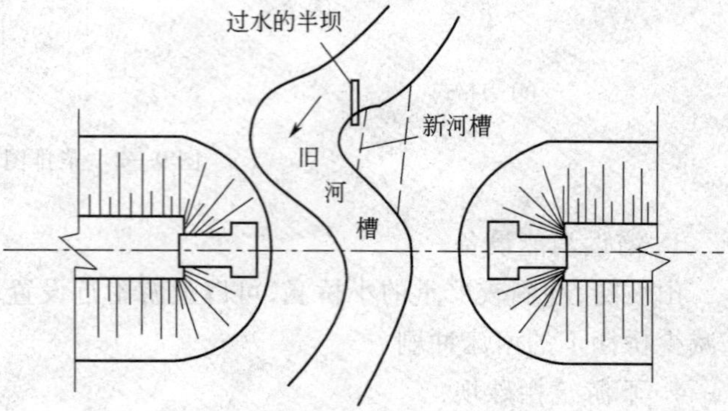

图 9—4 河道裁弯取直

二、桥涵的防寒、防凌

寒冷地区为防止涵洞内发生冻结,在冬季应用挡雪板挡住小孔径涵洞的洞口。对基底在冻结线以上,且翼墙后为渗水不良土壤的涵洞、墩台、翼墙等应及早进行整治(如加深基础至冻结线以下,桥台及翼墙后更换为透水性土壤并筑排水盲沟,进行基底压浆等),在未彻底整治前,视不同情况在冬季采用培土培草(图 9—5),挂帘(图 9—6),临时抬高水位(图 9—7)填平冲刷坑等措施来进行防护。

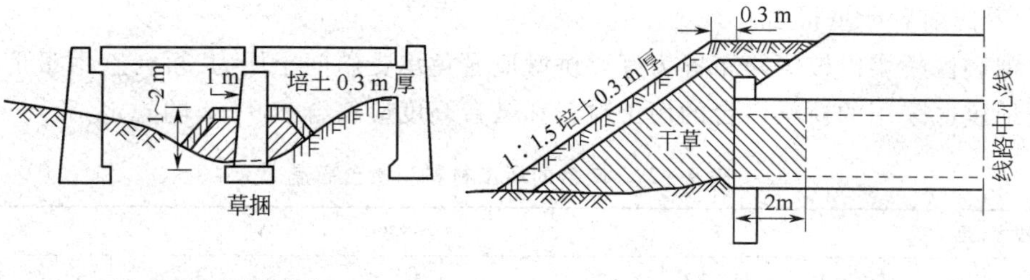

图 9—5　采用培土培草防寒

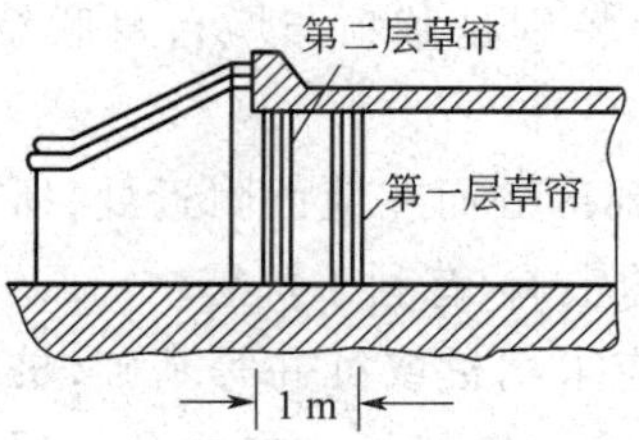

图 9—6　挂帘

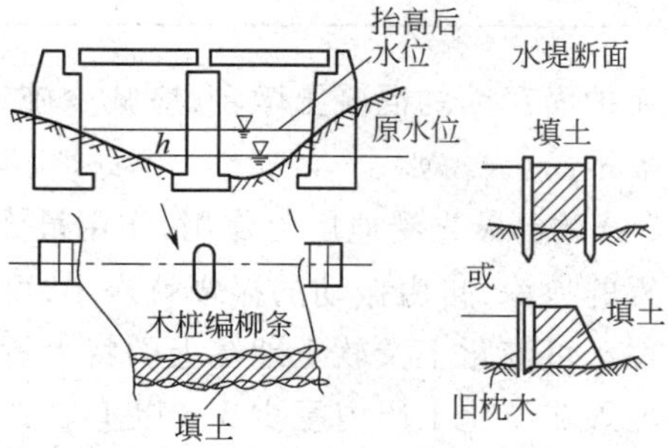

图 9—7　抬高水位防寒

当严寒地区春融时，水位上涨，大量流冰可能撞坏桥墩台，严重时会堵塞桥孔，甚至堆积成冰坝和冰桥以至推走整个桥梁；再有，冰层在骤冷情况下会开裂，如遇大风，冰层移动，也会挤歪桥墩；还有，河流在结冰后，由于水流的影响或其他原因，冰层会发生爬动；当水位涨落时，冰面随之升降，这些对墩台等都会产生破坏作用，所以在这些河流中应重视防凌工作，视防凌情况采取相应措施进行预防：

(1)在冰层开始移动前，应将实体墩台、翼墙、堤坝的周围(约宽 0.5 m)的一部分冰层破开，以免流冰撞击墩台。

(2)对有大量流冰的河流应预先在桥梁上游不少于 50 m，下游不少于 30 m 范围内开凿多道纵横冰沟；流冰特别严重，大量流冰形成冰坝或冰桥拥下时，在其到达桥址以前将其炸碎，以保证流冰顺利通过桥梁，确保安全。

三、桥涵的抗震加固

位于抗震设防烈度 7 度及以上地区的桥梁(设防烈度 6 度地区的省会和市区人口在百万以上城市的重要桥梁按 7 度设防)，均需按《铁路工程抗震设计规范》进行检算。对抗震能力不足者应进行加固。

注：重要桥梁指特大、大、中桥，7 度地区墩台高度大于 10 m 和 8 度地区墩台高度大于 5 m 的小桥。

抗震设防烈度 7 度及以上地区的桥梁，以及 6 度地区的重要桥梁，均应设置防落梁措施。

桥梁抗震能力及加固措施：

(1)结构形式简单，自重轻，紧凑对称，刚度均匀，重心低，各部件联结可靠，结构整体性强的梁抗震能力较好;而结构整体性差,地基软弱以及构造有薄弱环节的桥梁,抗震能力弱。震害情况后者比前者严重得多。

(2)地震区桥梁以按等跨布置为好。桥墩应避免承受斜向土压力,桥台宜用T形或U形。

(3)地震区采用的桥梁墩台的圬工材料和墩台高度应符合表9—2的规定。

表9—2 墩台的圬工材料和墩台高度

设计烈度(度)	7			8			9		
墩台高度 H(m)	≤15	15~30	>30	≤10	10~20	>20	≤5	5~15	>15
圬工名称	石砌体或混凝土	混凝土	混凝土加护面钢筋	石砌体或混凝土	混凝土	混凝土加护面钢筋	石砌体或混凝土	混凝土	混凝土加护面钢筋

无护面钢筋的混凝土墩台,应减少施工缝,施工缝上(特别是基顶与墩台身联结处)应设置接头钢筋。

(4)墩台最先受地震力作用,作用最大的地方不在基础部分而在地面附近处,所以墩台基础埋置的愈深,自由振动的振幅就愈小,可以减小地面波的影响,有利于抗震。

位于可液化土及软土地基上的特大桥、大中桥墩台,应采用桩或沉井等基础,桩尖及沉井底应埋入非液化土层内至少3 m以上。必要时,桩基桥台宜设置斜桩或在桥台邻近桥台基础间采用支撑等加强措施。小桥可在墩台基础间设支撑或采用浆砌片石铺砌河床,以限制墩台滑移。并依据设计烈度和地质情况采取地基抗震稳定措施,如换填,补桩,振密等。

(5)地震区桥梁墩台的加固措施:

①浅基墩台根据具体情况可采用钻孔桩加固,必要时可以采用旋喷桩加固。

②墩台身抗震能力不足,可用钢筋混凝土箍加固或用喷射钢纤维混凝土加固。

(6)防止落梁措施:

①桥梁支座的锚栓、销钉、防震板等应有足够的抗震强度。

②设置纵向联结:例如钢板梁在腹板处用联结板,钢桁梁在主桁端节点设置纵向竖直或水平联结板将相邻两孔梁连接起来,联结板活动端有椭圆形孔,使梁跨能自由伸缩。端孔梁与桥台胸墙间可设联结装置与埋设在胸墙上的螺栓相联结。

混凝土梁也可在两相邻孔端横隔板处安装拉杆将梁联结起来。

③设置横向支挡设施:例如钢板梁、圬工梁在梁端内侧设横撑支架,用钢轨或型钢焊制,用锚螺栓固定在墩台上;橡胶支座梁则应埋设有足够强度的防震角钢、钢轨或角钢三脚架等以限制梁的横移。对双片式T型钢筋混凝土梁及预应力混凝土梁,应检查其联结是否良好,整体性不强者应予处理,以防止因横隔板联结薄弱,地震时梁片分离甩落河中。

④适当加宽墩台顶面沿桥轴线方向的尺寸防止纵向落梁。

第二节 防洪抢险

在每年雨季和洪水来临前应检查桥涵本身及现有导流建筑物及防护设备的完好状态,根据以往资料和实地检查结果编制洪水通过危险地点一览表,以便有计划地采取防范措施和预先加固处理。一切与防洪有关的工程应在汛期前完成。

防洪材料(如片石、木材、草袋、水泥等)和工具(如钩杆、长柄斧头、船、照明设备、临时桥跨和墩台设备等)应根据以往水害情况采取集中储备和在危险地点分散储备的方法,一旦发生险情,能立即投入抢险使用。

人员组织要落实,并进行必要的防洪演练,雨季要加强检查及监视,坚持冒雨检查制度,落实分段灾害负责制,严格执行汛期安全行车措施,对可能发生洪水灾害的桥涵要明确分工,分段负责派人看守,随时做好抢险准备。

洪水来临时,要密切注意洪水通过桥涵的情况,一旦发生险情应立即采取措施进行抢险,确保行车及设备安全。

一、漂浮物堵塞桥孔的处理

洪水期,随水冲来的漂浮物或失去控制的竹木筏会撞击墩台或堵塞桥孔,甚至当水位高时,可能推走桥跨,因此,当漂浮物到达桥梁上游附近时,应立即用钩杆、长柄斧头进行疏导、砍散,要随来随清理。通过排筏的河流,洪水期应在上游适当地点设船监视,对不能控制的排筏,应视情况组织人力和船只将排筏拖引过桥或砍散使之流走。

二、墩台基础受严重冲刷的抢护

如果探明桥梁基础遭受到过大的冲刷,或发现墩台有摇晃现象,应迅速采取有效防护。一般常用的方法有:

(1)抛投片石或石笼是最常用的方法。在流速较小,河水深度不大的地方,可以只抛片石。流速大、冲刷深的地方应抛投石笼,石笼间孔隙仍用片石填塞。一般当流速超过 3 m/s,应采用粒径 40 cm 以上的石块或石笼进行加固,但均不宜投得过多,以免影响排洪断面和造成其他桥墩的冲刷。

(2)干灰砂装麻袋加固冲空的基础。当发现基底下被冲空时,在冲空部位用装有干灰砂的麻袋填塞,每麻袋约装 0.02 m^3 灰砂(水泥和砂拌和,比例可用(1:2)~(1:3)),由潜水工塞入,并在两麻袋间打入扒锯钉使之互相联结,当灰砂遇水结硬后就成为一坚硬的整体,因麻袋仅用来填塞基底空隙,因此基础周围还应投片石或石笼防护。此法仅用于洪峰过后的抢险,以防下次洪峰的继续冲刷。

三、桥梁抬高

处于江河沿岸或滨湖地区的某些线路,有时遇洪水泛滥,水位超过轨顶标高,为了维持铁路车辆运行往往采取抬高线路的办法,相应的桥上线路要抬高。抬高方法一般有上抬和下抬两种。

1. 上抬

图 9—8(a)所示为在原桥面上铺一层或数层桥枕,将桥面抬高。图 9—8(b)所示为在原桥面上设轨束梁或钢梁,在上面再另铺桥面,即称桥上架桥。这种方法施工较简单,缺点是桥上木材或轨束等纵横叠置,高低不平、养护困难,而且原桥跨泡水,又阻碍水流。但当洪水涨势较快,钢梁已经泡水,施工时间短促而抬高量又较大时,这种方法还是比较实用的

办法。

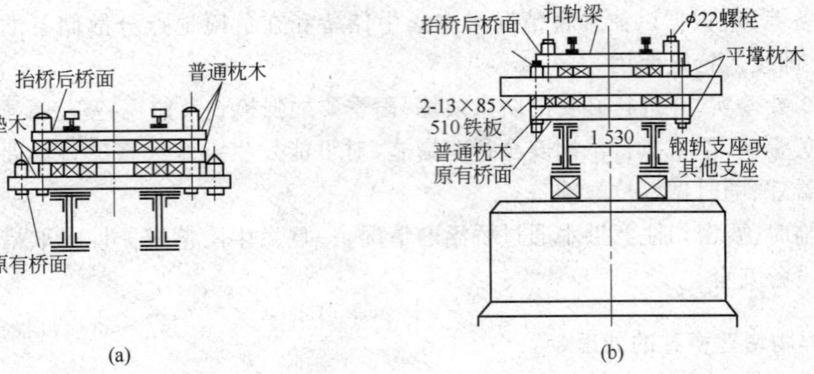

图 9—8　桥面抬高抢修

2. 下抬

在原钢梁支座板下，用临时支座把桥跨抬高，这种方法影响水流较小，抬高后桥梁较稳固，善后处理也较简单；但当洪水已淹没墩顶时，施工困难。

四、桥梁抢修的基本要求和基本方法

桥梁抢修要以快为中心，不允许有长时间的研究考虑，故应事先设想几种可能发生破坏的情况，做好几种抢修方案。对重点桥梁还应在桥梁附近储备一定数量的抢修料具，以保证抢修的需要，缩短抢修时间。

(一)抢修的基本要求

预定抢修方案应参考以下基本要求：

(1)桥梁抢修应根据原桥附近的地形、河床地质、水流的缓急深浅和桥梁的破坏程度以及抢修施工队伍、材料、机具设备供应情况等因素决定。

(2)桥梁抢修以不改变原桥的高度和坡度，可以改变孔径布置为原则。并尽量考虑防洪和复旧的要求，如增建临时墩台时，阻水面积不应超过原过水面积的 1/3；临时墩台位置不妨碍永久修复时墩台的正常施工等。但应急抢修时也可不考虑。

(3)桥梁抢修为缩短施工时间，应尽可能利用原桥的残存部分和简便的临时性结构物。

(4)桥梁抢修按先通后固的精神，可以限制行车速度（10 ~ 15 km/h），降低载重标准（采用轻型机车）。待抢通后，边通车边加固，逐步提高行车速度，一般可达到 30 km/h 以上。

(5)仅在正桥破坏严重，或桥高水深、结构复杂不易抢修时，才考虑修便桥、便线通车。

(二)抢修的基本方法

桥梁抢修的具体施工方法是因桥而异多种多样的，以下介绍几种基本方法可供参考选择。

(1)水流很小或没有水流的小桥涵破坏时，可以用土、片石、卵石、枕土垛等填充其破坏部分。

(2)梁跨被破坏时，可采取原梁加固，或换架临时梁跨。如原梁和墩台破坏不能利用时，可加建临时墩,合理改变原梁跨度;如果水深加建临时墩有困难,可将水浅处的好梁拆移过来,而在水浅处加建临时墩,架设短跨临时梁;对双线桥,可先修复一线通车。

(3)桥台被破坏修建困难时,可在原台后建临时桥台改用长跨度梁;或同时在原台前后加建临时支墩,上架便梁先通车,然后重建新台。

(4)桥墩被破坏时,可在原墩前后修建临时桥墩,或利用原墩残存部分整平作基础,接建临时墩。如不可能修建临时桥墩,在紧急情况下,可根据检算结果,换架长跨度梁,减轻荷载的办法(如用推车过桥,顶车通过或降低行车速度)。

(三)修建便线、便桥

在下列情况下,可考虑修建便线、便桥通车:

(1)正桥破坏严重,在短期内不易修复通车,但又必须尽快恢复运输时,或为了便利正桥永久修复时;

(2)正桥桥高、水深或结构复杂(如大跨桁梁)不易修复时;

(3)有意识的保留正桥残留部分,在战争时期为了绕越轰炸频繁的重点大桥,分散轰炸目标,以达到彼炸此通,此断彼行的目的时。

修建便线、便桥的技术要求,可参阅《铁路工务技术手册·防洪》中有关内容。

五、临时性桥梁墩台

常用的临时性桥梁墩台有:枕木垛、木排架、拆装式钢结构墩等。本节主要讲述拆装式钢结构墩,枕木垛和排架见本书技能部分。

拆装式钢结构墩架有T形钢塔架、六五式军用桥墩、六七式军用桥墩、八三式军用桥墩和万能杆件组成的桥墩等,可专供抢修时作临时墩用。

(1)T形钢塔架系用两个30.45 cm(12英寸)槽钢焊成的柱节加联结系组成的塔架,适用于各种高度及跨度的桥梁。T形钢塔架结构简单,根据配件用途、结构轮廓即可组成,一般不须详图。

(2)六五式、六七式军用墩是在T形钢塔架的基础上,结合我国桥梁具体情况和国内生产水平、工艺条件设计制造的。六五式用16桥和甲3桥钢材制造,六七式用16 Mn低合金钢制造,其配件形式和种类与T形钢塔架大致相同,其结构如图9—9所示。

六五式、六七式军用墩可用于抢修高15 m以上的桥墩或墩高虽然在15 m以下,但梁跨超过32 m的桥梁。桥墩最大高度六五式为40 m、六七式为50 m,与最大高度相适应的跨度为32 ~ 48 m。

(3)八三式轻型军用桥墩(以下简称八三式轻墩)是我国自行设计制造的,它具有设计合理、结构简单、杆件种类少,单元重量轻,互换性强、拼装速度快、便于贮存和运输等特点。

八三式轻墩结构如图9—10所示。

八三式轻墩可适应单线、直线、平坡及半径大于500 m,坡度不大于6‰的铁路桥梁使用。配套使用的梁部结构为工字钢梁、六四式、加强六四式军用梁(单层式)和拆装式桁梁。适应跨度为10 ~ 24 m,最大可达32 m。适应高度为5 ~ 10 m,最高可达15 m,墩身高度可按0.5 m变化调整。轻墩适应流速3 m/s,墩身最大没水高度不超过墩高的四分之三或8 m水深。轻墩基础可为卧木、混凝土和木桩基础,也可用于混凝土残墩接高,其要求地基承载力为 150 kPa。

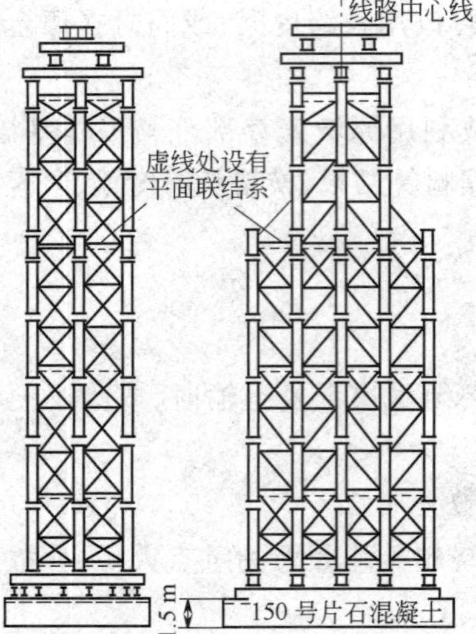

图 9—9　六五式军用桥墩

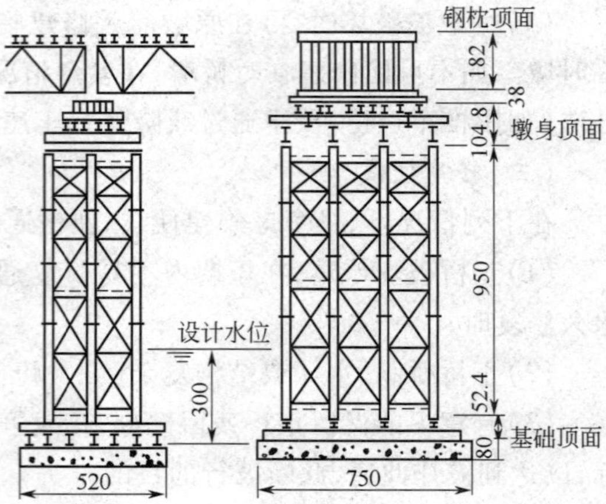

图 9—10　八三式军用梁(单位:cm)

六、临时性桥跨结构

常用的临时桥跨有轨束梁、工字钢梁、拆装式桁梁、军用梁、D 型施工便梁和万能杆件件组成的桥跨等。

(一)轨 束 梁

轨束梁是由两根以上钢轨组成束状作为承重梁的临时桥跨,具有取材容易、结构简单、施工方便、架设迅速等优点。按轨束放置位置不同(在枕木之上或下)可分为吊轨梁和扣轨梁两种。因组成轨束所用根数不同,可分为单层式和双层式两种。

吊轨梁是将轨束组铺设在基本轨两侧或中间的枕木上,用 U 形铁箍和角钢(或铁板)将线路钢轨及枕木吊住,以承受荷载。注意吊轨梁的布置不要侵入车辆限界。

吊轨梁容许跨度与扣轨梁相同,但两端支承点必须延长,每端最少为 1.0 m,并与枕木箍紧。支承枕木的底部应经常注意捣固密实。

扣轨梁是将轨束纵向置于枕木下两侧(若不用枕木也可用横向轨束梁置于纵轨束梁上并承托基本轨),以承受列车荷载。

轨束梁的容许跨度与轨束梁弯曲应力有关,支点中心距一般不宜超过 3.4 m;横轨束梁每组 3 根,长度为 4.2 ~ 4.6 m,置于纵轨束梁上,中心距不大于 0.6 m。基本轨、纵轨束梁、横轨束梁等交叉处,均应用铁制扣件牢固联结在一起,纵横轨束梁间也可用 8 号铁线捆扎,全部联结扣件缝隙应填塞木板。为保持轨距、轨向,应在适当距离增设轨距杆。

纵轨束梁两端用短枕木垛支垫在稳固路肩上,防止坍塌下沉。为加强纵轨束的稳定,可在枕木处及枕木垛后,在纵轨束上增设几组横轨束梁进行加强。

纵、横轨束梁因对行车干扰小,架设简便,常用于小桥涵的抢修、加固改建等施工中。

（二）工字钢束梁

工字钢束组成有单层与双层两种基本形式。每层可以由1~4片工字钢组成。其跨度大于8 m时，可用木板作纵向联结系。单层工字钢束梁结构简单，容易拼组架设，用于抢修，跨度在10 m左右；双层式跨度可达20 m。

抢修时，桥枕可用普枕（160 mm×200 mm×2 500 mm）代替，每根枕木用两个钩螺栓与束梁连接，可不设护木。

工字钢束梁用于曲线桥时，梁跨中心线与线路中心线偏心最大不宜超过6 cm。因离心力偏心关系，束梁受力较直线梁大，故束梁的最大容许跨度应适当减小。

曲线外轨超高一般在支座垫木上设置，利用楔形座木将外轨提高至所需水平，工字梁与座木间及座木与支承墩台间，必须用螺栓连接牢固。

（三）日式军用梁

日式军用梁是一种构架式钢梁，使用时用螺栓，销钉把轻便的构架连接起来即成。根据使用跨度不同，可采用数量不同的多片构架式钢梁并置单层或叠置双层构成梁跨。

日式军用梁有99式和96式两种，99式军用梁单层构架高度1.3 m，宽0.5 m；96式单层高1.8 m，宽0.45 m。两种不得混用。

（四）拆装式桁梁

拆装式桁梁由37种杆件组成。当组成三角形桁架时，桁高为2.5 m，跨度为16~32 m；若组拼成菱形桁架，桁高为5.0 m，跨度可到33.4~64 m。梁式有平行弦式和鱼腹式两种。若用低拆装式桁，其用钢量相应减少，跨度可做得更大。

拆装式桁梁具有零件轻，精确性强，承载能力大，行车速度高等优点。但因零件种类较多，拼组费时间，而且必须整孔架设，应急抢修时，受到一定限制。

（五）万能杆件组拼上承钢桁梁

万能杆件组拼的上承钢桁梁结构，其主要尺寸及重量见有关资料。上承钢桁梁须另有纵横梁桥面系，此项钢料配件专门加工制造。

（六）D型施工便梁

D型施工便梁有D12、D16甲、D20、D24四种型号，材料采用16 Mnq钢，其跨度、纵梁位置、纵横梁的规格详见《铁路工务安全规则》附表2—3。

第三节 砌石作业

一、砌石前的准备工作

（一）基底处理

（1）基底面应按设计的标高和尺寸整平或做成台阶形，表面的风化层、浮土、杂物应清除干净。

（2）土质地基应夯实。夯填10 cm厚的碎石、卵石或小石块，保证基底坚实、干净。

（3）石质基底应平整，松动破碎石块应清除干净。砌石前应将基面湿润。

（4）如基坑内有水，应做好排水工作，不得带水作业，不得让水淹没或冲刷新砌筑的砌体。

（二）石料的清洗及润湿

石料在砌筑前必须用水洗刷干净。山皮、水锈应用錾子凿除。在常温施工时，在砌石前应用水将石料润湿；特别是高温、干燥天气条件下施工，更要注意润湿石料。在寒冷季节，按冬期施工办理。

二、一般规定与基本要求

（一）浆砌石工灰缝的规格要求见表 9—3。

表 9—3　浆砌石工灰缝规格

种类	镶面石				填腹石	
	灰缝宽度（cm）	错缝（层间行列间）（cm）	三块石料相接处空隙（cm）	砌筑行列高度（cm）	灰缝宽度（cm）	错缝（层间或行列间）
片石	1～4	不小于 8	不大于 7	70～120	尽量减小	彼此错开
卵石	1～4	彼此错开	不大于 7	—	尽量减小	彼此错开
块石	1～2	不小于 8	1～2	70～120	水平：≤3 垂直：≤4	彼此错开
粗料石	1.5～2	不小于 10	1.5～2	每层石料厚度一致	—	—
半细料石	1～1.5	不小于 10	1～1.5	每层石料厚度一致	—	—
细料石	0.8～1	不小于 10	0.8～1	每层石料厚度一致	—	—
混凝土块或片石块	1～1.5	不小于 10	1～1.5	每层厚度一致，或按设计	—	—

（二）基本要求

（1）基底为砂卵石或土质，第一层石块可不铺座灰，但侧面的灰缝应填塞砂浆。其底为整体岩层，应先铺座灰，后砌石块。座灰要满铺密实。

（2）较大石料应砌筑于下层，向上可逐渐选用较小石料。石块宜分层卧砌，大面向下或向上（基底最下层必须大面向下），上下错缝，内外搭砌。

（3）每层砌体应先安砌转角石定位，再砌外圈，然后填腹。填腹石块的砌筑，不宜超过镶面石过高，以免镶面石与填腹石间衔接不良。

（4）石块砌筑后，不可撬移。如必须移动时，应将该石块向上提起再行放置妥当，以防止松动邻近石块。

（5）新砌砌体不得强烈碰撞震动，尚未凝固的砌体不能承受荷重。

（6）砌筑完毕或每次收工，砌体上必须覆盖草袋，至少在 7 天内应经常浇水养护，使之保持良好的硬化条件。

三、砌石作业常用工具

手锤、钻子、大铲、灰刀、灰抿、刷子、小撬棍、尺子、水平尺、垂球、铁锹、水桶、灰桶、灰斗等，如图 9—11 所示。

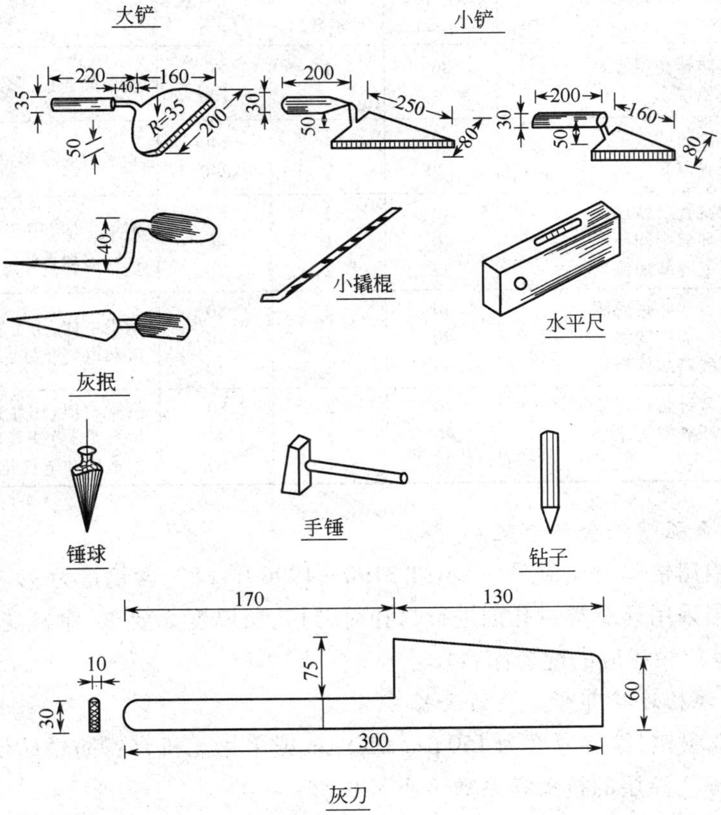

图 9—11　砌石作业常用工具(单位:mm)

第四节　钢结构涂装体系

一、钢结构涂装体系

(一)钢梁涂装体系

表 9—4　钢梁涂装体系

涂装体系	涂料(涂层)名称	每道干膜最小厚度(μm)	至少涂装道数	总干膜最小厚度(μm)	适用部位和环境
1	特制红丹酚醛(醇酸)底漆 灰铝粉石墨或灰云铁醇酸面漆	35 35	2 2	70 70	桥栏杆、扶手、人行道托架、墩台吊篮、围栏和桥梁检查车等桥梁附属钢结构
2	电弧喷铝层 环氧类封孔剂 棕黄聚氨酯盖板底漆 灰聚氨酯盖板面漆	– 20 50 40	– 1 2 4	200 20 100 160	钢桥明桥面的纵梁、上承板梁、箱形梁上盖板

续上表

涂装体系	涂料(涂层)名称	每道干膜最小厚度(μm)	至少涂装道数	总干膜最小厚度(μm)	适用部位和环境
3	无机富锌防锈防滑涂料 或电弧喷铝层	80 –	1 –	80 100	栓焊梁连接部分摩擦面
4	环氧沥青涂料 或环氧沥青厚浆涂料	60 120	4 2	240 240	非密封的箱形梁和箱形杆件表面
5	特制环氧富锌防锈底漆 棕红云铁环氧中间漆 灰铝粉石墨醇酸面漆	40 40 35	2 1 2	80 40 70	钢梁主体,用于气候干燥、腐蚀环境较轻的地区
6	特制环氧富锌防锈底漆 棕红云铁环氧中间漆 灰色丙烯酸脂肪族聚氨酯面漆	40 40 35	2 1 2	80 40 70	钢梁主体,用于腐蚀环境较严重的地区和电气化铁路
7	特制环氧富锌防锈底漆 棕红云铁环氧中间漆 氟碳面漆	40 40 30	2 1 2	80 40 60	钢梁主体,用于酸雨、沿海等腐蚀环境严重、紫外线辐射强、有景观要求的地区和电气化铁路

(二)钢梁的电弧喷涂金属涂装

(1)电弧喷铝用铝丝材质应采用 GB/T 3190—1996 中 LF2,含铝量为 99.5% 以上。

(2)金属涂层采用环氧类封孔剂进行封孔时,封孔层厚度无要求,涂覆的封孔剂至不被吸收为止;封孔后应加涂相应的配套涂料。

(三)栓焊梁螺栓连接部分摩擦面涂装

(1)采用电弧喷铝,涂层厚度为 150 μm ± 50 μm 或采用无机富锌防锈防滑涂料,涂层厚度为 120 μm ± 40 μm。涂层的抗滑移系数不小于 0.55。

(2)杆件栓接点外露的铝表面、无机富锌防锈防滑涂料表面与涂料涂层搭接处应涂装特制环氧富锌防锈底漆。钢梁组装后,栓接点外露的铝涂层应按前述 2(2)点的规定进行涂装。栓接点螺栓、螺栓头处涂装特制环氧富锌防锈底漆,涂装前螺栓应除油,螺母和垫片应水洗清除皂化膜。

二、钢梁的维护涂装

(一)维护性涂装基本要求

(1)钢梁涂膜粉化劣化达 3 级时,应清除涂层表面污渍,用细砂纸除去粉化物,然后覆盖相应的面漆二道。当涂膜粉化达 4 级、底漆完好时,也应按以上要求处理。

(2)钢梁涂膜起泡或裂纹或脱落的面积为 $5\% \leqslant F < 33\%$ 时,清理钢表面损坏及周围疏松的涂层后,涂相应的底漆和面漆。

(3)钢梁涂膜生锈的面积为 $0.5\% \leqslant F < 5\%$ 时,清除松散涂层,直到良好结合的涂层后,涂相应的底漆和面漆。

(4)钢梁热喷锌涂层生锈的面积为 $0.5\% \leqslant F \leqslant 5\%$ 时,应清除松动的锌涂层和涂料涂层,直到良好结合的锌涂层为止。在钢表面热喷锌层,或改涂环氧富锌底漆二道,然后涂相应的中间漆和面漆。

(5)涂膜局部严重损坏应及时清理和涂装。

(6)限高防护架底漆采用第一套涂装体系,面漆按照有关规定执行。

(二)维护性涂装技术要求

(1)涂装用漆应符合《铁路钢桥用面漆、中间漆供货技术条件》(TB/T 2772—97)、《铁路钢桥用防锈底漆供货技术条件》(TB/T 2773—97)及无机富锌防锈防滑涂料、灰色丙烯酸脂肪族聚氨酯面漆、氟碳面漆技术指标(TB/T 1527—2004 附录 D、E)的要求,并有复查合格证。施工前应对涂料的颜色及外观、弯曲性能、附着力、细度、干燥时间、流出时间等主要技术指标进行复验和试涂,符合要求后方可进行正式涂装。

(2)涂膜维护涂装时,应对局部劣化部位按要求进行清理,按原涂装系逐层进行涂装,新旧涂层间应有 50 ~ 80 mm 过渡带,局部修理处干膜总厚度不应小于原涂装干膜的厚度。

(3)涂料涂层涂装时,应注意不同溶剂涂层间的搭配。在节点和上盖板交界处,封孔剂、中间层及聚氨酯盖板漆等强溶剂不允许搭在其他漆上。进行维护涂装时,如不可避免搭在其上时,应妥善处理。

(4)涂料涂层施工时,应严格按要求的道数及涂膜厚度进行涂装,每道干膜厚度达不到要求时,应增加涂装道数,杆件边棱和难以涂装的部位应加厚或加涂一道。

(5)钢梁初始涂装和整孔重新涂装时,钢表面清理等级及粗糙度应达到规定的标准,涂装体系应根据杆件的部位和环境地区确定。

(6)涂料中可加稀释剂调整施工黏度,稀释剂的品种应与所用涂料相适应。涂装时可根据产品说明书实施。

(三)维护性涂装施工条件

(1)钢表面清理严禁在雨、雪、凝露和相对湿度大于 80% 及风沙天气进行。

(2)环氧类漆不允许在 10 ℃以下施工,无机富锌防锈防滑涂料、酚醛漆、醇酸漆、聚氨酯漆、氟碳面漆不允许在 5 ℃以下施工。

不允许在相对湿度 80% 以上、雨天、雾天或风沙场合施工。

(3)钢结构表面清理后应在 4 h 内涂装第一道底漆或电弧喷铝涂层,电弧喷铝完成后应立即覆盖封孔剂。

(4)涂装涂料涂层需在上一道涂层实干后,方可涂装下一道漆,底漆、中间漆最长暴露时间不超过 7 d,两道面漆间隔若超过 7 d 时需用细砂纸打磨涂层表面成细微毛面后方能涂下一道漆。

(四)维护性涂层质量要求

(1)涂料涂层表面平整均匀,不允许有剥落、起泡、裂纹、气孔,允许有不影响防护性能的轻微橘皮、流挂、刷痕和少量杂质。厚度符合标准。

(2)金属涂层表面均匀一致,不允许有起皮、鼓泡、大熔滴、松散粒子、裂纹、掉块,允许有不影响防护性能的轻微结疤、起皱。厚度符合标准。

第五节　铁路工程概预算编制方法

一、概(预)算编制的基本方法

工程概算的编制一般采用两种方法即地区单价分析法和调整系数法。地区单价分析法内容细致,项目具体,条件符合实际,计算比较正确,便于基层开展核算,因此是编制概(预)算常用的方法。调整系数法虽然计算时工作量小一些,出成果较快,但内容、项目比较粗,与实际出入较大,不便于基层开展核算,一般只作为编制概算和比较方案时采用。

(一) 应具备的基础资料

(1)根据已审核的施工设计图和施工组织设计确定的施工方法,程序、土石方调配方案、临时工程规模等,按照概(预)算编制范围,汇总各类工程数量。

(2)确定本建设项目所采用的编制方法,须算定额及补充预算定额。

(3)本建设项目所采用的各类工程综合工资等级的工资及津贴标准。

(4)本建设项目所采用的各种外来材料的标准料价,当地料的调查价及分析料价。

(5)本建设项目内所使用的各种机械台班单价。

(6)各种运输方法的运距、运价、装卸单价及其材料管理费。

(7)工程用电、用水的综合分析单价。

(8)确定冬、雨季施工的工程量、期限及其费率,以及影响概(预)算编制的各有关系数。

(二)设计单价(地区单价)分析法

1. 地区单价分析

(1) 根据汇总工程量内的工作项目,查阅有关的定额。

(2) 从定额中查得的工、料、机单位定额数量乘以该建设项目所分析出的工、料、机地区单价,即可算出该项目的地区定额 单价及重量(利用单价分析表分析)。

(3)将全部工作项目的地区定额单价分析成果表,填入"单价汇总表"以便编制概(预)算时查用,加快编制速度。

2. 计算人工、材料、机械台班数量

(1)根据汇总工程量中的工作项目,查单项定额得数工、料、机的定额数量。

(2)用工作项目工程量分别乘以相应的工、料、机的定额数量,即得出该工作项目所需的人工工天、消耗材料数量及使用机械台班数量。

(3)将各工作项目的人工工天、材料数量及使用机械台班数量分别相加就可求出该单项工程所需的总劳力,各种材料消耗数量及各种机械使用的台班数量(利用劳、材、机数量表计算)。

(4)利用分析出地区单价乘以相应工程数量,即得工程所在地的人工费、材料费和机械使用费之和;再利用地区运杂费单价乘以材料总重量得出工程所在地的运杂费,二者之和即为直接费,最后填表计算其他有关费用。

(三)调整系数法

用调整系数法编制概(预)算,其方法和地区单价分析方法基本相同,所不同之处是调整系数法不进行单价分析,而直接采用定额基价编织概(预)算,算出工、料、机费用结果后用一个系数进行调整,此系数即为调整系数。

求算调整系数主要分为两种方法,即用工、料、机费用分析法计算调整系数;价差系数调整方法:

调整系数 = 地区总价值除以基价总价值

价差系数调整方法是编制综合概(预)算的另一种方法。概(预)算的编制,是利用定额基价乘以工程数量,得出整个单项工程的工料机总费用,然后计算运杂费、其他直接费、现场经费、间接费、计划利润、税金等列入各章。

二、编制内容及要求

(一)拆迁工程

拆迁建筑物:因施工必须拆除或迁移的房屋、附属建筑物(围墙、水井)、坟墓、瓦窑、灰窑、水利设施均列本项。其费用、房屋按拆迁数量、种类,根据当地政府有关规定协议及单价编列,其他拆迁可按调查资料编列。

1. 改移道路

原有道路因修建铁路,必须另外修建新路以代替时,所发生的工程均列本项。其费用根据设计的工程数量进行定额单价分析编列。

2. 迁移通信、电力线路

由于修建铁路往往与路内外电线路发生干扰,因而需进行迁移。其费用按设计数量和分析单价或有关单位提出的预算资料进行编列。

3. 砍树及挖除树根

一般地区不计列,当线路通过森林地区或遇有树林、丛林需要砍树,遇有草原、需铲除草皮等,可按调查数量,分析单价计列。如无调查资料可按类似线路综合指标计列。

(二)路　基

路基工程一般以总承包单位或独立工程段(标段)担负的施工范围和根据基层核算要求,分别编列各段的区间路基土石方、站场土石方、路基附属工程(附属工程、加固及防护)、挡土墙等项目,要分别编制个别预算。

(1)区间路基土石方、站场土石方的编制内容及要求:土石方工程数量,必须根据土壤的成分按Ⅰ至Ⅵ类划分,遇有填渗水土壤及永久冻土可增列项目,按土石方调配所确定的施工方法、运输距离等条件进行编制。因土方与石方、机械与人工的各种管理费事不同,所以这几项必须分别编列。

(2)特大桥和大、中桥的桥头锥体土石方桥台台后缺口土石方不包括在本项目内,应列入桥涵项目中。

(3)填土压实数量为路堤填方数量减去设计中规定的石质路堤数量。无论采用人力或机械施工,均计列填土压实费,利用石方填筑的路堤(非设计的填石路堤)均知列填土打夯费。

(4)码坡填心路基,按设计要求分别计列码砌边坡和填心费。

(5)路基附属工程编制内容及要求:路基附属工程:包括区间、站场的天沟、吊沟、排水沟、缓流井、防水堰等的土石方和浆、干砌片石工程以及平交道土石方(含路面、涵管)等数量,其费用根据设计数量,定额单价分析计列。附属土石方无资料时,可按正、站线路基土石方费用的5%估列。

(6)路基的加固防护:包括区间、站场因加固路基而设计的锚固桩、盲沟、片石垛、反压护道;固修筑路堤引起的改河、河床加固,因防护边坡采取的铺草皮、种草籽、护坡、护墙;为防雪、防沙、防风而设施的设备和防护林带、植树等。其费用按设计工程数量,进行定额单价分析编。

(7)挡土墙:分浆砌片石挡土墙及混凝土挡土墙,其费用按设计圬工类型,分别计算工程数,然后进行定额单价分析编列。大型挡土墙以座编列,一般情况按施工管段范围编列。

(三)桥　　涵

(1)特大桥、大桥、复杂中桥及50 m以上的高桥,按座编列。

(2)一般小桥、中桥按标段或总承包单位施工范围,汇总工程式数量(包括预制成品梁数量)分析定额单价编列个别预算。如基层核算需要,也可按座编列

(3)可分为明渠、圆管、盖板箱涵、拱涵、倒虹吸管、渡槽等类,按标段或总承包单位施工范围编列,或根据基层核算单位,分类编列。要根据设计工程数量,进行计算汇总(包括各类预制成品的数量),分析定额单价编列个别概(预)算。

(4)有挖基应增列基坑抽水费。

(5)要考虑计列围堰筑岛的数量。

(6)拱桥(分石砌、混凝土):上部建筑工程数量由拱脚算起。因系现场浇砌,帮相关管理费应与下部建筑相同。

(7)钢梁(架设钢梁):指钢梁结构及其架设费用。钢梁按出厂价格计算;钢梁的栏杆、支座以及检查设备的钢构件,如已包括在钢梁价格中则不宜重复计列。未包括者单独计列。

(8)钢筋混凝土梁:就地浇筑钢筋混凝土,指在桥位上直接浇筑或桥边、桥头预先浇筑成梁并架设者,包括制作与架设全部费用。

(9)成品钢筋 混凝土梁:在工厂预先制成的成品梁运至工点用架桥机或其他机具架设者,价购钢筋混凝土梁,按国家规定价格或调查价计列。施工单位预制钢筋混凝土梁,按预算定额分析单价计列。

(10)架设钢筋混凝土梁:应包括由存梁场或预制成品运至工点的运杂费和架设钢筋混凝土梁的费用,但不包括梁本身的费用。

(11)桥面:指桥面上的栏杆、人行道、避车台、护轮轨及配件、钢梁上的桥梁木、步行板等。

桥长在500 m以上的特大桥,应编制单独的概预算。工程细目和数量的确定,除设计图纸及施工组织设计所列的特大桥本身主体建安工程外,应包括实验墩、实验梁、试验桩、桥梁基础承载试验、钢沉井、钢浮筒的水密试验等费用;在基础施工中的吸泥、抽水、水中封底混凝土凿除浮浆层、清理基坑等工作细目及数量;在洪水期间进行施工的防洪措施费用等。由于特大桥工程复杂,工程细目较多,故要注意不要重列或漏列。

(四)隧道及明洞

(1)隧道及明洞均以座编列。

(2)隧道单项概预算分别按正洞、压浆、明洞、辅助坑道、洞门附属工程、整体道床、设备器具购置工程细目分别编制,然后再汇总成一个隧道个别概预算。

(3)隧道内整体道床工程量列入隧道(包括短枕),但不包括钢轨与扣件以及过渡段的道砟道床。

(4)隧道正洞开挖数量应按《铁路工程技术规范》计算允许超挖部分和施工误差的范围与设计部门协商确定。

(5)利用隧道弃渣填筑路堤的运输费用列入隧道内。

(6)隧道内使用的施工机械(如发电机、通风机、抽水机及钭井、竖井的卷扬机)要考虑备用机械台班。

(7)设备工器具购置费:是指隧道永久通风及照明设备,按设计数量、单价计算编列。永久设备安装费用列入隧道安装工程项目内。

(五)轨　　道

(1)正、站线铺轨长度按设计标准进行计算;正、站线铺砟数量按道床设计断面计算:新铺钢筋混凝土轨枕地段,要考虑预铺道砟数量,一般每千米预铺400~500 m。道砟单价按照砟来源、运输方法,按定额进行分析。

(2)永久石砟线,应连同永久砟厂一起,编制个别概算。

(3)道口、线路标志及正、站线沉落整修等其他有关线路工程,原则上按设计工程数量分析单价编列。资料不全时,可按正线铺轨总值(不含铺砟)的2%估列,枢纽按站线铺轨总值(不含铺砟)的1%估列。

(4)线路备料应根据《铁路线路修理规则》标准计列。正线按每千米25 m钢轨1根,站线按每两千米25 m钢轨1根,轨枕正线按每千米2根,站线按每千米1根;每1~100组道岔,配备道岔1组。

(5)利用旧轨料时,按〔1998〕115号文概算编制办法中规定计算。

(六)站后工程

(1)站后工程包括通信、信号、电力、电气化、房屋、其他运营生产设备及建筑物的建筑安装工程及设备,是形成运输力的配套工程,其内容已详列在概预算章节表,见〔1998〕115号文。

(2)站后工程的特点是面广、琐碎、复杂、专业性强、设备安装工程量大。应组织各有关业务部门,计算工作数量,编制个别概预算,然后进行汇总。编制时要认真查阅核对设计文件,将需要安装和不需要安装的设备、机具、材料汇编成册,以便查阅和结算。

(3)房屋工程包括室内上水、下水、暖气、通风、照明及卫生技术设备。室外上、下水道属于给水工程。

(4)车站地区建筑物:地区照明,包括投光灯塔、灯柱、灯具及配线等:地区道路包括通站公路、站内道路(含路面、桥、涵等)地区暖气设备、指室外暖气管道,单独修建的暖气锅炉等设备。

第六节　高性能混凝土新技术

采用常规材料和生产工艺,能保证混凝土结构所要求的各项力学性能,并具有高耐久性、高工作性、高体积稳定性和良好外观的混凝土。

高性能混凝土不一定是高强混凝土,但具有实用性、经济性、技术先进性和铁路适用性。

一、高性能混凝土技术要点

(1)全面提升混凝土微结构三部分的质量。

(2)水泥石——水化硅酸钙凝胶,氢氧化钙和钙矾石晶体,未水化颗粒,其他小颗粒,毛细孔和各种孔隙。

(3)粗细骨料——骨料强度和表面状态,级配及在混凝土中所占比例。

(4)骨料界面层——富集氢氧化钙和钙矾石结晶,界面层的密实性和厚度很重要。

二、主要技术措施

1. 优选水泥

(1)宜用硅酸盐水泥或普通硅酸盐水泥,不宜用硅酸三钙大于8%的水泥或其他早强型水泥。

(2)硅酸盐水泥的比表面积应≤350 m^2/kg。

(3)当骨料具有碱—硅酸反应活性或C40及以上混凝土时,水泥的碱含量不宜超过0.6%。

(4)有抗硫酸盐侵蚀要求的混凝土,水泥熟料中硅酸三钙含量应不超过6%。

2. 选用优质砂石料

(1)细骨料应选用级配合理、质地坚固、含泥量少、孔隙率小的中粗砂,不宜用山砂,不得用海砂。

(2)粗骨料应选用级配合理、粒形良好、质地坚固、孔隙率小的洁净碎石。

(3)粗细骨料的碱活性要经过检验,并符合有关技术要求。

3. 掺加化学外加剂

(1)减水剂的作用:

①减少混凝土用水量,降低水泥石孔隙率,改善孔结构;界面氢氧化钙结晶无序化,界面过渡层减少,水化硫铝酸钙Aft结晶尺寸减少,界面强度提高,因此提高混凝土的各项力学性能。

表9—5 减水剂的种类

类　型	系列	减水率(%)
普通减水剂	木质磺酸钙	5~12
高效减水剂	萘系,密胺系,氨基磺酸系	15~30
高性能减水剂	聚羧酸系	25~45

②改善混凝土施工工作性能。

③由于提高混凝土的密实性和强度,改善混凝土的耐久性能。

(2)减水剂种类见表9—5。

聚羧酸系减水剂有以下特点:

掺量少(0.15%~0.3%),减水率高(25%~45%);混凝土工作性好,坍落度损失小;混凝土收缩小;碱含量很少;早强、缓凝、引气性可视需要复配调节;无污染的环保产品;但与水泥和掺和料的工作度敏感性很强。

引气剂的作用:明显提高混凝土的抗冻性,缓减硫酸盐腐蚀和碱骨料反应产生的膨胀应力;有轻微减水作用,减少表面泌水和骨料底部泌水;改善混凝土的匀质性和工作性能,尤其是明显提高可泵性。

4. 掺矿物掺和料

(1)火山灰效应——低碱性CSH($C/S<1.5$),晶须强度高,溶解度低,较稳定。

(2)二次反应——高碱性(CSH)转化为低碱性(CSH),消耗氢氧化钙,结晶变小,界面过渡层变小,富集和取向性减少,提高水泥石界面强度。

(3)颗粒填充作用——水泥、矿渣、硅灰末水化颗粒大小差别大。颗粒互相填充,减小水泥石孔隙率,改善次中心质和次介质的颗粒级配,强化了中心质网络骨架。

(4)削减温峰作用——水化速度慢,放热总量小。

(5)提高耐久性——改善耐硫酸盐侵蚀性，抑制碱骨料反应，增加密实性。提高抗渗性和氯离子渗透性。

5. 低水胶比(<0.40)

6. 限制胶凝材料总量和水泥用量

7. 严格的施工过程技术管理

8. 力学性能、工作性能、耐久性的全面检验

三、混凝土配合比设计

(1)C30 及以下混凝土的胶凝材料总量不宜大于 400 kg/m³,C35～C40 混凝土不宜大于 450 kg/m³,C50 及以上混凝土不宜大于 500 kg/m³。

(2)混凝土中应适量掺加优质的粉煤灰、矿渣粉或硅灰等矿物掺和料。混凝土中粉煤灰掺量大于 30% 时,混凝土的水胶比不得大于 0.45。预应力混凝土以及处于冻融环境的混凝土中粉煤灰的掺量不宜大于 30%。

(3)混凝土中应掺加适量质量稳定的混凝土化学外加剂,主要是高效减水剂和引气剂,或引气型减水剂。

(4)混凝土的最大水胶比和最小胶凝材料用量应满足设计要求。

四、高性能混凝土的负面影响

(1)水胶比少于 0.4 时,自收缩率增大,早期弹模较高,应力松弛能力降低,增加了开裂趋势。

(2)磨细矿渣(30%),尤其是硅灰使混凝土早期收缩增加,弹模增大,应力松弛能力降低,增加了混凝土的开裂倾向。但粉煤灰使混凝土早期收缩减少,弹模也较低,可降低开裂的趋势。

(3)高性能混凝土的水胶比较低,掺和料较多,因此对混凝土的温度控制和湿养护要求更加严格,增加了施工难度和成本。

五、混凝土耐久性试验

(1)混凝土密实性——氯离子扩散电通量法,见表 9—6。

(2)混凝土抗冻性——快冻法。

(3)混凝土抗裂性——圆环约束法。

(4)胶材耐蚀性,骨料碱活性试验。

表 9—6 混凝土密实性(电通量)

设计使用年限级别		一(100 年)	二(60 年)、三(30 年)
56 d 电通量(C)	<C30	<2 000	<2 500
	C30～C45	<1 500	<2 000
	≥C50	<1 000	<1 500

六、混凝土施工质量控制

1. 混凝土温度控制

(1)混凝土入模温度,冷天不低于 5 ℃,热天不高于 30 ℃。

(2)新混凝土与岩土或旧混凝土间温差不大于 20 ℃。

(3)蒸养混凝土静停温度不低于 5 ℃,4～6 h 且终凝后升温,升温和降温速度不宜大于

10 ℃/h，恒温温度不宜超过 60 ℃，最高为 65 ℃。

(4)养护水温不得低于混凝土表面温度 15 ℃。

(5)养护期间混凝土中心与表层，表层与环境间温差不超过 20 ℃，桥梁不超过 15 ℃。

2. 混凝土保湿养护时间

混凝土保湿保养时间见表 9—7。

表 9—7 混凝土保湿保养时间

混凝土类型	水胶比	大气潮湿（RH≥50%），无风，无阳光直射		大气干燥（RH<50%），有风，或阳光直射	
		日平均气温 T（℃）	潮湿养护期限（d）	日平均气温 T（℃）	潮湿养护期限（d）
胶凝材料中掺有矿物掺和料	≥0.45	$5 \le T < 10$ $10 \le T < 20$ $20 \le T$	21 14 10	$5 \le T < 10$ $10 \le T < 20$ $20 \le T$	28 21 14
	<0.45	$5 \le T < 10$ $10 \le T < 20$ $20 \le T$	14 10 7	$5 \le T < 10$ $10 \le T < 20$ $20 \le T$	21 14 10
胶凝材料中未掺矿物掺和料	≥0.45	$5 \le T < 10$ $10 \le T < 20$ $20 \le T$	14 10 7	$5 \le T < 10$ $10 \le T < 20$ $20 \le T$	21 14 10
	<0.45	$5 \le T < 10$ $10 \le T < 20$ $20 \le T$	10 7 7	$5 \le T < 10$ $10 \le T < 20$ $20 \le T$	14 10 7

第七节　高速铁路桥梁概况

高速铁路和普通铁路是两个时代的产物。高速铁路是当代高新技术的集成，推动了现代铁路技术的发展。

一、高速铁路的定义

日本：列车在主要区间以 200 km/h 以上速度运行。

联合国欧经会确认：客运专线 300 km/h，客货混线 250 km/h。

国际铁路联盟（UIC）：新线 250 km/h 以上，既有线改造 200 km/h 以上的铁路称为高速铁路。

世界第一条高速铁路为日本东海道新干线（东京—大阪，515.4 km），1959 年 4 月 20 日开工，1964 年 10 月 1 日投入运营，最高运行速度 210 km/h。随着新干线的开通，欧洲各国陆续修建一系列高速铁路线路。我国第一条高速京沪高速铁路铁路目前正在修建。

二、高速铁路桥梁特点

(1)桥梁是高速铁路土建工程中重要组成部分，比例大、高架桥、长桥多。日本高速铁路线路总长 2 000 km，桥梁占线路总长比例为 47%，高架桥占线路总长比例约为 36%。我国正在修建的京沪高速铁路线路总长为 1 316 km，桥梁占线路总长比例为 70% 以上。

(2)高速铁路桥梁比例大、高架桥、长桥多有以下原因：

①采用全封闭行车模式。

②线路平、纵断面参数限制严格，曲线半径大、坡度小。

③在人口、路网稠密地区、地质不良地区大量采用高架桥（以桥代路）。

④节省农田。

⑤减少运土、取土。

⑥避免路堤遮挡视线。

⑦确保线路平顺。

(3)高速铁路桥梁可分为高架桥、谷架桥和跨越河流的一般桥梁。以预应力混凝土桥梁为主。

高架桥是以桥代路的桥梁结构，桥墩不高（3～8 m），跨度较小（≤40 m），桥下基本无水，伸展很长，常达 10 余公里。

谷架桥是跨越山谷、丘陵，高墩、跨度较大。

(4)高速铁路桥梁的主要功能是为高速列车提供高平顺、稳定的桥上线路。桥上线路与路基上、隧道中的线路不同，由于桥梁结构在列车活载通过时产生变形和振动，并在风力、温度变化、日照、制动、混凝土徐变等因素作用下产生各种变形，桥上线路平顺性也随之发生变化。因此，每座桥梁都是对线路平顺的干扰点，尤其是大跨度桥梁。

为了保证高速列车的行车安全和乘坐舒适，高速铁路桥梁除了具备一般桥梁的功能外，首先要为列车高速通过提供高平顺、稳定的桥上线路。

(5)桥面采用无砟轨道是高速铁路发展趋势。

桥上无砟轨道对桥梁的变形控制提出更为严格的要求。

①无砟轨道的优点：弹性均匀、轨道稳定、乘坐舒适度进一步改善，养护维修工作量减少，线路平、纵断面参数限制放宽，曲线半径减小，坡度增大。

②无砟轨道基本类型：轨道板工厂预制、现场铺设，如日本板式轨道、德国博格型无砟轨道。或者采用现场就地灌注，比如德国雷达型无砟轨道（长枕埋入式、双块式）。

无砟轨道铺设后的调整量十分有限（扣件可调整量为 2 cm），因此，对桥梁的变形控制更为严格。

(6)高速铁路桥梁优点：结构动力效应大；桥上无缝线路与桥梁共同作用；满足乘坐舒适度；100 年使用寿命；维修养护时间少。

(7)高速铁路桥梁设计应满足以下要求：桥梁应有足够的竖向、横向、纵向和抗扭刚度，使结构的各种变形很小；避免结构出现共振和过大振动；结构符合耐久性要求并便于检查；常用跨度桥梁力求标准化并简化规格、品种；长桥应尽量避免设置钢轨伸缩调节器；桥梁应与环境相协调（美观、降噪、减振）。

三、高速铁路结构形式

针对高速铁路桥梁特点，欧洲各国统一采用欧盟制定的设计规范，我国高速铁路桥梁设计暂规内容与欧盟规范基本一致。

高速铁路桥梁一般均选择刚度大的结构，如简支梁、连续梁、刚架、拱结构等，截面形式多为双线整孔箱形截面。较小跨度的桥梁也可采用多片T梁及板梁等。桥梁结构以预应力混凝土梁为主,钢—混结合梁及小跨度钢筋混凝土结构也常有使用。出于保证桥上线路平顺性要求,各国在选用大跨度桥梁时均十分慎重,已建的跨度超过100 m的桥梁数量有限。

复习思考题

1. 桥涵防洪有哪些措施?
2. 桥涵防寒有哪些措施?
3. 如何提高桥涵抗震能力?
4. 桥梁抢修有哪些方法?
5. 坡度如何放样?
6. 涂装体系有哪些种类?
7. 高速铁路桥梁有哪些特点?

第十章　基础知识

本章主要介绍测量、制图、力学、机械基础等专业基础知识

第一节　测量基础知识

一、水准测量

(一)基本概念

1. 标高

地面上一点沿铅垂线方向到大地水准面的距离,称为该点的绝对高程,通常称为标高或海拔,用"H"表示。我国以黄海平均海水面作为绝对高程的起算面。

2. 高差

地面上两点高程之差,称为高差,以"h"表示。

3. 高程测量

为确定地面点的高程所进行的测量工作,称为高程测量。高程测量按所使用的仪器和施测方法不同,可分为水准测量,三角高程测量,气压高程测量,其中水准测量是最准确、也是最普遍使用的。

(二)水准测量的原理

(1)两点距离较近且高差不大时的水准测量,如图 1—1 所示,当 A、B 两点距离较近且高差较小时,若已知 A 点高程为 H_A,欲求 B 点的高程 H_B,则只需测出 B 点对 A 点的高差 h_{AB},便可根据高差的定义,求得 B 点的高程:$H_B = H_A + h_{AB}$

如图 10—1 所示,分别在 A、B 两点上竖立有分划的标尺(水准尺),并在 A、B 两点的中间安置一个能提供水平视线的仪器(水准仪),根据该水平视线在 A、B 两点水准尺上读出的数字 a、b,由图示几何关系求得 B 点对 A 点的高差:$h_{AB} = a - b$,由此可计算 B 点的高程 H_B。

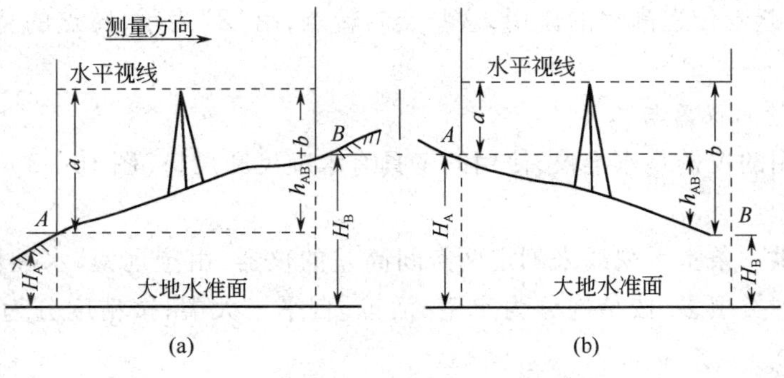

图 10—1　距离或高差较小时水准测量

当 $a>b$ 时,h_{AB} 为"+",$H_B>H_A$,说明前视点 B 高于后视点 A,如图 10—1(a)所示;反之,当 $a<b$ 时,h_{AB} 为"-",$H_B<H_A$,说明前视点 B 低于后视点 A,如图 10—1(b)所示。

由于测量是由 A 点向 B 点进行的,如图 10—1 中箭头所示,因此 A 点在后,B 点在前,则 A 点叫做后视点,B 点叫做前视点,在后视点 A 水准尺上的读数称为后视读数,简称为后视,在前视点 B 水准尺上的读数称为前视读数,简称为前视。

可见,水准测量的基本原理就是利用水准仪所提供的水平视线测得高差而计算高程的。

(2)两点距离较远或高差较大时的水准测量　当 A、B 两点距离较远或高差较大时,不能一次测得两点的高差(图 10—2 所示),在两点间加设若干个临时点,分成若干段,依次在各段中间安置仪器,分别测出各段的高差,把各段所得的高差相加,就得出 A、B 两点的高差。图中各段的高差分别为:

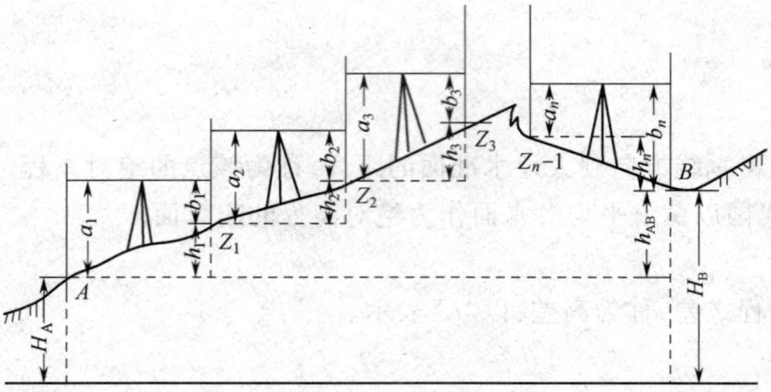

图 10—2　距离或高差较大时水准测量

$$h_1=a_1-b_1$$
$$h_2=a_2-b_2$$
$$h_3=a_3-b_3$$
$$\cdots\cdots$$
$$h_n=a_n-b_n$$

将各段高差相加得:$h_{AB}=\sum h=(a_1-b_1)+(a_2-b_2)+\cdots+(a_n-b_n)=\sum a-\sum b$ 即终点对于始点的高差等于各段高差的代数和,又等于后视读数总和减去前视读数总和。

从始点 A 测到终点 B 所经过的路线称为水准路线。Z_1、Z_2、Z_3、…、Z_{n-1} 等各个临时立尺点,在水准测量中起着传递高程的作用,这些点叫转点,用"Z"表示,转点的特点是既有前视读数又有后视读数。

(三)水准测量的仪器与工具

水准测量使用的仪器是水准仪,使用的工具有水准尺和尺垫(图 10—3)。

1. 水准仪

水准仪是提供一条水平视线来测定两点间高差的仪器,由望远镜、水准器、基座和三脚架构成。水准仪的种类很多,按结构分为定镜、活镜、自平三大类,按精度分为 $S_{0.5}$、S_1、S_3、S_{10} 四个等级。

2. 水准尺

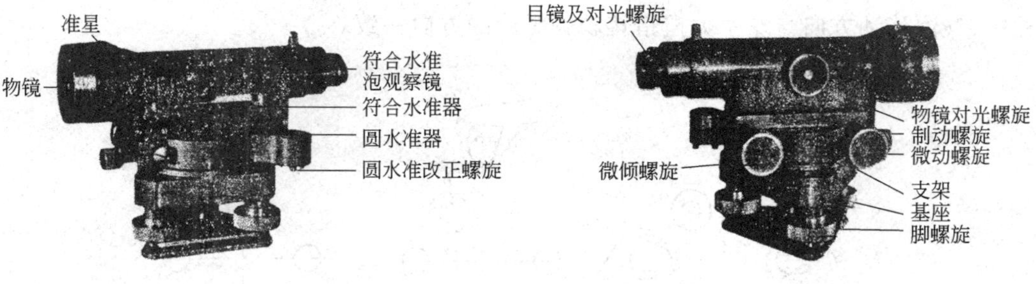

(a) 水准仪

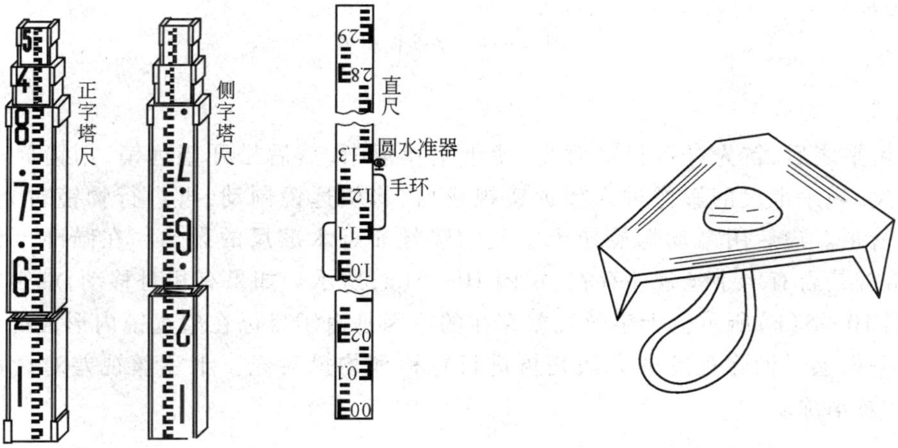

图 10—3 水准测量的工具与仪器

水准尺简称标尺,供仪器读数用。常见的形式有直尺和塔尺两种形式。直尺长 3 m;塔尺全长 5 m,由三段尺套插而成,携带方便,但接合处易损坏、造成尺长不准,而影响测量精度。

3. 尺垫

尺垫分地钉和尺台两种形式,用铁铸成,不同等级的水准测量,规定用不同重量的尺垫。尺垫中间凸出部位为立尺点。在水准测量中,为使高程得到可靠的传递,转点在前后视中不能位移,故常用尺垫作转点。

(四)测量的操作方法

用水准仪进行水准测量时,仪器的安置和使用按下列步骤进行。

1. 安置三脚架

测量仪器所安置的地点称为测站,在测站上松开脚架螺旋,按需要调整脚架的长度,将脚架螺旋拧紧。放好三脚架,把三脚架的脚尖踩入土中,并使三脚架头大致水平。然后把水准仪从箱中取出,放在三脚架头上,细心地将三脚架的中心螺栓旋入仪器的基座内拧紧。

2. 粗平

粗平就是使圆水准器的气泡居中,使支架大致水平即竖轴大致铅垂,从而使望远镜视线的倾斜程度在倾斜螺旋可以调节的范围内,为精平创造条件。

粗平的操作方法如图 10—4 所示。气泡没有居中而位于 a 处，则先按图上箭头所指的方向，相对转动两个脚螺旋使气泡移到 b 的位置，然后转动第三个脚螺旋使气泡居中。在整平的过程中，气泡移动方向与左手大拇指转动脚螺旋的方向一致。

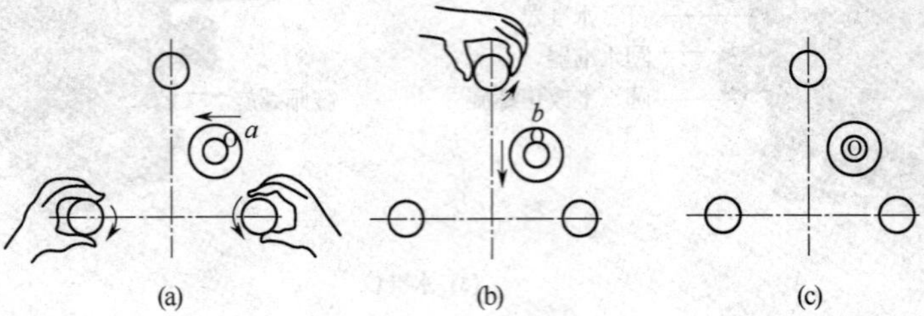

图 10—4 水准仪粗平

3. 瞄准

仪器粗平之后，首先进行目镜对光，使十字丝清晰，然后松开望远镜，用镜筒上的准星照准水准尺，当水准尺的影像进入望远镜视场后，将望远镜制动，再进行物镜对光，使水准尺的影像清晰。最后用微动螺旋使十字丝的竖丝靠近水准尺的影像。在瞄准工作做完之后，还要检查是否有十字丝视差存在，如图 10—5(a)所示。如果有相对移动，就表明有视差存在，如图 10—5(b)所示。十字丝视差存在的原因是由于目标在望远镜内形成的像没有落在十字丝平面上。消除视差的方法是再进行目镜和物镜对光。十字丝视差对读数影响很大，必须注意消除。

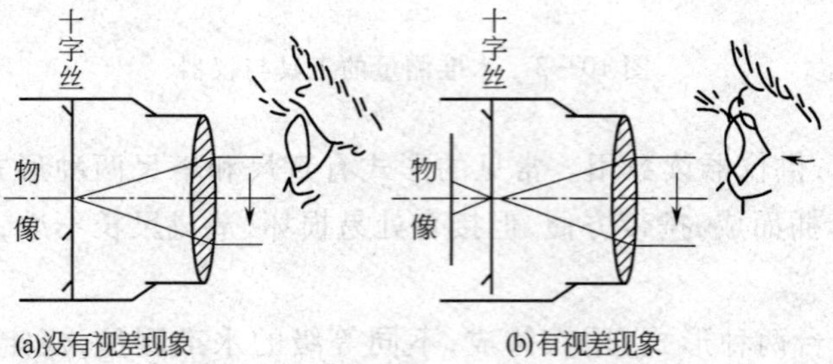

图 10—5 水准仪瞄准

4. 精平

精平时转动倾斜螺旋使符合水准器的两半影相符合，这时视线就成水平，便可读数了。倾斜螺旋旋转的方向如图 10—6 所示，气泡左侧的影像移动方向和转动倾斜螺旋的右手拇指方向一致。

5. 读数

读数是读取十字丝横丝所截的水准尺的分划数。读数时应先读 m、dm、cm，最后估读出 mm，如图 10—7 所示，读数是 1.635 m。读数之前要注意水准尺的分划式样及注字位置，以免读错。

综合以上所述，水准仪的基本操作可以简单归纳如下：

安置──→粗平──→瞄准──→精平──→读数。

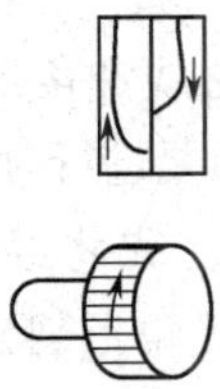

图 10—6 水准仪精平

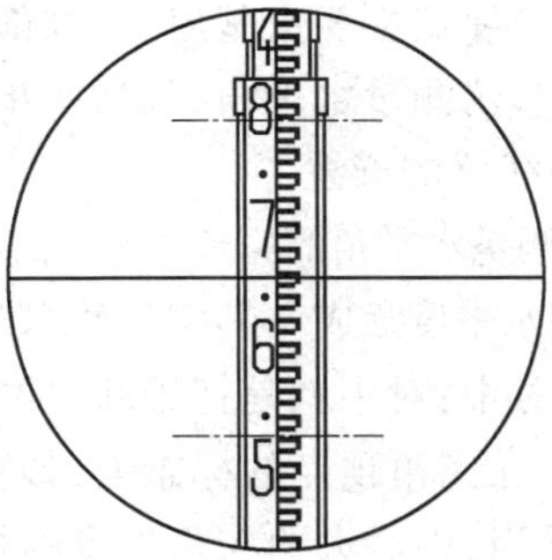

图 10—7 水准测量读数

二、水平角测量

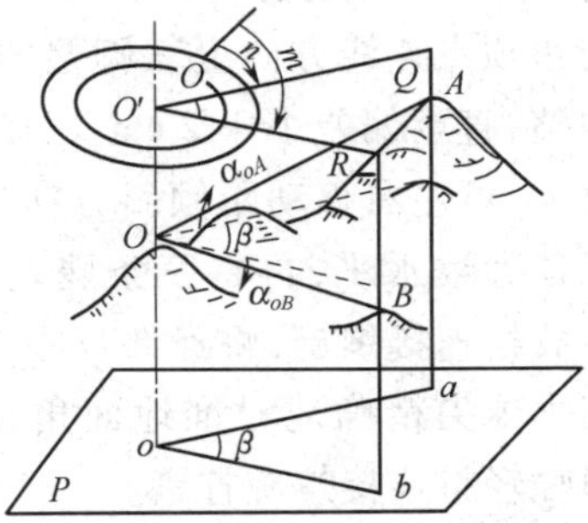

图 10—8 水平角示意图

地面上两条相交直线在水平面上的投影所夹的角称为水平角，一般用“β”表示。为了测量水平角 β 的大小，可假想在通过角顶点铅垂线上的某一点，放置一个刻有角度分划的水平圆盘，根据两条相交直线的投影在此圆盘上的读数，即可求出所夹的水平角 β（图 10—8）。

（一）经纬仪的安置

角度测量应用的仪器是经纬仪（图 10—9）。经纬仪有游标经纬仪和光学经纬仪两类，其中光学经纬仪目前广泛使用，其代号“J”，按精度划分 J_1、J_2、J_6、J_{15} 四级。

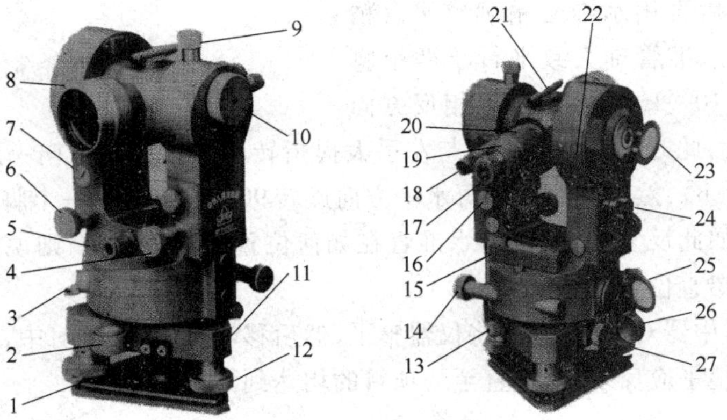

图 10—9 经纬仪

1—电路插销孔；2—圆水准器；3—照准部制动螺旋；4—望远镜微动螺旋；5—光学对中器目镜；6—竖盘水准管微动螺旋；7—堵盖；8—望远镜物镜；9—望远镜制动螺旋；10—测微螺旋；11—基座；12—脚螺旋；13—固定螺旋；14—照准部微动螺旋；15—照准部水准管；16—度盘调换钮；17—望远镜目镜；18—度盘读数窗目镜；19—十字丝保护盖；20—物镜对光螺旋筒；21—瞄准器；22—擦盘孔盖；23—竖盘反光镜；24—符合水准观察窗；25—水平度盘反光镜；26—水平度盘变位螺旋保护盖；27—水平度盘变位螺旋

光学经纬仪主要由基座、照准部、度盘三部分组成。

用经纬仪测量水平角,包括两步工作:第一是安置经纬仪,第二是测量水平角。

1. 经纬仪的安置

根据测量水平角的原理,把经纬仪放在欲测角的顶点时,必须使仪器中心线和角顶点铅垂线方向重合,使水平度盘成一个水平面,仪器竖轴处于铅直位置。因此经纬仪必须要进行对中和整平。

(1) 对中:对中就是把经纬仪的中心安置在通过角顶点的铅垂线上。先将经纬仪的三脚架打开,放在测角顶点的标志上,如在地面平坦处,使三条腿大约成等边三角形,且架头大致水平,高度适当,中心大约在角顶点的标志上。若在倾斜地面处,可将三脚架的两条腿放在下坡,另一条腿放在上坡,以防倾倒。三脚架放稳后,再打开仪器箱,取出仪器,放在架顶上,用连接螺旋将经纬仪和架头连接牢固,挂上垂球,看垂球尖是否对正在角顶点标志上,若相距较远(大于3 cm),就需要移动三脚架,可将位于垂球与角顶点连线方向上三脚架的那条腿前后移动调整,直至偏差小于2 cm 。移动后若架顶倾斜太大,可左右移动距倾斜方向较远的一条腿,使架顶大致水平,再将三条腿均匀插入土中。然后放松连接螺旋,将经纬仪在三脚架头上移动,使垂球尖精确地对准地面角顶点标志中心,随即轻轻将连接螺旋拧紧。

(2) 整平:就是把经纬仪的水平度盘安置成一个水平面,使仪器的竖轴处于铅垂位置。一般先用圆水准器大致整平,其方法与水准仪的精平方法相同,然后再用水准管精确整平。精确整平时,首先使水准管轴大致平行于两个脚螺旋的连线,如图 10—10(a),两手以相反方向旋转这两个脚螺旋,此时气泡移动方向与左手大拇指转动脚螺旋的方向一致。使水准管气泡居中,如图 10—10(b),然后将照准部再水平方向旋转90°,再旋转另一个脚螺旋,使气泡居中,如图 10—10(c),如此反复几次,直至水准管在如何位置气泡都居中,则说明水平度盘已成水平面,仪器竖轴在铅直位置。

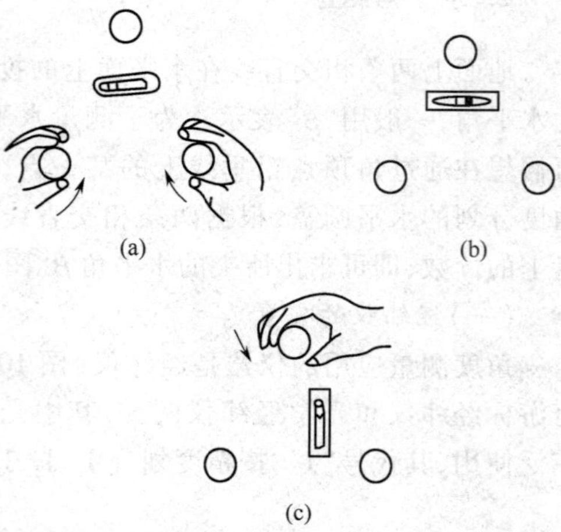

图 10—10　经纬仪整平图

若应用光学对中器对中时,应先将仪器整平,然后移动仪器,实行对中,此时整平又受到影响。因此,对中和整平应反复进行,直至两项目的均达到为止。

2. 瞄准

将望远镜制动螺旋和照准部制动螺旋松开,转动目镜对光螺旋,使十字丝清晰,然后利用望远镜上的照门和准星去瞄准目标。从望远镜内观看,如果目标在视场内,即旋紧望远镜和照准部制动螺旋,转动望远镜和照准部的微动螺旋,精确瞄准目标。再转动物镜对光螺旋,使物体的影像清晰,并注意消除视差。

(二) 测回法测量水平角

测回法是观测水平角的一种基本方法,通常用以观测两个方向所夹的水平角,如图 10—11 所示。为了测出∠*AOB* 的角值,先安置经纬仪于角顶 *O* 点上,进行对中、整平,并在 *A*、*B* 两点树立标杆或测钎、或用简易的小竹架吊挂垂球，作为照准标志，然后可进行测角，其观测步骤如下：

(1)先用盘左位置(竖盘位于望远镜的左侧，又称正镜)：松开照准部制动螺旋，顺时针方向旋转照准部，使望远镜瞄准左边观测点 A，固定制动螺旋旋转照准部微动螺旋和望远镜微动螺旋，使十字丝交点精确地对准 A 点(对光、消除视差)，读取水平度盘读数 a_1，设为 0°02′30″，记入水平角观测记录表格中，如表 10—1 所示。

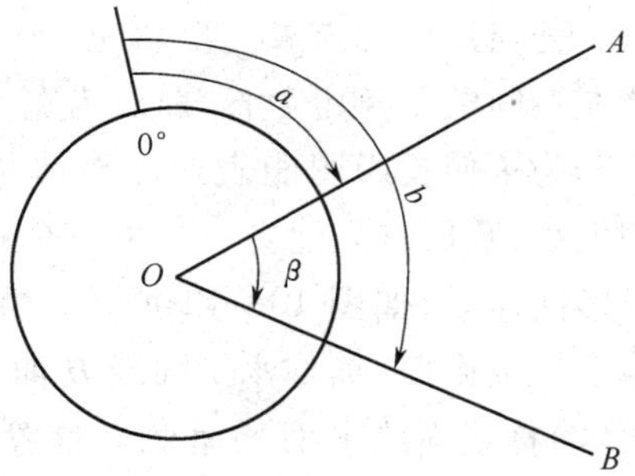

图 10—11　测回法测角示意图

表 10—1　水平角观测记录(测回法)

测　站	目　标	盘　位	水平度盘读数	角　值	平均值	备　注
0	A	左	0°02′30″	95°18′18″	95°18′24″	
	B		95°20′48″			
	A	右	182°02′42″	95°18′30″		
	B		277°21′12″			

(2)松开照准部制动螺旋(同时松开望远镜制动螺旋)按顺时针方向转动照准部，瞄到右观测点 B，固定制动螺旋，旋转微动螺旋，精确对准 B 点，旋取水平度盘读数 b_1，设为 95°20′48″，记入记录表格中。

则水平角等于右观测点读数减左观测点读数，即

$$\beta_1 = b_1 - a_1 = 95°20'48'' - 0°02'30'' = 95°18'18''$$

以上用盘左位置进行观测，称为前(上)半个测回。

为了消除仪器误差和提高测角精度，再用盘右位置(竖盘位于望远镜的右侧，也称倒镜)观测后(下)半个测回。并将结果记入记录表中。

(3)纵向旋转望远镜成盘右位置，转动变换水平度盘手轮，变换水平度盘读数约为 2°～3°。

两个半测回合称为一测回，按铁路测量技术规则，规定：用 J_6 级经纬测水平角，两个半测回之较差不超过 ±30′；用 J_2 级经纬仪测水平角，两个半测回之较差不超过 ±20″。若在此规定范围内，则取其平均值作为角的观测结果。即 $\beta = 1/2(\beta_1 + \beta_2)$。

若两个半测回之较差超过规定限值时，为不合格，需重新测量。在计算角值时，若被减数小于减数时，应先在被减数加 360°，然后再减，绝不能出现负的角值。

第二节　识图基础知识

一、正投影与三投影

(一)正 投 影

当投影线互相平行，并与投影面垂直时，物体在投影面上所得的投影叫正投影。

(二)三 视 图

任何形体都有长、宽、高三个向度,为了述说方便,将形体左右间的距离定为长,前后为宽,上下为高。

为了使投影图能表达出形体长、宽、高各个方面的形体和大小,我们首先建立一个由三个相互垂直的平面组成的三投影面体系,如图10—12所示。在此体系中呈水平位置的称水平投影面(简称水平面或H面);呈正立位置称正立投影面(简称正面或V面);呈侧立位置的称水平投影面(简称侧面或W面)。三个投影面的交线OX、OY、OZ称投影轴。它们相互垂直并分别表示长、宽、高三个方向。三个投影轴交于一点O,此点称为原点。然后把形体放在该体系中,并使形体的主要面分别与投影面平行,由前向后投影得到正面投影(V面投影),由上向下投影得到水平投影(H面投影),由左向右投影得到侧面投影(W面投影)。

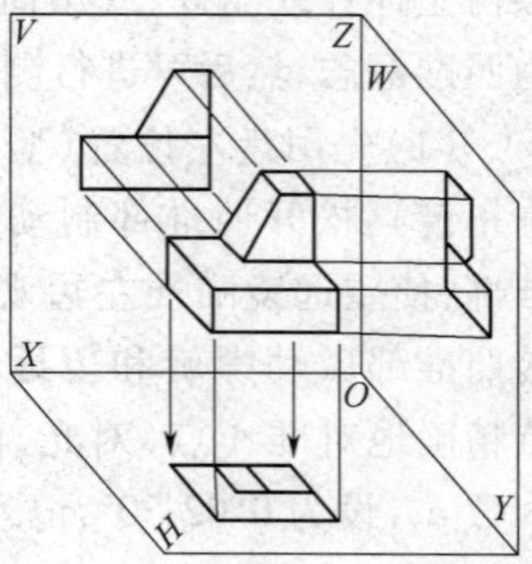

图10—12　三面投影图

为了把处在空间位置的三个投影面画在纸上,需将三个投影面展开。展开时使面保持不动,H面和W面沿Y轴分开,分别绕OX轴向下、绕OZ轴向右各转90°,使三个投影摊开在一个平面上。展开后OY轴分为两处,在H面上的标以OY_H;在W面上的标以OY_W,如图10—13所示。

由于投影面与投影面的大小无关,展开后的三面投影图一般不画出投影面的边框。其位置关系为:水平投影位于正面投影的下方;侧面投影位于正面投影的右方,如图10—14所示。在工程图上称V面投影为正立面图;H面投影为平面图;W图投影为左侧立面图。应注意,三面投影图与投影轴的距离,只反映形体与投影面的距离,与形体的形状和大小无关,故工程图样不必画出投影轴。

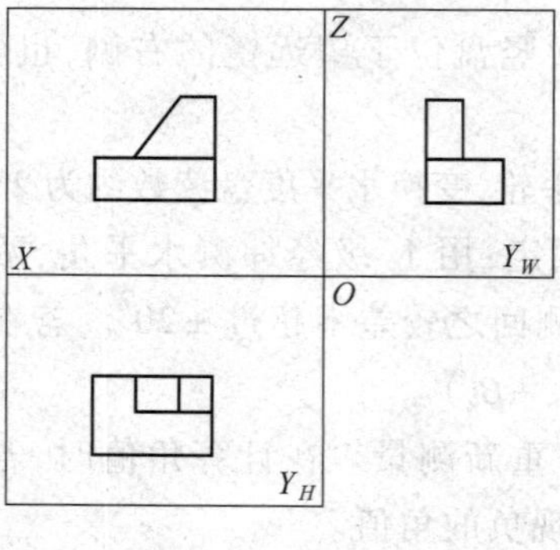

图10—13　空间投影面

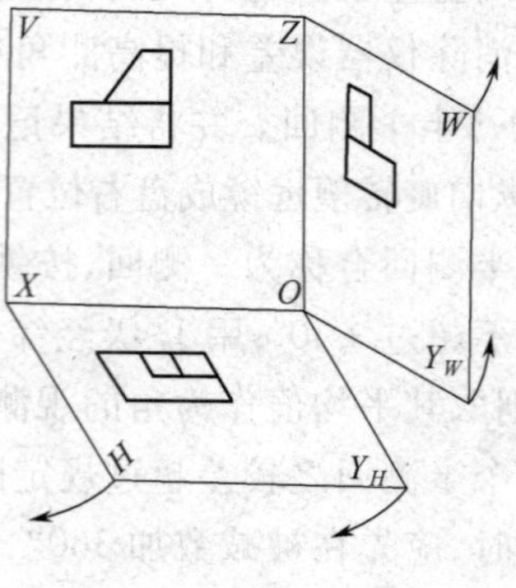

图10—14　空间投影面关系

二、三面投影图的规律

分析三面投影图的形成过程,如图10—13和图10—14所示,可以总结出三面投影图的基本规律,如图 10—15 所示。

由于正面投影、水平投影都反映了形体的长度,且 H 面又是绕 X 轴向下旋转摊平的,所以形体上所有的线(面)的正面投影、水平投影应当左右对正;同理,由于正面投影、水平投影应当左右对正;同理,由于正面投影、侧面投影都反映了形体的高度,形体上所有的线(面)的正面投影、侧面投影应当对齐;水平投影和侧面投影的宽度分别相等。上述三面投影的基本规律可以概括为三句话:"长对正、高平齐、宽相等"(简称"三等"关系)。

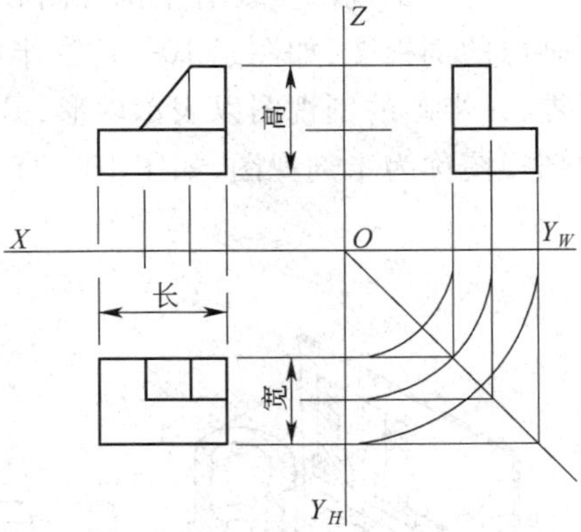

图 10—15　三视图

三、轴 测 图

三视图的主要优点是画图简单,但它缺乏立体感。工程上采用轴测图作辅助图。

一般物体均有长、宽、高三个主要尺寸反向的情况,不能同时反映出三个反向的情况。如图 10—16 所示,长方体的 V 面投影或 H 面投影,只能分别反映出其中的 1 面或 2 面的形状。若将长方体 1、2、3 三个面对应某一投面影面旋转成某一适当角度,或选取适当的轴测投影方向,将长方体连同长方体上的长、宽、高方向的坐标轴 OX、OY、OZ 向轴测投影面作平行投影,在轴测投影面上,就能得到同时反映长方体长、宽、高三个方向形状的轴测图。坐标轴的轴测投影称轴测轴,以 OX_1、OY_1、OZ_1 表示。轴测轴之间的夹角叫轴间角。物体上相互平行的轮廓线在轴测图上保持相交。注意到这些特点,将有助于今后的画图。常用的轴测图有正等轴测图和斜二轴测图两种。

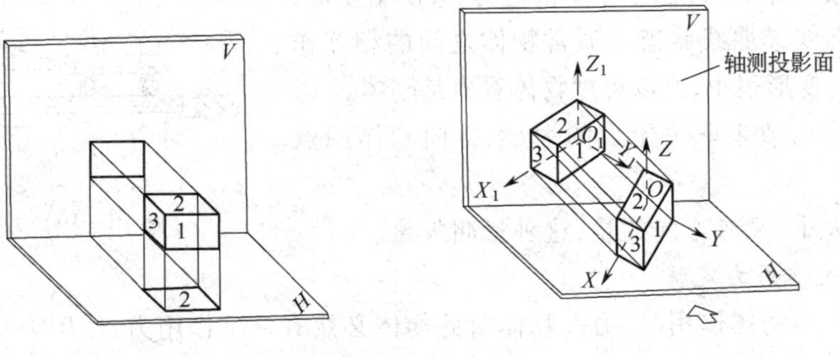

图 10—16　轴测图

轴侧图虽然有立体感,但其画图步骤较复杂,且不能完全确切地反映出物体各部分的形状和大小,因而在生产中只用作辅助图样。

四、剖 视 图

剖视图是工程上表示物体的一种辅助视图,如果用假想剖切面将物体剖开,移去一部分而将留下部分向投影面投影,这样画出的图形叫剖视图。剖视图能了解物体内部情况,能更加准确地描绘出形体以及尺寸等。

工程上剖视图主要有全剖视图和半剖视图等。全剖视图是用一个剖切面将物体全部剖开后所画出的剖视图，如图示 10—17。半剖视图是当物体构件的剖视图是对称的，可以用中心线为界，一半画的剖视图以表示内形，另一半画的以表达外形，这种既表达了内形又保留了外形的剖视图称为半剖视图，如图 10—18 所示。

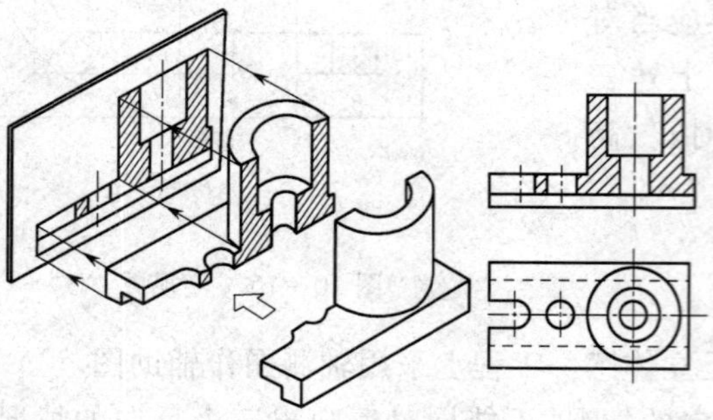

图 10—17　全剖视图

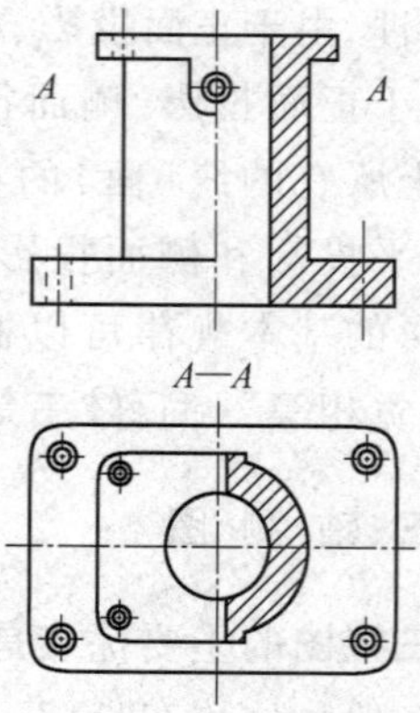

图 10—18　半剖视图

第三节　力学基础知识

一、力的概念与知识

力是物体相互的机械作用，这种作用使物体的运动状态发生改变或者使物体发生变形。如图 10—19 所示是一人用力拉小车，这一拉力将使小车由静止开始运动起来；另外由于小车的重力，梁产生变形，由原来直线状态变成曲线状态。通常物体之间的相互作用物体本身产生变形很小，所以可把物体看成是刚体。

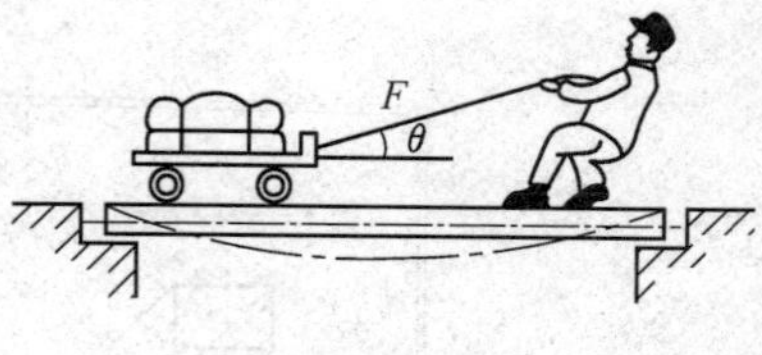

图 10—19　力的表示图

力对物体作用效果取决于力的大小、方向和作用点这三个要素。

力是既有大小、又有方向的量，这种量叫矢量。

(一)力与反作用力定律

一物体对另一物体作用时，另一物体对此物体必然有一反作用力，作用力与反作用力总是大小相等、方向相反并沿同一直线分别作用于这两个物体上。

(二)二力平衡原理

物体相对于地球静止或维持匀速直线运动，这种状态称为平衡态，简称平衡。要使作用在同一物体上的二力维持平衡，其必要与充分条件是此二力大小相等，方向相反且作用在同一条直线上，这是二力平衡原理。如图 10—20，力 F_1、F_2 作用在木块上，要使木块平衡，F_1、F_2 必须大小相等、方向相反并作用在同一条直线上，否则木块将产生运动(设接触面光滑)。

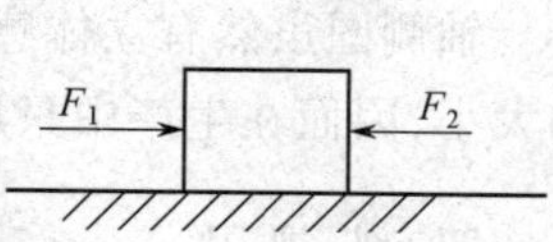

图 10—20　力的平衡图

（三）力的运算法则

1. 合成

作用在同一物体上的力可以合成为一个力，其作用效果相同。其合成法则为平行四边形法则，即作用在物体某一点上两个力的合力也作用在该点上，其大小、方向是以两个力为邻边的平行四边形的对角线表示，如图示10—21。

2. 力的分解

利用平行四边形法则不但可以把二力 F_1、F_2 合成一个合力 R，而且也可以把一个已知力 R 分解成两个分力 F_1、F_2。应注意的是二力的合成结果是唯一的。一个力分解的结果是多种的，如图10—22所示。

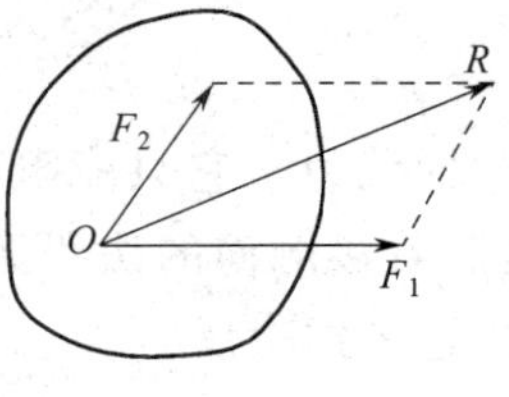

图10—21 力的合成

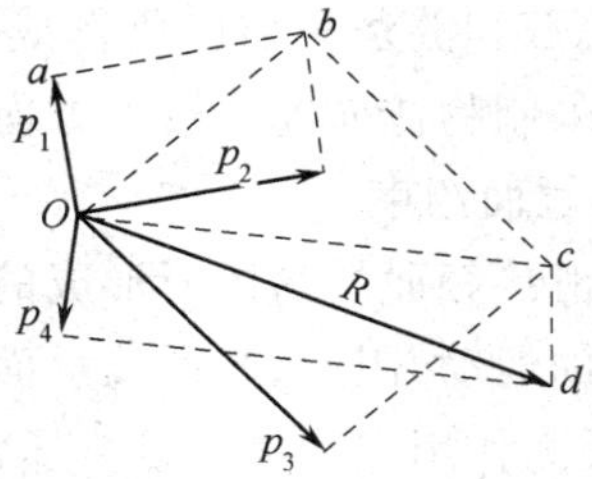

图10—22 力的分解

（四）力的可传性

作用于刚体上某一点的力，可以沿其作用线移到刚体内任一点，并不改变此力对刚体的作用效果，称此为力的可传性。

二、力矩的概念与计算

力对物体的作用效果可以使物体产生移动，也可以使物体产生转动。力矩就是衡量力使物体产生转动时其转动效果的物理量。如用扳手拧螺母时（图10—23），手对扳手柄的作用力 F 将使扳手与螺母绕 O 点转动，这个转动中心 O 点，力学中叫做力矩中心，简称矩心。从实践经验看，力使物体产生转动效果不仅与力的大小有关，而且与矩心 O 到力作用线的垂直距离 d 有关，这个垂直距离 d 力学中叫做力臂。力和力臂越大，转动作用就越大。此外，力的方向也很重要，当力的方向改变时，物体的转动方向也随之改变。因此，力使物体转动的效果完全取决于下列两个因素：

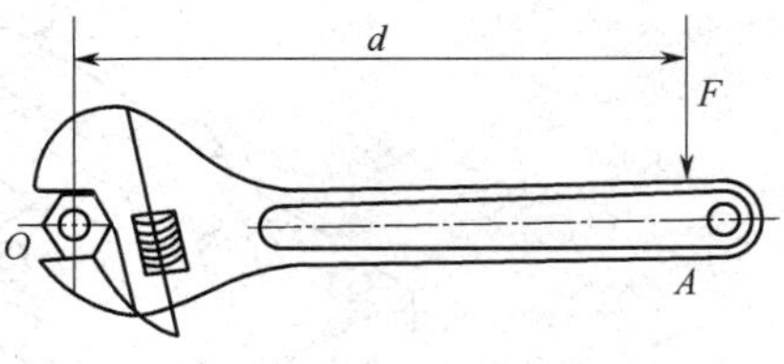

图10—23 力矩示意图

1. 力的大小与力臂的乘积即 Fd。

2. 力使物体绕矩心 O 转动的方向。

由以下分析可得力矩的定义如下：

力对某一点之矩，其大小等于力与力臂乘积，其正负符号规定为：力使物体绕某一点逆时针转动为正；反之为负。力矩通常用 $M_0(F)$ 表示，计算公式为 $M_0(F) = \pm F \cdot d$

若力的单位是牛（N），力臂的长度以米（m）计，则力矩的单位为牛·米（N·m）。

当力的作用线通过物体转动中心时，这时力臂为0，此时力对物体不产生转动效果，即力的作用线通过矩心时，力矩值为零，或 $F=0$ 时，$M_0(F)=0$。

三、受力分析、受力图

(一)约束与约束反力

一个物体受到其他物体的作用力可以分别为主动力与约束反力。凡是对物体运动起限制作用的其他物体都称为约束，约束作用在物体上的力叫约束反力。作用在物体上的力还有一种，它使物体产生运动或变形，这种力叫主力。

约束的类型有以下几种：

1. 柔性约束

由绳索、皮带和链条等物体所形成的约束，称为柔性约束。这类约束只能受拉而不能受压。它们只能限制物体向绳索沿长方向的运动。

2. 光滑接触面约束

由具有光滑接触面的物体所形成的约束，称为光滑接触面约束。它只能阻碍物体沿支承面的法线方向的运动，因此，光滑接触面的约束反力方向是沿着接触面的法线而指向物体，它是一种推力，反力作用点为接触点。通常用拉丁字母 N 表示这种约束反力。

3. 圆柱形铰接约束

如图 10—24 所示为圆柱形铰链约束，支座 1 和杆件 2 都有圆孔，用一个圆柱形销钉 3 将它们连接起来。由于支座与支承面固结，使杆件不能产生任何的移动，只能绕销钉轴转动。当杆件 2 受荷载作用时，杆件的孔壁便压紧在销钉上，这样销钉将通过接触点给杆件一个反力 R，这个反力的作用线沿接触面公法线而指向杆件，并通过销钉中心。但是，随着杆件所受的主动力不同杆与销接触点的位置也随之不同，因此，约束反力的方向尚不能确定。通常用两个方向相互垂直的分力 R_x、R_y 来代替。

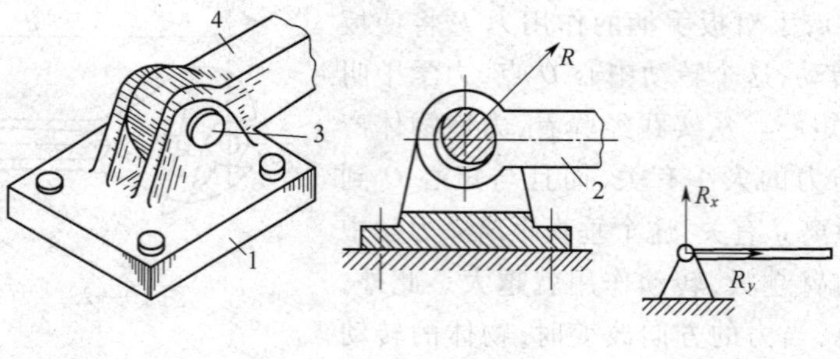

图 10—24 圆柱形铰接约束图

图 10—25(a)所示圆柱性铰接支座的支座可沿支承面移动，因此，它只能限制杆件沿支承面的垂直方向的运动，这种可动铰接的约束反力 R 的作用线是铰接中心并垂直于支承面。可动铰链支座的简图，如图 10—25(c)所示。

4. 轴承约束

轴可以在孔内任意转动，也可以沿孔轴线作微量移动，但是，轴不能沿径向向外运动。若不计摩擦，则轴承的约束反力 R 是由接触点沿公法线而指向圆心。但是，随着轴所受的主动力的不同，轴与孔的接触点位置也随之改变，所以约束反力的方向尚不能确定，一般用两个相

互垂直的分力 R_x、R_y 来表示。

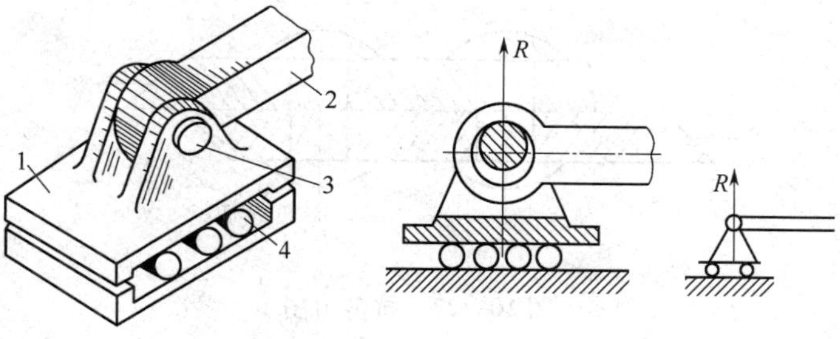

图 10—25　铰接支座图

上述各种类型的约束，都是将实际约束加以抽象和简化后的理想的力学模型，实际上遇到的约束往往比理想情况复杂，必须分清主次，略去一些次要因素，从而把约束归结为力学模型。

（二）受 力 图

把一个物体受力情况用画图方式表达出来叫物体受力图。

图 10—26 为一简支梁结构，其上作用着主动力 F，两端用铰链支座固定，则其受力如图所示。

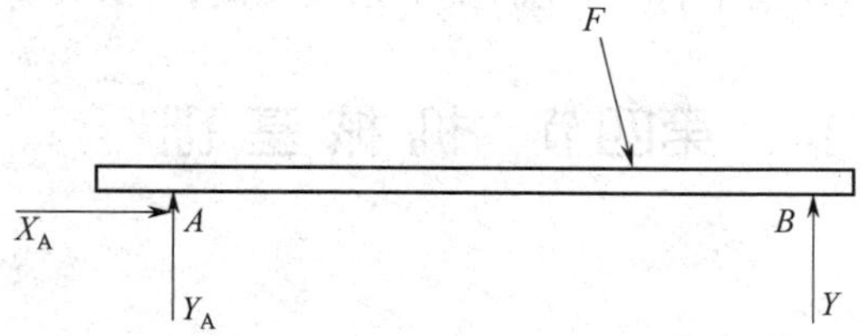

图 10—26　受力图

四、应力和强度

物体内部之间的作用力，这部分力叫内力，如一简支梁，我们假想用一平面将其截断后，则这两部分之间有作用力，这个力就是内力。内力我们又称之为应力。

由于外力作用在物体外部的方式不同，物体内部所产生的应力也不同。应力可分为：

(1)抗拉力：二人拉一根绳子，绳子就有拉长的倾向，在绳子断面上产生一种反抗拉力的应力，叫做抗拉力，也叫抗拉张力。

(2)抗压力：桥梁荷载通过支座压在桥墩上，桥墩有压缩的趋向，在桥墩的断面上产生一种反抗压缩的力叫抗压力。

(3)抗剪力：外力作用在物体上像剪刀或铡刀一样，有两个力，一个向下，一个向上(不在同一直线上)，物体有被剪切的倾向，在物体内产生一种抗剪切的力，叫做抗剪力。如铆钉所受的力(图 10—27)。

(4)抗挠曲应力：外力作用在一物体上，使物体有弯曲的趋势(如人站在跳板上，跳板会发生弯曲)，物体抵抗弯曲的力叫做抗挠曲应力。这应力在物体的断面上，上部为抗压应力，下部为抗拉应力，中间不受力。应力的大小一般为单位面积所承受的内力来表

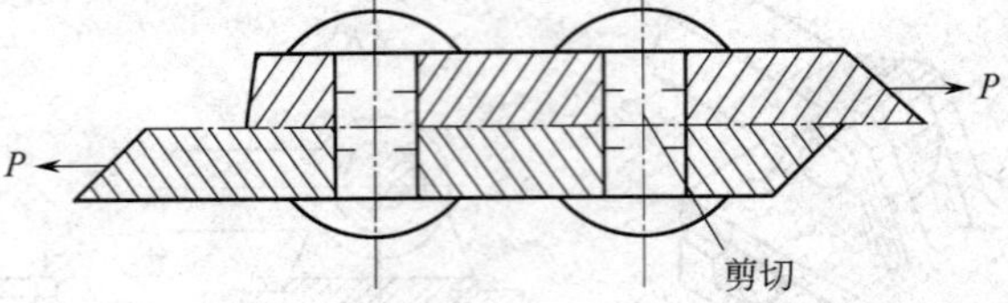

图 10—27 抗剪力图

示:应力 = 力 ÷ 断面积。

(5)应力的极限:凡一物体每单位面积所能承受的最大应力,称为极限强度。超过这一强度,物体就要破裂或折断。

(6)安全系数及允许应力:在工程结构及吊装作业中,无论钢丝绳、钢材、木材或混凝土材料,在使用时的容许应力,不能等于极限强度,而应低于极限强度。极限强度等于容许应力的多少倍,人们把这倍数叫安全系数(俗称保险系数)。因此,容许应力可按下式求得:

容许应力 = 极限强度 ÷ 安全系数

在一般永久建筑物中所使用的钢、木及混凝土等材料的安全系数为 2 至 3,临时性建筑物中安全系数可稍低;在装吊作业中,钢丝绳的安全系数较高,一般在 5 以上。

第四节 机 械 基 础

一、机构的组成

(一)构　　件

如图 10—28 所示内燃机中的曲柄滑块机构,就是由汽缸体、活塞、连杆、曲柄(曲轴)四个构件组成。构件按运动性质可分为三类:

1. 固定件(机架)

是用来支承活动构件的构件,如图 10—28 中的汽缸体。

2. 主动件(原动件)

是驱动力所作用的构件,或者说带动其他构件运动的构件,如图 10—28 中的活塞。

3. 从动件

是机构中随着主动件的运动而运动的其余构件,如图 10—28 中的连杆和曲轴。

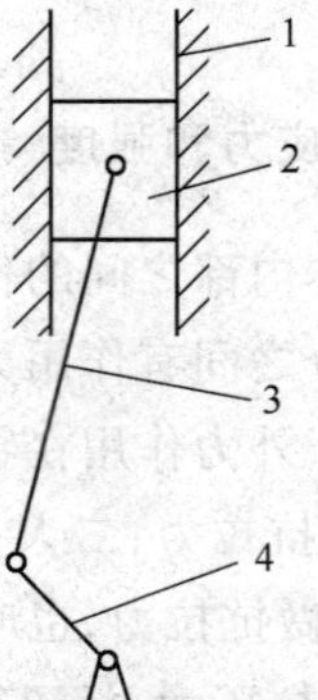

图 10—28 曲柄滑块机构

1—汽缸体;2—活塞;3—连杆;4—曲柄

(二)运 动 副

在机构中,我们把两个构件组成的具有一定相对运动的联接称为运动副。运动副根据接触形式的不同,一般将其分为低副和高副。

1. 低副

两构件通过面接触组成的运动副称为低副。又根据低副的两构件的相对运动是转动或移动，又分为转动副和移动副。转动副指两构件之间只能绕同一轴线作相对转动，也称为铰链，移动副是指两构件只能沿某一直线作相对移动，如图 10—29 所示。

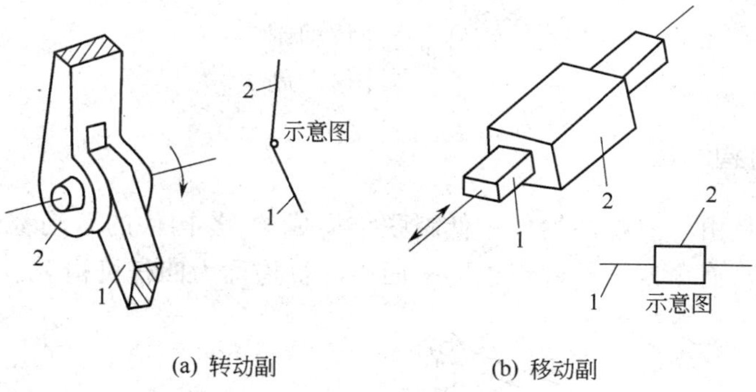

图 10—29　低副

2. 高副

两构件通过点或线接触组成的运动副称高副（图 10—30 所示）。一般高副由于是点或线接触，故承载能力差，但能传递较为复杂的运动。而低副由于是面接触，故承载能力强，且易制造，但低副为滑动摩擦，效率较低。

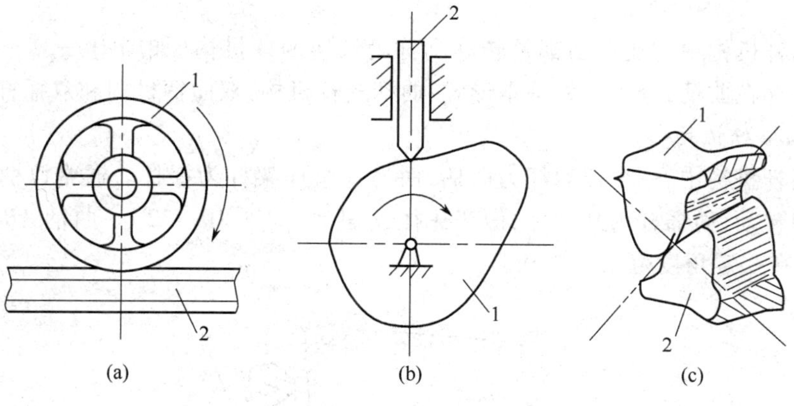

图 10—30　高副

机构的组成可归纳如下：

- 机构
  - 构件
    - 机架（固定件）
    - 主动件（原动件） } 活动件
    - 从动件 } 活动件
  - 运动副
    - 高副
    - 低副
      - 转动副
      - 移动副

二、平面连杆机构

平面连杆机构是由一些刚性构件用低副联结而成的，各构件的运动都是位于同一平面或相互平行的平面上。而由四个构件组成的平面连杆机构称为四杆机构。

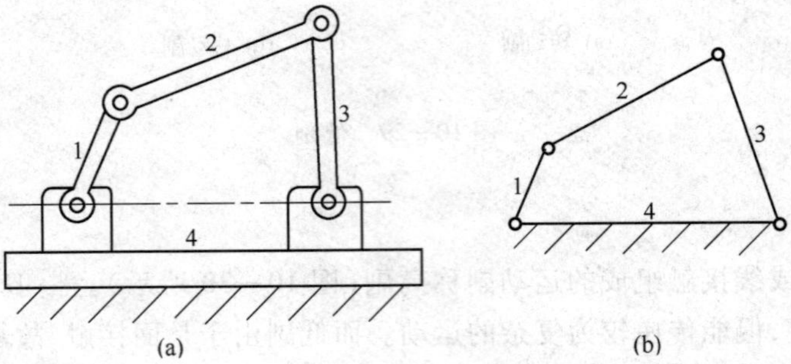

图 10—31　铰链四杆机构

当平面四杆机构中的运动副都是转动副称为铰链四杆机构（如图 10—31）。根据铰链四杆机构中是否存在曲柄，分为三种基本形式：曲柄摇杆机构、双曲柄机构和双摇杆机构。

（一）曲柄摇杆机构

在铰链四杆机构中，一个连架杆为曲柄，而另一个连架杆为摇杆。通常以曲柄为主动件，并做匀速圆周转动，而摇杆为从动件，做变速往复摆动（如图 10—32）。曲柄 *AB* 做整周转动，摇杆 *CD* 只能在一定角度范围内摆动。

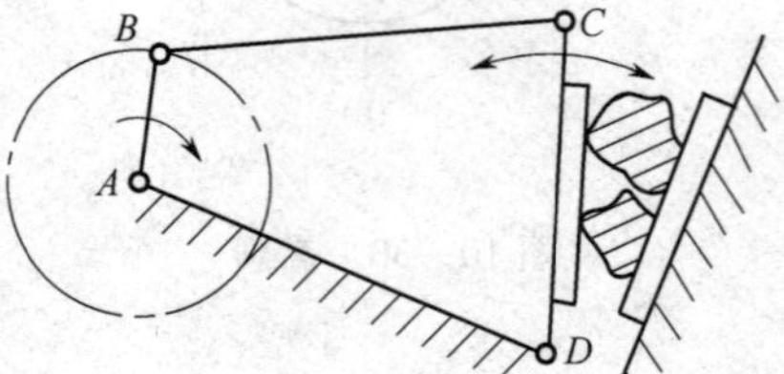

图 10—32　破碎机机构示意图

（二）双曲柄机构

在铰链四杆机构中，两连架杆都为曲柄（如图 10—33）。*AB*（主动件）曲柄匀速转动可转化为 *CD* 杆（曲柄）的变速转动。

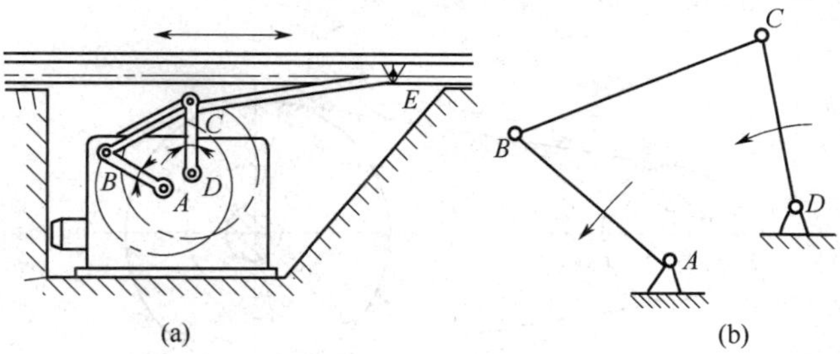

图 10—33 惯性筛示意图

(三)双摇杆机构

两连架皆为摇杆的机构称为双摇杆机构,如图 10—34 所示为汽车前轮转向机构。

(四)凸轮机构

凸轮机构主要由凸轮、从动杆和机架三个基本构件组成(如图 10—35)。通常凸轮作匀速转动,驱使从动杆作移动或摆动。

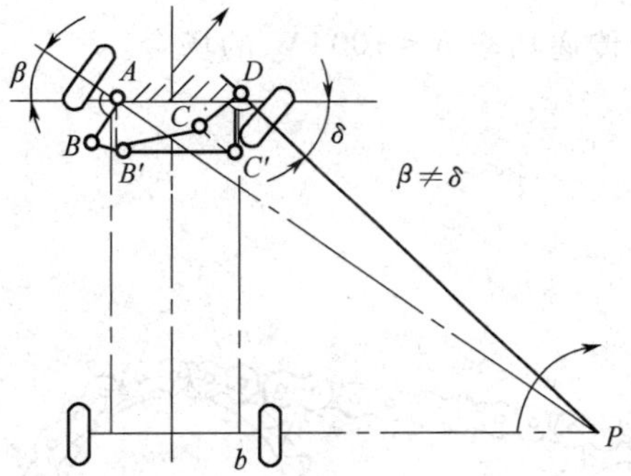

图 10—34 车辆前轮转向示意图

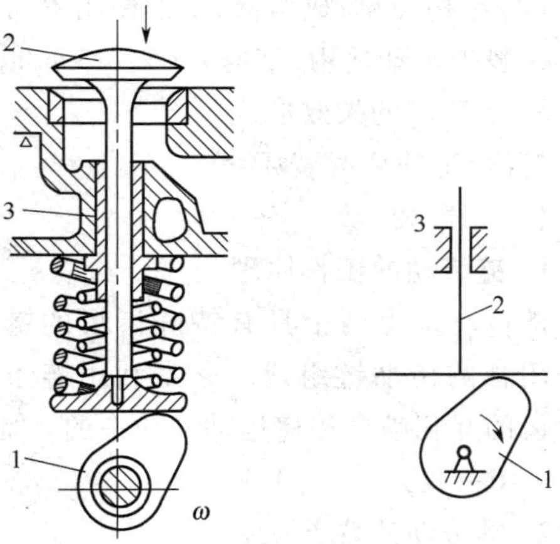

图 10—35 内燃机配气机构示意图

1—凸轮;2—从动杆;3—机架

三、机械传动

在机械工作中,一般都要在原动机和工作机之间利用一些装置来传递能量、传递运动和改变速度,这一装置称为传动装置。利用某些机械零件组成的传动装置称为机械传动。

(一) 带 传 动

1. 带传动的工作原理及应用

带传动有传动带和带轮组成(图 10—36),传动带张紧后,带与带轮的接触面就产生了正压力。当主动轮回转时,由于摩擦力的作用,它便通过传动带带动从动轮回转。这样就把主动轴的动力传递给从动轴。

常用的带传动有平型带传动,圆型带传动。

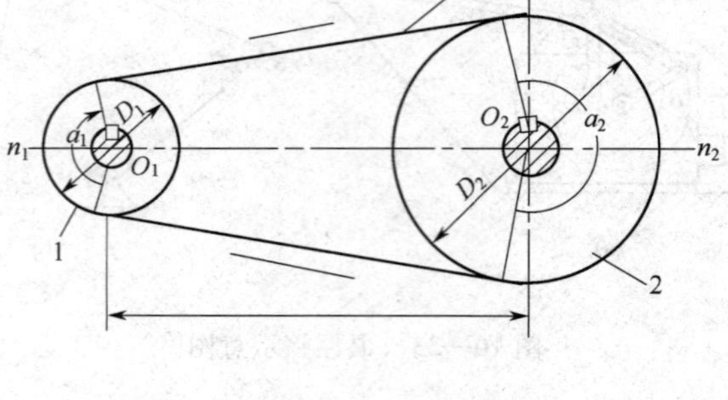

图 10—36　带传动图

1、2—带轮;3—传动带

2. 带传动的特点

(1)带具有良好的弹性,当过载时,带在轮面上打滑,可以防止损坏其他零件,但传动效率低。

(2)结构简单,成本低,带的使用寿命较短。

一般带传动适用,带速 $v=5\sim25$ m/s,传动比 $I\leqslant7$,传递功率 $N\leqslant100$ kW 的场合。

3. 带转动的失效形式

打滑、带的疲劳破坏

(二)链 传 动

1. 链传动的工作原理

链传动是由两个具有特殊齿形的链轮和一条闭合的传动链组成。它是利用链条与链轮轮齿的互相啮合传递运动和功率的,如自行车(图 10—37)。

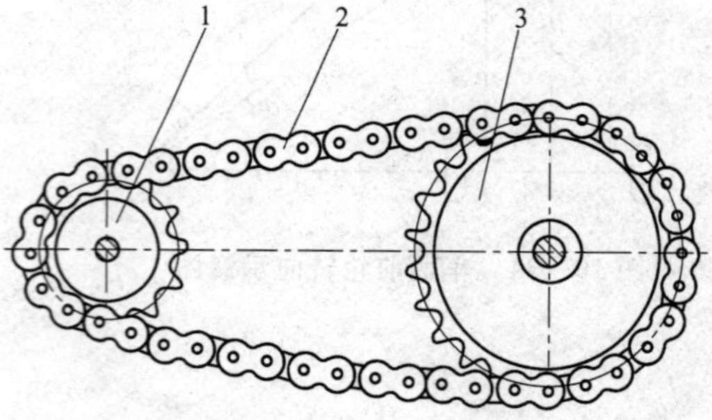

图 10—37　链传动示意图

1、3—链轮;2—链

2. 链传动的特点

(1)由于啮合传动,能保证准确的速比,效率高。

(2)链条为中间传动件,可用在两轴中心距较大的地方。

(3)链条的铰链易磨损,会造成脱链现象。

(4)成本较带高,传动中噪音较大,不能过载保护。

(5)功率较大,可应用于一些工作条件恶劣的场合。

(三)齿轮传动

1. 齿轮传动的特点

齿轮传动(图 10—38)是机械中应用最广泛的一种机械运动,它之所以应用广泛是因为具有较多的优点。

(1) 适用的圆周速度范围和功率范围广(速度可达 300 m/s,功率可达 10 万 W)。

(2)效率高,一般效率 $\eta=0.92\sim1.99$。

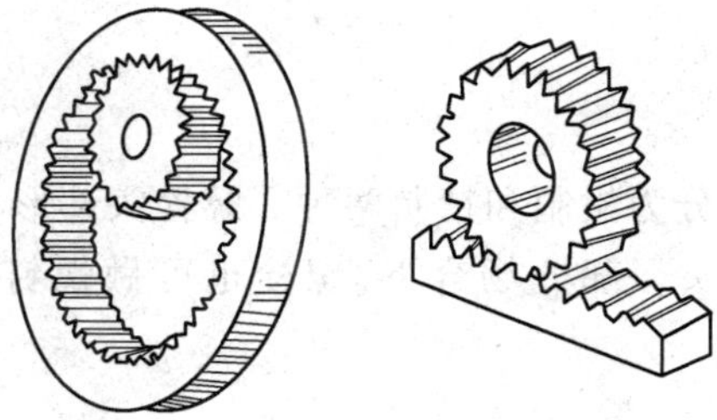

图 10—38　齿轮传动

(3)齿轮传动速比恒定,传动较平稳。

(4)结构紧凑,寿命长,工作可靠。

(5)可实现任意两轴之间的传动。

齿轮传动的主要缺点是制造和安装精度要求较高,因此成本较高。

2. 齿轮的失效形式

在齿轮工作中,如果齿轮失去正常工作的能力,就称之为失效,常见形式有轮齿折断、轮齿疲劳点、齿面磨损、齿面胶合、齿面塑性变形。

(四)螺旋传动

螺旋传动是利用螺杆与螺母组成的螺旋副来实现传动要求的,如图 10—39 所示。它主要用于将回转运动转变为直线运动。

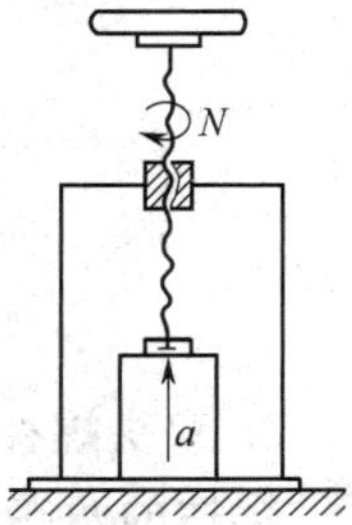

图 10—39　螺旋传动

(五)蜗杆传动

蜗杆传动是由蜗杆和涡轮组成的,如图 10—40。蜗杆一般为主动件。通常用于两轴交错成 90°的传动。蜗杆传动广泛应用于各类机械中。

蜗杆传动的优缺点为

优点:传动比大,一般为 7 ~ 80,有时甚至可高达 600 ~ 1 000;结构紧凑,传动平稳;有自锁性能,即只能蜗杆带动涡轮,而不能用涡轮带动蜗杆。缺点:传动效率低,发热量大,长期连续工作时必须考虑散热问题,另外一般材料较贵重,成本高。

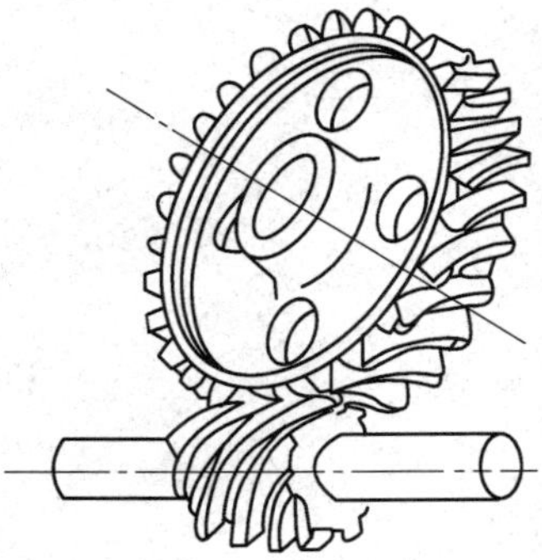

图 10—40　涡杆传动

四、机械零件

(一)轴

轴是机器中的重要零件,它的主要功用是支承转动件(如齿轮、带轮、链轮等)和传递运动和动力。

(二)轴　　承

轴承多用来装在轴的轴颈部位,以支承整个轴。一般根据运动时摩擦性质可分为滑动轴承和滚动轴承。

五、螺纹联结件及螺纹联结

一部机械都由许多零件以一定方式联结而成的。其中螺纹联结因为具有可拆性被广泛地使用于各种场合。

（一）常用标准螺纹联结件

1. 螺栓

根据加工精度不同，螺栓分为粗制和精制两种。螺栓头部形状很多，但应用最多的是六角头。一般情况采用标准六角头。部分场合下，螺栓也可做螺钉用，六角头螺栓如图 10—41 所示。

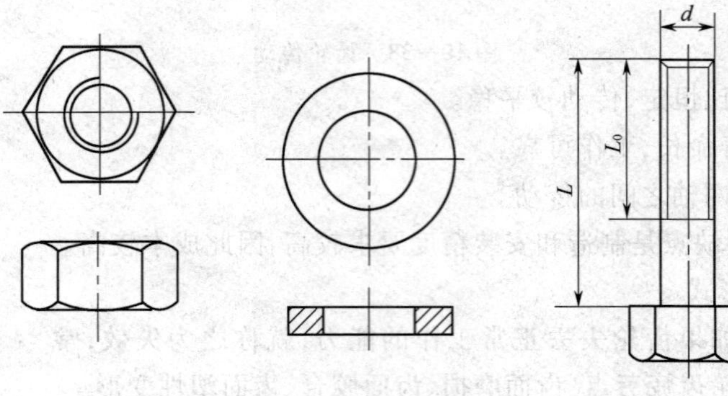

图 10—41　六角螺母、垫圈、螺栓图

2. 双头螺柱

螺柱的两端都有螺纹，螺柱两端螺纹的长度根据旋入被联结件的材料而定。

3. 紧定螺钉

根据不同拧紧程度有不同的头部形状。螺钉的尾部也有各种形状，如图 10—42 所示。

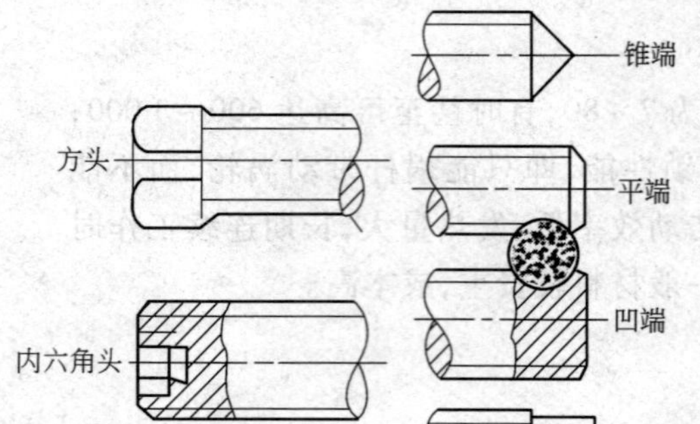

图 10—42　紧定螺钉

4. 螺母

按其外形状可分为圆螺母，六角螺母和方螺母等，其中应用最多的是六角螺母（图 10—41），圆螺母常用于轴上零件的轴向固定。螺母也分为粗制和精制两种分别与粗制螺栓和精制螺栓相配。

5. 垫圈

一般衬垫用的垫圈如图 10—41 所示，目的是增加被联结件的支承面积以减少接触应力，同时防止拧螺母时擦伤被联结件的表面。另外，弹簧垫圈还起到防松作用。

复习思考题

1. 水准测量的原理是什么？
2. 水准测量的方法是什么？
3. 如何安置经纬仪？
4. 测回法测量水平角的步骤是什么？
5. 三面投影的规律是什么？
6. 允许应力的含义是什么？
7. 机构由哪些部分组成？
8. 机械传动有哪些形式？

职业技能

初　级　工

一、起 打 道 钉

(一)作业(操作)方法、步骤

(1)在旧枕木面上垫起钉垫板起拨道钉。

(2)校直道钉并除锈。

(3)凿修钉孔。

(4)将木片[5 mm×10 mm×(100～130) mm]插入注油钉孔。

(5)新枕木钉道钉前应先用 ϕ14 mm 的钻头钻孔并在孔内注入防腐剂。

(6)将道钉垂直打入枕木。

(二)质量标准

(1)起钉时桥枕无压伤。

(2)钉孔无劈裂损坏。

(3)无八害钉。

(4)钢轨、垫板、枕木无锤印。

(三)安全注意事项

(1)按《铁路工务安全规则》设好防护。

(2)按规定穿戴劳保及防护用品。

(3)及时下道避车。

(4)防止飞钉伤人、撬棍滑落和碰伤手脚。

(5)禁止在钢轨上直钉、除锈。

二、整修、更换防磨垫板

(一)作业(操作)方法、步骤

(1)按《铁路工务安全规则》设好防护。

(2)在桥上线路几何状态不超限的基础上,检查 2 mm 及以上的空吊板和需要更换的垫板并做出标记,备好不同厚度的垫板待用。

(3)拧出螺纹道钉。

(4)抬起钢轨撤出铁垫板及原有防磨垫板。

(5)钉孔中打入圆木塞。

(6)穿入新垫板和铁垫板并重新钻孔。

(7)安装拧紧螺纹道钉。

(8)回检线路。

(二)质量标准

(1)垫板平面尺寸与铁垫板相同。

(2)垫板方正,窜出、缩入或歪斜不超过3 mm。

(3)垫板无失效,且不超过2层,双层垫板处所不超过5%,厚度不超过12 mm。总厚度12~15 mm处所不超过5%,吊板不超过3%且无连二。

(4)线路轨距、水平、方向、高低符合《铁路线路修理规则》规定的标准。

(三)安全注意事项

(1)桥上作业时,不得穿带钉和易溜滑的鞋。在无人行道的桥上,禁止在钢轨外侧起钉。

(2)起打螺纹道钉使用工具时要防止伤人。

(3)抬起钢轨加垫时,防止压伤手脚。

(4)如桥梁在轨道电路区段内时,应使用绝缘撬棍,防止联电。

三、整修、更换分开式扣件

(一)作业(操作)方法、步骤

(1)按规定设置防护。

(2)松卸分开式扣件:依次卸下螺帽、垫圈、轨卡、轨卡螺栓、螺纹道钉、铁垫板和胶垫等。

(3)清扫除锈:用钢丝刷清除轨卡螺栓、螺母、垫圈、轨卡和铁垫板上的积锈、污垢,用小扁铲清除垫板上的污物。

(4)涂油:螺栓和丝扣要均匀地涂抹油脂。

(5)安装扣件:在原道钉孔内打入注油木塞,穿入新垫板和铁垫板并重新钻孔,桥枕面削平涂防腐油后,依次安装分开式扣件各部分。

(6)按规定扭矩拧紧轨卡螺母,检查线路。

(二)质量标准

(1)更换后必须进行一次线路轨距、水平、方向、高低检查,使之达到《铁路线路修理规则》的标准。

(2)螺栓、螺帽及垫板上污垢应清除干净。

(3)分开式扣件各部件位置正确,无失效、螺纹道钉顺直紧密。

(4)扣件无松动,扣板螺栓扭矩符合规定。

(三)安全注意事项

(1)铁垫板向线路中心的轨底坡不要装反。

(2)调查测量后确定每块铁垫板下防磨垫板的厚度,要对号入座,避免返工。

(3)选用防磨垫板厚度一般不超过12 mm,以6 mm为宜。

(4)按规定穿戴劳保用品。

四、养护桥枕、护木

(一)灌缝涂油

1. 作业(操作)方法、步骤

(1)清缝:用小扁铲、小钢筋钩彻底清除桥枕或护木面上和裂缝中的旧腻料和污垢。

(2)堵缝:用经防腐处理的木片或浆膏填塞较大裂缝,并堵塞通向枕头、孔眼和削平槽口处的裂缝端头,防止浆膏外流。

(3)配制浆膏:

①按质量比 1:1 称出煤焦油和氟化钠的用量。

②把煤焦油加热到 35 ℃ ~40 ℃(40 ℃时开始冒小气泡)。

③慢慢地加入氟化钠,同时不断搅拌,使之均匀。

④煤焦油加热到 35 ℃以上时就会变稀,氟化钠容易沉淀不好使用。如煤焦油过稠,调成的浆膏不易灌涂,可适当增加煤焦油的比例,一般选用 1:1.5。为防止氟化钠沉淀,使用时应经常搅拌。

(4)灌缝:

①用小壶或铁勺将浆膏灌入。

②第一次灌满后,经列车震动后会下沉,要再灌一次,直至灌缝无下沉为止。

③用小抹子将浆膏刮平。

(5)涂防腐油:清除木质表面污垢并清扫干净后,用扁油刷沾防腐油或煤焦油均匀地涂于木质顶面,对细小裂纹应多刷几遍,使防腐油或煤焦油灌入缝内。

2. 质量标准

(1)木质表面无污垢,并清扫干净。

(2)灌缝饱满、平整,缝口凹陷深度不超过 3 mm。顶面 2 mm 以上裂纹漏灌处所不超过 5% 。

(3)浆膏和防腐油或煤焦油按规定比例配制,稀稠程度适中。

(4)涂刷均匀,漏涂、流淌、露底处所不超过 3% 。

3. 安全注意事项

(1)按规定设置防护,及时下道避车,确保人身安全。

(2)涂油时应经常进行搅拌使其均匀,注意防火。

(3)按规定穿戴防护手套、口罩和护目镜等劳保用品。

(二)捆扎作业

1. 作业(操作)方法、步骤

(1)画定位线:在距桥枕端头 100 mm 处或护木劈裂处垂直于轴中心线画线。

(2)制作铁线钉:用 $\phi 3\sim 3.5$ mm 的铁线截取长 50 mm,弯制成 U 形马钉若干个,截取铁线的两端时应切成尖形。

(3)捆扎:

①当裂缝宽在 3 mm 及以上、长度超过 300 mm 时,应用夹枕器夹紧桥枕或护木,使裂缝愈合。

②捆扎时，先将铁线一头弯成90°、长20 mm的弯钩，钉入侧面距顶面40 mm处，再将铁线绕桥枕或护木2～3周，用紧线器拉紧铁丝，边捆扎边用小锤敲打铁丝，使其与桥枕或护木密贴、方正、捆紧。

③捆紧后，分别用扒钉将两端钉牢。

(4)剪断铁线，为防止松弛，应将铁线弯回后打入另一侧面。

2. 质量标准

(1)捆扎位置正确，铁线应垂直于轴线。

(2)捆扎铁线紧牢，无松弛，表面裂缝小于2 mm。

(3)捆扎铁线无重叠、分开、歪斜。

3. 安全注意事项

(1)按《铁路工务安全规则》设好防护。

(2)使用紧线器时防止蹬脱伤人。

(3)按规定穿戴劳保用品。

(三)削平作业

1. 作业(操作)方法、步骤

(1)画线：清理表面裂缝中的砂石、泥土，以防损坏锯条、铲刃，然后画切口线(以铁垫板两侧边缘各30～60 mm处为宜)，切口线与轴线垂直。

(2)锯口：用手锯按切口线轻锯一水平切口，深度比垫板底面低1～2 mm，外侧锯口应稍深，以便削出排水坡度。

(3)削平：扁铲与木质面约成30°角，用力斜向削平，再找细找平。

2. 质量标准

(1)削平范围为垫板外30～60 mm，槽口要削平，切线要整齐，并与桥枕或护木轴线垂直，歪斜不超过3 mm。

(2)削平面应平顺，无毛刺，砍削深度不超过5mm，要求不积水，削平后不留锯痕。

(3)木屑清扫干净，削平面应涂防腐油，无漏涂、流淌。

3. 安全注意事项

(1)锯削时，注意防止碰伤手脚和损伤桥枕或护木。

(2)锯削工具不得碰击钢轨及其他零件，不用时应加套保护。

(3)施工工具放置不得侵限。

(4)按规定穿戴劳保用品。

五、整修、更换钩头、护木螺栓

(一)作业(操作)方法、步骤

(1)拆卸螺栓帽：用钢丝刷清除螺帽、栓顶、丝扣外露部分和垫圈上的油垢后，卸下螺栓帽。

(2)拆卸螺栓、铁垫圈、清除污垢，必要时应进行整修或更换。

(3)防锈处理：除锈彻底，做好涂装。

(4)安装:按顺序安装螺栓、铁、胶垫圈,若螺栓钩头栓孔周围有 5 mm 及以上缝隙时,应加经防腐处理的木楔,然后进行丝扣涂油。螺栓安装牢固后,应再对顶部涂油一次。

(5)检查:检查螺栓位置是否正确,钩挂应密贴并拧紧,打上箭头标志。

(二)质量标准

(1)螺栓、螺母、铁垫圈污垢铁锈清除彻底,无裂纹、缺损,锈蚀、陷入木料深度不大于 2 mm。

(2) 铁、胶垫圈尺寸符合标准,安装整齐,无裂损、失效、缺少或陷入木料。

(3)钩头面积应保证有$\frac{2}{3}$部分紧贴钢梁,不准钩在铆钉或螺栓上。

(4)螺栓杆与翼缘间隙超过 4 mm 者不超过 5%。

(5)安装牢固,扭矩达到 30 ~ 50 N·m,扭矩不足和超拧处所不超过 5%,无松动、平移,丝扣无滑丝现象。

(6)轨道电路地段,钩螺栓铁垫圈与钢轨铁垫板间在任何情况下都要有 15 mm 以上的间隙。

(7)螺杆顶面不高出基本轨顶面,严禁超过轨面 20 mm,且无不满帽现象。

(三)安全注意事项

(1)按《铁路工务安全规则》设好防护。

(2)搭设脚手架时,应捆绑牢固,使用前进行检查。

(3)应按规定穿戴防护镜、手套、口罩等劳保用品,双层作业时,应戴安全帽,系好安全带。

六、整修护轨

(一)作业(操作)方法、步骤

(1)检查、对不符合标准的部位作出标记并记录。

(2)调整护轨高度。

(3)调整护轨间距超限处所。

(4)护轨下垫板缺少、腐朽、串动,应补充、更换、钉牢。

(5)整治接头错牙。

(6)自动闭塞区间,护轨安装绝缘衬垫。

(二)质量标准

(1)护轨顶面不高出基本轨面 5 mm,也不低于基本轨项面 25 mm。

(2)护轨与基本轨头部间净距在有砟桥上,其净距为 500 mm,允许误差为 $^{+10}_{-5}$ mm;在钢梁明桥面上,其净距为 200 mm(当基本轨为 60 kg/m 钢轨时为 220 mm),当桥上设有伸缩调节器时,其最大净距可为 320 ~ 350 mm,允许误差为 ±10 mm。

(3)护轨接头靠基本轨一侧左右错牙小于 5 mm。

(4)梭头各部联结牢固,尖端悬空小于 5mm。

(5)护轨底悬空大于 5 mm 处所不超过 8%。

(6)护轨绝缘衬垫安装良好。

(7)接头螺栓无缺少,螺栓位置安装正确无松动。

(三)安全注意事项

(1)按规定设置防护;及时下道避车。

(2)自动闭塞区间作业,使用撬棍加绝缘套管,防止导电。

(3)工料具放置不得侵入限界。

(4)穿戴好劳保用品。

七、单根抽换桥枕

(一)作业(操作)方法、步骤

1. 准备工作

(1)将制作好的桥枕运至施工地点。

(2)拆除步行板,钉尖向下,放妥。

(3)按《铁路工务安全规则》第2.2.2条规定,拆下钩螺栓或护木螺栓并及时戴帽放妥。

(4)拆下应更换桥枕两端的分开式扣件,旋松应更换桥枕两边前后5~10根桥枕上的轨卡螺栓。

(5)串动应更换的桥枕,检查上盖板有无锈蚀,必要时进行去污、除锈并做好防锈处理。

2. 基本作业

(1)封锁区间、设置防护。

(2)拆除护木,抬起基本轨、护轨。抬起高度应大于桥枕刻槽深度与栓钉高度之和。

(3)撤出铁垫板及防磨垫板,抽出旧桥枕。

(4)穿入新桥枕,定位后铺设防磨垫板及铁垫板。

(5)落下钢轨,钻道钉孔眼并进行防腐处理,旋紧螺纹道钉,然后安装轨卡螺栓并按规定扭矩拧紧。

(6)检查线路轨道几何状态,确认符合要求。

3. 收尾工作

(1)安装护木并使其平顺、严密。

(2)上齐钩螺栓、护木螺栓,螺杆、丝扣、螺母、垫圈应进行除锈涂油,并按规定扭矩拧紧螺栓。

(3)安装步行板。

(4)运出旧桥枕。

(5)撤除防护并通知车站开通线路。

(二)质量标准

(1)选用的桥枕要符合铺设标准。

(2)桥枕与铁垫间必须铺设4~12 mm防磨胶垫板一层,吊板不得大于2 mm,垫板大小与铁垫板一致,无歪斜、串动。

(3)桥枕槽口与钢梁盖板宽窄相应,最大间隙不大于4 mm。

(4)桥枕与钢梁联结系间空隙大于3 mm。

(5)槽口、钉孔、栓孔、裂缝须进行防腐灌缝处理。

(6)桥枕与桥梁中心垂直。

(7)护木与新换桥枕扣紧密贴,有缝隙时应小于2 mm。

(8)旋入螺纹道钉前要先钻道钉孔,并在孔内注入少量氟化钠粉末,也可以在孔内注入少量防腐油再旋入道钉。旧钉孔应加木楔。采用渗锌处理的螺纹道钉可不做防腐处理。

(三)安全注意事项

(1) 按《铁路工务安全规则》设好防护。

(2)有人行道的桥梁,可在人行道上作业,在两侧无人行道的桥梁上,可在桥梁一侧搭设脚手架作业。

(3)在有轨道电路地段作业,应使用绝缘撬棍并注意防止联电。

(4)及时避车,料具放置稳固不侵入限界。

(5)在无人行道桥上作业时,禁止在钢轨外面使用撬棍,装卸护木螺栓及钩螺栓不得向桥外方向用力。

(6)抬起钢轨时在基本轨下应加木垫,防止突然落下伤人,抬起后不得将手脚伸入轨底;抽送桥枕时要戴手套;使用枕木卡,人要站稳,动作要协调,禁止站在被换桥枕头上,以免摔下。

(7)拆下的步行板要放稳,不准有露尖的铁钉,以防扎人。

八、整修设备标志

(一)作业(操作)方法、步骤

(1)检查、对不符合标准的标志做出标记并记录。

(2)清理、补充、刷新标志。

(二)质量标准

(1)各种标志无缺少。

(2)各部尺寸及标识数据准确,符合相关技术标准。

(三)安全注意事项

(1)桥上或隧道内作业按规定设置防护。

(2)穿戴好劳保用品。

(3)工料具放置不得侵入限界。

(4)桥下作业穿戴安全帽、安全带;上下桥时注意列车运行情况。

九、更换护木

(一)作业(操作)方法、步骤

(1)调查确定护木的更换长度,制作护木。

(2)按需要位置正确钻螺栓孔,并做防腐处理。

(3)拆除旧护木并移出桥面,放于适当地点。

(4)清扫护木底部的桥枕面,并根据实际情况做枕面及孔眼的挖补和防腐处理。

(5)安装护木,各部位要卡紧密贴,用锤敲击护木时要垫木块。

(6)螺栓涂油防锈后安装上紧,注意整正各种垫圈位置并画箭头标志。

(7)接头钉铁皮,应严密无缝,防止漏水、积水。

(二)质量标准

(1)护木槽口深20~30 mm,并与桥枕卡紧密贴,间隙不大于2 mm。

(2)梁端断开,应留有一定空隙,保证梁的自由伸缩。

(3)护木安装顺直,位置正确。

(4)护木内侧距基本轨外侧距离:按《铁路桥隧建筑物修理规则》第3.1.19条4款办理。

(5)护木接头左右不允许有10 mm错牙,如相邻两孔不能顺直时,应在护木内侧加楔木衔接并用螺栓联牢。

(6)护木接头采用半木搭接于桥枕上,并由钩护螺栓连接牢固,缝隙不大于2 mm。

(7)螺栓顶端不应超过基本轨顶面20 mm,螺栓孔应垂直,偏差不大于4 mm。

(8)护木必须经过防腐处理。

(三)安全注意事项

(1)封锁区间,设置防护。

(2)放置料具不得侵入限界。

十、更换步行板

(一)作业(操作)方法、步骤

(1)测量尺寸,下料。

(2)拼装焊接钢质步行板、灌注钢筋混凝土板或锯刨木板。

(3)钢板防锈或木板防腐处理。

(4)拆除旧步行板,安装新步行板。

(二)质量标准

(1)步行板面表面平整,各部尺寸和制作质量符合要求。

(2)步行板四角整平,边缘顺直。

(3)步行板与桥枕联结牢固,梁端应断开。

(4)钢质板除锈彻底,涂漆均匀,无漏涂流淌;钢筋混凝土板无裂损;木板无腐朽断裂,防腐处理良好。

(三)安全注意事项

(1)注意瞭望,及时避车。

(2)应按操作规程办理,保证人身安全。

(3)料具放置适当,不得侵入限界。

十一、螺栓涂油

(一)作业(操作)方法、步骤

(1)松卸螺帽:卸下螺帽后用钢丝刷清除螺帽、栓杆、丝扣、垫圈上的油垢。

(2)除锈:用钢丝刷、刮锈刀、棉纱头将螺帽、丝扣、铁垫圈上的铁锈、污垢清除干净。

(3)涂油:在丝扣上、螺帽、铁垫圈上抹润滑油或防锈油脂。

(4)安装检查:拧紧前整正垫圈位置,按规定拧紧螺帽,并检查是否符合要求。

(二)质量标准

(1)螺帽、丝扣、铁垫圈上应无锈、污垢。

(2)螺纹部分应涂油,无漏涂或浪费油脂(采用渗锌防锈处理可不涂油)。

(3)钩螺栓钩头位置正确,螺杆与钢梁翼缘间隙不大于4 mm,如有超过,数量不超过5%。

(4)螺栓无松动,一般螺栓扭矩达到30~50 N·m,超限者不超过5%。

(5)螺杆顶部不高出基本轨20 mm,且无不满帽现象。

(6)各种垫圈安装正确,规格形式符合标准,无缺少,歪斜、损坏或多层垫圈(人行道支架除外)不超过5%。

(7)自动闭塞区段,螺栓铁垫圈与钢轨铁垫板间隙大于15 mm。

(三)安全注意事项

(1)按规定设置防护。

(2)按规定的数目,限量松卸螺栓,无人行道梁上拧卸时不得向桥外用力。

(3)按规定穿戴劳保用品。

(4)凡有扭矩要求的螺栓拧紧时,均需用标定过的扭矩扳手拧紧螺栓,防止超拧或欠拧。

十二、清理钢结构

(一)作业(操作)方法、步骤

(1)清扫除去钢结构表面灰尘、污垢。

(2)冲洗钢结构并用棉纱头擦干。

(二)质量标准

(1)钢材表面应无可见的油脂和圬垢。

(2)涂油面清洁。

(三)安全注意事项

(1)按《铁路工务安全规则》相关规定设置防护。

(2)穿戴好劳保及防护用品。

十三、钢结构涂装

(一)作业(操作)方法、步骤

(1)除锈、打磨。

(2)清除钢表面附着不牢的氧化皮、油漆涂层等附着物。

(3)清扫、揩擦。

(4)调配油漆。

(5)油漆涂装。

（二）质量标准

（1）除锈彻底，清扫干净。

（2）油漆均匀，无淋挂。

（三）安全注意事项

（1）脚手架搭设牢固，按规定穿戴好劳保防护用品。

（2）注意瞭望，及时避车。

十四、支座保养

（一）作业（操作）方法、步骤

（1）用钢丝刷、铲刀、破布清除支座周围、防尘罩及支座各部分的灰尘和污垢。

（2）清除支座上下摆污垢和铁锈，均匀涂刷防锈底面油漆。

（3）清除支座铁锈，对弧形支座、摇轴和辊轴支座的滚动面要细致擦拭干净，掏出原有黄油，重新压填黄油或擦石墨。在新黄油面外贴一层塑料薄膜，确保支座清洁。

（4）装好防尘罩，用油漆封闭缝隙，防止灰尘侵入。

（二）质量标准

（1）各部分清洁、无灰渣，活动端涂固体油脂或擦石墨涂擦均匀，无缺漏。

（2）支座位置平整密实，各部分相互密贴。

（3）锚栓无松动缺少。

（4）排水良好，无翻浆流锈。

（三）安全注意事项

（1）作业吊篮或脚手架要牢固，使用前注意检查。

（2）在2 m以上高处作业应系安全带。

（3）列车通过时应暂停作业。

十五、墩台清理、修补

（一）作业（操作）方法、步骤

（1）清扫，凿除表面风化层。

（2）清洗凿毛圬工面。

（3）拌砂浆。

（4）抹面、压实，压平。

（5）养生

（二）质量标准

（1）风化表层清除干净。

（2）砂浆拌和均匀。

（3）抹面表面平整、光滑，接茬平顺、密实，无空响、裂纹。

（三）安全注意事项

（1）按《铁路工务安全规则》搭拆脚手架，穿戴劳保用品。

(2)上下墩台时注意列车运行情况。

(3)工具放置妥当,无失落。

十六、整修吊篮、围栏

(一)作业(操作)方法、步骤

(1)搭设必要的简易脚手架或吊架,对吊篮、围栏损坏处所进行整修和清理涂装。

(2)用除锈铲或机械除掉表面旧涂膜,用钢丝刷打磨并清擦干净。

(3)选择合适涂料并调配、搅拌、使其黏度适中,无沉淀。

(4)涂刷底漆两度(涂刷一度底漆后将易积水的缝隙进行腻平),面漆两度。

(5)在每涂次层油漆前,应先将前层油漆表面轻轻打磨,使之光洁,并清擦干净,然后施涂,涂刷完毕应恢复表面原有标志

(二)质量标准

(1)表面清理彻底,清擦干净。

(2)油漆均匀,底漆、面漆各涂两度,质量符合要求,表面清洁有光泽。

(3)钢结构联结牢固,无扭曲、锈蚀。

(4)步板齐全完好、无缺少。

(三)安全注意事项

(1)脚手架或吊架要搭设牢固,必要时系好安全带。

(2)上下人行道时要注意瞭望,及时避车。

十七、砌石作业

(一)浆砌块石

1. 作业(操作)方法、步骤

(1)一般将厚度一致的石料分层平砌,丁顺相间或两顺一丁(图1),上下错缝。

(2)如石料厚度不一致时,也可搭配平砌,但应每高 70 ~ 120 cm 找平一次,每段内和两段相接处的垂直错缝均不得小于 8 cm(图2)。砌成行列,同一行列内外不能有贯通的垂直缝。

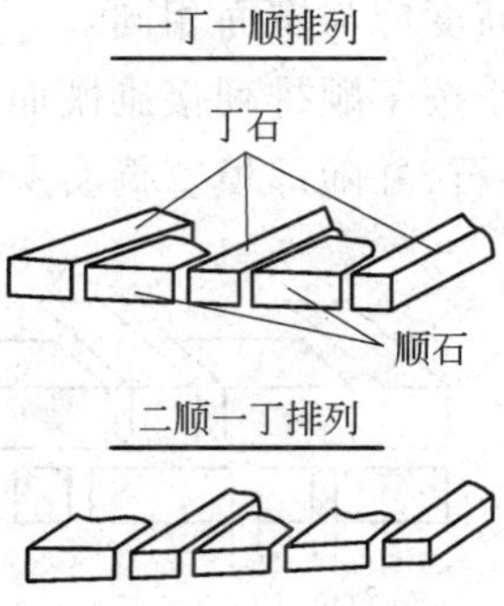

图1　丁顺石排列

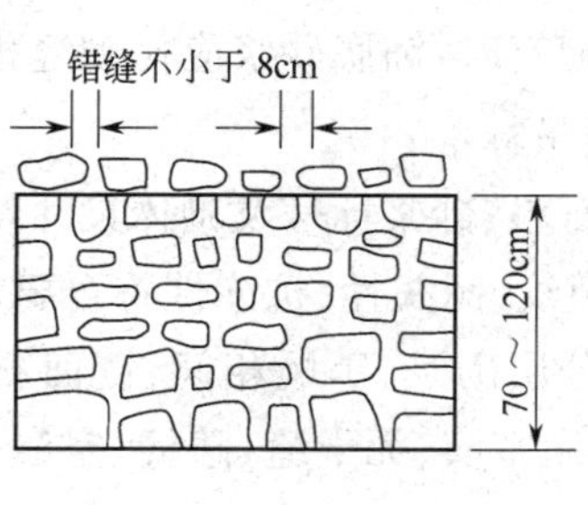

图2　浆砌块石灰缝

(3)镶面石的砌筑最好采用"一丁一顺"或"两丁一顺"排列。丁石长度不得小于相邻顺石宽的 1.5 倍,如图 3 所示。

(4)砌石顺序:先角石,再镶面,后填腹。

(5)填腹石的行列或分层高度应与镶面高度相差不大。

2. 质量标准

(1)砌体尺寸、砂浆标号应符合设计要求,石质无风化、裂纹,耐久性、抗冻性符合要求。

(2)分层砌筑,丁顺相间,石块间砂浆饱满密实,无松动及空隙。

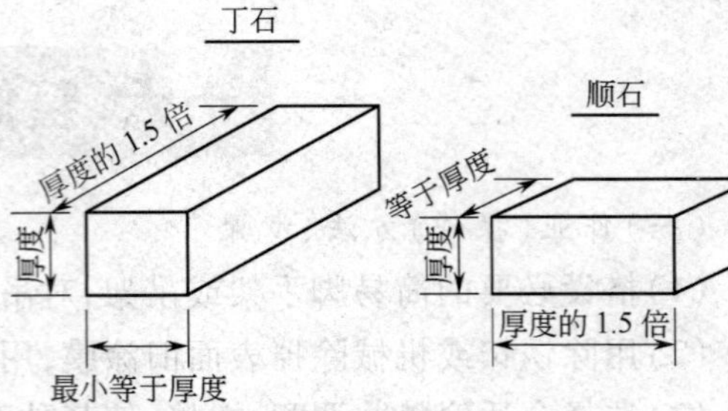

图 3 丁石和顺石尺寸

(3)砌体灰缝缝宽不大于 20 mm,错缝间距不少于 80 mm(见图 11—17)。表面凹陷用 5m 弦丈量小于 20 mm,灰缝超限每 10 m^2 不超过三处。

(4)旧圬工损坏部分清除彻底、清洗干净,并且砂浆抹平,新旧圬工联牢。

3. 安全注意事项

(1)搬运石料、砌石时应戴防护手套。

(2)加工石料时要带防护照镜,并控制石屑飞出的方向,避免伤人。

(3)脚手架及跳板必须搭设稳固,防止空头板。

(4)两人抬石料时,要用同一侧肩;多人抬运石料时,要有人指挥喊号子,上肩下肩动作一致,防止闪腰。

(5)砌石时要轻拿轻放,防止挤手碰脚,严禁下摔。

(6)工作面上待用的石料,必须放稳,防止滑动伤人。

(7)在高空或陡坡上作业时,要遵守有关的安全规定。

(二)浆砌粗料石

1. 作业(操作)方法、步骤

(1)外形比较复杂的工程,在砌筑前应先做配料设计图,注明每块石料的尺寸;外形比较简单的,也要先放样配料后,再进行安砌。

(2)同一层石料及水平灰缝的厚度要均匀一致,每层按水平砌筑,丁顺相间。砌石灰缝要互相垂直,灰缝宽度和错缝符合质量要求。

(3)砌石顺序:先角石,再镶面,后填腹。填腹石的分层高度应与镶面相同。

(4)圆端、尖端及转角形砌体的砌石顺序,应自顶点开始,按丁顺排列接砌镶面石。

(5)砌筑时,铺底砂浆应比砌缝稍厚,然后按顺序安砌料石,并随即填塞捣实灰缝。

2. 质量标准:

(1)石料、砂浆标号及砌体尺寸符合设计要求,石质无风化、裂纹,耐久性、抗冻性符合要求。

(2)分层砌筑,丁顺相间,镶面石行列成水平,石块间砂浆饱满密实,无干缝、瞎缝、空缝和松动现象。砌体灰缝宽度不大于 10 ~ 15 mm,(见图 4)错缝间距不少于 80 mm。灰缝超限每 10 m^2 不超过三处。

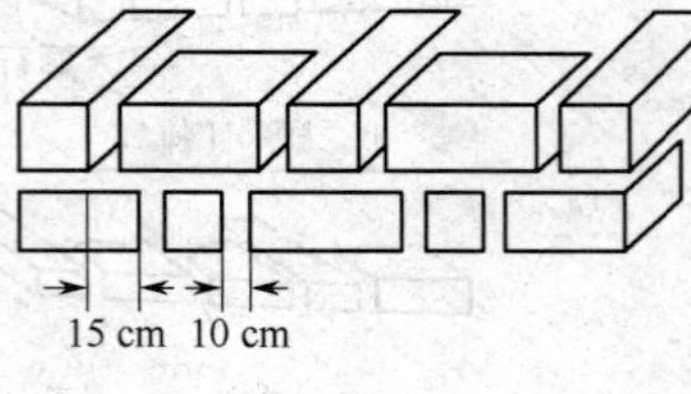

图 4 浆砌料石灰缝

（3）丁石的上层或下层不得有垂直灰缝（不可避免时，只允许在顶面或底面有一条垂直灰缝）。

（4）镶面粗料石表面施工误差，用 2 m 弦线丈量小于 15 mm，两相邻砌块外表面彼此错牙不大于 3 mm。

3. 安全注意事项

（1）脚手架及跳板必须搭设稳固，防止空头板。

（2）两人抬石料时，要用同一侧肩；多人抬运石料时，要有人指挥喊号子，上肩下肩动作一致，防止闪腰。

（3）砌石时要轻拿轻放，防止挤手碰脚，严禁下摔。

（4）工作面上待用的石料，必须放稳，防止滑动伤人。

（5）在高空或陡坡上作业时，要遵守有关的安全规定。

（三）浆砌片石

1. 作业（操作）方法、步骤

（1）准备工作，包括整平地基，清洗石料，工具准备。

（2）先砌角石定位石，再砌镶面石，然后填腹。每一石块，须先在底面及相邻已砌石块的侧面铺抹足量砂浆，要求面面挤满砂浆，洞洞塞紧小石块。

（3）砌完一层后，不必找平，每砌三层，按"大平、小不平"的要求，找平一次，即为一砌筑行列，其高度为 70 ~ 120 cm。

2. 质量标准

（1）砌体尺寸、石料及砂浆标号应符合设计要求，石质无风化、裂纹，水锈、泥土应清洗干净。

（2）基底应符合设计要求，岩石基底表面无风化及松软土石。非岩基底夯实整平，表面无浮土杂物，土质基底铺有砂石垫层。

（3）分层填筑（每层约 1 m 左右找平），底层大面朝下，咬接密实，石块间砂浆饱满（图 5），砌体灰缝宽度不大于 40 mm，不小于 20 mm，垂直无空缝；错缝距离不小于 80 mm（图 6），三块石料相砌，内切圆直径不大于 70 mm，灰缝下限处所每 10 m^2 不超过 5 处。

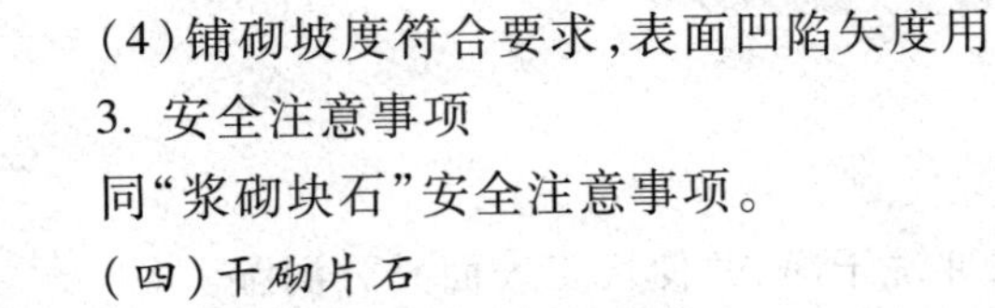

图 5　砌石咬接紧密

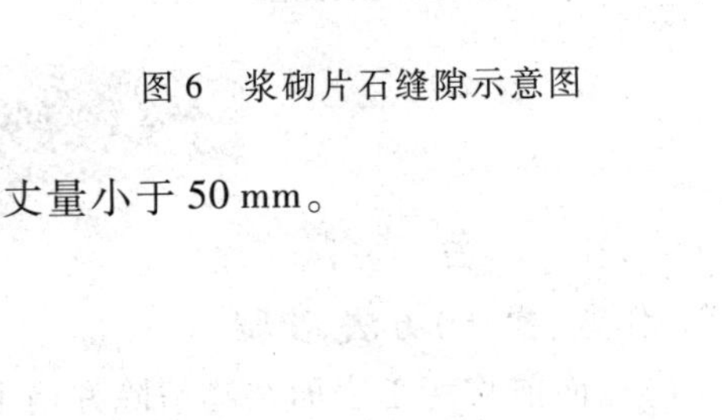

图 6　浆砌片石缝隙示意图

（4）铺砌坡度符合要求，表面凹陷矢度用 2 m 弦丈量小于 50 mm。

3. 安全注意事项

同"浆砌块石"安全注意事项。

（四）干砌片石

1. 作业（操作）方法、步骤

(1)整平基面并夯实，按设计放样挂线。

(2)在夯实整平的基面上铺设一层碎石垫层，垫层厚度10~15 mm。

(3)选料砌石，砌筑时应挑选形状适当的石块使之相互咬接紧密，较大石块砌筑在下层，突出的棱边应打掉并加以修整；砌缝宽度不大于40 mm，空隙用小石块或碎石填实，不得有松动、悬空、塌陷等缺点。

(4)当砌体厚度在30 cm以下时，只能砌一层片时采用平砌，不能用两层薄片石垒砌，更不能表面覆盖石板，下面堆放碎石。

(5)采用栽砌法时，石料大面轴线与铺砌面相垂直。上下层石块相互错缝，每隔1 m左右选一块长度大于厚度的丁石，使之插入坡面或垫层。

(6)铺砌护基时，应由外向内砌；铺砌护底时，应由两端向中间铺砌，砌筑上游河床时应将较大石块砌在铺砌开始的地方，砌下游河床将较大石块砌在靠近出口处；砌筑护底垂裙，应先砌外侧后砌内侧，以防下滑。砌筑时应作好两个不同断面处连接。

(7)砌筑护坡的基础墙或小的干砌片石挡土墙，应先砌筑面石，再砌腹石，并分层砌筑，咬接紧密，每层以1 m左右为宜。不能只注意砌好表层而忽视腹石的砌筑，更不允许采取包馅的方式，在中间填筑小片石。基础与护坡坡脚的连接，应使坡脚嵌入基础。不允许把坡脚直接砌于基础上。

(8)砌筑前应挖好基础，严禁边挖边砌。石料应抬运，不准从边坡上或基坑内滚放。

(9)质量检查，清理现场

(10)必要时搭脚手架

2. 质量标准

(1)石质坚硬，无风化和裂纹，石块中部尺寸不小于15 cm。

(2)砌体底面应平整密实并铺设具有良好级配的碎石垫层不小于10 mm，铺设均匀，在坡面上设置垫层，应随片石砌筑高度分层铺设夯实。

(3)砌体尺寸符合设计要求。

(4)砌石大面朝下或垂直坡面，咬接紧密，支垫稳固，砌面上用小石块塞缝并用受锤打紧。片石无松动、悬空、塌陷，石块间无蜂窝石。

(5)砌缝无贯通，缝宽不超过4 cm，三块石料相接处的内切圆直径不超过7 cm。

(6)砌体表面平顺，用2 m弦量，矢度不超过5 cm。

(7)砌体坡度符合设计要求。

3. 安全注意事项

同"浆砌片石"安全注意事项。

十八、砂浆抹面与勾缝

(一)抹　　面

1. 作业(操作)方法、步骤

(1)抹面前将圬工表面杂物清除并凿毛，用水冲洗干净，并使圬工表面充分润湿。

(2)用不低于M10号的水泥砂浆(水灰比0.55~0.60)分层施抹，每层厚度为1.0~

1.5 cm，总厚度以 3 cm 为宜。

(3)平抹可一次完成，立抹和仰抹则需分层，先抹一层，24 小时以后用钢丝刷刷毛后再抹第二层，最后压实抹光。

(4)若抹面后的水分蒸发缓慢，可洒少许水泥砂浆干粉(水泥、砂子拌和后不加水)，然后压实抹光。

(5)初凝后覆盖，洒水养生，时间不少于 7 天。

2. 质量标准

(1)抹面的圬工表面要清除彻底，要凿毛洗净。

(2)水泥砂浆拌和要均匀，强度等级不低于 M10。

(3)压实抹光，龟裂和空响面积不超过 2%。

(4)表面平顺无凹陷，流水坡符合要求。

3. 安全注意事项

(1)高空作业搭脚手架牢固，作业人员系安全带，禁止双层作业。

(2)凿除混凝土要戴好劳保用品。

(3)凿除混凝土打锤人员与把钎人员要垂直 90°，禁止对面打锤。锤把安牢，锤头、钢钎不得有飞边。

(4)电气化区段距接触网 2 m 以内作业应断电。

(二)勾　缝

1. 作业(操作)方法、步骤

(1)勾缝前开缝。用手凿或风动凿将砌体灰缝或损坏的旧缝凿深 3～5 cm。开缝宽度，料石 1.0～1.5 cm，片石 1～4 cm。

(2)开缝后用压力水将缝内石砟、粉末冲洗干净，并使石缝充分润湿。

(3)勾缝前应刷一层素水泥浆，然后用 M10 水泥砂浆勾缝，水灰比一般采用 0.52～0.65。

(4)勾缝，将水泥砂浆自下而上，从左至右抹入灰缝，缝过深时，应二次进行。砂浆初凝时用小抹子压光，缝边找平，压实。用毛刷打去毛刺和飞边。

(5)勾缝后用草袋或野草等覆盖，并经常洒水养护，时间不少于 7 天。

2. 质量标准

(1)用砂宜稍细，不宜过粗，并不得使用火山灰质水泥。

(2)开缝时砌石无凿伤。

(3)勾缝深度不小于 3 cm。

(4)勾缝用砂浆主体工程不低于 M10，附属工程不低于 M7.5 并拌和均匀。

(5)要压实抹光，无裂纹，脱落、断道，空响。不良处所不超过 5%。

3. 安全注意事项

(1)搭设脚手架符合有关规定。

(2)根据作业部位，按规定设置防护和避车。离地 2 m 以上高处作业，需系安全带，戴安全帽。

(3)凿除灰缝要戴护目镜，持锤手不需戴手套。

(4)电化区段，距接触网 2 m 以内作业要断电。

中 级 工

一、检查桥隧病害

桥隧常见病害有：

(1)钢梁桥：桥枕护木腐朽失效，钢梁涂装失效，钢结构裂纹、扭曲、变形伤损，高强度螺栓、铆钉松动；纵横梁联结处焊缝开裂、结点板联结松动开裂，线梁中心偏差超限；限界不足等。

(2)圬工梁桥：圬工梁裂纹，梁端顶死，横隔板断裂，中性化深度超限，线梁中心偏差超限，限界不足等。

(3)支座：铸钢支座纵向位移，盆式橡胶支座纵向位移、转角超限、钢盆开裂、脱焊，聚四氟乙烯板磨损窜出，圆柱面钢支座聚四氟乙烯板窜出等，平板橡胶支座裂纹、外鼓、钢板外露、变形、串动等。

(4)墩台：位移、变形、晃动超限，裂纹，冲刷等。

(5)涵渠：裂纹露筋，管节断裂、错位，盖板下沉，接缝渗漏，框构涵底部冒泥浆等。

(6)隧道：隧底断裂，衬砌残损变形、漏水，限界不足等

(一)作业(操作)方法、步骤

(1)根据不同病害项目，带齐相关检查、检测工具、仪器。

(2)测量、记录检查发现的各项数据。

(3)根据检查记录，分析病害发生的原因，制定出病害整治处理的措施。

(二)质量标准

(1)检查认真细致，各项记录数据准确。

(2)病害分析定性准确，处理措施得当。

(三)安全注意事项

(1)根据检查的病害项目需要按规定设置防护、搭设脚手架。

(2)穿戴好劳保及防护用品。

二、检查桥隧限界

下承式钢板梁、桁梁，三向预应力钢筋混凝土(槽型)梁，隧道均需进行限界检查。

(一)作业(操作)方法、步骤

(1)横断面法是一种定位测量断面的方法，即先选定施测横断面位置，逐个测出隧道的净空轮廓。然后综合全隧道横断面的最小轮廓点(包括附属设备突出)构成综合最小限界的

方法。

横断面测量中的测点,由轨面至起拱线间,左右两侧的测点高度间距应不大于 400 mm;隧道起拱线以上拱部左右两侧的测点圆心角应不大于 10°。定点间有突出的控制点应加补测点。

对下承式钢板梁、三向预应力钢筋混凝土(槽型)梁,测量每个断面线路中心至两侧的距离,并根据实际尺寸找出该梁的最小综合断面尺寸。

摄影法可以在行车条件下,对固定焦距处显示隧道内轮廓的光带,定时一个个的拍照,经过冲洗,判读换算出隧道断面的实际尺寸或找出区段的最小综合断面尺寸。

(2)绘制限界图。

(二)质量标准

(1)各断面位置选择恰当,测量数据准确、精度符合要求。

(2)限界图绘制准确,最小断面处所符合现场实际。

(3)对于半径小于 800 m 的曲线,由检查架测得的限界应按公式 $C = L^2/(8R)$ 进行折减后绘制。

式中 C——曲线内外侧加宽量(mm);

L——货车转向架中心销间距离(常用 40 t 及 60 t 平板车为 9 350 mm);

R——隧道线路的最小曲线半径。

(三)安全注意事项

(1)按规定设置防护,测量时封锁区间。

(2)穿戴好劳保及防护用品。

三、更换护轨

(一)作业(操作)方法、步骤

(1)检查护轨轨型,丈量尺寸,备好钢轨等料具。

(2)拆下旧护轨,移至适当位置,并将新护轨就位,接头联牢。

(3)整修新换护轨,使各部位置尺寸均符合技术标准和质量要求。

(4)运回旧料堆码整齐。

(二)质量标准

(1)护轨顶面不高出基本轨顶面 5 mm,也不得低于基本轨顶面 25 mm。

(2)护轨头部外侧与基本轨头部内侧间距:P50 轨为(200 ± 10)mm,P60 轨为(220 ± 10)mm。

(3)护轨接头上齐 4 根螺栓(每端 2 根)且螺栓头部在线路中心一侧。接头外侧(靠基本轨侧)左右错牙小于 5 mm。

(4)护轨底部悬空大于 5 mm 处所不超过 8%;梭头尖端悬空不得大于 5 mm。

(5)护轨道钉或扣件齐全完好,浮离 2 mm 及以上不超过 5%。

(三)安全注意事项

(1)封锁区间,设置防护。

(2)放行列车应按《铁路工务安全规则》第2.2.2条办理。

(3)运钢轨应注意动作协调一致,以防伤人。

(4)料具堆放牢稳,不得侵入限界(轨道电路地段,道防导电短路)。在道心临时放置钢轨应钉牢并加临时木楔头。

四、制作桥枕

(一)作业(操作)方法、步骤

(1)计算桥枕根数及确定桥枕位置:根据钢轨接头、防爬角钢位置计算桥枕根数,并在钢轨上标定桥枕位置和编号。

(2)桥面抄平及计算桥枕厚度。

(3)画线:采用样板进行,画线数据要认真校对,确保无误;选择材质、规格合格桥枕并根据画线数据用画针在桥枕上一次画出盖板槽口、钩螺栓孔、防爬角钢螺栓孔及分开式扣件位置。

(4)锯槽:按画线锯出槽口,边线方正良好。

(5)挖槽削平:根据挖槽宽度,先用平口凿划分成几段,然后分段挖槽,以免木料劈裂;当挖槽接近所需深度时,采用斜口凿进行削平,避免产生劈裂与毛刺;削平时采用留线的办法,使挖槽深度一致,避免造成吊板。上盖板栓钉部位应挖纵向槽。

(6)钻螺栓孔:孔眼直径比螺栓杆不大于2 mm,钻通时,可将钻杆上、下提动两次,镗光孔壁;钻钩螺栓孔下端时,按钩螺栓方形断面大小、深浅凿出一个方槽;安装防爬角钢处螺栓和分开式扣件螺纹道钉桥枕要钻孔,孔眼位置应和铁垫板孔准确对应。

(7)防腐防裂处理:所有挖槽新面、螺栓孔眼均需进行防腐处理;对2 mm以上的裂纹应用防腐材料进行灌缝,桥枕端部2 mm以上裂纹处所进行铁丝捆扎或钉组钉板等防裂处理。

(二)质量标准

(1)枕木无通长纵裂;在铺轨范围内(即桥枕面每端各550 mm长度除外)不得有超过60 mm的活节及死节,在全长范围内不得有漏节与腐朽,在铺轨范围内不得有五个以上的直径大于3 mm的虫眼。横弯不超过长度的4%;不许有5 mm以上的锯砍伤痕。

(2)桥枕规格符合《铁路桥隧建筑物修理规则》第3.1.14条规定,树心向下、槽口平整,允许刻槽深度不大于30 mm,槽口与钢梁翼缘间隙不大于4 mm,也不应过紧,与盖板顶缝隙不大于1 mm;遇到铆钉时应有纵槽,其大小和深度不大于铆钉头尺寸4 mm。

(3)曲线上明桥面的线路外轨超高若利用桥枕调整时,按《铁路桥隧建筑物修理规则》第3.1.4条办理,镶垫木板尺寸符合要求,联结牢固,缝隙不大于1 mm。

(4)桥枕中心线与钢梁中心线垂直,桥枕一头应对齐,净距不超过100~180 mm(120~160 km/h时为160 mm)。

(5)桥枕底面与钢梁联结系有3 mm间隙,与横梁间隙不大于15 mm。

(6)螺栓孔位置正确,垂直误差不超过4 mm,孔壁进行防腐处理。

(7)桥枕头用3~3.5 mm铁线捆扎2.5圈,距端头80~120 mm,铁线无重叠、松弛、间隙大于2 mm以上现象。

(8)表面腐朽深度大于3 mm未削平处所不超过5%,顶面2 mm裂缝漏灌处所不超过5%。

(三)安全注意事项

(1)防止滑落抬运桥枕要戴手套,使用枕木卡子;画线加工要放置平稳,防止砸伤手脚。

(2)所用工具要放置平稳,按规定操作,禁止使用锛斧砍挖槽口。

(3)检查斧头、锯、凿钻工具,如有松动应及时修理。

五、制作护木

(一)作业(操作)方法、步骤

(1)刨光:护木方正无毛刺。

(2)画线:画出刻槽线及倒楞角线,要求准确无误。

(3)刻槽至楞角,要顺直。

(4)锯头平整和捆扎牢固。

(5)涂以氟化钠防腐浆膏或热防腐油。

(二)质量标准

(1)标准断面为150 mm×150 mm,侧楞角为15×15 mm。

(2)护木与桥枕联结处刻20~30 mm深的槽口与枕木卡紧。

(3)表面平整无毛刺,有2 mm以上裂纹应捆扎。

(4)素材制作护木,刨光后应涂氟化钠防腐浆膏或热防腐油两度。

(三)安全注意事项

(1)作业场地平坦,护木放置稳固。

(2)使用刃具要防止碰伤手脚。

六、整修人行道

(一)作业(操作)方法、步骤

(1)调查损坏缺少情况,记录测量尺寸,下料。

(2)制作钢质步行板,灌注钢筋混凝土板。

(3)制作更换损伤的栏杆托架,进行防锈或防腐处理。

(4)安装栏杆托架,更换安装步行板。

(二)质量标准

(1)步行板面表面平整,各部尺寸和制作质量符合要求。

(2)步行板四角整平,边缘顺直。

(3)步行板与桥枕联结牢固,梁端应断开。

(4)栏杆托架、钢板,除锈彻底,涂漆均匀,无漏涂流淌;钢筋混凝土板无裂损。

(三)安全注意事项

(1)注意瞭望,及时避车。

(2)应按操作规程办理,保证人身安全。

(3)更换栏杆托架时应搭设必要的脚手架,系安全绳、戴安全帽;

(4)料具放置得当,不得侵入限界。

七、钢结构保护涂装

(一)作业(操作)方法、步骤

(1)现场调查,确定涂膜粉化范围。

(2)用水刷洗粉化区域,等候一段时间,直至刷洗部位干燥。

(3)用细砂纸打磨粉化区域,除去粉化层,直至露出新鲜的底漆层。

(4)喷涂或手工涂刷两道相应面漆。

(二)质量标准

(1)涂层表面打磨、污垢清除彻底,不损伤底漆。

(2)涂刷质量应符合规定。

(三)安全注意事项

(1)按规定设置防护。

(2)检查脚手架,保证安全。

(3)高空作业应系安全带,必要时设安全网。

(4)工作人员应穿戴劳保用品。

八、更换高强度螺栓

(一)作业(操作)方法、步骤

(1)根据下面公式确定更换的高强度螺栓长度(mm):

$$L = t + H + 2\delta + 3S$$

式中 L——螺栓长度;

t——被连接钢板束厚度;

H——螺母厚度;

δ——垫圈厚度;

S——螺纹的螺距。

直径22 mm的高强度螺栓,长度一般可按板束厚度加40 mm计算;直径24 mm的高强度螺栓,长度可按板束厚度加43 mm计算。

(2)拆下旧螺栓,清理螺栓孔污物、铁锈,清除钢板表面连接处的积尘和泥污,但不得损坏表面无机富锌漆或其他涂料。

(3)安装新螺栓,螺栓头及螺母支承面下都应放一个垫圈。注意不得装反。

(4)在螺母的螺纹和端面上涂少许黄油,用柄长0.55 m的扳手进行初拧,以下压姿势拧紧至螺母不能转动为止。若同时更换多个螺栓时,拧紧一遍后还要进行复拧一遍使预拉力达到一致。

(5)采用扭矩扳手将初拧后的螺母拧到规定扭矩(见《铁路桥隧建筑物修理规则》

第 3.3.8 条);或按扭角法,在初拧后的螺杆和螺母相对位置画一细直线,用人工长扳手或机动扳手将螺母拧到规定扭矩或角度(见《铁路桥隧建筑物修理规则》第 3.3.8 条)。

(6)用扭矩法进行抽查验收,不合格者及时处理。

(7)高强度螺栓拧紧完后,节点板束的顶缝、侧缝和底缝均应腻缝封闭;螺栓、螺母和垫圈的外露部分应涂以与原涂装材料相同的底漆和面漆防锈;并在螺母、螺栓相应位置画一白线以便于检查。

(二)质量标准

(1)螺栓无松动,符合《铁路桥隧建筑物修理规则》第 3.3.8 条规定的扭矩预拉力要求,超拧或欠拧螺栓不大于节点数的 5% 。

(2)在螺帽的螺纹和支承面上严禁涂机油;但可涂少许黄油。

(3)垫圈内径 45°的斜坡与螺栓头下的过渡圆弧相配合,不能装反。

(4)连接处钢板表面清洁,无油污。

(5)螺栓无裂纹,超、欠拧不得超过规定值的 ±10% 。

(6)螺栓种类无差误,其规格尺寸、材质必须与桥上使用者相同。

(7)对于大型节点,同时更换数量不得超过该节点上螺栓总数的 10% ;对于螺栓数少的节点,则要逐个更换。

(三)安全注意事项

(1)设置防护,及时避车。

(2)搭设脚手架按《铁路工务安全规则》第 3.3.5 条及 3.3.6 条办理,也可设简易吊架作业,使用前应注意检查。

(3)在 2 m 以上高处作业应系安全带。

(4)所有工具应放置牢稳,不得侵入限界。

九、钢梁构件整修

(一)矫正弯曲杆件

1. 作业(操作)方法、步骤

(1)确认弯曲超限杆件及其部位和范围。

(2)将整直器或千斤顶固定于正确的加载部位;对确认已损伤的杆件进行更换。

(3)冷矫正法(适用较小弯曲、受活载冲击影响小的杆件):缓慢加力,同时观察或测量弯曲矢度。

(4)热矫正法(适用杆件有较大弯曲、断面有较大变化或大截面杆件):将杆件弯曲部分用柴火、火炉,小范围也可用喷灯或氧乙炔焰均匀加热,温度控制在 600 ℃ ~800 ℃,加热范围为变形范围的 1.5 ~2 倍;缓慢加力,同时观察或测量弯曲矢度。

(5)逐步增加矫正变形顶力,在矫正的最后阶段,当变形已消失时应使顶力保持 10 ~15 min,使钢材承受压力而慢慢变形,以后再撤去顶力。

2. 质量标准

(1)对个别缀板、缀条等零小部件等若可用大锤敲打整治时,钢料表面应无锤痕。

(2)冷矫施工方便,但易发生裂纹、折断及局部压损、钢材变脆等缺点,因此冷矫时应缓慢加工,不得损伤钢料。

(3)热矫正加热温度严格控制在600 ℃ ~800 ℃之间且加热要均匀,防止退火。

(4)在矫正的最后阶段,当变形已消失时应使顶力保持10 ~15 min。

(5)矫正后的杆件不能有裂纹、显著的局部压损或缺口等损伤。

(6)矫正后的杆件的矢度符合要求。

3. 安全注意事项

(1)在线路上进行杆件弯曲矫正,要根据矫正的部位,办理封锁要点手续,按规定设好防护。

(2)根据需要,按规定搭设好脚手架。

(3)作业人员应穿工作服,戴手套、护目镜。

(4)在2 m以上高空进行作业时应系安全带。

(二)杆件破损修补

1. 作业(操作)方法、步骤

(1)确定缺口或弹孔的范围。

(2)修整、凿光破损的边缘。

(3)在破损处嵌以填板。

(4)杆件两侧加拼接板并用铆钉铆合,其拼接补强板尺寸应满足每边能铆两排铆钉,也可用高强度螺栓联结。

(5)当杆件扭曲破损严重,不能矫正或修补时,可割去损坏部分或全部拆除,然后以新料接续修补或更换新杆件。

2. 质量标准

(1)缺口不得成直角而应修凿成钝角或圆弧,以利应力分散。

(2)钢梁翼缘角钢和盖板损伤时,拼接角钢和盖板长度要根据计算需要的铆钉数和高强度螺栓数来确定。

(3)钢料伤损及洞孔边缘修磨平整,填补后,钢料间接触紧密,无缝隙。

3. 安全注意事项

(1)在运营线进行钢梁破损修补时,根据修补的部位,需办理封锁要点手续的,按规定设好防护。

(2)施工人员要注意瞭望,及时避车。

(3)根据需要,按规定搭设好脚手架。

(4)作业人员应穿戴工作服、手套、护目镜等防护用品。

(5)在2 m以上高空进行作业时应系安全带。

(三)钢梁裂纹及损伤加固

1. 作业(操作)方法、步骤

(1)加固一般采用铆合,但由于铆合设备多、工艺要求高,亦可使用高强度螺栓联结。

(2)根据设计图纸,对钢材进行放样。画线放样应使用样板。样板可用薄铁皮制作,其容许误差应符合规定。放样前应将钢料水平放置,用卡具使样板与钢料密贴,放样时应预留边缘整修的余量，冲出钉孔中心点。

（3）放样画线完毕要经过详细核对，无误后进行下道工序。

（4）裁切下料可用氧炔焰或锯割。切割后四周边缘均应加以整修，修整深度不少于2 mm。

（5）钻钉孔：最好放到固定钻床上钻孔，钻孔必须正确，钉孔应与钢料表面垂直，呈规则的圆柱孔，孔壁光滑整齐。

（6）拼装：钢料及钢梁的拼接面应除锈干净，涂刷防锈底漆（高强度螺栓联结，应涂刷无机富锌漆），先将1/3的孔眼用冲钉和螺栓联结，然后拼装板加固钢料。

（7）逐个进行铆合，铆合质量符合规定。如用高强度螺栓联结，要按初拧和终拧步骤进行，不得超拧和欠拧。

（8）整个加固部分要按标准做好防锈处理和保护涂装。

2. 质量标准

（1）加固部位及尺寸符合设计要求。

（2）加固用钢料不低于钢梁材质，同时与钢梁表面密贴，联结牢固。

（3）拼接板与钢梁拼接面应除锈干净，并涂刷防锈底漆，表面洁净，无潮气。

（4）铆合质量要符合标准。高强度螺栓联结不得超拧和欠拧。

3. 安全注意事项

（1）在既有线进行钢梁加固，要根据加固的部位，办理封锁要点手续，按规定设好防护。

（2）施工人员要注意瞭望，及时避车。

（3）根据需要，按规定搭设好脚手架。

（4）作业人员应穿工作服，戴手套、护目镜。

（5）在2 m以上高空进行作业时应系安全带。

十、钢筋混凝土梁修补

（一）圬工裂损修补

1. 作业（操作）方法、步骤

（1）清除并凿毛圬工裂损部位。圬工表面空响、剥落、掉块或疏松层，要彻底凿除，并用水冲洗干净。

（2）在被修补表面涂一层厚约0.2 mm的树脂涂料，或涂刷一层界面增强浆打底。

（3）抹压聚合物砂浆。平面总厚度在5 cm以内，可一次抹压成型，并及时将表面抹光。竖面或仰面可采用分层抹面的方法，抹一层砂浆后，隔一天用钢丝刷将表面刷毛，再抹第二层，直至需要的厚度，然后抹光表面。

（二）钢板整治圬工梁裂纹

1. 作业（操作）方法、步骤

（1）测量裂纹的尺寸，裁减钢板。

（2）对裂纹处混凝土表面和钢板表面进行清理。

（3）现场按比例分两组配制胶体，充分搅拌。

（4）对粘钢板处的混凝土表面凹处抹胶补平；钢板上抹胶，两边薄，中间厚，抹满。

(5)粘贴钢板并立即用方木条加压,使钢板与混凝土粘贴牢固。

(6)对混凝土表面进行涂装。

2. 质量标准

(1)钢板表面清理干净、呈金属光泽、混凝土表面呈新面,无粉尘、污物。

(2)钢表面抹胶应抹满,方木条加压时,侧面应溢出胶体。

(3)涂装要全面,无漏涂。

3. 安全注意事项

(1)高空作业应搭脚手架,系好安全带,双层作业戴好安全帽。

(2)用风动工具作业前要加强检查,保证机械性能良好。

(3)喷砂作业时,喷嘴不对准人、车、船。

(4)不准带风、带砂修理喷砂设备和更换零件。

(5)施工完毕后应立即洗手。

(三)混凝土结构保护涂装

1. 作业(操作)方法、步骤

(1)施工准备

①对混凝土破损及施工作业面进行表面清理(高压水枪冲洗或喷砂);

②打磨表面炭化层,凿除松动裂损混凝土;

③用钢丝刷除去表面附着物,用无水乙醇或丙酮将油污擦除,再用清水冲洗干净并阴干;

④除去外露钢筋铁锈,涂刷两道底漆。

(2)将表面高低不平处所用腻子嵌平,剥落掉块和露筋处修补平整。

(3)按要求调配涂装材料,将涂装材料滚刷或喷涂三道以上。

2. 质量标准

(1)表面均匀、光滑、饱满,无明显色差。不允许有起皮、流淌、疙瘩、漏涂现象。

(2)涂膜厚度用测厚仪检测,不小于0.6 mm。

(3)涂料现场开封,随即用完。

3. 安全注意事项

(1)高空作业应搭脚手架,系好安全带,双层作业戴好安全帽。

(2)用风动工具作业前要加强检查,保证机械性能良好。

(3)喷砂作业时喷砂嘴不能对人、车;作业人员要戴防尘面罩。

(4)用手工凿除,钢钎、锤把要勤检查,锤把安装牢固。

(5)二人凿除,打锤人与把钎人要垂直成90度,把钎人员应用钳子夹钎。

(6)凿除圬工时周围禁止站人。

(7)施工完毕后应立即洗手。

案例:2004年上海局在宣杭线对3号桥梁体及墩台裂纹处理时,采用喷砂、打磨,基面湿润,喷涂ADEX柔性混凝土防护砂浆,再在其表面涂刷Log混凝土保护材料以来,效果显著。

主要工艺流程:

①表面清理:用混凝土打磨机将梁体表面污垢、碳化层清除掉,用高压水清洗,使之露出混凝土结构新面。

②用 UP2000 进行结构修补:对于梁体的残损、掉块及钢筋暴露处,用 UP2000 分层刮涂(每层厚度不大于 25 mm),第一层开始初凝时再刮第二层。一层一层刮下去,直到将梁体混凝土修补平整,恢复原有轮廓。

③在梁体锈迹及封端开裂处涂刷加拿大 MCI 阻锈剂。

④对裂缝处粘贴自粘式纤维网。

⑤使用玻璃钢板搭设滴水檐。

⑥对梁体的外露表面使用 ADEX 柔性混凝土底涂砂浆防护。

⑦对梁体最外层涂装两遍 Log 混凝土保护材料。

十一、换铺防水层

(一)作业(操作)方法、步骤

(1)设置卸载梁(架空线路),具体见理论部分第六章第四节。

(2)基层处理:扒除道床,清除旧防水层及污垢,将混凝土表面凿毛平整,冲刷干净并阴干。

(3)铺设防水层

① 配制防水涂料:将涂料的甲乙两份材料按比例混合并搅拌均匀,搅拌时间 3 ~ 5 min,至混合液体发出黑亮时方可使用;且每次搅拌的防水涂料在 20 min 内必须用完。

②涂刷第一层防水涂料:涂料应涂刷均匀,厚度约 1.5 mm。

③铺设第一层防水卷材:每片梁用防水卷材两幅,铺设时先铺设挡砟墙一侧的一幅。搭接时该幅在下,形成沿桥面中心线进行横向搭接,所有搭接的粘贴宽度不得小于 80 mm。

④对挡砟墙内侧根部至上拐角的斜面、内边墙和端边墙内侧根部至上口的立面涂刷防水涂料,同时对防水卷材的周边涂刷防水涂料进行封边,封边宽度不得小于 80 mm,涂刷厚度不得小于 1.5 mm。

⑤在第一层防水层的基础上分别按②、③步骤再铺设一层防水层。

⑥防水层制成 24 h 后,铺设保护层。保护层为 C40 抗碱玻璃纤维混凝土或其他纤维混凝土。厚度不小于 40 mm,并做好断缝。

(4)恢复道床,检查线路。

(5)拆除卸载梁

(二)质量标准

(1)防水材料的性能、规格应符合《铁路桥隧建筑物大修维修规则条文说明》附件十五的要求。

(2)桥面基层应平整,平整度用 1 m 长靠尺检查,空隙只允许平缓变化,且不大于 5 mm。

(3)每层涂料的厚度约 1.5 mm,用量约 2.1 kg/m^2。

(4)防水卷材的粘结宽度不得小于 80 mm,封边宽度不得小于 80 mm。

(5)防水卷材的铺贴应平整,无破损无空鼓,搭接处及周边均不得翘起。

(6)保护层厚度不小于 40 mm,保护层表面流水坡度应符合设计要求,保护层沿桥面纵向每隔 4 m 做一宽约 100 mm、深为保护层厚度的断缝。当保护层强度达到设计强度的 50% 时用防水涂料填实、填满。

(7)四级以上强风天气或雨天不宜施工,温度低于0℃时应采取保温措施。

(三)安全注意事项

(1)要认真设置好防护,确保行车安全。

(2)梁跨上更换防水层,要做好高空安全防护工作。

(3)作业人员应戴胶皮手套和安全帽。

(4)防水卷材等材料应远离热源,严禁接近明火。

案例分析:2001年上海局宁芜下行线20号戊桥开通使用后,发现梁上道砟槽横向裂纹漏水,2002年在梁顶扒开道床,换铺防水层后,至今无渗漏变化,效果显著。

十二、整修沉降缝

(一)作业(操作)方法、步骤

(1)凿缝。

(2)塞缝。

(3)勾缝。

(二)质量标准

(1)凿除损坏失效旧缝(凿深不小于5 cm)。

(2)用橡胶条塞紧并整平。

(3)用M10水泥砂浆或改性环氧树脂砂浆勾缝。

(三)安全注意事项

(1)穿戴好劳保及防护用品。

(2)高空作业时要带好安全带,脚手架要搭设牢固。

十三、整治接长泄水管

(一)作业(操作)方法、步骤

(1)搭设牢固的脚手架或设置安全的简易吊篮。

(2)找准泄水孔位置,扒开道床,疏通原有泄水孔,并整修入水口不平顺或裂损处所,使流水顺管内流出。

(3)丈量泄水管伸出梁体的长度和管径大小,以确定接水管的大小和长度以及采用接长泄水管的方法。

(4)当泄水管伸出梁体有5 cm时,采用环卡法。

①清理泄水管外表面。

②按照确定的管径和长度下好工程塑料管,并在一端锯成30°斜坡,形成一个滴水尖,然后在滴水尖的正上方顺管锯开一条口,以便在原泄水管上接装。

③拌和并调配树脂浆和砂浆。

④安装接长塑料管:先在清理干净的泄水管外涂一遍树脂浆,然后在浆液上抹较薄一层树

脂砂浆，紧接着将做好的工程塑料管撑开套在抹有砂浆的泄水管上，再用环卡卡紧在原有泄水管上，但塑料管的开口必须在上方。新接塑料管与原管间的缝隙、与梁体间的缝隙应用树脂砂浆勾补密实，以防污水倒渗。

(5)当泄水管伸出梁体较短时或泄水管腐烂严重时用埋入梁体的套接法。

①在原有泄水管周围凿一道沟，深 40 mm，上口宽 30 mm，把原泄水管露出，清除泄水管锈蚀部分和外表面砂浆，去净沟槽里及泄水管的尘屑，再用丙酮清洗一遍。

②选用接长塑料管：塑料管内径要比原凿出来的泄水管外径大 6 ~ 10 mm，一端做成 30°的斜尖，另一端平齐待用。

③调配树脂浆和砂浆。

④先在清理干净的泄水管外表面及它周围凿成的沟槽里先涂一层约 0.2 mm 树脂浆。

⑤紧接着在涂树脂浆的泄水管上抹一层树脂砂浆，厚约 3 ~ 5 mm，然后将做好的塑料管套在原泄水管上，滴水尖朝正下方，尽量加大流水坡度，并用力往里插，扶稳在其周围的沟槽里填腻树脂砂浆，并在管周围与梁体表面处抹成 45°的斜角。管内与原管间不平整或缝隙等应用树脂砂浆塞密实并抹平顺，保证水流顺畅，不反流和渗水。

(二)质量标准

(1)新增或接长泄水管位置正确，粘结牢固，排水顺畅。

(2)旧有泄水管孔疏通彻底。

(3)泄水管外径不小于 10 cm，寒冷地区不小于 15 cm，出水口必须伸出梁体外 10 ~ 15 cm，道床里的污水从泄水管排出，无顺梁体表面淋漓。

(三)安全注意事项

(1)高空作业要系好安全带，脚手架搭设要牢固，勤检查。

(2)凿沟槽时应戴护目镜、口罩，拌和树脂浆液和砂浆时还应戴胶皮手套等。

(3)在桥面扒道床和上下墩台或脚手架时一定要注意观察来车，严禁扒空枕木底的道砟，以免影响行车安全。

(4)施工用的化学材料要注意防火。

十四、整治支座病害

(一)支座清理涂油

1. 作业(操作)方法、步骤

(1)用钢丝刷、铲刀、破布清除支座周围、防尘罩及支座各部分的灰尘和污垢。

(2)清除支座上下摆污垢和铁锈，均匀涂刷防锈底面油漆。

(3)清除支座铁锈，对弧形支座和摇轴支座的滚动面要细致擦拭干净，掏出原有黄油，重新压填黄油或擦石墨。在新黄油面外贴一层塑料薄膜，确保支座清洁。

(4)装好防尘罩，用除锈油漆封闭缝隙，防止灰尘侵入。

2. 质量标准

(1)各部分清洁、无灰渣，活动端涂固体油脂或擦石墨涂擦均匀，无缺漏。

(2)支座位置平整密实，各部分相互密贴。

(3)锚栓无松动缺少。

(4)排水良好,无翻浆流锈。

3. 安全注意事项

(1)作业吊篮或脚手架要牢固,使用前注意检查。

(2)在2 m以上高处作业应系安全带。

(3)列车通过时应暂停作业。

(二)支座捣垫砂浆

1. 作业(操作)方法、步骤

(1)预凿支座部分混凝土。支座下凿除面积不得超过支座总面积的1/4。

(2)将支座固定在梁端,做好梁跨中心及捣垫砂浆高度标记。

(3)捣垫支座的锚栓长度不足时,应预先更换标准锚栓。

(4)做好起梁、捣垫机具、材料等准备工作。

(5)联系封锁要点,许可后按规定设置防护。

(6)旋松梁端附近线路钢轨轨卡螺栓以及冒起护轨道钉(松动护轨扣件螺栓),或解开钢轨接头。

(7)顶起梁跨,临时支垫,使用两个及以上千斤顶时,要同时起落,支垫要随起随垫。如为平板支座时,根据起梁高度的影响,应相应的松开梁跨另一端的支座锚栓的螺母,起梁时应考虑1~2 mm的沉落量。

(8)凿出支座下原砂浆垫层,清除碎渣,冲洗干净,用布擦干(亦可用高压风吹干净)。

(9) 模板支撑牢固(模板放置到位后,稍稍松动千斤顶,将模板压紧)。

(10)配料并拌制干硬砂浆。

(11)垫捣干硬砂浆。垫捣砂浆厚度,不宜超过100 mm,每次填砂浆量以捣实后的厚度不超过50 mm为宜。

(12)落梁,检查、整修、恢复线路。

(13) 移出顶梁及捣、垫机具,拆除模板。

(14)撤除防护,开通线路。

(15)填补砂浆、压实、抹光、整修支座周围边缘,达到棱角分明,排水良好。

2. 质量标准

(1)原圬工面凿毛洗净,干硬砂浆水灰比、配合比符合规定,拌和均匀。捣垫密实,周围抹面平整,无裂纹、空响。

(2)与座板缝隙小于1 mm,深度小于30 mm。

(3)排水良好。

(4)捣垫厚度为50~100 mm(根据现场具体情况确定)。

3. 安全注意事项

(1)支座垫砂浆厚度应办理封锁施工手续,设置停车信号防护。

(2)墩台高度在2 m以上时,应搭设工作台、架(简易操作平台),挂安全网。作业人员应戴安全带。

(3)作业人员应戴安全帽、护目镜、手套、口罩。

(4)打捶人员严禁戴手套,不打对面锤,锤把安装牢固,锤面、钢钎头不得有飞边。

(5)千斤顶负荷能力,应满足起重量要求,使用前需经认真检查。底座要平正、坚实,顶面与钢板接触时,应加木垫或橡胶板,防止滑脱。

(6)作业人员搬运机具、材料、由桥面上下墩台时注意列车。

(三)支座上摆锚栓折断的处理

1. 作业(操作)方法、步骤

(1)支座上摆的4根锚栓,在梁底镶角板间被剪断时,先将支座上摆移正,然后将上摆与镶角板两侧焊接,也可用化学结构胶将上摆与镶角板粘接。但须先检查后处理,保证镶角板与梁体为一整体。

(2)也可用60 mm×40 mm×8 mm×200 mm的不等边角钢,沿梁长方向,将两边长肢焊于支座外摆侧,短肢焊于梁底的镶角板上。但确定镶角板与梁体为一个整体时,才可用本法。

(3)另外也可采用在每片梁两侧埋设短钢轨桩,防止梁跨横移,并增设U形螺栓兜揽住梁端,U形螺栓与钢轨联结牢固,防止梁跨串动,但在活动端应留有伸缩量。

(4)上下摆的锚栓折断较多,支座锈蚀严重者,可用更换橡胶支座来解决。

(5)将焊好的角钢及支座、镶角板或钢轨桩U形螺栓进行彻底除锈,涂底面漆各两度。

2. 质量标准

(1)支座上摆应与梁体联结牢固,支座位置正确。

(2)采用焊接法处理时,应符合焊接作业技术标准。

3. 安全注意事项

(1)脚手架或吊架搭设牢固,作业人员要系好安全带或设安全网。

(2)电焊人员应按规定穿戴防护用品,一切料具不得侵入限界。

(四)支座调整

1. 作业(操作)方法、步骤

(1)备好顶梁机具、垫木、用料。

(2)测量支座位置和位移歪斜是否超限,做好测量记录。

(3)按支座移位量,凿除部分混凝土,其面积不得大于支座底面积的1/4。

(4)搭保险枕木垛。枕木垛基底应放稳,基础有足够承载力。

(5)必要时卸开桥孔两端主、护轨接头。

(6)用千斤顶起梁,操作稳妥,起落同步,随顶随垫。

(7)凿除混凝土,取出旧锚栓,按设计位置凿新锚栓孔,凿除失效混凝土,清洗新凿面。

(8)移动支座达正确位置与标高,安装锚栓并用砂浆或锚固剂灌实。

(9)采用捣垫干硬砂浆整平支座。

2. 质量标准

(1)支座位置正确,偏差小于3 mm。梁体中线与桥梁中线偏差符合规定。

(2)各部分相互密贴,活动部分转动滑动灵活。

(3)锚栓正直、牢固,直径与埋深符合规定。

(4)各部分清洁、无灰渣。活动端涂固体油脂或擦石墨均匀,无缺漏。

3. 安全注意事项

同“支座捣垫砂浆”的安全注意事项。

(五)更换支座锚栓

1. 作业(操作)方法、步骤

(1)备好新锚栓及螺帽垫圈等。

(2)开凿出锚栓孔,在支座旁斜向凿孔,侧面取出旧锚栓。

(3)清除锚栓孔内碎渣、粉末;冲洗干净,掏净积水。

(4)插入新锚栓:从侧面将锚栓插入座板锚栓孔内,向锚栓孔内垫入部分砂浆,然后按设计位置及高度,将锚栓周围的砂浆填满捣实,顶面压平抹光,做好排水。

(5)填入部分砂浆,初步捣实,整正位置和高度。

(6)边填边捣,顶部压平抹光,作好排水。

(7)用湿草袋等覆盖,及时浇水,养生不少于7天。

(8)砂浆凝固后方准进行螺栓涂油并拧紧螺帽,盖好防尘罩。

2. 质量标准

(1)锚栓直径应符合规定,钢梁一般为32 mm(至少25 mm),圬工梁25 mm。埋入深度不小于300 mm,锚栓下端应有倒刺或弯钩等。

(2)位置偏差小于5 mm、锚杆正直无松动、周围砂浆填实无裂纹。

(3)小跨度钢梁活动端,如锚栓未串联钢梁底板,应在螺帽下安装压板。

(4)砂浆配合比,一般采用水泥和砂子的质量比为1:1.5,水灰比0.23~0.25。

(5)填捣密实无裂纹,顶部压平,抹光,不得积水。

3. 安全注意事项

(1)凿孔时要戴护目眼镜、安全帽、口罩,掌钎人要戴手套,打锤人不得戴手套。

(2)墩台高度在2 m以上,未设围栏处所要系安全带,或绑好临时栏杆,必要时应搭设简单脚手架。

(3)作业人员从桥面上、下墩台运送料具,应注意列车。

(4)在同一支座上,不得同时凿2根及以上的锚栓。

(5)锤把要牢,锤头、钎顶不得有飞边,二人不得对面打锤。

案例1:目前在支座捣垫砂浆施工中,采用冲击锤改装成的捣固铲进行捣砂,既安全可靠,又能减轻职工的劳动强度,效果很好。

案例2:目前在现场无缝线路的实际施工中,根据顶起梁身的高度,采取松开桥孔相邻端10~15 m范围内的正、护轨扣件螺栓的方法,既不扰动道床,又不致破坏线路几何状态,且落梁后线路捣固顺坡工作量小,恢复快;因松动钢轨长度短,未锁定轨温的距离小,夏季施工,采取适当措施,还可有效防止可能发生的胀轨跑道事故。

十五、修补墩台

(一)作业(操作)方法、步骤

墩台及圬工裂纹整治方法可参照表1选用。

表 1 裂纹整治方法

裂纹和空隙情况	整治方法
1. 微细(裂纹宽小于 0.15 mm)而数量较多的裂纹	不是平面裂纹一般可不作修补,必要时可涂二层树脂涂料进行封闭。方法:用钢丝刷除去裂纹附近表面污垢灰尘,并用丙酮擦洗,待干后用漆刷蘸涂,第一层硬化后再涂第二层
2. 裂纹宽大于 0.15 而小于 0.3 mm 时	先沿裂纹凿一条外口宽 20 mm,深约 7 mm 的"V"形槽,将圬工表面用丙酮擦净(如用水冲洗则必须待混凝土表面完全干燥),然后涂一层厚约 0.2 mm 的树脂涂料(或粘结剂),再用聚合物砂浆修补平整
3. 裂纹宽大于 0.3 mm	沿裂纹凿一条外口约 20 mm,内口宽约 6 mm,深约 15 mm 的梯形槽,修补办法同 2
4. 裂纹宽大于 0.15 mm,裂纹深入圬工内部但已稳定不再发展或圬工内部有空隙。	(1)压力灌浆 (2)压高分子化合物浆胶液
5. 石砌圬工砌缝裂纹、灰缝失效、空响	采用捣缝整治方法:将不良灰缝或裂缝处凿成宽 20 ~ 30 mm、深为 200 ~ 400 mm 的缝,洗净,刷上水泥浆后用干硬性水泥砂浆将缝分层捣实。如缝太宽或有较大空洞,可用小石填塞,个别处可用两端带弯钩的钢筋埋入缝中加强。缝的表面用 M10 水泥砂浆勾缝。 如果裂缝有张合现象,整治时应卸载
6. 墩台有断裂贯通的裂缝	用钢筋混凝土套箍后压浆

(二)质量标准

(1)修补面要彻底清理并凿毛,松散物要清除干净。

(2)聚合物砂浆的拌制要严格按拌和工艺操作,称量准确。

(3)修补后,应特别注意覆盖并洒水养生,一般不少于 7 d。

(4)检查修补处是否空响,若空响,则该处修补材料粘结不良,应凿除重新修补。

(三)安全注意事项

(1)高空作业应搭牢脚手架带,系好安全带,双层作业戴好安全帽。

(2)用风动工具作业前要加强检查,保证机械性能良好。

(3)用手工凿除,钢钎、锤把要勤检查,锤把安装牢固。

(4)二人凿除,打锤人与把钎人要垂直成 90°,把钎人员应用钳子夹钎。

(5)凿除圬工时周围禁止站人。

十六、整修涵渠

(一)作业(操作)方法、步骤

(1)调查涵渠勾缝、抹面、破损、脱落情况。

(2)确定勾缝、抹面、破损、脱落的部位和数量。

(3)将抹面破损、脱落地点凿平,清除破损、松动的砂浆及风化物,用水清洗干净,晾干。

(4)配制砂浆。

(5)用配制的砂浆进行抹面、勾缝、破损脱落的修补工作。

(6)洒水养护。

(二)质量标准

(1)抹面表面平整,勾缝饱满。

(2)砂浆质量符合有关要求,强度等级不低于 M10。

(3)涵渠内无存留的砂浆等废弃物,排水畅通。

(三)安全注意事项

(1)凿除混凝土要戴好劳保用品。

(2)凿除混凝土打锤人员与把钎人员要垂直90°,禁止对面打锤。锤把安牢,锤头、钢钎不得有飞边。

(3)电气化区段距接触网 2 m 以内作业应断电

十七、整治隧道漏水

(一)裂缝漏水整治方法

作业(操作)方法、步骤:

拱部起拱线衬砌漏水裂缝,应按照“堵”的要求进行处理。整治部位均应设置临时堵漏、柔性防水、刚性防水等防水等防水层。

(1)以漏水缝为中线,按图 7 所示尺寸凿“⎽/\⎽”形槽口。

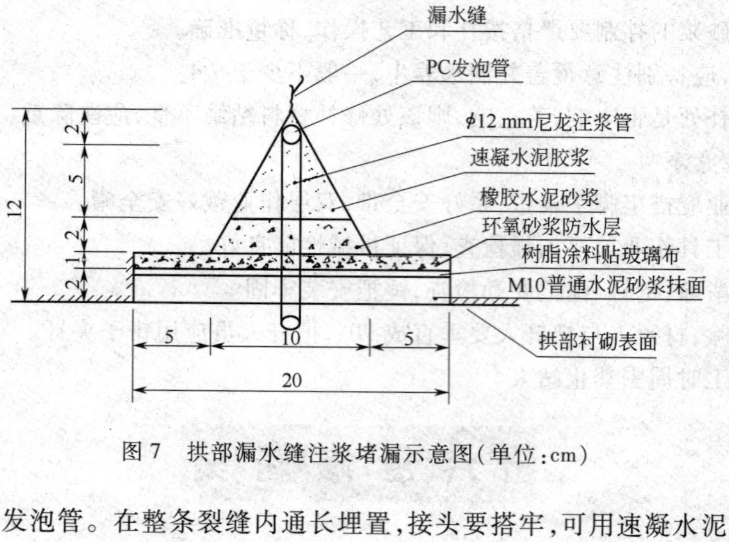

图 7　拱部漏水缝注浆堵漏示意图(单位:cm)

(2)埋置 PC 发泡管。在整条裂缝内通长埋置,接头要搭牢,可用速凝水泥胶浆每隔 50 cm 临时固定。

(3)用速凝水泥胶浆临时堵住裂缝漏水。速凝水泥胶浆配合比见表 2。拌制时先将氯丁胶乳与水掺和,然后兑入双快水泥。每次拌拳头大一团,随拌随用。速凝水泥一般遇水 2 ~ 3 min即凝固,要求操作迅速。堵漏层厚度约 5 cm。

表 2　速凝水泥胶浆配合比

双快水泥	氯丁橡胶乳液	水
100	20	20

(4)埋置注浆管。在用速凝水泥胶浆堵漏的同时,按 150 ~ 200 cm 间距埋设注浆管。注浆

管采用 ϕ12 mm 尼龙管，注浆管一端插入发泡条，一端露出衬砌表面 5 ~ 10 cm。用速凝水泥胶浆将注浆管牢牢固定，并注意与发泡条连接端不可脱离。

(5)在槽口内混凝土面上涂刷一层树脂涂料，以增加新老混凝土粘结力。然后嵌填橡胶水泥砂浆作为柔性防水层。

(6)按图 7 所示位置先在柔性防水层上嵌填改性树脂砂浆作为刚性防水层，再用树脂涂料贴上一层玻璃布，然后在玻璃布表面再涂一层树脂涂料以增强其抗渗抗裂性。

(7)将水溶性聚氨酯浆液压注到 PC 发泡条并渗入裂缝内，遇水膨胀后，堵住较大的裂缝漏水。

①注浆前先用手压泵向注浆管内注入清水，同时，可使漏水裂缝在季节性无水漏出时，在 PC 发泡管内存储部分水分，以便于水溶性聚氨酯注入后与水发生化学反应。注水时应注意从拱顶开始，向拱趾进行。

②注浆时，应从拱趾开始，向拱顶推进。每注一孔时，相邻注浆管中有浆液流出，表明该处注浆已满。注浆采用手压泵，从两边拱趾开始，对称进行。

③注浆完毕后 2 ~ 3 天，将伸出衬砌表面的注浆管剪除整平。

(8)M10 普通水泥砂浆抹面，厚约 2 cm。抹面时，要压实抹光，与原衬砌表面一样平整。

(9)每隔一段距离做一泄水孔道，排除地下水。

(二)大面积渗水整治方法

1. 作业(操作)方法、步骤

拱部大面积渗水，可采用防水砂浆抹面封闭处理。

(1)将渗水衬砌表面凿毛。凿毛时，应将衬砌表面疏松部分全部凿除，暴露出新鲜混凝土，并用高压水冲洗干净。

(2)找出明显的渗水(或漏水)点，将其凿出直径约 5 cm、深约 6 cm 的孔眼，然后用速凝水泥胶浆封堵。

(3)防水砂浆抹面。抹面以二道为宜，每道厚 1 ~ 2 cm，总厚度 3 cm。第一道抹面终凝以后，用钢丝刷刷毛，再抹第二道。

(4)抹面以后，应及时喷水养生。

2. 质量标准

(1)漏水位置要找准，并堵住不漏。

(2)防水材料的配制，要严格计量，称量误差不大于 2%。

(3)各道防水层施工时，要认真压实，防止开裂成渗漏。

(4)漏水缝注浆前，要先用清水贯通注浆通道，然后注浆，并做到注浆饱满。

(5)隧道治漏效果需经受雨季检查。

(6)要认真作好回检工作。

3. 安全注意事项

(1)要认真按规定设置好作业防护，方能进洞施工。

(2)应设置好必要的照明条件，方可进行施工。

(3)应按规定设置通风设备，作业时空气中所含一氧化碳浓度不超过 30 mg/m^3，氮氧化物(换算成二氧化氮)浓度在 10 mg/m^3 以下。

(4)使用活动作业架(包括单梯、剪刀梯等)施工时,应架设稳定,两侧拉好缆风绳后,方准上人作业,并设专人保护。

(5)作业时,作业架下禁止站人。

(6)高空作业时,应系好安全带,戴好安全帽。

(7)使用防水材料堵漏时,应戴胶皮手套,必要时,应戴防护目镜。

(8)临时堆放材料应置于避车洞内,防止侵限。

(三)隧道边墙漏水整治

1. 作业(操作)方法、步骤

(1)竖向漏水裂缝整治方法。

①设置排水暗槽:沿边墙竖向的漏水缝设置竖向排水暗槽,顶部要直达起拱线,底部应有水流出口,或流入侧沟,排水暗槽的设置如图8所示。

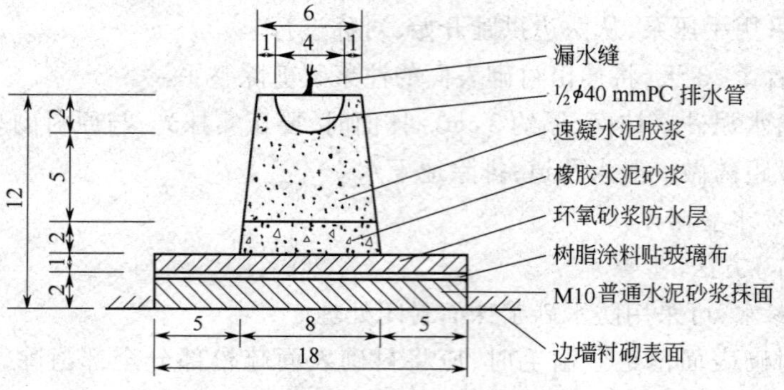

图8 边墙竖向排水暗槽示意图(单位:cm)

②在埋设排水管之前,应在凿出的槽口顶部与中部打眼引水,孔眼直径一般30 mm。要把衬砌打穿,以便于衬砌与围岩之间空隙内水能顺畅流出。

③图8所示各项防水材料的操作如前所述。

(2)斜向漏水裂缝整治。

①设置斜向排水暗槽。排水暗槽的设置同竖向排水暗槽。

②在斜向排水暗槽的顶部或中部应打眼引水。

③斜向排水暗槽的底部若非直接排出水流,则应与竖向排水暗槽紧密连接,保证水流在排水管内畅通或直接流向排水侧沟。

(3)横向漏水裂缝整治

①边墙横向漏水裂缝进行嵌堵(如图9所示),操作方法如前所述。

②边墙其他不宜设置排水暗槽的漏水裂缝,亦应按图9所示进行凿槽嵌堵。

2. 质量标准

同"隧道拱部漏水整治"质量要求。

3. 安全注意事项

同"隧道拱部漏水整治"安全注意事项。

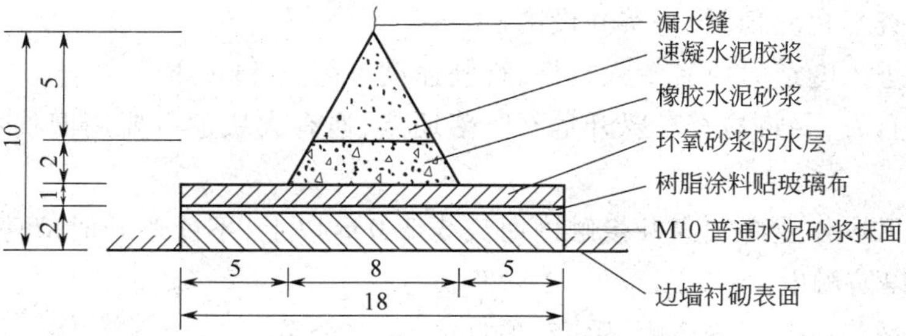

图 9　边墙横向漏水缝凿槽嵌堵示意图(单位:cm)

十八、危石处理

(一)作业(操作)方法、步骤

1 隧道内危石处理

(1)在平板车上搭设好检查平台,并装好隧道限界检查架和发电机及照明设备、检查工具等。

(2)组织检查人员 6~8 人备好一台轨道车,办理好要点封锁手续,然后用轨道车牵引已装备齐全的平板检查车进入隧道作业。

(3)检查人员在检查平台上用强光照明进行如下检查:

①看——观察危岩节理、看裂隙的产状和相互切割关系,有无突出侵限部位等。

②敲——用手锤或钢钎敲打岩体,听到有空响声说明已与基岩脱离而成危石。

③撬除危石——用撬棍、铁锤、钢钎将危石彻底清除。若工作量较大,暂时不能撬动,又不马上危及行车安全者,要做好标记,加强检查观测,同时另列施工计划,采取周密稳妥的措施,单独要点封锁处理。

(4)将撬落的危石及时运出隧道外适当地方。

2. 洞口危石处理

(1)预先在需检查清理危石线路上设好线路设备防护和行车安全防护。

(2)采取看、敲、撬的方法对洞口危石进行清除。

(3)如危石互相咬嵌在一起,清除一块影响一片,出现更多的危石,或者出现漏水甚至坍塌时要另行编制施工计划,采取支护、顶撑、锚杆加固,或用浆砌片石填补空洞、嵌补坡面坑洼、勾补裂缝以及拦截遮挡等综合整治措施,来达到稳固岩体、保证行车安全的目的。

(二)质量标准

(1)对可能塌落的危石要撬除彻底,不留隐患。

(2)清除危石不能采取放炮方法破坏周围围岩的稳定性,只能用撬棍撬除。

(3)对暂时不能清除的危石要做好标记,定期检查观测,并尽快安排计划妥善处理。

(4)对不能清除的危石,要采取加固措施,支护牢固。

(三)安全注意事项

(1)隧道内的危石处理是一项重要而复杂的工作,应事先编排好施工计划,制定具体的安全措施，电化区段必须停电作业。

(2)搭设检查平台应稳固、坚实并设围栏。

(3)检查车进入隧道时应有专人指挥，行驶速度不超过5 km/h。

(4)撬除危石时，要将检查车躲开危石坠落地点，遇有大块危石要用旧枕木防护好线路钢轨及枕木。

(5)电气化区段作业必须离开接触网回流线2.0 m以上，不能避开时应停电作业，并有接触网人员配合，以防触电。

(6)工作人员均应戴好安全帽、手套、护目镜，系安全带。

十九、钢 筋 作 业

(一)作业(操作)方法、步骤

(1)钢筋长度计算及下料。

(2)矫直钢筋。

(3)钢筋除锈。

(4)钢筋弯制。

(5)绑扎钢筋。

(二)质量标准

(1)下料长度符合要求。

(2)箍筋应与主筋围筋相垂直。

(3)如有搭头，Ⅰ级钢筋搭接长度应不小于30d，Ⅱ级受拉区35d，受压区25d，同时受拉区不少于300 mm，受压区不少于200 mm。

(4)箍筋应与主筋围筋、箍筋与主筋交叉点处应用铁丝扎紧。

(5)接头绑扎应牢固。

(三)安全注意事项

(1)按规定穿戴防护用品。

(2)防止扳手脱落伤人。

二十、模 板 作 业

(一)作业(操作)方法、步骤

1. 放样

应先放出小样，画出模板的构造及安装结点的构造图，形体复杂的应放足大样。

2. 制作

(1)模板制作应按设计图办理，在保证质量的前提下，最大限度地节约木材。

(2)与混凝土接触的板面应刨光，拼缝可作为平缝、上下搭口缝、企口缝及夹条缝等。缝隙处用油灰、木条等嵌塞紧密。定型模板宜用企口缝或夹条缝。

(3)组拼模板应在工作台或平整的场地上进行，以利挤紧板缝，控制楞木间距，使模板平直、整齐,尺寸符合要求。

(4)组拼模板的铁线钉钉头应钉平板面,如有凹入板面者,钉坑宜用油灰抹平。铁线钉和螺栓规格及排列应符合设计要求。

(5)普通木模板的允许偏差应符合设计要求。设计无规定者不应超过表3的规定。

表3 木制普通模板制作允许偏差

项目	偏差名称	允许偏差值(mm)
1	拼合板的长度和宽度与设计尺寸的偏差	5
2	不刨光模板的拼合板,相邻两板表面的高低差 刨光模板的拼合板,相邻两板表面的高低差	3 1
3*	拼合板中木板间的缝隙宽度	2

注:* 表示考虑木板干燥后在拼合板中会发生缝隙,2 mm以下的缝隙可在灌注前浇湿木板,使其密合。

3. 模板安装

模板安装应符合表4的要求。

表4 模板安装技术要求

项目	要求
1. 模板的支撑	(1)支撑的安装: ①必须支承在坚实的地基或其他构件上; ②应有足够的支承面积,保证灌注混凝土时不发生不允许的下沉,特别是不均匀的下沉。 (2)上、下层模板的支柱: ①应安装在同一竖直中线上; ②如无法做到时,应有保证支柱上荷载传递到下面支撑结构上的可靠措施。 (3)模板与脚手架之间完全分离,不发生任何联系。 (4)模板在安装时应考虑在不拆除梁、拱的底模板或支架的情况下能先拆除侧面模板
2. 模板侧面支撑常用形式	(1)钢拉杆:重要的拉杆应使用螺栓并配垫圈。在混凝土外露表面处,一般使可拆式的螺栓紧固拉杆,拆模后混凝土面上的孔隙应以砂浆填补密实;为保持模板的准确尺寸,安装模板时宜加内撑。 (2)撑垫:在薄壁结构常用混凝土或钢筋混凝土制的撑垫,以保持混凝土应有的厚度,安装时垫棱朝上以利灌注混凝土。 (3)箍式支撑:墩台、立柱等混凝土模板多使用之。槽钢箍以钢板在四角用螺栓联结用于方形或矩形截面;钢筋或扁钢箍,用螺旋扣连接,用于圆形或圆端形截面。所有箍件应密贴于所支承的构件上,空隙处应加楔垫。为防止灌注混凝土时由于振动而松弛变形,用普通螺栓连接钢箍时至少用两个螺母或使用弹簧垫圈。拼装圆形、圆端形木模板,可使用不连续的弧形楞木拼钉,而以钢筋直接靠紧模板承受拉力
3. 模板的润滑	与混凝土相接触的模板表面及整体拆卸的模板芯和塞子等表面均应涂以润滑,如废机油、肥皂水、润滑油等,以利模板的拆除
4. 模板预留孔	视需要预留的孔洞有: (1)清洗排水孔:为拆除清洗的污染物,故应留在底部较低处,灌注混凝土前封闭。 (2)灌注工作孔:高大或狭窄的模型板可在适当高度留孔,以利灌注、捣固、灌注混凝土至该高度时封闭。 (3)预埋构件孔:根据设计的位置和尺寸预留,穿埋构件后填塞密实

续上表

项　　目	要　　求
5. 模板构件安装的尺寸和位置的允许偏差	设计文件有规定时按设计要求,无规定时一般不超过下列数值: (1)模板的立柱及撑杆的间距与设计规定的允许偏差为75 mm。 (2)模板竖向偏差: ①每1 m高度为3 mm; ②在结构全高度内: a. 桥墩台、隧道衬砌等大体积混凝土为30 mm。 b. 钢筋混凝土柱、墙、梁为15 mm。 (3)模板轴线与设计位置的偏差: ①桥墩台,隧道衬砌20 mm。 ②钢筋混凝土柱、墙、梁为10 mm。 (4)模板横截面内部尺寸与设计尺寸的偏差: ①桥墩台、隧道衬砌等大体积混凝土为±20 mm。 ②钢筋混凝土桩、墙、梁为+4 mm、-2 mm。 (5)平板模板表面的最大局部不平(用2 m直尺检查): ①刨光模板为5 mm。 ②不刨光模板为8 mm

4. 模板拆除

(1)拆除模板工作应自上而下进行,先拆除非承重模板,后拆除承重模板。拆模时,用力不宜过猛过急,不应使混凝土受振损伤,并应减少模板破损。

(2)拆除拱架、拱圈及跨度大于8 m梁式结构的模板时,应根据设计要求的程序及技术措施进行。先缓慢地松动支架(如将木楔放松,由砂筒中放砂,降落千斤顶等),使支架平稳地分段逐渐降落,并对整个结构状态进行仔细检查,确认一切正常后,方可拆除。

(3)利用吊车拆卸模板时,必须使模板和混凝土完全脱离后,方可吊运。

(4)拆除临时埋设于混凝土中的木塞和其他部件时,应采取措施防止混凝土受到伤损。

(5)拆模后的结构,应在混凝土获得100%设计强度后,方可承受全部设计荷载。

(6)拆模时,不应影响混凝土的继续养护工作。

(二)质量标准

(1)模板必须符合下列规定:

①应保证混凝土结构各部分的设计形状、尺寸、相互间位置的正确性。

②应具有足够的强度、刚度和稳定性,能安全地承受新灌混凝土的重力、侧压力及在施工中可能产生的各项荷载。

③应制作简单,安装方便,便于拆卸和多次使用,接合严密,不漏浆。

(2)模板的挠度必须符合下列规定:

①结构外露面和直接支承混凝土重力的模板,不得超过其陈度的1/400。

②结构隐蔽表面的模板,不得超过其跨度的1/250。

③模板的弹性压缩或下沉度,不得超过其跨度的1/1 000。跨度大于4 m的整体钢筋混凝土梁式构件,其模板应计算起拱高度。

(3)一般木模板与支架材质用料应符合表5的规定。

表 5 模板与支架材质

<table>
<tr><td rowspan="2">材料名称</td><td colspan="4">标 准 尺 寸(mm)</td><td rowspan="2">材质要求</td><td rowspan="2">禁 用</td></tr>
<tr><td colspan="3">项 目</td><td>要求</td></tr>
<tr><td rowspan="8">木材</td><td rowspan="3">含水率</td><td colspan="2">一般模板</td><td>18% ～25%</td><td rowspan="8">(1)模板宜用弹性、韧性较强的树种,如杉木等。
(2)材质强度符合有关规定</td><td rowspan="8">(1)脆性木材。
(2)严重弯曲的木材。
(3)有蛀孔、裂缝等缺陷的木材。
(4)过分潮湿容易变形的木材</td></tr>
<tr><td colspan="2">定型板扇模板</td><td><8%</td></tr>
<tr><td colspan="2">支撑,拉杆木</td><td>≤25%</td></tr>
<tr><td rowspan="4">木板宽度</td><td rowspan="2">板 面
无垫衬</td><td>工具式模板</td><td>150</td></tr>
<tr><td>非工具式模板</td><td>200</td></tr>
<tr><td colspan="2">有垫衬</td><td>可适当加宽</td></tr>
<tr><td colspan="2">梁拱需用整块底板时</td><td>不限制</td></tr>
<tr><td colspan="3">板板厚度</td><td>25～50</td></tr>
<tr><td rowspan="2">铁钉</td><td rowspan="2">长度</td><td colspan="2">钉木模板用</td><td>2～3.5 倍板厚</td><td></td><td></td></tr>
<tr><td colspan="2">钉支撑用</td><td>70～150</td><td rowspan="2"></td><td rowspan="2"></td></tr>
<tr><td>螺栓</td><td colspan="3">直 径</td><td>$\phi12\sim\phi24$</td></tr>
</table>

(三)安全注意事项

(1)作业人员必须按规定戴好防护用品,如安全带、安全帽等。两人及以上多人作业时,应紧密配合。

(2)高空安、拆模板应特别注意安全,必要时应在模板边搭设脚手架并设置防护。禁止人员站在正在进行拆除的模板上。

(3)拆除后的模板,应随即拔出钉子,清除附着在模板上的水泥浆,将损坏部分加以整修,再涂刷一遍润滑剂,钢模板应除锈涂油,然后分类堆码整齐。

(4)工地及作业中注意防火,根据需要配备消防设施。

二十一、混凝土作业

(一)灌注混凝土

1. 作业(操作)方法、步骤

(1)检查施工机具,校核计量工具。

(2)检查模板、钢筋、预埋件是否与设计图相符,并有足够的保护层。

(3)用水冲洗模板,保持湿润,涂润滑剂。

(4)必要时搭设脚手架、搅拌台、输送滑槽、管道等。

(5)配料、搅拌混凝土,各种用料必须过秤,每班抽查不少于 2 次。

(6)灌注混凝土除严格按照上述质量标准要求外,运输和捣固人员应严格按章作业,防止混凝土发生离析现象。若发现泌水,应及时采取措施,排除浮水,必要时进行二次捣固,不得铲高、填低。灌注过程中,施工负责人应随时检查模板支撑、钢筋、预埋件状态,发现变形移位等,应暂停灌注,及时加固处理。按照混凝土等级、级配和使用部位的不同,分组各留出试块 3 块(一般尺寸为 200 mm × 200 mm × 200 mm 或 150 mm × 150 mm × 150 mm),做好记录。

(7)顶面摸平、压光。

(8)随时填写施工日志、检查记录,分部工程检查证等。

(9)混凝土作业完后应立即清洗工具。

(10)终凝后,覆盖、养生,经常保持湿润,一般浇水 7 ~ 14 d。混凝土未达到 1.2 MPa 时不得承受任何荷载(试块在相同条件下养生)。

2. 质量标准

(1)混凝土强度符合设计规定,水灰比、配合比及各部尺寸符合要求。

(2)使用材料符合设计要求,较大工程应事先通过实验确定,零小工程可参照有关规定办理。一般情况下,材质应满足以下要求:

水泥:不低于 32.5 级,并不低于混凝土等级的 1.5 ~ 2.5 倍。

碎石、卵石:坚硬、无水锈杂质,冲洗干净、级配合理。

砂子:坚硬的天然砂,含泥量不超过 5%。

水:可供饮用的天然水或自来水,含酸、碱、氯等成分不超过规定。

配料误差不超过下列规定:骨料 ±5%,水泥 ±2%,水 ±2%。

(3)钢筋的锈蚀、油污清除干净,加工整直,组配及弯曲尺寸符合设计要求。

在"同一截面"内,受力钢筋的闪光接触对焊接头在受拉区不得超过 50%,焊接接头应错开。主筋横向位置偏移不大于 ±7.5 mm,箍筋位置偏移不大于 ±15 mm,其他钢筋位置偏移不大于 ±10 mm。

(4)新旧圬工连接按规定凿毛并埋设牵钉,冲洗干净。

(5)混凝土应搅拌均匀,颜色一致。机械搅拌时,配料应与搅拌机容量相适应,不能超过搅拌机标定容量的 10%,拌和最短时间,应符合表 6 中的规定。

表 6 混凝土搅拌时间

搅拌机容量(L)	混 凝 土 塌 落 度(cm)		
	0 ~ 1	2 ~ 7	7
400	120 s	60 s	45 s
800	150 s	90 s	60 s

人工搅拌,要在灰盘上进行,先将砂与水泥干拌均匀,再加入碎石,徐徐加水,直至拌和透彻,颜色一致为止。

(6)灌注混凝土要达到捣固密实,无流浆、无蜂窝。灌注应分层,捣固每层厚度不大于 250 mm,两层间隔时间不大于 2 h。拌和好的混凝土要在 45 min 内灌注完毕。自由落下高度大于 2 m 时,应用滑槽或导管输送混凝土。捣固时间要适当,以表面开始泛浆为度,时间过短不能保证混凝土密实,过长易产生混凝土离析。机械捣固时,振捣器不得碰撞钢筋、预埋件、模板,应距离模板 10 cm 以上。

(7)水平施工缝及圬工接茬处,应根据情况采取凿麻面和台阶形,接茬先铺一层 10 ~ 15mm 厚与混凝土的灰砂比相同、水灰比略小的水泥砂浆。并埋设直径 25 mm 圆钢或短轨牵钉等措施,以保证结合良好。

(8)混凝土结构物表面平整无裂纹、麻面、蜂窝、露石子及明显条痕。

3. 安全注意事项

(1)机具需经检查,确认状态良好后方可使用,传送部分应有防护设备,发生故障时,先切断电源再检修。

(2)作业人员要戴口罩、手套、护目镜,穿胶皮鞋,持震动器者要戴绝缘手套。

(3)在脚手架上作业,要经常检查脚手架的牢固、稳定情况,双层作业时要戴安全帽。

(4)搅拌场所应安全、宽敞,工作人员动作协调,运送材料及混凝土,要清除道路障碍,必要时采取防滑措施。

(二)圬工养生

1. 作业(操作)方法、步骤

(1)混凝土和砂浆初凝后1 h,用草袋(帘)或砂(指基础顶上)进行覆盖。

(2)将水运送至养生地点。

(3)浇水

①初凝12 h后(夏季2~3 h以后)开始浇水养护。浇水应用喷淋,避免冲坏混凝土和砂浆,保持表面完好。木模板外露处应一块浇水,有试块同样浇水,保持湿润。

②浇水次数:以能保持混凝土或砂浆湿润为宜,当气温高于15 ℃时,最初三天,白天每隔2 h浇水一次,夜间至少浇两次,三天以后每昼夜最少浇4次。如气候干燥,浇水次数应适当增加,对小型圬工构件及局部抹面亦应增加浇水次数。

③使用普通水泥,浇水养护不少于7 d,使用火山灰质水泥、矿渣水泥,浇水养护不少于14 d。

④当气温低于5 ℃时,混凝土应严密覆盖,保温保湿,不得浇水。

(4)拆模。

①不承重的侧面模板,混凝土强度达到2.5 MPa以上;承重的底面模板,应达到混凝土设计强度的70%以上。

②拆模次序应自下而上,先侧面后底面,避免损坏混凝土表面及棱角。

③拆模后,混凝土表面应立即覆盖草袋(帘)浇水养生。

2. 质量标准

(1)保证混凝土、钢筋混凝土、砂浆的强度逐渐增加,防止干缩裂纹。

(2)养生应用无油污、无盐碱、洁净的天然水或自来水。

3. 安全注意事项

(1)在桥上或横过线路运水、浇水时要注意来车。

(2)在高空养生时,上下要注意防止滑倒摔伤。电化区段不得用水浇电化接触网导线及回流线,距接触网导线2 m以内作业需断电。

二十二、搭拆脚手架

(一)作业(操作)方法、步骤

1. 搭设前准备

(1)根据桥隧建筑物外形与结构特点,确定脚手架搭设形式,标定横杆,立杆绑扎位置。

(2)对运到现场的脚手架材料进行选择分类。

2. 搭设脚手架

(1)采用平插或斜插法绑扎,铅线头与鼻孔相交拧扭二圈半为宜,扭得圈数过多,铅线容易拧断,过少时不易绑紧。

(2)吊杆应大头向上,小头向下,绑扎脚手杆有坡度的脚手板需钉防滑木条,铺设脚手板必须搭接绑扎牢固,板头不准外伸悬空。

(3)立杆接长,其搭接长度应不小于1.5 mm,横杆接头其搭接长度不小于2 m,每一搭接处至少捆扎三处。

(4)全面检查脚手架搭设质量及是否侵入限界。

3. 拆除脚手架

脚手架拆除应本着先绑后拆、后绑先拆的顺序,不得上下作业,不得单留一面或推倒。

(二)质量标准

(1)脚手架材料坚韧耐用,立杆有效部分小头直径不得小于70 mm,竹竿不得小于80 mm,横杆小头有效部分直径不得小于80 mm,竹竿不得小于90 mm。

(2)脚手板厚不小于50 mm,坡度不得陡于1:3,并钉防滑条。

(3)脚手架荷载不超过2.7 MPa,脚手架杆间距不大于1.5 m。

(4)有足够的坚固性,在施工荷载和气候条件作用下,不变形、不倾斜、不摇晃。

(5)适合作业要求,装拆简单,搬移方便,并能多次周转使用。

(6)脚手架不得侵入限界,若不得已侵入限界时必须向有关部门申请,经批准后方可搭设。

(三)安全注意事项

(1) 搭设脚手架人员必须熟悉安全技术操作规程,根据熟练程度进行工作。如有高血压心脏病或头昏均不准上架作业。

(2) 上架子必须系好安全带,戴好安全帽,把工具放在工具袋内。搭设过程中应思想集中,送料上下呼应,不准将材料从高空掷下,以免伤人。

(3)脚手架外侧临空面应设护身栏杆。

(4)在施工过程中,应由专人负责经常检查,发现结扣松动或架杆、脚手板断裂,应及时加固更换,防止列车振动造成脚手架侵入限界。

(5)在使用过程中应随时注意架子上的荷载,禁止在架子上过多的堆放施工用料或多人聚集在一起。拆架时要严格按顺序进行,拆下的架料应有秩序的分类堆放在指定地点,防滑条要有专人收拾,以免钉子扎脚。

二十三、检查桥隧设备

(一)作业(操作)方法、步骤

1. 桥面检查

桥面检查方法见表7。

2. 钢梁裂纹杆件检查方法

表7 桥面检查方法

项 目	检 查 方 法
1. 明桥面线路钢轨爬行	(1)在桥头挡砟墙(长大桥梁还应在桥上适当地点)设置钢轨爬行观测或观测桩,检查桥头线路(或桥上线路)有无爬行影响桥上线路; (2)桥上钢轨爬行,还可从轨底道钉痕迹上看出; (3)定期检查记录,控制爬行量不超过 20 mm
2. 伸缩调节器检查	(1)用轨距检查尺、小钢尺、温度计、放大镜、小锤等检查轨距、伸缩量、钢轨磨损、飞边、裂纹、螺栓松动等情况; (2)用目视检查其他缺陷
3. 钢轨上弯度	(1)一般用目视方法,检查是否设有上弯度以及上弯度是否圆顺; (2)必要时可用水平仪设置情况及是否圆顺
4. 护轨	(1)用尺量、眼看检查护轨是否符合铺设标准; (2)用 5 mm 厚的吊板器检测吊板; (3)护轨爬行可从轨底痕迹上量出,亦可设爬行观测标观测
5. 桥枕和护木	(1)用目视、尺量检查是否符合铺设要求,表面腐朽以及垫板螺栓垫圈切入木料尺寸;顶面及侧面裂纹宽度,灌缝的质量等。 (2)对桥枕是否压钢梁上平联杆件,可用 3mm 厚铁片(或木塞)进行检查。 (3)腐朽事采用下列方法结合起来检查: ①看:目视桥枕外表腐朽情况及列车通过时桥枕挠曲状态,道钉浮起情况; ②敲:用检查小锤敲击木料侧面或顶面,根据声响来判断内部是否腐朽; ③探:用直径 3 ~ 5 mm 的探针,对内部可能腐朽处进行探测; ④钻:用 12 ~ 14 mm 的木钻进行取样,若钻末腐烂即为腐朽失效; 垫板底下钉孔部位和螺栓孔周围是枕木最易腐朽处,应特别加强检查
6. 明桥面吊板	用 2 mm 厚、5 mm 宽的扁铁片制成吊板器检查基本轨与垫板间或垫板与桥枕间缝隙,如插入长度超过垫板面积 1/2 时,即为吊板

(1)从涂装的表面情况进行观察。

(2)钢料上涂白铅油或滴油检查。

(3)木槌敲击

(4)有色渗透液探伤

3. 钢梁弯曲的检查方法

用弦线或铁丝在杆件两端拉紧,量出各点的矢距,竖向弯曲矢度小于跨度的 1/1 000,横向弯曲矢度小于自由长度的 1/5 000,任何情况下不超过 20 mm。

4. 高强度螺栓检查

(1)目视法:发现螺栓头或螺母周围漆膜开裂脱落或流锈水,表明该螺栓欠拧已松动或出现裂纹。

(2)敲击法:用重约 0. 25 kg 的检查小锤敲击螺母一侧,手指(食指及中指)按在相对另一侧,如手指感到轻微颤动,即为正常拧紧螺栓,如颤动较大,则是严重欠拧螺栓。这种方法只能检查出拉力不足 100 kN 左右的螺栓。

(3)应变仪测定法:此方法需要专门仪器及专业检查人员检查。

(4)扭矩测定法:该方法只在更换高强度螺栓作业采用扭矩法施工时,检验螺栓预拉力是否达到设计预拉力的一种方法。

5. 钢(圬工)梁挠度检查

在跨中位置安装挠度仪;架设水平仪;列车通过时测量挠度数据(来车前将水平仪十字丝

水平线对准挠度仪一个整数刻度值,来车时标尺下沉最大时测出的数值,减去原整数值,即是实际挠度值)。

6. 圬工裂纹检查

(1)选择裂纹平直的位置作为放置读数显微镜测量裂纹宽度的固定地点,量出裂纹宽度,主要裂纹的部位、走向、宽度、长度、分布情况及特征,用坐标法绘制裂纹展示图,记录检查日期及气温。裂纹深度检查:在裂纹中注射酚酞溶液(0.1 g 酚酞,60 mL 酒精,40 mL 水配制),然后凿开至不显示红色为止,测量其深度。

(2)梁拱、墩台两侧有明显对称裂纹时,应检查是否内外贯通。其方法是将裂纹清洗封闭,并在适当的对应位置两侧安装压浆嘴,从一侧压浆嘴通入压缩空气,在另一侧嘴上抹上肥皂水,如微气泡或鼓起,则说明内外贯通。

圬工梁拱重点检查:

(1)钢筋混凝土梁钢筋锈蚀、混凝土溃碎、脱落情况:钢筋混凝土梁、预应力及部分预应力混凝土梁横隔板裂纹和顺主筋方向的水平裂纹,缝宽超过限值的垂直裂纹及斜裂纹的变化和发展,并绘制平面展示图。

(2)悬臂梁的锚梁和集梁在动荷载的作用下的技术状态,并检查受拉部位有无裂纹。

(3)连续梁和刚架桥应着重检查有无因墩台发生不均匀下沉所造成的裂纹以及支座状态。

(4)装配式梁拱及预应力混凝土串联梁等应检查各联结部位在动荷载作用下有无开裂。

(5)拱桥的拱圈有无纵向裂纹,拱圈及 1/4 跨度附近有无横向贯通裂纹;边墙及拱圈在拱脚附近有无外鼓开裂等。

(6)空腹式钢筋混凝土拱桥应检查拱肋及拱上结构的立柱在上下联结处有无裂纹、吊杆和系杆有无裂纹;大跨度拱桥应着重检查拱肋有无掉混凝土、钢筋锈蚀等。

(7)斜拉桥应定期检查缆索索力或频率的变化,缆索防护是否完好,缆索锚具有无变化,索塔在恒载和活载作用下的纵横位移和振动以及缆索与梁体联结处动、静载下挠情况。

(8)无砟无枕梁桥面应检查螺栓锚固是否牢固,扣件及轨下弹性垫层使用是否正常,桥头与线路衔接状态是否良好。

(9)圬工梁拱发现渗水、流白浆或漏水时应检查防水层和泄水管状态是否完好。

(10)每年应安排计划,对圬工梁中性化深度进行检测。

(11)预应力混凝土梁上拱度变化及桥面道砟厚度不均匀情况。

(12)梁体与桥台胸墙、相邻梁端、相邻跨人行道是否顶紧,能否自由伸缩。

7. 支座、墩台、涵渠、隧道及其他附属设备的检查

都应根据各类设备的特点,对易发生病害的部位进行检查。

(二)质量标准

(1)对眼睛、手脚达不到的位置,要搭脚手架,有条件时要用仪器进行检测。

(2)进行检查时应全面、细致,对发现的病害应详细记录并准确无误。

(3)对已发现的病害做好标志,并绘制病害示意图。

(4)分析病害产生原因,提出处理措施。

(三)安全注意事项

(1)检查时应穿戴好劳保及防护用品。

(2)在线路、桥面上、隧道内检查时要按规定设置防护,并由专人负责瞭望。

(3)各类检查工具应放置得当,避免掉落或伤人。

二十四、设置桥隧观测标志

(一)作业(操作)方法、步骤

(1)钢梁桥、圬工桥、隧道、涵渠裂纹:在裂纹的起点及终点,用红油漆或红铅笔与裂纹相垂直画直线,并在部位注明检查日期和裂纹的宽度。

(2)圬工桥、隧道、涵渠裂纹:选择裂纹适当位置,作灰块或玻璃测标,注明日期,以观察裂纹是否有发展。

测标做法:先将该部位圬工表面凿毛、洗净,然后用1∶2水泥浆或石膏在裂纹上抹成厚10~15 mm的方形或圆形灰块,或用石膏或胶水将细条状玻璃固定在裂纹两侧。

对钢梁大面积的腹板或弦杆翼缘弯曲变形,可以在钢板上划分成纵横坐标系,量出每点的矢度,给出等值曲线图。

(二)质量标准

选择位置得当;数据准确无误;标志明显,清晰牢固。

(三)安全注意事项

(1)穿戴好劳保及防护用品。

(2)脚手架搭设牢固。

(3)按规定设置防护。

(4)双层作业时应戴安全帽。

二十五、编制桥隧维修日计划

(一)作业(操作)方法、步骤

日计划一般来说,由工长于作业前进行安排编制。

(1)根据已批准的《桥隧综合维修月计划表》[格式见《铁路桥隧建筑物修理规则》(工桥—21)表]、《桥隧保养月计划表》[格式见《铁路桥隧建筑物修理规则》(工桥—16)表]确定的项目、工时定额和计划工时。

(2)按照月计划安排第二天的工作项目,在《桥隧保养/维修日计划及完成表》[格式见《铁路桥隧建筑物修理规则》(工桥—17)]内相应各栏填写日工作计划。

(3)根据作业项目,安排参加作业的人员。

(4)并针对计划安排的工作内容提出安全注意事项(即安全预想)。

(二)质量标准

(1)日计划作业项目应与月计划相一致。

(2)同时可根据设备检查、季节性工作和天气情况,添加紧急保养及其他必须项目。

(3)凡与行车安全有关的作业,必须有针对行车、人身安全的要求。

高 级 工

一、桥面抄平

(一)作业程序

1. 准备工作

(1)在运营钢梁桥面上任一端选10 m长为一段,假定第一根桥枕处的既有轨面标高为0,确定更换新枕后轨面的坡度和上拱度,设定防磨垫板的厚度为6 mm。

(2)对水准基点、桥枕位置应在钢梁顶面或钢轨上做出明显标记。

(3)检查水准仪、水准尺状态是否良好。

2. 桥面抄平

(1)置镜整平。将水准仪置于道心或人行道上便于读数地点,先用圆水准粗平(水准气泡居中)。

(2)读数及记录。对准目标,固定镜筒,调节对光螺旋,使十字丝和影像清晰,后用管水准精平,读数记录。

(3)重设转点或测站,直到完成测量。

3. 计算各点桥枕净厚尺寸

(二)技术质量要求

(1)测点标高与实际标高相比,每个测点误差不大于2 mm。

(2)桥枕净厚度尺寸计算结果每处误差不大于2 mm。

(三)安全注意事项

(1)设好防护后再进行作业。

(2)取放仪器动作轻巧,不影响读数精度。

(3)测量人员按规定穿戴劳保用品。

二、安装新桥枕

(一)作业程序

1. 准备工作

根据桥面操平资料计算出的桥枕规格、桥枕刻槽深度制作好新桥枕,根据现场桥枕位置一一对应对新桥枕进行编号,并将新桥枕对应的K型扣件、防磨垫板一一编号。

在限速45 km/h慢行条件下,每隔一根桥枕拆下三根桥枕上的钩头螺栓,封锁时间内拆除护木及护轨。

2. 施工方法

(1)“大揭盖”的方法:将桥上线路拆开,然后将旧桥枕全部拆除,换上新桥枕,再恢复线路,此法需要较长的封锁时间。一般采用一节钢轨长度为一单元,即取下一节钢轨,撤去铁垫板及旧轿枕,由中间向两端(或由一端向另一端)依次运走,然后依次从两端(或由一端)运入新桥枕,并指派桥梁工接放枕木,把它放置于预先指定的地点。防爬角钢处,在枕木铺上后应穿上水平螺栓,桥枕铺好后抬入钢轨恢复线路。

(2)逐段抽换的方法:在一定长度内松开桥上钢轨与桥枕的连接,用千斤顶(起重能力 5 ~ 8 t)顶起钢轨及护轨并用垫木楔住,旧枕及新枕都由两侧横向移出及穿入,最后落下钢轨恢复线路。这个方法可视封锁时间长短掌握每次抽换数量,条件是两侧应有人行道。恢复线路要达到放行列车的规定要求,检查轨道几何状态。整孔更换桥枕一般和上盖板油漆结合进行。

3. 整理工作

(二)技术质量要求

(1)桥枕铺设后,净距符合设计要求,无超限。

(2)桥枕上下吊板(2 mm 及以上悬空)不超过 5% ,轨距、水平、方向、高低符合要求。

(3)桥枕与铁垫间必须铺设 4 ~ 12 mm 防腐胶垫板一层,吊板不得大于 2 mm,垫板大小与铁垫板一致,无歪斜、串动。

(4)桥枕槽口与钢梁盖板宽窄相适应,最大间隙不大于 4 mm。

(5)桥枕与钢梁联结系间空隙大于 3 mm。

(6)槽口、钉孔、栓孔、裂缝须进行防腐灌缝处理。

(7)桥枕与桥梁中心垂直。

(8)护木与新换桥枕扣紧密贴,有缝隙时应小于 2 mm。

(9)旋入螺纹道钉前要先钻道钉孔,并在孔内注入氟化钠粉末 5 ~ 6 g,道钉端部蘸煤焦油,也可以在孔内注入少量防腐油再旋入道钉。旧钉孔应加木楔。木楔应以氟化钠饱和溶液加温 40 ℃ ~ 80 ℃泡至一天晾干使用。如采用渗锌处理的螺纹道钉可不做防腐处理。

(三)安全注意事项

更换桥枕施工复杂,多人在狭窄的施工面上一起操作,直接关系到行车和人身安全,必须确保安全施工。

(1)施工时,由施工负责人统一指挥,按分工负责制,严格遵守安全操作规程。

(2)进行联合操作时,必须动作一致,齐心合力,防止压伤、碰伤、摔伤和打伤人。

(3)移动钢轨时,不得将手脚伸入轨底,抬运钢轨动作要一致,脚步要踩稳,绳和钳子要牢。

(4)起道机应由经验丰富的人员使用。

(5)使用撬棍应防止滑脱和伤人。

(6)更换桥枕应使用桥枕夹钳。

(7)桥面及人行道上不得有朝天的铁钉。

(8)材料工具应堆放在指定地点,要稳固而不侵入限界。

(9)恢复桥面后,在放行列车前,应由施工负责人和有关人员仔细检查轨道和桥枕的技术状态,确认符合标准后方可开通线路。

三、钢梁上盖板清理涂装

(一)作业程序

1. 准备工作

(1)拆除护木和道心步行板,每隔一根桥枕加钩螺栓垫木(厚 80 ~ 110mm)并拧紧钩螺栓。

(2)每节间(两横梁间)拆除防爬角钢一对。

(3)在钢轨腰部做好桥枕位置标记并编号。

(4)每股基本轨每根桥枕内外侧各留一个道钉或扣件螺栓。

2. 抽出桥枕

(1)封锁线路,顶起基本轨及护轨,抽出约三分之一桥枕。

(2)均匀桥枕间距,要求其中心距不大于 550 mm,个别情况不得超过 600 mm,钢轨接头处净距不超过 210 mm,并用铁拉条或木板和钩螺栓固定桥枕位置。

3. 除锈油漆

(1)除锈:先用敲锈锤敲去锈蚀严重的锈块,然后进行喷砂除锈。

(2)喷涂底漆:喷砂结束后,用风进行吹扫干净,紧接着喷涂底漆。

(3)涂漆:一般采用手工涂刷,漆料选用应符合《铁路钢梁保护涂装》的有关要求。

(4)从除锈到涂第一度底漆结束,要在当天完毕,并应施工中加以防护。

4. 方动桥枕

待上述桥枕净距内油漆彻底干透后,把枕木方动到已做好油漆的空当内,然后在未做部位进行上盖板除锈、涂油漆工作。

5. 恢复桥面

(1)待上盖板漆膜全部干透后,封锁线路,方动桥枕并将抽出桥枕穿入全部桥枕对号就位,安装防爬角钢及护木并每隔一根桥枕上紧钩螺栓。

(2)补齐道钉或扣件螺栓及钩螺栓,装好防爬角器,全面恢复桥面的原有状态。

(二)技术质量要求

(1)钢表面清理,严禁在雨、雪、凝露和相对湿度大于 80% 及风沙天气进行。

(2)环氧类漆不允许在 10 ℃以下施工,无机富锌防锈防滑涂料、酚醛漆、醇酸漆、聚氨酯漆、氟碳面漆不允许在 5 ℃以下施工。

不允许在相对湿度 80% 以上、雨天、雾天或风沙场合施工。

(3)钢结构表面清理后应在 4 h 内涂装第一道底漆或电弧喷铝涂层,电弧喷铝完成后应立即覆盖封孔剂。

(4)涂料涂层表面平整均匀,不允许有剥落、起泡、裂纹、气孔,允许有不影响防护性能的轻微橘皮、流挂、刷痕和少量杂质,厚度符合标准。

(5)金属涂层表面均匀一致,不允许有起皮、鼓泡、大熔滴、松散粒子、裂纹、掉块,允许有不影响防护性能的轻微结疤、起皱,厚度符合标准。

(三)安全注意事项

(1)桥上作业要按规定设好防护。

(2)作业人员按规定穿戴好劳动保护用品。

(3)拆装螺栓不得向外使劲。

四、钢 梁 涂 装

(一)作业程序

(1)搭设脚手架。

(2)钢料表面清理:手工清理、机械喷砂清理。

(3)涂装油漆。

(二)技术质量要求

1. 涂装施工条件

(1)钢表面清理,严禁在雨、雪、凝露和相对湿度大于80%及风沙天气进行。

(2)环氧类漆不允许在10℃以下施工,无机富锌防锈防滑涂料、酚醛漆、醇酸漆、聚氨酯漆、氟碳面漆不允许在5℃以下施工。

不允许在相对湿度80%以上、雨天、雾天或风沙场合施工。

(3)钢结构表面清理后应在4 h内涂装第一道底漆或电弧喷铝涂层,电弧喷铝完成后应立即覆盖封孔剂。

(4)涂装涂料涂层需在上一道涂层实干后,方可涂装下一道漆,底漆、中间漆最长暴露时间不超过7 d,两道面漆间隔若超过7 d时,需用细砂纸打磨涂层表面成细微毛面后方能涂下一道漆。

2. 钢表面清理质量标准

(1)电弧喷铝或涂装环氧富锌底漆达到Sa3级。

(2)涂装红丹或聚氨酯底漆达到Sa2.5级。

(3)箱形梁内涂装环氧沥青底漆达到Sa2级。

(4)维护涂装环氧富锌底漆或电弧喷铝达到Sa2.5级。

(5)附属钢结涂装红丹底漆或维护涂装红丹底漆达到St3级。

(6)涂膜粉化清理,涂层表面打磨污垢清除彻底,不损伤底漆。

3. 涂装涂层质量标准

(1)涂料:涂装体系、层数、厚度符合规定。

(2)涂层表面平整均匀,新旧涂层衔接平顺,色泽不匀不超过5%。

(3)无剥落、裂纹,附着力不小于3 MPa。

(4)无起泡、气孔。

4. 电弧喷铝质量标准

(1)涂装体系:涂层厚度符合规定。

(2)涂层表面平整、均匀,附着力符合要求。

(3)无起皮、鼓泡、大溶滴、散粒、裂纹、掉块。

(三)安全注意事项

(1)脚手架搭设要牢固可靠。

(2)高空作业戴好安全带(绳)、安全帽。

(3)穿戴好有关劳动保护用品。

五、钢筋混凝土梁压浆

(一)压注高分子化学浆液

压注高分子化学浆液示意见图10。

1. 施工程序

(1)搭设好安全可靠的脚手架。

(2)检查裂纹、布置压浆嘴:一般情况下,不论是竖直缝、水平缝,压浆嘴的间距按裂纹密度确定。裂纹两端应布置压浆嘴,如圬工体的两侧裂纹贯通,其两侧应错开布嘴。

(3)清理:用小锤、刮锈刀、钢丝刷将裂纹两侧100 mm范围内的混凝土表面的碎屑、浮渣、污垢等清理干净,打磨整平,然后用棉纱蘸无水乙醇或丙酮擦洗,同时注意不使压浆嘴部位的裂隙被堵塞。

(4)粘贴注浆嘴:用自粘性胶带将注浆嘴按规定位置确定,注浆嘴间距根据裂缝宽度来确定(宽度0.05~0.3 mm,间距为100~150 mm;宽度0.3~1 mm,间距为150~250 mm;宽度1~3 mm及以上时,间距250~400 mm)。每条裂缝至少在两端各粘贴一个注浆嘴。

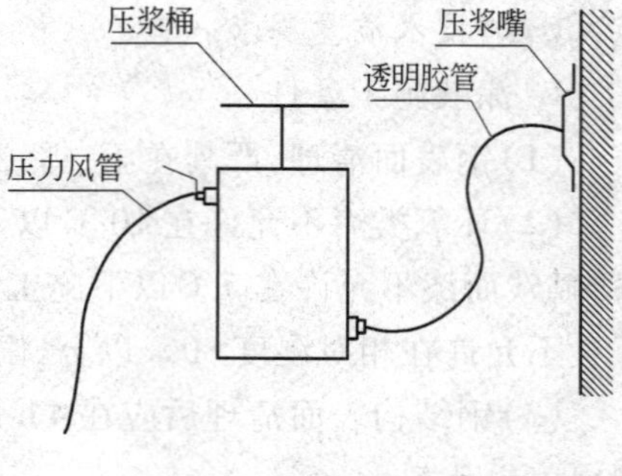

图10 压注高分子化学浆液示意图

(5)封缝:裂缝两侧100 mm范围内均匀涂刷两道薄薄的底层涂料,待第一道底层涂料不粘手后,再涂刷第二道底层涂料,待第二道底层涂料不粘手后用油灰刀刮抹密封封闭涂料。每层厚度0.8 mm~1 mm,总厚度2.5~3 mm。

(6)试压:用手压注浆泵或风动压浆罐将无水乙醇或丙酮压注入裂缝中,检查注浆嘴粘贴和裂缝封闭的质量,看是否存在漏浆现象。同时估算注浆量,确定注浆压力。

(7)吹干:采用空气压缩机风力把每个注浆嘴通气15 min以上,把裂缝中的水分和溶剂吹干。

(8)压力注浆:同一裂缝各注浆嘴应同时注浆,每个注浆孔注浆时间不少于40 min,以确保浆液渗入细微的裂缝深处。

(9)铲嘴整平:注浆后第二天(相隔10 h以上),将注浆嘴逐个铲除,不平处所用封闭材料刮抹平整。

(10)注浆记录:将工程地点、结构物名称、裂缝编号、长度、注浆材料、气候情况、注浆嘴编号、间距、注浆量、压力及时间记录在表格中。

2. 质量要求

(1)注浆嘴布置合理,粘结牢固,不堵塞。

(2)裂纹封闭要严密,不漏气。

(3)风压控制在0.4 MPa,压注时间不小于40 min。

(4)浆液有良好的可注性,缝隙注浆饱满,与圬工粘结牢固。

3. 安全注意事项

(1)脚手架搭设牢固,电气化区段距接触网 2 m 以内作业要断电。

(2)作业人员要戴防护目镜、防毒口罩、胶皮手套、安全帽,在脚手架上作业时系安全带。

(3)工作完成后,必须用肥皂洗手,并尽量用医用酒精消毒。

(4)使用和存放施工用的化学原料应注意防火。

(5)工作人员和料具由桥面上下墩台时应注意列车,防止意外事故。

(二)压力灌注水泥浆

适用范围:圬工内部空洞或裂纹较深时的整治

材料及机具:空气压缩机、油水分离器、压力灌浆机管路及接头、灌浆嘴、压浆数量较大时用电动压浆泵、小锤、刮锈刀、钢丝刷、砂纸、棉纱、水泥、沙等。

1. 作业程序及要领

(1)搭设脚手架。

(2)选孔:孔眼可交错布置,距离圬工边缘不小于 0.4 m,各孔间距离一般为 0.9 ~ 1.5 m。具体可在蜂窝、裂纹等敲击声响不正常处设置。

(3)钻孔:孔眼直径 38 ~ 50 mm,要求能埋入灌浆嘴,在平面上灌浆孔应钻成垂直孔,在立面上钻灌浆孔应向下倾斜 10°左右。钻孔深度:当在圬工单面钻孔时,孔深一般为该圬工宽度的 2/3 ~ 3/4,双面钻孔时孔深度为该圬工宽度的 1/3 ~ 3/8。钻孔完毕后应立即埋设注浆管。

(4)冲洗:压浆前要先冲洗孔眼,用 0.2 ~ 0.4 MPa 的压力向孔内压水清洗,直到邻孔流出清水为止。冲洗自上而下逐孔进行。冲洗后用 0.2 MPa 的压缩空气吹风 20 ~ 30 min,吹出缝隙内的清水,然后用木塞塞紧注浆孔,同时将圬工表面裂缝用封缝材料封闭。

(5)压浆:在平面上由中间的孔眼开始逐孔向四周进行,在立面上由最下层孔眼向上进行。灌浆开始时,水泥浆的水灰比用 10:1,压力为 0.05 ~ 0.1 MPa,以后水灰比逐渐增加到 1:1,压力逐渐增加到 0.5 ~ 0.6 MPa,严重破裂的圬工应先包箍后再压浆。

(6)拆除脚手架。

2. 技术质量要求

(1)施工温度不低于 3 ℃。

(2)灌浆嘴位置合理,间距一般为 0.9 ~ 1.5 m,根据裂纹宽度和空洞多少确定。

(3)配浆应一次用完。

(4)缝内灌浆饱满,与圬工结合牢固。

3. 安全注意事项

(1)脚手架搭设牢固,电气化区段距接触网 2 m 以内作业要断电。

(2)作业人员要戴胶皮手套、安全帽,在脚手架上作业时系安全带。

(3)工作完成后,必须用肥皂洗手。

(4)工作人员和料具由桥面上下墩台时应注意列车,防止意外事故。

六、起 落 梁

(一)作业程序及方法

(1)在梁下枕木垛近旁搭设千斤顶底座。

(2)安放千斤顶。

(3)将千斤顶活塞杆伸出2/3,并在千斤顶盖与梁中间垫以5 cm厚的木板或胶皮,然后调整底座高度,使千斤顶与梁底接触。

(4)用千斤顶将梁略微顶起,把支承梁的枕木垛拆除一层,然后慢慢地落低千斤顶。

(5)当千斤顶快落完时,可将梁支承在枕木垛上,然后取出千斤顶,将千斤顶底座落低。

(6)放回千斤顶,重复以上步骤,直至将梁落到需要的高度为止。

用千斤顶顶梁与落梁的方法基本相同,只是在放入千斤顶时,事先不将活塞杆伸出,顶起梁时边顶边塞垫板或木楔,待起高量够一根枕木高度时,换上一根枕木,这样一层一层地将梁顶到需要的高度。

(二)质量要求

落梁后,梁的中心线与设计位置偏差不大于10 mm,最大不大于20 mm。

(三)安全注意事项

(1)事先检查千斤顶的完好状态,试验其顶起能力,配齐足够配用台数并有专人负责操作和指挥。

(2)千斤顶底座可用枕木、木板和钢板组成。千斤顶放置着实保证梁顶起后不会歪斜。每端用一台千斤顶时要放在梁的重心线上,用两台时应放在重心线两侧对称位置上。千斤顶底座的方向要略成八字形。

(3)用千斤顶起或落梁时,不允许两端同时起落,只能交替进行,两端最大高差一般不超过两层枕木厚度,起落速度要慢且能随时控制。及时调整落梁位置。

(4)起落单梗式梁(如23.8 m及以上的预应力钢筋混凝土梁)或其他底窄重心高的梁时,两端均有稳妥的斜撑或支架支护。拆除支架时应先停止起或落,换用支撑支护好后再进行。

(5)钢筋混凝土梁的起落顶点与保险支撑部位应在允许悬出长度范围内,在梁梗底面与梗肋上,千斤顶头部距混凝土边缘保持100 mm以上,以免顶坏保护层或梁体。

(6)钢梁起顶部位应在支座处,板梁加劲角钢下的翼缘盖板中心,主节点下面设置的起顶横梁或牛腿下面以及其他经过计算允许起顶的部位,不得直接顶在薄板、板缘或角钢肢边缘等薄弱处所。

(7)为防止千斤顶受力不均匀或将混凝土顶裂或将钢梁顶凹,千斤顶上面可垫以坚硬木板或短轨束,以扩大其受力面积。

(8)在台车上顶梁时,千斤顶下面应铺短轨束以扩大传力面积。如受力净空限制无法加垫,其集中施力点应设在车体主梁的上方。

(9)在枕木垛上顶落,若下沉量较大,最好用木排架或钢塔架代替。

(10)在墩台顶排水坡面安放千斤顶时,可用楔型硬木垫平,并应有足够的安全承压面积。

(11)顶落双梗式钢筋混凝土梁(如跨度20 m以内的钢筋混凝土梁),可将千斤顶安在端横隔板下面(须经检算许可)。如净空不够,可凿低一部分顶帽混凝土,完成后再补上。

(12)顶落跨度4.5 m及以下的钢筋混凝土板梁时,可用小型千斤顶对地支顶梁肋,或在桥孔内搭设枕木垛、支撑千斤顶。当桥高水深时,可在墩台帽的前下方侧面安设临时牛腿施顶。

七、更换支座

(一)作业程序及要领

1. 准备工作

(1)应事先松动锚栓螺帽,对锈死的应以煤油或喷灯加温后,用扳手卸除或用专用的拆帽器拆除。

(2)需重新锚固锚栓的应事先测量并计算好,在支承垫石上放出支座纵横中心线和锚栓位置,并将锚栓孔凿好。

(3)根据当时钢梁的温度及该地区最高、最低温度计算出安装时活动支座的位移量,确定安装位置。

(4)检查新支座各部件是否齐全,固定、活动支座位置是否正确。

(5)搭设保险枕木垛,枕木垛基础坚实稳固。

(6)试顶梁身。

(7)根据设计确定支座位置和顶起高度,做好标记(需同时整修的各项病害可参照支座部分各项进行作业)。

2. 基本作业

(1)按施工计划和施工命令,按规定设置施工防护。

(2)旋松梁端附近基本轨轨卡螺栓及冒起护轨道钉,并松开钢轨接头螺栓。

(3)顶起梁跨、临时支垫稳妥,操作千斤顶速度要均匀,要稳。做到随起随垫,起梁应留1~2 mm 的沉落量。

(4)卸下并移出旧支座。凿除失效混凝土,将新面凿毛并清洗干净,铺砂浆整平支承垫石。

(5)埋设锚栓、安装新支座。

(6)支座捣垫砂浆,使支座底板平稳,无缝隙。捣填砂浆要养生7 d。砂浆按水:水泥:砂 = 0.23~0.25:1:1~2 的比例拌制。

(7)落梁、灌注锚栓孔砂浆,支座活动面涂黄油、其他部位除锈油漆,拧紧锚栓帽,装好防尘罩。

(二)技术标准和质量要求

(1)支座类型、位置正确,纵向偏差小于5 mm,摇轴及削扁辊轴倾角偏差小于20,横向偏差小于2 mm。

(2)锚栓齐全、安装牢固,各部分相互密贴。

(3)支座活动部分涂固体油脂或擦石墨,上、下摆涂刷防锈漆,活动端能保证梁体自由伸缩。

(4)辊轴(或摇轴)支座的支承垫石面、底板、辊轴、座板相互间密贴,缝隙小于1 mm;水平支座的底板与座板间边缘缝隙小于1 mm。

(三)安全注意事项

(1)支座垫砂浆厚度,应办理封锁施工手续,设置停车信号防护。

(2)墩台高度在3 m以上时又无围栏,作业人员应戴安全带,或搭简易工作台、架。

(3)作业人员应戴安全帽、护目镜、手套、口罩。

(4)打捶人员严禁戴手套,不打对面锤,锤把安装牢固,锤面、钢钎头不得有飞边。

(5)千斤顶负荷能力,应满足起重量要求,使用前需经认真检查。底座要平正、坚实,顶面与钢板接触时,应加木垫或橡胶板,防止滑脱。

(6)作业人员搬运机具、材料、由桥面上下墩台时注意列车。

八、施 工 放 样

放样是施工的第一步,是关系到工程尺寸、位置是否正确及工程质量好坏的关键工序,必须认真做好。

(一)检查、校正放样工具

放样常用工具有方尺、水平尺、钢尺(或皮尺)、垂球等。这些工具不论是新的还是旧的,在使用前都必须进行检查和校正,以防工具误差而发生放样错误。

(二)熟悉图纸,认清桩志

施工设计图和桩志是施工放样的依据。放样前,应认真熟读图纸,详细掌握结构尺寸以及建筑物的方向、位置关系。铁路建筑物的方向一般是以铁路的方向来标定的,左右侧位置是顺线路里程方向面向终点来划定的。

(三)平面放样

勾股弦法习惯上又称3、4、5检查法,是利用直角三角形两直角边的平方和等于斜边的平方的原理(即$3^2+4^2=5^2$)来进行检查的。

从直角上沿第一条线准确地量取3 m定出甲点,再沿另一条线准确地量取4 m定出乙点,则甲、乙两点的距离应是5 m,其误差不应超过±2 cm。如相差超过2 cm,说明不方正,应重放。

对角线法是量取长方形或正方形两对角线的距离,两者应相等或相差很小(一般每10 m误差为2~3 cm)。如误差较大,说明放样不方正,应重放。

(四)坡度放样

(1)利用坡度尺放样的方法简便可靠。图纸中注明的坡度1:m通常是指垂直距离:水平距离。如1:1.5的坡度,是指该坡度的垂直距离为1,水平距离为1.5。按图纸中规定的坡度做好坡度尺,放样时,将水平尺放在坡度尺上,固定坡度尺的一端,另一端上下升降,使水平尺放平,这时将挂线切着或平行于坡度尺的斜边固定下来,挂好的线就是所放的坡度线(图11)。

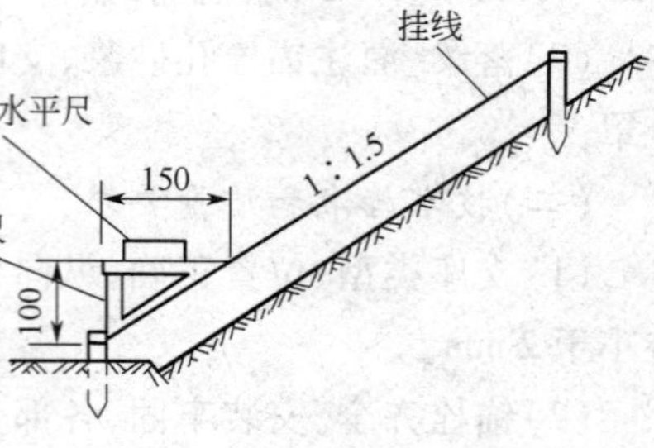

图11 坡度尺放样

(2)在坡度尺的两个直角边上各打一条相互垂直的黑线,在两黑线交点处钉一铁钉,铁钉上拴一细线,下吊一个垂球(或小石子),使用时使细线与黑线重合,再按以上方法进行放样,省去了水平尺对中等过程。

（五）圆锥体放样

1. 切线支距法

从圆锥体的下部起点做一条垂直切线。根据几何原理，计算出圆周各点到切线的距离。放样时，从切线上对应各点直接量出圆周上各点的位置并打桩，再用线绳连接圆线，最后用坡度尺逐条挂线。图12(a)为一个圆锥体放样，从O点放出一条直线AO，使之垂直于O点至圆心的连心，AO线称为在O点的圆的切线。从O点沿切线根据需要量出距离，如图上为2 m、4 m、6 m、8 m、9 m。如锥体较大时，也可以近5 m、10 m、15 m等量取，分点越密，放样越精确。再于切线的上述各点量取垂直于切线的不同距离（支距），如图上的1.38 m、1.09 m、0.59 m、0.27 m、0.07 m（经计算而来），定出甲、乙、丙、丁、戊各点，用线绳连接圆心，最后根据设计坡度用坡度尺逐条挂线。

当圆锥体底部半径很大或圆周上各点受地形限制不能连线或通视时，可采用如图12(b)所示方法。两点至圆心不能通视时，在丙点两侧沿弧线各量出一个相等的距离，然后在连线弧线中点用方尺放出一条线，就是丙点通过圆心的方向线。

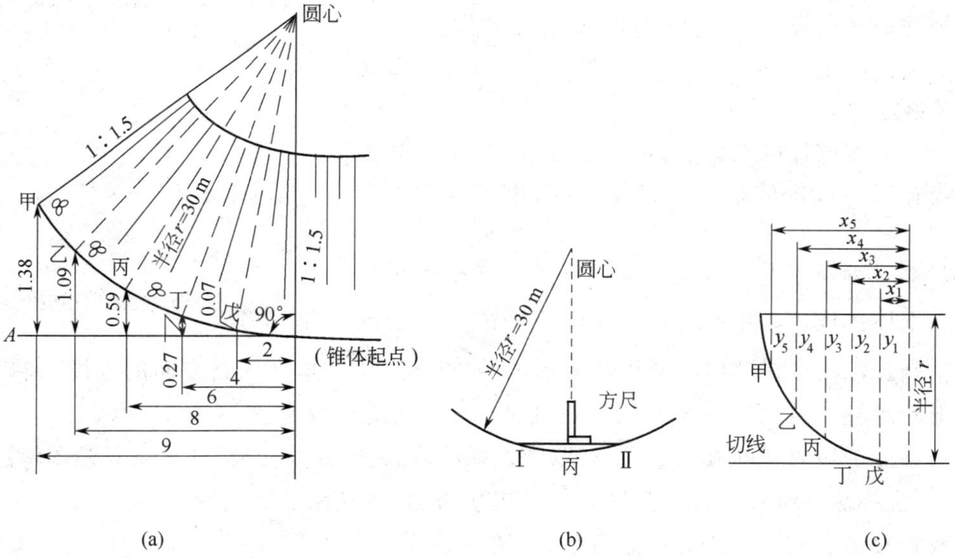

图12　切线支距法放样

采用切线支距法放样时，甲、乙、丙等各点，必须在同一平面高度上。

支距的计算公式为

$$Z_i = r - y_i$$

$$Y_i = \sqrt{r^2 - x_i^2}$$

式中　z_i——各点的支距；

r——圆锥体底部半径；

x_i——沿切线由圆心至各点的垂直距离。

当$r = 30$ m，$x_1 = 2$ m，$x_2 = 4$ m，$x_3 = 6$ m，$x_4 = 8$ m，$x_5 = 9$ m时，各点支距为

甲方支距：$z_{甲} = 30 - \sqrt{30^2 - 9^2} = 1.38$ m

乙方支距：$z_{乙}=30-\sqrt{30^2-8^2}=1.09$ m

丙方支距：$z_{丙}=30-\sqrt{30^2-6^2}=0.59$ m

丁方支距：$z_{丁}=30-\sqrt{30^2-4^2}=0.27$ m

戊方支距：$z_{戊}=30-\sqrt{30^2-2^2}=0.07$ m

2. 放样架法

利用预先做好的样架进行圆锥体放样，一次就可把线挂出来，非常方便，如图 13 所示。

放样架是底部为 1/4 圆板，立柱设在圆心处，立柱顶设一挂线钉。立柱的高度与圆板的半径由坡度决定。如坡度为 1:1，则立柱与圆板半径相等；如为1:1.5，则圆板半径为立柱高度的 1.5 倍，依此类推。放样时，将放样架底圆板的圆心对准圆锥体的圆心，同时立柱上挂线钉恰好在圆锥体的锥尖处。位置安准后，固定放样架，将放样线绳拴在挂线钉上，慢慢往下放落，将线绳拉紧绷直使其刚刚碰到挂线架底圆板边上，将线固定，即完成放样。

需要注意的是，线绳不能离开底圆板，也不能紧压底圆板而使线不直。

利用放样架放样虽然简单，但准确性较差，不适用于圆锥体半径过大或锥体过高的锥体放样，也不能用于变坡的锥体放样。

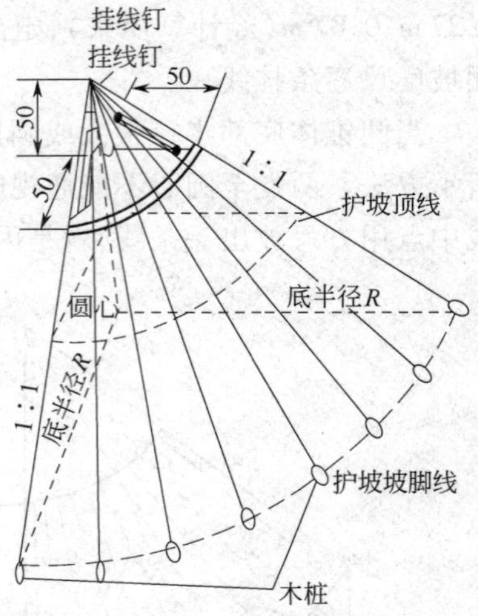

图 13　放样架放样

（六）桥头锥体护坡放样

桥头锥体护坡（又叫圆包头），其坡脚一般是一椭圆曲线。根据护锥高度，按纵坡（顺线路方向的坡度）和横坡（垂直线路方向的坡度），推算出椭圆曲线的长半轴 a 及短半轴 b，然后经过计算或绘图再进行放样。

桥头锥体护坡放样的方法很多，有双圆投影图解法、等高线交会法、双点双距图解法、直角坐标法、极坐标法、横向距离法、纵横等分线相交法、切线支距法、放样架法等。下面仅介绍纵横等分线相交法和放样架法等较为简单适用的方法。

桥头锥体底部为 1/4 椭圆形，其放样较圆锥体要复杂，但其方法基本相同。

椭圆长、短半轴计算公式为

$$长半轴\ a=mH+(W_b-W_t)$$

$$短半轴\ b=nH+0.75$$

式中　m——护锥边坡横向坡度；

H——护锥高度（m）；

W_b——1/2 标准路基顶面宽度 + 加宽值（m）（在直线上或曲线内侧时不加宽）；

W_t——1/2 桥台宽度（m）；

n——护锥边坡纵向坡度；

0.75——桥台上部伸入路堤之值。

1. 纵横等分线相交法

这种方法是桥头锥体护坡放样最简单、方便的方法。有了锥体高度纵坡及横坡的坡度，就可直接放出锥体的坡角线。

如图 14 所示，首先计算出长半轴 a 和短半轴 b 之值。以桥台尾部为准，在垂直于线路方向量取 $OA=a$，由 A 点量取 $AC=b$，使 AC 垂直于 OA，连接 CB 和 BO 使之成长方形 $OABC$。将 AC 和 BC 等分成相同的等分，并将各等分点如图所示编号，再两条线相交会。连接 A7 线与 1′6 线交会于Ⅰ点，1′6 和 2′5 交会于Ⅱ点，2′5 与 3′4 交会于Ⅲ点，3′4 与 4′3 交会于Ⅳ点，4′3 与 5′2 交于Ⅴ点，5′2 与 6′1 交会于Ⅵ点，6′I 与 7′B 交会于Ⅶ点，将Ⅰ、Ⅱ、Ⅲ、Ⅳ、Ⅴ、Ⅵ、Ⅶ点连成光滑曲线即为坡角线。

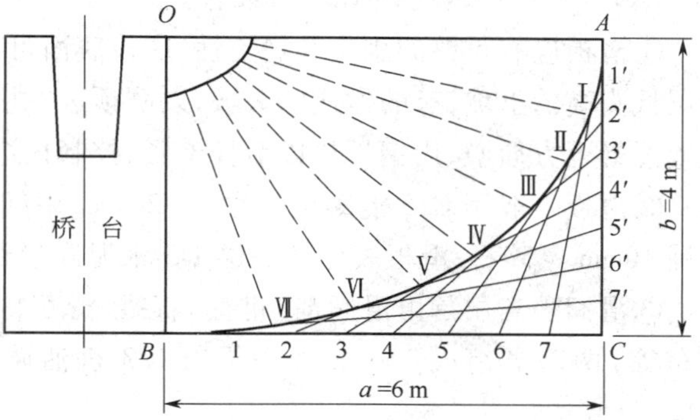

图 14 纵横等分线相交法

挂线放坡的方法与切线支距法相同。

2. 放样架法

这种方法仅适用于锥体高度小于 6 m 的放样。放样架的形式和使用方法与圆锥体的基本相同，所不同的是样板底架板为椭圆的 1/4，底板制作必须精确，一般要求用支距法计算后再放样制作。

九、顶进箱涵、圆涵

(一)框构桥涵顶进

1. 作业程序与要求

(1)工作坑的开挖。

工作坑是预制和顶进桥涵的工作基础。它的开挖与顶进方法和桥涵基底标高有关。工作坑的尺寸由顶进桥涵的宽度、长度、后背墙尺寸和操作空间确定。桥身前端应留有适当的空顶长度，桥身两侧应留 1 m 以上的空间，便于排水和施工作业。地下水位应降至基底以下 0.5 ~ 1.0 m。两侧边坡视土质而定，一般为 1∶0.75 ~ 1∶1.5，靠铁路侧的边坡应缓于 1∶1。

(2)后背制作。

①板桩式后背由板桩、后背梁、后背填土(含利用高于工作面的天然原状土和后背填片石)三部分组成。

a. 后背梁一般由钢筋混凝土制成。小孔径箱涵顶进多用 5 扣或 7 扣轨束梁做后背。长与板桩宽相同，灌注后背梁前应在和板桩接触处隔以油毡，并在梁与桩间加一层 15 cm 的 C15 混凝土垫层。后背梁的作用是将顶力均匀传递到后背土上。

b. 板桩可用钢板桩、钢筋混凝土板桩、槽钢、工字钢或钢轨制成。为保证桩后土体密实，施工时应先打板桩而后开挖工作坑。

②重力式后背用浆砌片石或利用引道挡土墙等圬工体做后背。

③混凝土底座式后背由钢筋混凝土底座、垫层及后背填土组成。

a. 钢筋混凝土底座:作用同钢板桩,由钢筋混凝土板与加劲肋组成(也可做成装配式),加劲肋为千斤顶的支承点。

b. 垫层:作用是传递钢筋混凝土底座压力,用砂、片石(浆砌或干砌)做成。

c. 填土:作用是增大后背抗力。

(3)工作坑底板(又称滑板)设置。

①滑板应有足够的刚度和稳定性,底板底面可设地锚梁;滑板表面要平滑,按 1‰ ~ 5‰做成尾低头高的上坡,有的做成船头坡,以防顶进"扎头"现象;滑板两边距桥身外侧 5 ~ 10 cm 处设置混凝土方向墩,用钢板垫以滚杆卡紧,控制顶进方向。

②滑板一般用 C15 混凝土灌注,厚 20 cm,中间设一层 ϕ8 mm 的钢筋,间距 20 cm;滑板下面铺 10 cm 厚碎石;滑板表面抹一层 1:3 水泥砂浆并压实,其上铺设滑润隔离层。

③滑润隔离层是由滑润剂(机油、石蜡、滑石粉、黄油等)和隔离层(塑料薄膜、油毡纸、油毡布等)两部分组成。一般做法是用 1/3 机油调制滑石粉做滑润剂,上面铺一层塑料薄膜组成。

(4)预制钢筋混凝土桥涵。

①在滑板上绑扎钢筋和灌注混凝土,除符合设计图纸和有关施工规范要求外,应保护好滑润隔离层无损伤。

②框构桥涵外形尺寸容许误差:宽度 ±50mm;轴向长度 ±50mm;顶、底板厚度 +20 ~ −5 mm;中、边墙厚度 +20 ~ −5 mm;梗肋 ±3%;防水层按设计图纸要求。为了减少顶进阻力,预制支模时,可使前端保持正误差,后部保持负误差,成倒楔形。

③钢刃脚用厚度在 8 mm 以上钢板制成,与水平线夹角不大于 60°,长度不超过 0.8 m,超过时应加悬臂支撑,安装在前端预埋螺栓上。螺栓一般为 M20、M22,间距 20 ~ 30 cm。

④桥身外表涂以石蜡及机油按 4:1 用量熬制而成的滑润剂,熬制温度夏季为 120 ℃ ~ 150 ℃,冬季为 150 ℃ ~ 180 ℃,趁热涂刷,可减少顶进阻力,且增强防水性能。

(5)线路加固。

同线路加固及架空。

(6)顶进设备安装。

①千斤顶的布置应以框构桥涵的中心线为轴,对称布置,一般放在底板尾部的托盘上。

②同一座桥涵最好使用同一类型的千斤顶,如类型不同,则同一类型的宜对称布置。

③高压油泵一般采用流量大的油压千斤顶。油压须与选用的千斤顶工作油压相适应,流量应与其带动千斤顶的数量相当。

(7)传力设备。

按每次千斤顶的行程更换顶铁,使桥涵继续前进。

(8)挖运土。

①挖土最好采用机械。若人力挖土,桥涵净高一般为 4 ~ 5 m 时,可分上、下两层作业,中部设置工作平台,工作面每米布置 1 ~ 2 人开挖。

②挖土工作必须与观测工作紧密配合,根据偏差来决定挖土方法。

(9)顶进。

①在空顶时应特别注意方向。刃角切入土后为了方向不发生大的偏差,必须快挖快顶,三

班连续作业,以减少顶进阻力。

②顶进时要随时观测顶铁、千斤顶、后背、油泵压力、方向及高程等的变化,发现问题立即停止顶进,处理后再顶。

③交接班前,应对千斤顶、油泵、顶铁、后背、刃脚和平台等设备先作检查,确认无异后再开始操作。

④桥涵前后端面除设置防裂钢筋外,在施顶处还应加设钢板,以分布施顶压力。

(10)安放顶铁。

①安放顶铁必须保持与桥涵轴线顺直一致,与横铁垂直,要平、直、顺,尽量做到各顶铁长度一致、间距一致。

②按顶进长度随时更换不同规格的顶铁。当使用顶程 1.1 ~ 1.3 m 双作用千斤顶时,顶铁规格有 1.0 m、2.0 m、4.0 m 等;使用顶程 0.2 m 单作用千斤顶时,顶铁规格有 0.1 m、0.15 m、0.2 m、0.3 m、0.6 m、0.8 m 等。使用单、双程千斤顶都必须有备用顶铁。顶进超过 4.0 m 时,即换上一根长 4.0 m 的长顶铁,8.0 m 时加一道横梁,横梁一般用 10 ~ 14 mm 厚钢板。

(11)车道接长。

车道是顶进过程中桥涵内出土的重要通道,应采用活动接长车道(如图 15)。前枕木垛固定在底板上,随顶进时一道前进,后枕木垛与固定车道连接,每顶进一定距离,用卷扬机将后枕木垛往前拉一次,并将后面的固定车道接长。

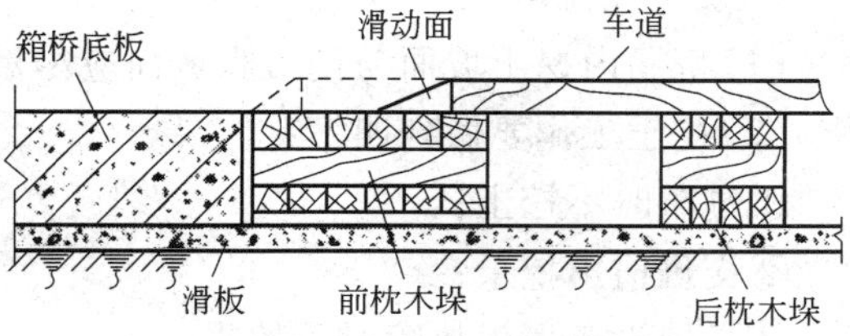

图 15　活动车道示意图

(12)观测。

顶进时要随时掌握好桥涵顶进的方向和高程。一般在桥涵后方离后背稍远处设置观测站,架设经纬仪、水平仪各一台;在桥涵顶部四个角安设四个置尺点,进行高程测量;顶进方向的观测可在桥涵一侧的前后端各设一个标尺进行。

(13)顶进时常出现的问题及处理。

①滑板不脱:顶进时,由于地下水位高,地基承压力小,滑板变形,或者滑板与桥涵底板间隔层处理不好,造成滑梁变形和底板不脱。最有效的办法是在滑板前用快干水泥设一道地锚梁,使之阻挡滑板前进。

②方向偏差:顶进时有时出现方向偏差。其纠偏方法是:如往右偏,桥涵前挖土时右侧欠挖 2 ~ 3 cm,左侧超挖 2 ~ 3 cm,然后千斤顶、顶铁往右侧拨动,右侧受力增大,拨动尺寸按实际掌握,待方向调整后,再恢复正常;如往左偏,则方法与上述相反。

③水平(高程)偏差:如桥涵栽头,应首先检查一下底板有没有预留船头坡或船头坡尺寸是不是够,如没有或没按设计做,应想办法补做。另外,前面挖土适当欠挖,底部 5 ~ 10 cm,两侧刃 1 ~ 2 cm。如果还不能抬头,可采用挖土后用碎石换土,以增强前端土质承载力。如桥涵抬头,前面挖土要超挖,底部 3 ~ 8 cm,两侧刃 1 ~ 2 cm。当桥涵发生抬头时,应对前端增加低头力矩,即底刃脚前方超挖宽度为 4 ~ 8 cm,在平面比刃脚低 1 ~ 2 cm,直至调到设计要求为止。

④崩顶铁:首先应检查顶力是否过大。如过大,应适当增加一路或二路千斤顶。如果顶力

不大,则可能是因为顶铁方向不正或顶铁端部承力面变形。方向不正应立即拨正;如承力面变形,可在甩崩方向增垫一些短角钢,其次可考虑增加一些横向连接钢板,以增加其整体性,使顶力分配均匀。

2. 质量要求

(1)外形尺寸误差。

宽度:不大于 ±50 mm

轴向长度:不大于 ±50 mm

顶底板厚度:+20 mm,-5 mm

中边墙厚度:+20 mm,-5 mm

肋:±3%

(2)顶进误差。

中线:一端顶进不大于 200 mm,两端顶进不大于 100 mm

高程:顶程的 1%,但偏高不得超过 150 mm,偏低不超过 200 mm。

3. 安全注意事项

(1)桥涵内挖土坡面与侧刃脚坡面应尽量保持一致和平顺,不得掏取挖土。

(2)挖土工作要做到四不:

①过车时不挖土;

②交班前不挖土;

③机械设备发生故障时不挖土;

④较长时间顶不进时不挖土。

(3)列车通过时禁止顶进作业。

(4)顶进时,顶铁和后背上禁止站人。

(二)圆涵顶进

1. 施工程序及要领

(1)场地布置及制管。

施工前有关材料、机具根据相应的要求进入场地,要做好周到的布置,同时预制好施工顶进所需的圆涵。

(2)确定工作坑位置及测量定线。

施工前要确定好工作坑的范围和顶进的中线位置。

(3)开挖工作坑。

方法同框构桥涵顶进。

(4)设置后背。

方法同框构桥涵顶进。

(5)设置水准点,进行高程测量。

从高级水准点引出施工水准点,进行地面高程控制测量,作为顶进过程的高程控制依据。

(6)安设导向轨。

导向轨安设于工作坑内,导向轨可用轻型钢轨组成,轨下满铺枕木,以道钉固定,枕下铺

15 cm厚碎石。导向轨的坡向、中线与标高应和涵管的设计坡向、中线与标高一致。为确保管底进口处标高在顶进过程中不变,可事先铺设 0.2 ~ 0.3 m 的混凝土,再在其上安设导向轨(如图16)。

(7)安装后顶座及机械设备。

将顶进工作的动力设备、后座及相关机械安装就绪。

(8)试顶及检查各项准备工作。

顶进设备、后座及相关机械安装好后,试顶一次,以此检查各设备的使用情况。

(9)顶进涵管,中间设置钢涨圈或钢轨接榫衔接涵管;中途进行测量便于进行误差纠正。

①顶点位置:千斤顶对管节的施力点一般在管底往上(1/4 ~ 2/5)D 之间(D 为管节之外径)。

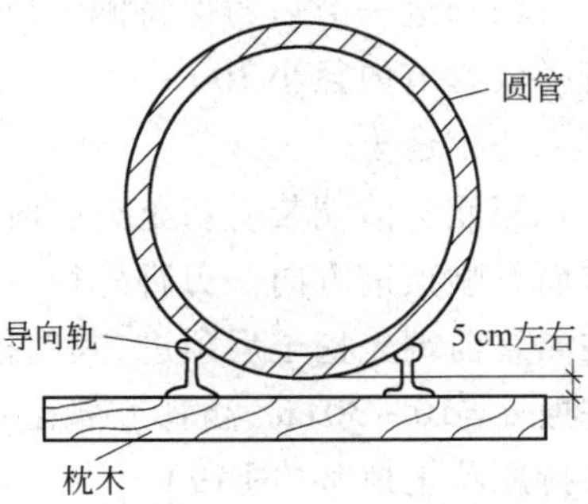

图 16　导向轨示意图

②顶进中的误差纠正:顶进过程中正常情况下,每顶进 1 m 需要测量高程和中线一次,当发生偏差时需顶进一次(指 0.2 m 短行程)测量一次,做到有问题随时纠正。纠正方法如下:

a. 用千斤顶和木桩纠正。

前端管底偏高时,用千斤顶或木桩撑上端顶土,下端顶管底内壁顶回。管底偏低时,用千斤顶或木桩撑上端顶管内壁,下端顶土。一般只需渐渐顶进管节就能自动调整过来,中线偏左或偏右也可同法纠正(图 17)。

b. 挖土纠正。

若发现管节已向右偏,则应在右侧略预超挖,左侧稍欠挖,然后加大右侧顶力即能逐渐纠正。同法纠正向左扎头、偏头等误差。

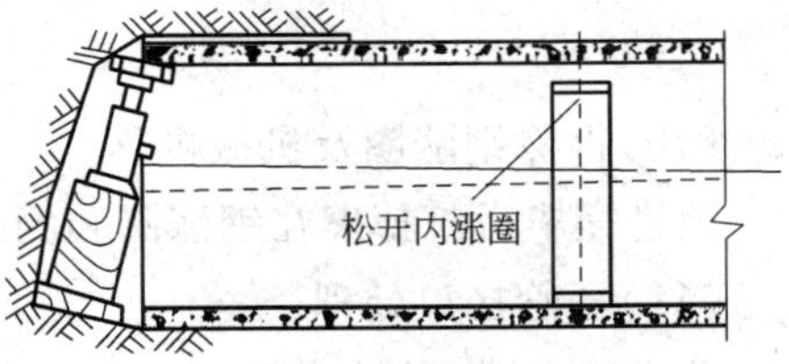

图 17　千斤顶、木桩纠偏示意图

c. 垫板纠正。

遇松软土质而管节前端底面纵向垫以 0.4 m 左右长的木板(涂沥青),板面坡度按设计要求布置,继续顶入时可逐渐纠正(图 18)。

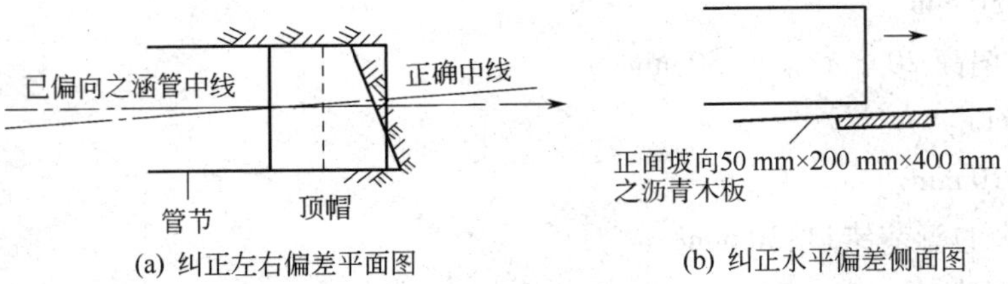

图 18　垫板纠偏示意图

d. 支顶纠正。

当管节前端扎头较大时(超过 5cm),可用方木作梁来支顶,即将方木的一端支在第二节管子下内壁上,另一端插入前方土中(这时,方木梁穿越第一节),再以小千斤顶在方木梁上支顶第一节前端上内壁，随着管子顶进可逐渐纠正。纠正后还必须再顶入一段才能拆除设备。

③安装钢涨圈。

当顶进一节后为保持涵管成直线地均匀向前移动。钢涨圈宽 100 ~ 150 mm，厚 8 ~ 11 mm，直径较管节内径小 100 ~ 150 mm，用木块楔紧。钢涨圈直径不宜过小，靠底部要与管壁贴紧。

④挖运土。

当涵管前端装有切土刃脚时，则可减少顶入阻力，且在刃脚处挖出土方，将不会因挖土误差而影响顶进方向。刃脚外径可较涵管外径大 10 mm，以利顶入。不装刃脚时为减少阻力，可在涵管前端先挖土后顶进，其超挖量 a 视线路、土质、运输、地下水、覆土深浅等情况综合考虑。一般 $a=10\sim30$ cm，涵管上部径向开挖量 $\delta\leqslant15$ cm，涵管下部 135°范围内不得超挖，即 $\delta=0$ 以保持原状土地基(图 19)。

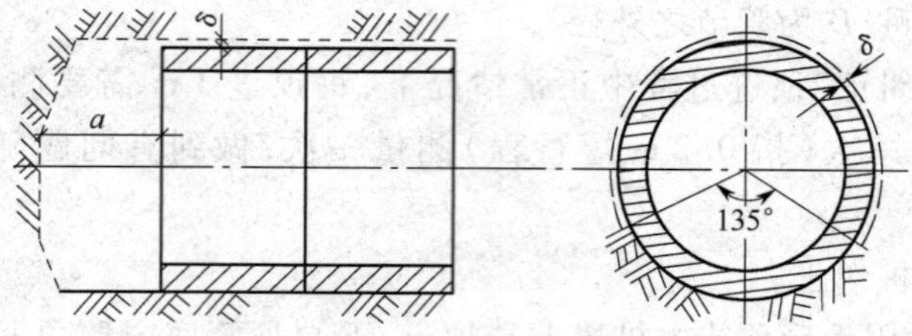

图 19　挖运土示意图

(10)拆除钢涨圈及机械机具。

顶进完毕后打掉楔在钢涨圈和涵管之间木块，即可取出钢涨圈。

(11)涵管接口处理。

顶进结束后，做好管节之间的接缝处理，防止漏水漏土。

(12)砌筑出入口的附属设备。

(13)清理工地。

2. 质量要求

(1)顶进误差。

中线偏差：50 mm。

高程误差：偏高 20 mm，偏低 50 mm。

(2)管节错口。

一端顶进：10 mm。

对顶法接头的管节错口：30 mm

3. 安全注意事项

(1)小管径内挖土时，为防止管节在列车震动下发生下沉与摩阻力增大，应不间断挖土，可制作专用小铁锹、小铁镐、运土小车等工具。

(2)要注意涵管接缝处理，防止管节错缝、漏水漏土等因素造成线路翻浆、下沉、管节不均匀下沉等。

(3)挖土工作要做到四不:

①过车时不挖土;

②交班前不挖土;

③机械设备发生故障时不挖土;

④较长时间顶不进时不挖土。

(4)列车通过时禁止顶进作业。

(5)顶进时,顶铁和后背上禁止站人。

十、起重、装吊作业

(一)基本操作方法

1. 抬

运输较轻的物件,又不便使用机械运输时,可用肩抬。视重物大小由二人或更多的人共同进行。要求抬的人高矮搭配合适,抬着走时必须喊号,步调一致,重物离地面近一些,防止发生危险。

2. 撬

一般重量较轻(2~3 t),超重量不大时,用撬比较简单。撬是利用杠杆的原理来实现的,支点应尽量靠近重物,以求省力。支点以采用硬木较合适,如地面较软,可在硬木下垫铁板。撬棍可用普通圆钢,特殊情况下可使用枕木、圆木或钢轨。

3. 迈

为了使重物正确就位,常常用迈的方法使重物在左右方向上做微小的移动。迈的操作方法是:将撬棍斜插在重物下面,压撬棍尾,当重物离空时,在水平方向横推撬棍尾,撬棍就绕支点转动。撬棍尾向右转,撬棍头就顶着重物向左移动,转到一定角度不能再转时就将重物放下,继续迈第二步。

4. 拨

如果要将重物向前(或后)略微移动,可采用拨的方法。拨时重点在中间,支点在重物下。拨的操作方法是:将撬棍斜插在重物下面,手握撬棍尾向上前方用力拨动重物,重物就会向前移动一个小距离,如此重复进行,重物就可拨移到位。

5. 顶

顶就是用千斤顶把重物顶起来,当重物需要抬高的高度超过千斤顶一次顶升量时,须用倒镐的办法逐步把重物抬高。即顶高重物,在重物下加垫木块,松顶,在顶下加垫,再顶高重物。如此重复就可将重物抬到预定高度,反过来也可降低重物高度。当重物下摩擦力不太大时,也可用顶横向顶移重物。

6. 滑

滑就是将重物放置在滑道上,用绞车或人拉,把重物拉到指定位置。滑的主要装置为滑道与滑板,滑道可采用钢轨或型钢,滑板尽量采用钢板以减小摩擦力。拉动重物的牵引力因种种原因必须大于它的摩擦力很多,约2倍。如表面不光滑甚至要达到2.5~5倍。

7. 滚

移动重物也可用滚的方法,就是在重物下面安装上下走板和滚杠,使重物随走板间滚杠的滚动而移动。滚动比滑动的阻力小,所以更省力。滚动时,物体重量较轻时,可使用木板和硬木(钢管)滚杠,重物较大时,走板可用钢轨、型钢或特制托盘。滚杠多用圆钢,也可用灌砂或灌混凝土的钢管。滚动时,用4 kg锤敲打滚杠来调整滚动方向。滚杠间距应保持25~100 锄,滚杠两端至少应突出走板20~30 cm。下走板比上走板要宽些,即使重物略有走偏时也不致翻倒。

8. 转

转就是就地将重物转一个角度。简单的起重转向有两种:滚转法和转盘法。滚转法即在重物下四角(或三角)设走板,对角拉(或一角拉)使重物围绕中心(不设走板的一角)旋转。转盘法,用千斤顶顶起重物,重物下设临时转盘转动。当然,用吊起法进行旋转也很简单。

9. 卷

长条形物件,在陡坡下要往上搬,可用卷的方法,将绳子围绕在物件上套好,一端固定,拉动绳子物件就顺着边坡往上翻滚,这比硬拉要省力得多。物件较长时可用两根绳子同时拉。

10. 吊

吊就是用各类扒杆,滑车组及绞车等起重设备将重物吊起来,是对重物进行起高落低最快的方法之一。它的升高量比较大,有时还可以把重物移动一段距离,所以这种方法在起重装吊工作中应用很广。

(二)一般物件的吊装

一般物件的吊装方法很多,物件形状不同吊装方法各异,而对不同的吊装方法又有不同的要求,现介绍如下:

1. 吊装程序

吊装一般物件的作业程序有绑扎、起吊、就位、临时固定,校正与最后固定等。

绑扎:即用吊索、卡环等将重物与起重机具的吊钩连接起来,绑扎要保证物件起吊中不发生永久变形或断裂,绑扎要牢固可靠并便于安装。

起吊与就位:起吊是指通过起重机具将物件吊至设计位置进行安装,起吊中要保证在空中起落与旋转平稳。就位时,用目测或线锤对物件的平面位置与垂直度进行初步校正,以缩短整个安装过程的时间。

临时固定:为提高安装效率,物件就位后,先进行临时固定,以便卸去吊钩后吊装下一个物件。临时固定应便于校正并保证在校正时物件不致倾倒。

校正:是指对物件的平面位置、标高与垂直等进行校正,使其符合设计要求。

最后固定:按设计规定的连接方法(如灌缝、焊接、铆接与螺栓联结等)将物件最后固定。

2. 绑挂方法与注意事项

吊运物件时,在物件上绑挂的地点叫“索点”,又叫“吃力点”。索点是根据物件的重心和形状找出的。如索点位置适当,则物件在吊运中不致脱落或损伤。确定索点时应注意以下几点:

(1)可使用物件本身设有的吊钩或吊环为索点。吊运前必须对其仔细检查,确认是否完好。当物件有几个钩环时,应尽量都加吊索以保安全。

(2)若物件底部较坚固,底座下面均可加索,找出能使吊索均衡受力不滑动的部位作加索点,必要时加垫木。

(3)高重心物件,宜在重心上部加索。

(4)长大物件,应在远离重心的对称点加索,吊力通过重心。

十一、排架、枕木垛作业

(一)排架作业

1. 作业程序和要领

(1)木排架制作。

①选料:按设计尺寸将料选好,并把树皮及大节削掉,以利画线。

②搭平台:在平地搭四个小枕木垛,上边搁置两根方木或半圆木,在其上放立柱,并在底木与帽木两端用小方木头垫好,如图 20 所示。用圆木作立柱时,须注意找平大小头。

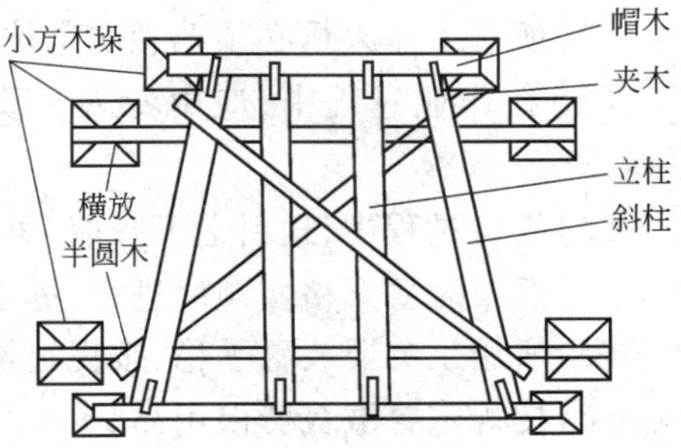

图 20 排架制作平台示意图

③放样:按设计图将柱与柱的间隔在半圆木或方木上画好,即将立柱移正位置,用扒锯钉钉住,然后按设计高度截锯,并两端作榫。

④上帽木及底木:先将帽木与底木摆好(与斜边柱接触的地方要刻槽,立柱接触处刻榫眼),用扒锯钉钉住,按夹板上的螺孔位置钻眼,安装铁夹板,上紧螺栓。为了适应紧急抢修,用在较矮的直线桥上的排架,中间立柱与帽木、底木间可用穿钉和扒锯钉联结,两侧斜柱仍用夹板、螺栓联结;高 2 m 以下的排架可全部穿钉和扒钉联结。

⑤上夹木:排架有水平夹木者,先上水平夹木,后上斜夹木。底面的一根斜夹木(或水平夹木),系先将排架抬起塞入摆好,并用扒钉钉住,然后钻眼上螺栓。如在基础旁边组装排架时,则只上一面夹木即可,等把排架立好以后,再上另一面的夹木。上斜夹木前,要核对对角线是否相等。

(2)木排架连接。

①桩基构架式排架的连接:桩基构架式排架可直接将上层排架座于盖桩木上,用 ϕ19 mm 螺栓上下串联牢固即可。

②排架与卧木的连接:排架柱和下帽木既要用穿心钉以防错动,又要用铁板相连接以传递一定的拉力。下帽木和卧木则是用异形扒锯钉相连。

③排架间的连接:为了增强排架的稳定,一般的单排架之间或排架墩之间都设有纵向拉木,有平拉和斜拉两种。用两排组成一个较矮的排架墩,采用斜拉,墩与墩间则用平拉木即可。若在较高或有弯道、坡度的桥上,排架墩本身稳定不够时,墩与墩间仍需用斜拉木连为一体。

用两排以上的排架组成的排架墩,墩顶要加纵横托梁木,使各排架受力均匀,加大承压面积以免梁的下缘把帽木压坏。纵横托梁木与帽木用穿钉或螺栓上下穿连。

2. 技术质量要求

(1)桩排架一般不宜高于6 m,高度小于2 m时,可不设横向联结系。

(2)排架高度小于3 m时,排架均可用直柱;高度超过3 m时,其外侧应设斜柱或加设斜撑。

(3)普通木排架所用木料直径:立柱为ϕ22 ~ 26 cm;帽木及底木为28 ~ 32 cm;各种拉木为ϕ22 ~ 24 cm的对开半圆木。

(4)普通木排架所用铁件:螺栓直径为20 ~ 22 mm;铁夹板为60 mm×(8 ~ 10)mm;销钉直径为22 mm;扒钉直径为16 mm。

(5)斜夹木应尽量装成45°角,太陡或太平都会降低其效果。

(6)所有立柱与底帽木、夹木和立柱的联结,都要用螺栓与铁夹板夹紧。

3. 安全注意事项

(1)所有工作人员必须熟悉安全技术操作规程,根据熟练程度进行工作。

(2)在作业过程中,应由专人负责经常检查,发现螺栓扒锯、销钉松动应及时加固或更换。

(3)搭设过程中,送料上下呼应、思想集中、不准将材料从高空掷下,以免伤人。

(4)拆架时要严格按顺序进行,拆下的架料应有秩序地分类堆放在指定地点。

(5)所用工具要放置平稳,按规定操作。

(6)按规定穿戴裁劳保用品。

(二)枕木垛作业

1. 作业程序及要领

(1)夯实基础。枕木架的基础要平整坚实,松软地段应铺垫碎石或抛填片石加固,浅水和可能来水地段可用片石或草袋填出水面,地基各边应比枕木垛底宽出至少0.5 m。

(2)搭设前,可用枕木垛设计高度除以枕木厚度算出枕木层数。层数为双数时,底层枕木纵放(顺桥方向),为单数时横放。

(3)最底层严密铺,以增加承压面积,上下层枕木纵横交错铺设,上下层枕木应上下对正不得歪斜,每层保持水平,各层间密贴,空隙用薄木板垫好塞紧,每处只能垫一块,垫板应选用较好木料,厚度为1 ~ 3 cm。

(4)枕木垛应垂直,枕木垛过高时,要在四周加斜木撑。

(5)枕木接长时,每端至少搭接0.5 m,两根枕木对接时,要在侧面加一根帮木,如图21所示。

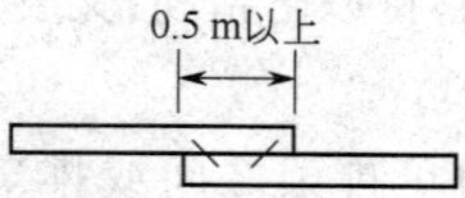

(a) 搭接

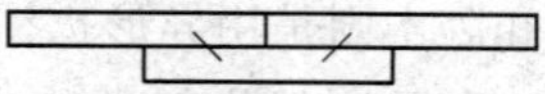

(b) 对接

图21　枕木搭接对接图

(6)枕木垛上下层枕木相交处及同枕木搭接处要用ϕ12长240 mm的扒钉互相连接,扒钉应钉成八字形以防止互相滑动或松动,如图22所示。

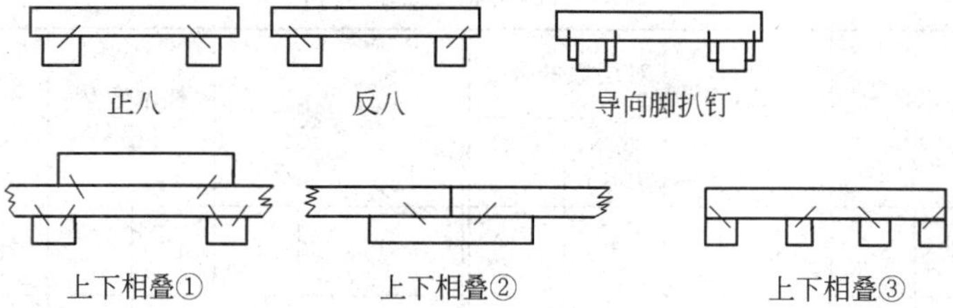

图 22　上下层枕木连接图

(7)枕木垛应预留沉落量,每层 1 ~3 mm。铺设时,若标高不适合,可采取垫入 1 ~2 层厚度为 5 cm 以上木板调整。如搭到顶层发现标高不合适或方向不对(顶层应横放)时,可同向叠放进行调整。枕木立放时,要两根并成一根。

2. 技术标准和质量要求

(1)枕木垛的方向一般应与线路正交。斜交时,交角不得小于 70°。

(2)搭设用枕木应选用高度一致和顺直的枕木,保证接触面平整,不得用腐朽和质轻的枕木,不平的枕木应削平。一般选用 160 mm × 220 mm × 2 500 mm 普通枕木搭设。

(3)墩高小于 3 m(约 19 层)时,可搭设 2. 5 m × 2. 5 m 单枕木垛,纵横均由 4 根枕木组成;墩高 3 ~6 m(约 38 层)时,自 20 层 ~38 层横向加宽至每层 8 根枕木,以增加横向稳定;墩高超过 6 m 时不常使用,抢险用时可参照图 23 和表 8 进行搭设。

(4)桥台高度不超过 3 m,梁跨不超过 12. 5 m 时,纵向一根半,横向一根如图 24 所示。桥台高度不超过 4 m,梁跨不超过 20 m 时,可搭成 T 形桥台,如图 25 所示。桥台高不超过 6 m,梁跨不超过 20 m 时,可搭成台阶形桥台,如图 26 所示。

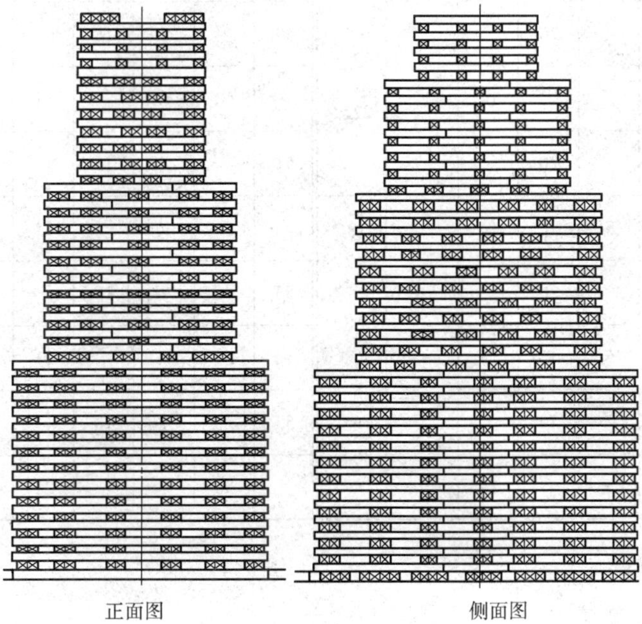

图 23　枕木垛结构立面图

表 8　枕木垛层数及材料

层数			枕木数量（根）		扒钉（个）		对层数的合计 枕木（根）	对层数的合计 扒钉（个）	层数			枕木数量（根）		扒钉（个）		对层数的合计 枕木（根）	对层数的合计 扒钉（个）
1			8		16				37		*h*	15		28			
	2	*a*		4		12				38	*i*		12		32		
3		*a*	4		12				39		*h*	15		28			
	4	*a*		4		12				40	*g*		12		30	375	40 层 874
5		*a*	4		12				41		*h*	15		28			
	6	*a*		4		12				42	*i*		12		32		
7		*a*	4		12		36	8 层 100	43		*j*	18		32			
	8	*a*		4		12				44	*k*		18		32	438	44 层 998
9		*b*	8		20				45		*l*	18		34			
	10	*c*	5			14				46	*m*		21		36		
11		*d*	8		20				47		*l*	18		34			
	12	*c*		5		14				48	*m*		21		36		
13		*b*	8		20				49		*l*	18		34		555	50 层 1 208
	14	*c*		5		14	83	15 层 222		50	*m*		21		36		
15		*d*	8		20				51		*l*	18		34			
	16	*c*		5		14				52	*m*		21		36		
17		*b*	8		20				53		*l*	18		34			
	18	*c*		5		14				54	*m*		21		36		
19		*d*	8		20				55		*l*	18		34		651	55 层 1 382
	20	*c*		5		14	114	20 层 304		56	*m*		21		36		

续上表

层数			枕木数量（根）		扒钉（个）		对层数的合计	
							枕木（根）	扒钉（个）
21		*b*	8		20			
	22	*c*		10		20		
23		*f*	15		28			
	24	*g*		12		30		
25		*h*	15		28		174	25层 430
	26	*i*		12		32		
27		*h*	15		28			
	28	*g*		12		30		
29		*h*	15		28			
	30	*i*		12		32		
31		*h*	15		28		240	30层 530
	32	*g*		12		30		
33		*h*	15		28			
	34	*i*		12		32		
35		*h*	15		28			
	36	*g*		12		30	309	35层 726

层数			枕木数量（根）		扒钉（个）		对层数的合计	
							枕木（根）	扒钉（个）
57		*l*	18		34			
	58	*m*		21		36		
59		*l*	18		34			
	60	*m*		21		36	750	60层 1 558
61		*l*	18		34			
	62	*m*		21		36		
63		*l*	18		34			
	64	*m*		21		36		
65		*l*	18		34		846	65层 1 732
	66	*m*		21		36		
67		*l*	18		34			
	68	*m*		21		36		
69		*l*	18		34			
	70			63		108	987	70层 1 980

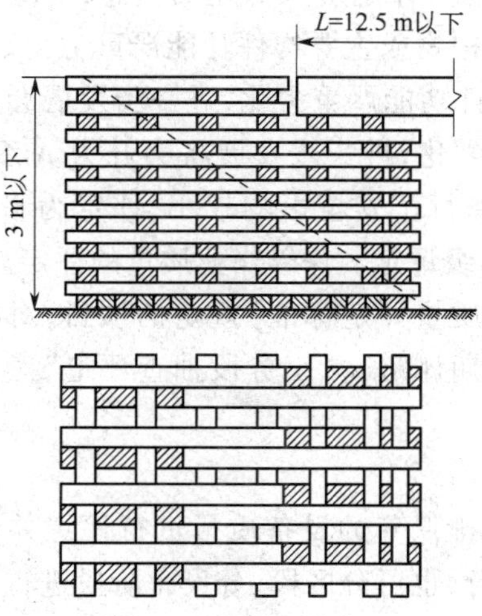

图 24　3 m 以内枕木垛桥台图

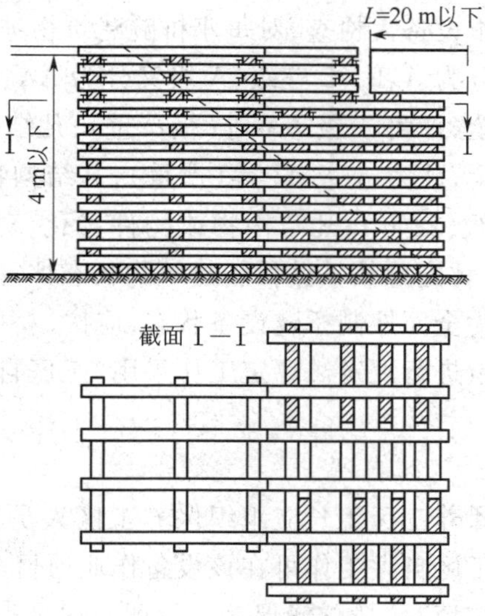

图 25　4 m 以内枕木垛桥台图

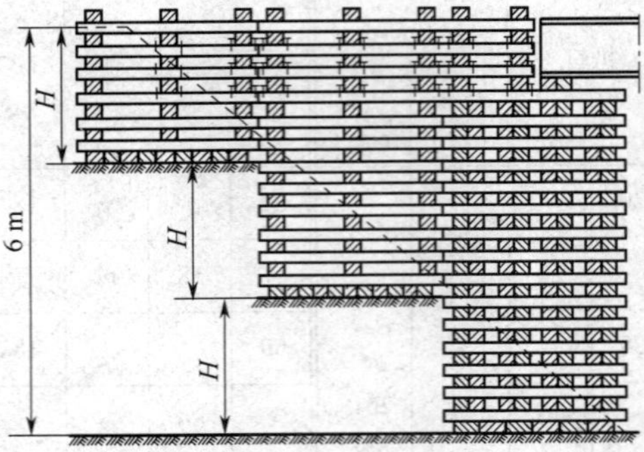

图 26　6 m 以内枕木垛桥台图

注:1. 本设计可减少土方,保持路堤密实。
2. 枕木垛桥台中最好填以石料。
3. 相邻枕木层在每一枕木用扒钉固定 1 ~2 处。
4. 枕木交叉处钉以道钉防止枕木移动。

3. 安全注意事项

(1)搭设枕木垛,应由专人负责经常检查,发现扒锯钉松动应及时加固更换等。

(2)搭设时,送料要上下呼应,思想集中,禁止将材料从高空掷下,以免伤人。

(3)拆枕木垛时要严格按顺序进行,拆下的垛料应有秩序地分类堆放在指定地点。

(4)所用工具应堆放平稳。

(5)按规定穿戴劳保用品。

十二、桥隧建筑物状态及保养质量评定

为了切实掌握并改善桥隧建筑物的技术状态,合理安排大维修及更新改造计划,每年应结合秋季设备大检查,对每座桥隧建筑物进行一次状态评定,评定引入劣化的概念,桥隧建筑物劣化分为 A、B 、C 三级,A 级又分为 AA、A1 两等,凡结构物或主要构件功能严重劣化,危及行车安全,评为 A 级 AA 等(极严重);凡结构物或主要构件功能严重劣化,进一步发展会危及行车安全,评为 A 级 A1 等(严重);凡结构物或构件功能劣化,进一步发展将会升为 A 级,评定为 B 级(较重);凡结构物或构件劣化,对其使用功能和行车安全影响较小,评定为 C 级(较轻)。评定应按铁路桥隧建筑物状态评定标准中劣化等级评定。保养作业质量的评定。

为全面控制桥隧设备状态,应按《桥隧建筑物保养质量评定标准》规定的项目,对桥隧设备质量进行评定。评定工作采用“工区自评”、“车间定期评定”、“工务段抽查评定”三种方式进行。

1. 工区自评

保养工区工长应组织保养工区人员对当月计划安排保养的设备质量进行评定并纳入考核。工区自评工作可在该设备作业项目全部完成后进行,也可分区段、分设备阶段进行。评定结果应填写《桥隧涵保养质量评定记录表》。

2. 车间定期评定

桥隧车间应组织人员对保养工区的桥隧设备保养质量进行定期评定。桥隧车间组织的评定工作,可结合月度考评进行,也可在季度检查验收时进行;钢梁桥及混合桥的钢梁部分每半年评定一次,圬工桥及其他设备至少每年评定一次。评定结果应填写《桥隧涵保养质量评定记录表》。

3. 工务段抽查评定

工务段应对保养工区的桥隧设备保养质量进行不定期的抽查评定,作为对保养工区保养工作质量的考核。

十三、桥隧大维修质量验收

桥隧综合维修质量的验收,要严格执行工务段、桥隧车间、工区三组验收制,分级把关,控制质量,验收依据是《桥隧建筑物修理作业验收标准》。

综合维修作业过程中,工区每天在作业及收工前,进行质量自检、互检和回检,发现未符合标准的项目应及时返修达标。工务段、桥隧车间应对钢梁涂装、支座锚栓、圬工整修等隐蔽工程项目认真检查把关,每次检查的情况都应填写在《桥隧保养/维修日计划及完成表》(工桥—17)或施工记录内。

每座设备综合维修作业全部完工后,应按《桥隧建筑物修理作业验收标准》(见《桥隧建筑物修理规则》附录十)的有关规定,进行全项目验收评定质量,根据三级验收制度的要求,先由工区工长组织职工进行全面检查,自检合格后,报请桥隧车间复验,桥隧车间复验合格后,报请工务段验收,如发现不合格处,限期工区继续整修,整修合格后再报请工务段复验。长大桥隧或混合桥可分孔或分段进行验收。

每次进行综合维修验收时,工区、桥隧车间、工务段均应逐项对标,在《桥隧综合维修验收证》(工桥—22)内填写验收结果和评定质量。

综合维修质量评定分为优良、合格、不合格三个等级。全部项目一次验收达到合格及以上,主要项目达到优良即可评为"优良",全部项目达到合格及以上即可评为"合格",否则为"不合格",若出现不合格处所,经返修复验达标,只能评为"合格"。

技 师

一、更换钢梁上盖板

(一)作业(操作)方法、步骤

1. 准备工作

(1)编制施工组织设计报批。

(2)提报封锁施工计划。

(3)根据施工组织设计要求做好劳力、施工机具、材料等各项准备工作。

2. 实施

(1)派驻站及现场防护人员。

(2)松开各种联结扣件及螺栓。

(3)拆除护木。

(4)抽移桥枕。

(5)拆除铆钉及上盖板。

(6)清理打磨旧表面并涂装。

(7)更换新上盖板。

(8)拧紧高强度螺栓。

(9)腻缝涂装。

(10)恢复线路并上齐拧紧各种扣件及螺栓。

(11)检查线路符合放行列车条件后开通线路。

(二)质量标准

(1)新旧板间要紧密无缝隙。

(2)高强度螺栓拧紧符合要求,不得超拧或欠拧。

(3)放行列车的条件必须符合《铁路工务安全规则》第 2. 1. 12 条的规定。

(三)安全注意事项

(1)驻站防护员应随时与现场施工负责人保持联系,根据车站提供的列车运行运行信息,及时通知施工负责人和现场防护人员。

(2)桥上线路未恢复到放行列车条件时,严禁盲目开通,放行列车。

(3)开通前要清理桥上可能侵入限界的所有机具、材料。

二、横向加固钢筋混凝土梁

（一）作业（操作）方法、步骤

（1）搭设脚手架。

（2）确定横向预应力钢筋位置。

（3）腹板钻孔。

（4）梁体表面凿毛。

（5）绑扎钢筋、穿预应力筋。

（6）立模。

（7）两片梁间硬木块支撑。

（8）初张拉。

（9）灌注混凝土。

（10）养护。

（11）拆模。

（12）横向预应力筋终张拉。

（13）封锚。

（14）回检。

（15）拆脚手架。

（二）质量标准

（1）横向预应力筋布置符合设计要求。

（2）梁体凿毛后应清洗干净。

（3）钢筋绑扎符合要求。

（4）立模时两片梁间的硬木块支撑要牢固。

（5）初、终张拉时的预应力值应符合设计要求。

（6）灌注联结板用的混凝土强度符合设计要求

（7）新浇筑混凝土不得有麻面、空洞、裂纹。

（8）拆模时混凝土强度应符合有关规范要求。

（三）安全注意事项

（1）搭设脚手架必须满足安全要求。

（2）从桥上灌注联结板用的混凝土时，应按规定设置防护并派驻站联络员，随时掌握列车运行情况。

（3）各种机具、材料不得侵入限界。

（4）钻孔作业时应戴防护面具或口罩，护目眼镜及手套，高空作业系好安全带。

三、架空、加固线路

（一）作业（操作）方法、步骤

（1）编制施工组织设计报批。

(2)提报线路施工封锁及慢行计划。

(3)根据架空线路的长度,选择合适的便梁,搭设或灌注混凝土支墩(为缩短工期,可加入适量早强剂)。

(4)架设便梁,架设便梁时应在支墩顶与便梁间抄入木枕或方木。

(二)质量标准

(1)混凝土支墩强度、各项尺寸符合设计要求。

(2)便梁就位后其中心线与线路中心线偏差应符合有关规定。

(三)安全注意事项

(1)按规定设置防护,派驻站联络员。

(2)穿戴劳保及防护用品。

应急处理措施:

(1)工地配备必要的防汛物资、材料,如准备木桩、草袋、塑料薄膜、水泵等,并要有足够的照明,以保证夜间施工的需要;

(2)如遇降雨,要落实雨前、雨中、雨后的检查制度,做好排水工作,加强观察,防止塌方。

(3)软土地段还应加强操平测量,随时掌握支墩基础下沉情况,及时采取相应的处理措施。

四、加固墩台

(一)作业(操作)方法、步骤

(1)凿毛。

(2)钻孔,增设牵钉。

(3)绑扎钢筋。

(4)立模。

(5)灌注混凝土。

(6)养生。

(7)拆模。

(二)质量标准

(1)牵钉埋设牢固。

(2)钢筋绑扎符合设计要求并牢固。

(3)模板安装符合规范要求。

(4)混凝土等级符合要求并振捣密实。

(5)养生方法及时间符合要求。

(三)安全注意事项

(1)按规定设置防护,派驻站联络员。

(2)穿戴劳保及防护用品。

(3)搭设脚手架必须满足安全要求。

(4)高空作业戴好安全带(绳)、安全帽。

五、加固基础

(一)作业(操作)方法、步骤

(1)做好防护,挖开基础。

(2)清洗、凿毛。

(3)钻孔,增设牵钉。

(4)绑扎钢筋。

(5)立模。

(6)灌注混凝土。

(7)养生。

(8)拆模。

(9)回填土方。

(二)质量标准

(1)牵钉埋设牢固。

(2)钢筋绑扎符合设计要求并牢固。

(3)立模尺寸符合要求。

(4)混凝土等级符合要求并振捣密实。

(5)养生方法及时间符合要求。

(三)安全注意事项

(1)开挖后的工作坑四周要根据土质情况进行加固处理,防止土方坍塌伤人。

(2)如在河道内,还应采取防冲刷防护措施。

六、加固隧道衬砌

(一)喷射混凝土修补衬砌

1. 作业(操作)方法、步骤

(1)按规定设好防护。

(2)将准备喷混凝土的表面灰烟、污垢、风化层、混凝土裂损松散块及侵限部分全部清理凿除干净,1 mm 以上的裂缝要凿成 V 形槽,再用高压水或风冲洗净,然后先喷一层水泥浆堵塞缝隙。

(3)丈量布置牵钉及锚杆位置,并钻孔眼。用水泥砂浆固定牵钉及锚杆,待 48 h 后挂钢筋网。

(4)制作安装 U 形铁,作为检查喷层厚度的依据。

(5)检查机具,风水管路、回收回弹物的篷布或苇席要准备好。

(6)配料拌和:先将砂石料拌匀,然后加水泥再拌和,最后加入速凝剂搅拌均匀。将拌好的干料装入喷射罐内,用风力压至喷嘴。

(7)打开水阀进行喷射,其顺序是先墙后拱,先下后上,分层、分段,每段长 1.5 ~ 2.0 m,分块进行作业，喷嘴垂直于喷面，其间距为0.6～1.2 m，喷嘴作螺旋线式移动。

（8）一次喷混凝土厚度，拱部约4～6 cm，边墙约6～8 cm。如喷射混凝土掺有速凝剂时，二次喷射相隔时间为15～30 min。

（9）喷射机开停顺序：先开风后给水，再送电、给料。停止时，先停止给料，待料罐中无料后再停电、关水、停风。

（10）收集回弹物，过筛后再作喷射混凝土的骨料。回弹物每次掺入量不超过骨料总量的3%。

（11）混凝土终凝后喷水养生14 d。

2. 质量标准

（1）喷射混凝土的抗压强度不得低于C20，原料配合比要经过试验选定。一般配合比为水:水泥:中砂:石子=（0.4～0.5）:1:2:（2～2.5），速凝剂掺量为水泥用量的2%～4%。

（2）喷层厚度要求：拱顶为15～20 cm，顺至上拱腰，拱脚为10 cm，边墙为8～10 cm，保护层要大于2 cm。

（3）材料要求：新鲜硅酸盐类水泥等级不小于32.5，适用的速凝剂有红星型、711型和782型（早强硫铝酸盐水泥，专用TS－2型速凝剂）；洁净中砂；坚硬洁净的碎石粒径为5～20 mm；饮用水。

（4）挂钢筋网：环向主筋ϕ12～22 mm，纵向辅筋ϕ6～8 mm，网格20～30 mm，牵钉ϕ14～16 mm，间距50～100 cm，锚入深度不得少于25 cm。

（5）喷锚修补加固不得侵限，不能有空响、漏水、裂纹和外露钢筋及锚杆。

3. 安全注意事项

（1）编制施工要点计划，采取封锁施工。电气化区段隧道拱顶作业时，应申请批准停电后方可作业。

（2）作业人员应戴安全帽、口罩、护目镜，喷射手还应穿防护服。

（3）严禁喷嘴对人，或对接触网喷射。

（4）检查机具故障时，必须停风、水、电后才能进行。

（二）压浆修补衬砌

1. 作业（操作）方法、步骤

（1）设好防护，搭设必要的脚手架或梯凳。

（2）布设孔眼，做好标记，凿孔眼，清理、凿除松散圬工并洗净。

（3）封闭嵌补裂缝、麻面、空隙，埋设压浆嘴，同时编号、养生。

（4）7 d后做压水试验，检查压浆嘴是否牢固，封缝修补是否密闭，同时还要做好每个孔眼压注水量的记录。

（5）按配合比拌和浆液，并测定浆液的延散度。

（6）开始压浆：顺序是先下后上，先外后内，当个别孔耗浆量大而不饱满时，待24 h再压注同一比例的浆液。压浆时要准备好棉丝或纸堵塞漏浆处所，待浆液饱满后拔出注浆插头，立即用木塞把注浆嘴塞紧。

（7）衬砌背后压浆时要注意检查、堵塞跑浆孔道。

（8）压完浆7 d后可拆除压浆嘴，用1:3的干砂浆抹平封孔。

2. 质量标准

(1)水泥砂浆的配合为1∶1～1∶3,结合现场实际测验选定合适的配合比。

(2)根据实地调查布置孔眼。一般孔眼设在裂缝较宽处,眼距为300～500 mm,嘴眼凿成外口ϕ45 mm,深为50～100 mm的漏斗形。如整治大面积麻面等病害时,应按梅花形排列布置孔眼,间距为1～2.5 m,孔径为40～50 mm。

(3)压注浆液应饱满,无裂纹、麻面,封孔修补应压实、平整、牢固。

3. 安全注意事项

(1)工作量比较大,施工复杂时应办理封锁施工手续。

(2)在长大隧道里作业、工作量较大、人员多的情况下,可在工地与相邻车站设专职防护员用电话联系进行防护。

(3)施工搭设的脚手架不能满足"隧限—1"时,开工前先发临时施工限界电报,待上级批准后方可施工。遇有超大货物列车通过时,提前拆除作业架。

(4)列车通过和长大隧道机械通风时一律不准作业,并进入避车洞内避车、避风。

(5)施工人员在作业架上工作时应系安全带,戴安全帽,压浆人员还要穿防护雨衣、雨鞋,戴护目镜等。

(6)在电气化区段隧道拱部作业时,要申请停电后方可进行施工作业。

七、整治隧道基底病害

(一)作业(操作)方法、步骤

(1)在整治地段设置便梁架空线路卸载。

(2)扒除便梁下道床。

①扒除道床,在作业面两端设置挡砟板。

②拆除钢筋混凝土轨枕,以便于施工作业。

(3)凿除裂损排水沟,必要时加深排水沟,然后立模浇注混凝土,注意设置ϕ10 cm横向泄水孔,高度略低于铺底面2 cm,间距100 cm。

(4)凿除裂损铺底或仰拱,必要时凿除软弱下卧层。

(5)浇筑换填混凝土(若隧底大面积渗水,可在其上铺垫土工布隔离)。养生一天后,再浇筑铺底或仰拱混凝土。

(6)养生7 d后,即可垫砂上砟恢复线路。

(7)封锁线路,拆除便梁。

(8)重复上述步骤,将整治地段向前延伸,施工中作业面可跳槽进行。

(二)质量标准

(1)隧底开挖后,要针对不同的病害现状,采取相应的措施,务求根治。

(2)隧底病害整治使用的混凝土等级应符合要求。

(3)水沟边墙上泄水孔的设置高度,应略低于隧底2 cm,以利排水。

(4)安装水沟盖板,可每隔4块固定4块(采用水泥砂浆砌筑紧密),以抵抗道床对水沟边墙的侧压力。

(5)较大的冒水点应设置好排水管道。

(三)安全注意事项

(1)隧道内施工系侵入限界施工,必须设置好施工防护,必须有专门驻站防护员与工地防护员保持联系。

(2)使用便梁,行车速度不大于规定限速。

(3)应有专人对便梁使用状态,施工地段线路状态进行检查保养。

(4)轨道电路区段应有可靠的绝缘安全措施,应与电务养护人员取得联系。

(5)作业面狭小,作业人员之间应保持适当距离,防止相互伤害。

八、测试桥梁振幅、挠度

测试桥梁振幅采用 HFBV-Ⅰ型无线数传桥梁振动检测仪进行检测,参照测试墩顶横向振幅的方法及步骤(详见随仪器所附说明书)。但应注意拾振仪的安放位置:

(1)上承桁梁、上承板梁:安放在跨中主梁上。

(2)下承桁梁、下承板梁:安放在跨中横梁上;如跨中无横梁,则安放在跨中的主梁下翼缘上。

(3)混凝土梁:安放在跨中的挡砟墙顶或L形挡砟块顶。如挡砟块顶安放不便,可安放在紧靠挡砟块的人行道板上。

测试挠度采用 FH-H202 型桥梁挠度仪。该仪器由一台主机、一只三脚架、一套标靶、一台手提电脑、一个充电器组成。可对桥梁跨中及指定点挠度进行列车通过时的全自动检测。用于桥梁设备日常检测及对重点桥梁进行实时监测。

(一)作业(操作)方法、步骤

(1)安置仪器。

(2)整平仪器。

(3)安装调整标靶。

(4)测量(详见仪器操作说明书)。

①动态测量:

a. 打开电源。

b. 照准标靶。

c. 测量软件准备。

d. 标定系数。

e. 测量。

②静态测量:

a. 1 ~3 项同动态测量。

b. 调整参数。

c. 定点。

d. 测量。

(二)安全注意事项

(1)主机放置平稳。

(2)标靶应安装在梁跨中心位置,安装标靶时应有专人防护,注意列车运行情况,确保人身安全。

(3)选择坚固地面放置脚架之三脚,架设脚架头至适当高度,以方便观测操作。

(4)检查脚架各个固定螺丝紧固后,将主机置于脚架头上并使用中心连接螺丝连接固定。

九、测试墩顶横向振幅

采用 HFBV-Ⅰ型无线数传桥梁振动检测仪进行检测。该检测仪由一台测试主机、四台振动测试单元、四只 891-4 拾振器等组成。

(一)作业(操作)方法、步骤

1. 检测仪的安装

(1)拾振器的安装:首先将拾振器在测试点用粘合剂粘结牢固(一般情况下,粘合剂可使用橡皮泥、滑石粉即可。如被测试点表面温度超过 50 ℃,则可使用 502 胶),使拾振器的几何轴线大致呈水平并与所测方向一致,然后将拾振器的拨码开关 2 档置于“ON”位置,其他拨码处于“OFF”位置。

(2)将检测仪主机放在测量现场附近或测量车上便于观察数据。检测单元与测试仪主机之间的距离以 1 000 m 以内为宜,最大距离不超过 2 000 m,插上主机天线。

(3)将拾振器的输出插头连接至检测单元背面的信号输入插孔,插上检测单元天线,插上 U 盘。

(4)在拾振器安装紧固可靠并检查各部连线正确无误后,将电源开关打到接通位置,振动单元进行初始化,1 min 后开始工作。

(5)开通主机电源,设定主机的工作方式:独立检测或相关检测、是否保存数据、桥梁编号输入、门限检查、修正系数检查,完后仪器进入正常测试状态。

2. 测试步骤

(1)去现场之前仪器检查。将拾振器与振动单元连接,不一定要插上天线,接通电源,1 min初始化后振动单元开始工作。将检测仪主机背面电源开关打到接通位置,插上天线,则检测仪开始工作。将检测仪主机菜单切换到“数据显示”中的“最大振幅”页面,此时用手轻轻晃动拾振器。如果数据显示有变化,则说明仪器正常;反之,仪器不正常,待排除故障后再测试。

(2)输入桥梁编号,最大可输入 12 位,如 K393 +189 等。

(3)选择测试模式:相关检测或独立检测。如果选择相关检测则置“相关检测”标志为“Y”。如果选择“独立检测”则置“相关检测”为“N”。

(4)输入门限值。检测仪出厂前,门限设定值为 0. 10 mm,若认为此值太高,可重新设定,如 0. 08 mm 等。建议最低门限为 0. 05 mm。一般情况下设定为 0. 10 mm 即可,设定好后一般不要随意改动。门限设定值太低,可能将放大器漂移信号误认为振动信号,从而使测量次数加 1;如果门限设定太高,可能造成较低的振动信号无法测量,从而无测量结果,发生漏测。

(5)选择数据保存否,如希望自动记录所测数据,则将“数据保存”标志值为“Y”。正常测试时,应将此标志设为“Y”。

(6)经过以上设定后,将显示菜单置于“数据显示”子菜单中的“最大振幅”页面,仪器才能进行测量,首先按一下“F1”键清零,然后仪器自动开始工作。必要时,可多按几次清零键。

(7)测试完毕以后,将菜单切换到主菜单下,通过按“F2”键选择“关机”项,按“ENT”键后,根据提示是否保存测量数据进行相应的操作(保存时按“ENT”键,不保存时按“R”键),待显示“请关机”字样后,断开仪器背面的电源开关。如不进行正常关机,部分测量结果将会丢失。

(二)安全注意事项

(1)主机放置平稳。

(2)拾振仪用橡皮泥或502脱水粘贴在墩台顶上。

(3)若发现拾振仪底座松动,应重新粘牢并重测,以确保数据准确。

十、起重装吊(计算确定滑车组穿挂方式)

(一)作业(操作)方法、步骤

(1)根据应吊起的重量和现有设备,计算出钢丝绳直径及滑车组门数、穿挂方法。

(2)装吊程序:绑扎、起吊、就位、临时固定、校正与最后固定。

钢丝绳的破断拉力 = 钢丝绳破断拉力总和 × 换算系数。

钢丝绳的破断拉力总和,对于新出厂的钢丝绳可以从它的出厂标牌或说明书上查得。

普通结构钢丝绳的强度,可以用以下经验公式估算(其值接近于6×19或6×37钢丝绳抗接强度为140 kg/mm²):

$$P \approx 4.5D^2$$

式中 P——钢丝绳的破断拉力(kg);

D——钢丝绳的直径(mm)。

钢丝绳容许应力计算公式:

$$S = aP/K$$

式中 S——钢丝绳容许应力(kg);

P——钢丝绳的破断拉力(kg);

K——安全系数($K = SaP$);

a——换算系数($a = SP/K$)。

【例】 已知钢丝绳直径19.5 mm,吊重20 t,考虑采用钢丝绳安全系数为6,求滑车组的穿挂方法。

解:查表以钢丝绳抗拉强度为155 kg/mm^2 计,则直径19.5 mm钢丝绳破断拉力总和不小于21 800 kg;容许吊重为(21.8 t × 0.86 × 安全系数6 =)3.12 t。起吊20 t重,要求滑车组效率为:20 ÷ 3.12 = 6.4倍;查表得知走8滑车组的效率为6.42,与6.4接近,所以,最少应选用“四四”走8滑车组,可另增一个走向滑车。

（二）质量标准

（1）钢丝绳应涂油良好，无断丝、无磨损、锈蚀、拉伸、弯曲、变形、疲劳等。

（2）滑车组涂油良好，转动灵活，轮槽、轮轴、横杆及支承墙板、吊钩等无裂纹、损伤。

（三）安全注意事项

（1）起吊时，统一指挥，吊起后，物件下部不得站人。

（2）所有参加操作的人员，必须戴安全帽。

十一、组织换梁施工

（一）作业（操作）方法、步骤

1. 施工准备

（1）编制施工组织设计报批。

（2）提报封锁施工计划。

（3）根据现场情况安排好水电及相关临时设施。

（4）做好劳力安排。

（5）根据施工组织设计要求，做好施工机具、材料的采购及运输计划等各项工作。

（6）及时组织人员，做好机具、材料的装卸运输进点工作。

2. 实施

（1）指定驻站及现场防护人员。

（2）人员分工并进行技术交底。

（3）使用千斤顶起、落梁。

①安放千斤顶。

②顶起旧梁。

③落梁并用枕木垛抄起旧梁。

（4）移出旧梁并拆除原支座。

（5）顶起并移入新梁。

（6）安装新梁支座。

（7）恢复线路。

（8）检查并开通线路，按规定的速度放行列车。

（二）质量标准

（1）新梁就位后的中心线位置，必须符合设计要求。

（2）检查线路必须达到放行列车条件后，才能开通线路并按计划规定的速度放行列车。

（三）安全注意事项

（1）桥上作业人员应戴安全帽、系安全带，不能穿带钉易滑的鞋，墩台附近应设安全网等防护设施。

（2）整个换梁过程专人负责，统一指挥；梁上、梁下要有专人负责，分工明确到人。

（3）移梁时，梁下不得站人。

(4)桥上线路未达到放行列车条件时,禁止开通线路。

应急处理措施:移梁过程中为防止梁体倾斜,应在梁底移梁范围内的两端梁底搭设枕木垛,边移动边在两侧用枕木进行支撑保护。在移动过程中专人负责,统一指挥。发现异常,立即停止移动。

十二、组织大型桥涵顶进施工作业

(一)作业(操作)方法、步骤

1. 施工准备

(1)编制施工组织设计报批。

(2)提报封锁施工计划。

(3)根据现场情况安排好水电及相关临时设施。

(4)做好劳力安排。

(5)根据施工组织设计要求,做好施工机具、材料的采购及运输计划等各项工作。

(6)及时组织人员,做好机具、材料的装卸运输进点工作。

2. 实施

(1)指定驻站及现场防护人员。

(2)人员分工并进行技术交底。

(3)根据设计要求制作后靠背。

(4)加固线路(同"架空、加固线路")。

(5)顶进设备安装。

(6)挖运土。

(7)顶进。

(8)更换、接长顶铁。

(9)观测。

(10)方向、水平的偏差处理。

(二)质量标准

(1)制作后靠背混凝土强度应达到设计要求。

(2)千斤顶的布置应以箱桥的中心线为轴,对称布置。

(3)顶进过程中要随时掌握好箱体顶进时的方向和高程。

(4)顶进误差(中线、高差)符合规范规定。

(三)安全注意事项

(1)千斤顶应尽可能使用同一类型的。如类型不同,则同一类型的应对称布置。高压油泵的油压应与千斤顶油压相适应,且流量应与其带动的千斤顶的数量相当。

(2)顶进过程中应随时观测顶铁、顶镐、后背、油泵压力、方向及高程等的变化,发现问题立即停止顶进,处理后再顶。

(3)安放顶铁必须保持与箱桥轴线顺直一致,与横铁垂直,要平、直、顺,尽量做到各顶铁长度一致、间距一致。

(4)列车通过时禁止顶进作业。

(5)顶进时,顶铁和后背上禁止站人。

雨季及高温天气时应急处理措施:

(1)工地配备必要的防汛物资、材料,如准备木桩、草袋、塑料薄膜、水泵等,并要有足够的照明,以保证夜间施工的需要。

(2)现场应落实好水源并配备性能良好的抽水机和较长的输水管,一旦发现胀轨预兆,立即在两端灌水降温,防止胀轨。

(3)应根据土质确定合理的开挖边坡,严防塌方。

(4)如遇降雨,要落实雨前、雨中、雨后的检查制度,做好排水工作,加强观察,防止塌方。

高级技师

一、拟定桥涵抢修方案

(一)桥梁抢修的基本原则

桥梁抢修要以快为中心,不允许有长时间的研究考虑,故应事先设想几种可能发生破坏的情况,作好几种抢修方案。对重点桥梁还应在桥梁附近储备一定数量的抢修料具,以保证抢修的需要,缩短抢修时间。

(1)桥梁抢修方案应根据原桥附近的地形、河床地质、水流的缓急深浅和桥梁的破坏程度以及抢修施工队伍、材料、机具设备供应情况等因素决定。

(2)桥梁抢修应以不改变原桥的高度和坡度,可以改变孔径布置为原则。并尽量考虑防洪和复旧的要求,如增建临时墩台时,阻水面积不应超过原过水面积的1/3;临时墩台位置不妨碍永久修复墩台的正常施工等。但应急抢修时也可不考虑。

(3)桥梁抢修是为缩短施工时间,应尽可能利用原桥的残存部分和采用简便的临时性结构物。

(4)桥梁抢修按"先通后固"的精神,可以限制行车速度,降低载重标准(采用轻型机车)。待抢通后,边通车边加固,逐步提高行车速度。

(5)仅在正桥破坏严重,或桥高水深、结构复杂不易抢修时,才考虑修便线、便桥通车。

(二)抢修的基本方法

桥梁抢修的具体施工方法是因桥而异多种多样的,以下介绍几种基本方法可供参考选择。

(1)水流很少或没有水流的小桥涵破坏时,可以用土、片石、卵石、枕木垛等填充其破坏部分。用土填充,即成路堤;用片石、卵石填充,相当于改成透水路堤,可以通过少量流水;用枕木垛填充,可以预留孔口增大流水面积。

(2)梁跨被破坏时,可采取原梁加固,或换架临时桥跨。如原梁和墩台破坏不能利用时,可加建临时墩,合理改变原梁跨度;如果水深加建临时墩有困难,可将水浅处的好梁拆移过去,而在水浅处加建临时墩,架设短跨临时梁;对双线桥,可先修复一线通车。

(3)桥台被破坏修建困难时,可在原台后建临时桥台改用长跨度梁;或同时在原台前后加建临时支墩,上架便梁先通车,然后重建新台。

(4)桥墩被破坏,可在原墩前后修建临时桥墩,或利用原墩残存部分铲平作基础,接建临时墩。如不可能修建临时墩,在紧急情况下,可根据检算结果,换架长跨度梁,减轻荷载的办法(如用推车过桥,顶牛通车或降低行车速度)。

(5)在下列情况下,可考虑采用便线、便桥通车。

①在桥被破坏严重,在短期内不易修复通车,但又必须尽快恢复运输时,或为了便利正桥

永久修复时。

②正桥桥高、水深或结构复杂(如大跨桁梁)不易修复时。

③有意识的保留正桥残留部分,在战争时期为了绕越轰炸频繁的重点大桥,分散轰炸目标,以达到彼炸此通,此断彼行的目的时。

(三)抢修方案中所用临时结构

1. 临时性桥梁基础

临时性便桥的桥跨、墩台和基础必须构造简单、施工方便,才能达到在短时间内抢修通车的目的。

常用的临时性基础有卧木基础、堆砌片石基础、草袋基础、木笼基础、打入桩基础和简易混凝土基础等。

(1)卧木基础。卧木基础是在整片夯实的地基上,或在开挖深1~1.5 m的基坑内夯填20 cm厚的碎石上,铺枕木或方木而成的一种简单的基础。上面排架与卧木用扒钉连接,坑内分层填土夯实。

卧木长度和根数,根据排架数量和基底土的允许承载力决定。

(2)片石基础。片石基础是用片石堆砌而成的基础。它分投石、干砌、浆砌三种,抢修时时常用投石而成。抛填片石时,其底部和外部应填大石块,中部可混填大小石块,务求密实坚固,顶部用碎石找平。

基础边坡一般采用1:1~1:1.5,高度一般不超过2 m,顶面尺寸比墩底垫木周边至少宽出1m,在水流较急时,可先用石笼围边,以防片石冲走。

(3)草袋基础。草袋基础是用草袋装土、砂或碎石码砌而成的临时性基础。每只草袋只装半袋或多半袋,不封口;每立方米约装25~30袋。从下面分层码砌,互相错压,袋口朝内,每层大致水平,并用土石填缝,码至设计标高。草袋基础高度不宜超过2 m,顶面铺卧木。

草袋基础顶面尺寸应比底垫木周边至少宽出1 m;其边坡坡度有水时为1:1,无水时为1:0.3~1:0.5。

为了节省草袋,可用草袋拦边,中间夯填土石。

(4)木笼基础。木笼基础是用木料做笼,内填片石或卵石,顶铺卧木的一种临时性基础,抢修时常用。

木笼基础用于桥下水较深,流速较大,桥下地质为卵石或岩石层的河床上。水深5 m左右时采用单层木笼;水深10 m以内时采用双层木笼,下层放大。超过10 m水深时,因其体积庞大,不易下沉,不宜采用。

木笼断面形式有:无分水尖、一端有分水尖和两端有分水尖等三种。

木笼顶面的内边距墩台底部每边为0.5~1.0 m,至排架外侧净距为0.8~1.0 m,其长、宽由上立排架底木长度和排架数量决定。

(5)桩基础。当河流水深流急、河床地质不宜采用上述临时性基础而又适宜打桩时,采用打入桩基础。常用的桩有木桩、钢轨桩、混凝土桩等,可根据河床地质条件及要求承载力决定。

2. 临时性桥梁墩台

常用的临时性桥梁墩台有枕木垛、木架排、拆装式钢结构墩等,内容详见理论部分。

3. 临时性桥跨结构

常用的临时性桥跨有轨束梁、工字钢梁、拼装桁梁、军用梁和万能杆件组成的桥跨等，内容详见理论部分。

二、组织桥涵抢修施工

桥涵抢修是为了迅速恢复交通，需要在极短的时间将其修复通车，因此必须精心组织，按“先通后固、当年复旧”的原则进行。

(1)根据抢修方案，迅速组织抢修人力，简短动员，开赴抢修现场，第一时间完成抢修现场的“三通一平”。道路不通需修建临时便道，施工便道的修建必须满足施工期间各种施工机械、车辆的安全和不间断地通行，因此必须综合考虑通过便道的施工机械、车辆的自重、载重、外形尺寸，施工期限的长短，施工沿线的气候、地质、水文条件，施工沿线地形地貌等因素，在大量调查研究的基础上，通过必要的计算，科学合理地选定便道的各项技术参数，精心施工。附近无供电系统时应根据抢修期间可能产生的最大用电负荷，采取发电机供电。

(2)根据抢修方案，立即组织调配本单位抢险储备材料、机具设备，快速运抵抢修现场。本单位抢险物资不足时应报告上级，请求支援，必要时按程序请求动用地方政府战略抢险储备物资。

(3)根据抢修方案，按“先通后固”的原则，综合考虑轻重缓急，合理安排各项抢修工作的施工顺序。

(4)实时跟踪检查各项抢修工作的进度和施工质量，如与预定抢修目标有偏差，及时分析原因，调整人员、机具、设备及作业方法，确保抢修进度和质量。

(5)定时和不定时召开抢修现场施工协调会，协调解决抢修过程中出现的各类问题，确保抢修目标的实现。

三、利用战备器材组织拼装便桥

(一)六四式军用梁的适用跨度

六四式军用梁基本适用跨度为16～32 m，加强六四式基本适用跨度为16～44 m。除可按铁路标准跨度拼组外，配用不同长度的辅助端桁架还可以按每0.5 m变化其跨度(但18.5、22.5、26.5、30.5、34.5、38.5及42.5等几种跨度除外)；如配用不同长度的低支点端构架可拼组标准跨度低支点铁路梁以外，还可按标准跨度增加1 m或2 m做跨长调整。

(二)六四式军用梁的结构组成

主桁用4种(非标准跨度也可能用5种)构件和钢销、撑杆销栓拼组而成。

主桁间均装设横联套管螺栓，并应遵守以下规定：

(1)下弦：每个节间(指钢销节点间)在靠近节点钢销处各安装横联套管螺栓2个。

(2)上弦：跨度在40 m以下，一片桁架内，当上层标准三角或加强三角为双数时，在跨中2个三角的上弦，为单数时在跨中1个三角的上弦，安装4只横联套管螺栓，其余每个节间在靠近节点钢销处安装2个。

跨度在40 m以上时，上弦全部节间都装满4只套管螺栓。

上弦平面联结系：一般以桥面钢枕代替，不另设置。当梁为4片主桁组成，桥面采用木枕时，则应安装联结系槽钢，其数量与下弦平面联结系同，位置在靠近钢销节点两侧枕木孔间。

下弦平面联结系：为槽钢，每个节间内 2 根，端构架下弦 1 根，位置均尽量靠近钢销节点，用二号 U 形螺栓与下弦杆的各肢联结。

腹杆断面联结系：也为槽钢。单层式梁，在端构架的端竖杆上，靠近上、下节点平放 2 根，用三号 U 形螺栓与各片端竖杆的各肢联结；双层式梁除端构架与单层式要求相同外，斜弦杆上平放一根，用二号 U 形螺栓与各片斜弦杆的各肢联结；上层标准三角或加强三角的主斜杆在中间十字交叉结点附近，各平放一根，用三号 U 形螺栓与各片主斜杆的各肢联结。撑杆的正反两面交叉立放联结系槽钢 1 根（主桁为 7 片时应各安 2 根），用二号 U 形螺栓尽可能与撑杆的各肢联结，且至少与每根撑杆的一肢有联结。

（三）六四式军用梁的组拼

一般可用起重能力为 2 ~ 3 t 的普通摇头扒杆配合铁路小平车，直接在线路上组拼。组成一片或两片即可进行架设，这样边组拼边架设速度较快。下面为组拼单层式和双层式梁的几种方法。

1. 用摇头扒杆组拼单层式和双层式梁

(1) 单层式梁的组拼方法：

①吊起端构架放在平车上。

②移平车组拼端弦杆，同时吊标准三角。

③组拼标准三角。

④继续组拼标准弦杆和标准三角。

⑤在拼端弦杆后，吊装尾端的端构架。

(2) 双层式梁的组拼方法：

①吊拼下层标准三角。

②吊拼上层标准三角。

③继续组拼。

④组拼端构架和斜弦杆、撑杆。

2. 用人力在桥头引线上组拼单层式梁

(1) 抬一标准弦杆和两个标准三角。

(2) 联结好标准三角与标准弦杆，然后以钢销为轴，立正两个标准三角，对好钢销孔，穿打钢销。

(3) 继续抬标准弦杆及标准三角，分别向两头拼。

(4) 最后在两头分别拼端弦杆和端构架。

3. 用马蹄架组拼双层式梁

其顺序、步骤与摇头扒杆拼装相同。

四、修建施工便道

施工便道的修建必须满足施工期间各种施工机械、车辆的安全和不间断地通行，因此必须综合考虑通过便道的施工机械、车辆的自重、载重、外形尺寸，施工期限的长短，施工沿线的气候、地质、水文条件，施工沿线地形地貌等因素，在大量调查研究的基础上，通过必要的计算，科学合理地选定便道的各项技术参数，精心施工。

(一)作业程序

(1)要根据项目的施工组织设计,确定通过便道的施工机械、车辆的自重、载重、外形尺寸以及工期。

(2)根据通过便道的施工机械、车辆的自重、载重、外形尺寸确定便道的设计荷载和限界。

(3)调查便道沿线的气候、地质、水文,为便道的选线定线提供依据。

(4)调查便道沿线的地形地貌,为便道的选线定线提供依据。

(5)在以上调查研究的基础上选定便道的各项技术参数(包括便桥设计参数):曲线半径、限制坡度、坡段长度、路面宽度、路肩标高及便道基层、面层形式等。

(6)图上定线。

(7)现场定线。

(8)详细设计。

(9)组织便道施工。

(二)注意事项

(1)曲线半径及限界应能满足大型机械转弯和顺利通过。

(2)限制坡度、坡段长度应能满足大型机械爬坡和刹车制动要求,尽量连续避免长大坡道。

(3)路面宽度应能满足大型机械交会要求,车流密度不大及困难时应设交会区。

(4)路肩标高应高于施工期间的最高水位加波浪侵袭高,一般以河流常水位为准,以免加大修建成本。

(5)便道基层、面层形式应综合考虑工期、荷载、车流密度等因素。

(6)便道应尽量避开滑坡、崩塌、落石、泥石流、岩溶、软土等不良地质条件区域,如有困难,须制定可靠的处理及防护措施。

(7)便桥必须经过设计计算,通航河流上架设便桥施工时必须与航道、海事部门取得联系,依法办理相关手续。

五、组织桥涵改建施工(明挖法改建涵渠)

明挖法改建涵渠施工主要是指将明渠改建为小桥或盖板涵,拱涵改建为小桥,小桥套建为框构箱涵,以及框构箱涵的抬高与扩孔等改造。

(一)施工程序

(1)提报施工计划。

(2)调查现场施工影响范围内的各类管线穿越、埋设情况,与有关单位协调迁移、改线。

(3)与设备管理单位商谈签订营业线施工安全协议。

(4)组织施工人员进场,完成施工现场的"三通一平"。道路不通需修建临时便道,施工便道的修建必须综合考虑通过便道的施工机械、车辆的自重、载重、外形尺寸,施工期限的长短,施工沿线的气候、地质、水文条件,施工沿线地形地貌等因素。附近无供电系统时应根据抢修期间可能产生的最大用电负荷,采取发电机供电。

(5)修建小型临时设施。

(6)根据批准的施工组织设计,按照材料采购供应计划和机具设备进场计划,组织调配工程材料、机具设备进场。

(7)组织线路加固(顶进箱涵可在箱涵预制完成后进行)。

(8)挖基或拆除旧圬工。

(9)预制箱涵(小桥套建为框构箱涵,以及框构箱涵的抬高与扩孔);砌筑新桥台或涵身(明渠改建为小桥或盖板涵);砌筑新桥台(拱涵改建为小桥)。

(10)架梁或安砌盖板(小桥套建为框构箱涵,以及框构箱涵的抬高与扩孔);架梁(拱涵改建为小桥);将已预制好的新箱涵推拉就位(小桥套建为框构箱涵,以及框构箱涵的抬高与扩孔)。

(11)抬高旧箱涵(框构箱涵的抬高与扩孔)。

(12)回填台后和板顶上方(小桥套建为框构箱涵,以及框构箱涵的抬高与扩孔);回填台后土方(拱涵改建为小桥)。

(13)回填箱底浆砌片石基础(框构箱涵的抬高与扩孔)。

(14)拆除线路加固,恢复正常行车。

(二)注意事项

(1)实时跟踪检查各项工作的进度和施工质量及投资,如与预定目标有偏差,及时分析原因,调整人员、机具、设备及作业方法,确保工程进度质量和投资目标的实现。

(2)定时和不定时召开现场施工协调会,协调解决施工过程中出现的各类问题。

六、采用新技术、新工艺综合整治隧道漏水

整治隧道渗漏水的新材料和新工艺很多,下面介绍 W-22 聚合物改性水泥基防水砂浆整治隧道漏水方法。

W-22 聚合物改性水泥基防水砂浆是一种双组分(A、B)聚合物改性水泥基防水砂浆,由液态聚合物和特殊的水泥基外加剂混合而成。能直接应用于混凝土、砖石、水泥砂浆等建筑表面,并在建筑表面形成具有一定强度的保护层。

(一)性能特点

(1)容易调制:搅拌简单、快速、无需加水。

(2)施工容易:既可人工用刷子或薄泥刀涂复,也可采用喷枪喷涂施工。

(3)性能优异:涂层粘着力强,可防渗、防混凝土中性化,对钢筋或钢铁结构无腐蚀作用,并可根据需要,重复涂刷,直至达到要求的涂层厚度;

(二)技术指标

技术指标见表 9。

表 9　技术指标

项　　目	检测标准	3 d	曝露 14 d 后	28 d
抗压强度	EN196—1	20 MPa		35 MPa
抗折强度	EN196—1	6 MPa		10 MPa
抗拉强度	DIN53455		水中固化 3.2 MPa 空气中固化 4.5 MPa	
粘结强度	基面破坏	2 ~ 3 MPa		

（三）适用范围

（1）用于露天环境下的混凝土、水泥砂浆及砖石建筑物表面，形成止水防潮涂层。

（2）保护立交桥的混凝土结构免遭防冻剂和化冰盐的侵蚀。

（3）用作新建和修复地下结构墙面的刚性防水。

（4）用于无发展的混凝土结构细微裂缝的密封。

（5）用于隧道内表面的刚性防水层。

（四）作业程序

1. 基面准备

为确保长期、良好的防水效果，建筑物表面必须清洁坚固。可用喷砂的方法清除所有污染物，用打磨机除去所有水泥浮浆和的涂层，用高压水枪去除灰尘和松动的颗粒及小块，同时使基面在施工前充分吸水至饱和。

如果基面存在较宽的裂缝和孔洞，应以本砂浆填平补齐，确保结构表面坚实。

2. 备料

（1）用作灰浆［此时 A 组分∶B 组分＝4∶1（质量比）］：

使用前先摇匀 B 组分，然后将一半 B 组分倒入容器中，用最高速能达 500 r/min 的搅拌器边搅拌边加入 A 组分，最后将剩余的一半 B 组分全部倒入容器搅拌至均匀一致，搅拌时间不能少于 3 min。

（2）用作砂浆［此时 A 组分∶B 组分＝4.5∶1（质量比）］：

制备方法同上，唯需将按套包装的 B 组分减少 0.5 kg 后再与 A 组分拌和。

3. 施工步骤

（1）A 组用作灰浆，可采用喷枪喷涂，也可由人持硬物刷将搅拌均匀的 W-22 聚合物改性水泥基防水砂浆涂刷在制备好的基面上。涂刷应顺着同一方向进行，当需要多次涂刷时，应在第一层固化后，立即沿上次垂直方向进行第二次涂刷；第二层固化后，再立即沿与第二次交叉的方向涂刷第三层。

B 组用作砂浆，除工具改为泥刀外，操作细节与用作灰浆相同（需注意的是，勿使涂层表面出现微孔）。

（2）涂层间的间隔时间：重复涂刷时，后施工的涂层必须在前一涂层固化后方可进行，涂层间的间隔时间与气温有关，一般按表 10 选用。

表 10

环境温度（℃）	间隔时间（h）
+10	≤12
+20	≤6
+30	≤3

注：若间隔时间超过 2 h，则次层施工前应将前一涂层表面进行轻微打磨。

（3）用量及涂层厚度。

一般情况下，1 mm 厚时每平米涂层需料 2 kg（此量不含损耗及孔洞处理）。

当作防水、防潮用时，至少应涂两层，厚度为 1.5～2 mm。在渗水严重处，需加涂第三层。

4. 养护方法

应用聚乙烯薄膜覆盖涂层表面，确保 W-22 聚合物改性水泥基防水砂浆在施工后 3～5 d 内固化，以免出现裂缝。

（五）安全注意事项

（1）必须使用强制式搅拌器（机）进行搅拌，不得使用常规混凝土自落式搅拌机。

(2)施工环境及基面适用温度:最低 +8 ℃/最高 +35 ℃。

(3)涂层厚度限制:最薄 0.75 mm/最厚 1.50 mm。

(4)避免在阳光直射和强风条件下施工。任何情况下都不允许加水,且只能在坚实、准备好的基面上施工。

(5)每次搅拌量必须适当,应确保在有效时间内用完。通常在 +20 ℃的情况下,有效时间为 30 min。

(6)刚施工的 W-22 聚合物改性水泥基防水砂浆涂层应严防霜冻或雨淋。

(7)W-22 聚合物改性水泥基防水砂浆涂层表面不可直接行走,若要行走需加涂别的材料加以保护。

(8)作为防水、防潮用的 W-22 聚合物改性水泥基防水砂浆涂层,施工必须小心谨慎,严防涂层被利物穿破。

(9)材料含有水泥成分,可能会引起皮肤过敏。施工时必须穿戴防护服、手套、口罩和护目镜或使用护肤脂。

(10)涂层表面再涂覆别的材料涂层,必须在 W-22 聚合物改性水泥基防水砂浆涂层固化 7 天后才可进行。

七、指导桥梁的墩台、基础加固

(一)临时加固

墩台局部损坏影响行车安全,在未进行彻底整治前可设置拉杆、钢轨箍或排架作临时加固或减载。

(1)拉杆加固桥台外倾翼墙:用拉杆横穿翼墙和填土部分,拉杆直径一般为 25 ~ 30 mm,两端均上双螺帽,螺帽下设加宽垫板。

(2)钢轨骨架加固桥台前墙:前墙埋锚栓固定竖直钢轨,然后开挖护锥并在桥台后挖一条横沟,把锚着的钢轨和拉杆装上,并调整螺栓拉紧,回填桥后横沟,恢复护锥。

(3)安装数圈钢轨箍加固桥墩:钢轨箍间距 0.4 ~ 0.7 m,在桥墩曲线部分钢轨箍应有拉紧设施。

(4)减载:增设排架,设置纵横向扣轨减轻原有墩台荷载,用木撑和钢轨等排架支顶。

(二)墩台有断裂贯通的裂纹时加固

可用钢筋混凝土箍来加固。桥墩用环形箍,桥台用 U 形箍。

一般横向裂纹可用单箍;竖向裂纹可用数个箍,即每隔一定距离设置一个。每个箍一般做成高 1.0 ~ 1.5 m,厚 25 ~ 40 cm,混凝土不小于 C20 级,钢筋配筋率应不小于 0.2%,并宜采用较小直径的钢筋,如主筋为 12 ~ 19 mm,副筋为 8 ~ 12 mm,以防止混凝土收缩时发生龟裂。在设置之前应将接触部位之旧墩台凿毛,用钢丝刷除去松散颗粒,按梅花形打眼插入直径为 19 ~ 32mm 的倒刺牵钉,孔眼直径应比牵钉大 8 ~ 10 mm,埋入深度为其长度之 1/2 ~ 2/3,用砂浆锚固。灌注混凝土前应用水冲洗混凝土面并充分湿润。

如墩台破裂比较严重,单排钢筋不能满足要求时,可采用双排钢筋,以蹬筋扎成钢筋骨架再灌注混凝土。必要时,可设置围绕整个墩台的钢筋混凝土套箍。套箍下端支撑在基础顶面,上面一直伸到顶帽或连顶帽都包上。

至于裂纹处，仍应用压浆的方法处理。压浆工作可在套箍凝固后，通过预先埋设的注浆管来进行。

在包箍开始灌注混凝土至达到一定强度前，被加固的墩台最好先不受力，如采用临时墩架空措施。否则至少应慢行，以保证混凝土的灌注质量。

加固部分如在水下时，则应采用修筑围堰的施工方法。

（三）翻砌墩台

如果墩台状态很差，有较大破裂体、斜裂纹时，可根据损坏情况，翻砌全部或只翻砌有病害的上部墩台，重新砌筑或灌注混凝土。在重新砌筑或灌注混凝土前，如使新旧部分圬工联结良好，保留部分的顶面应做成水平或台阶，每一台阶的面积不小于连接处截面的1/4，宽度应为墩台的全宽，台阶的高度不宜小于0.5 m，并应凿毛清洗干净，安装牵钉后再进行砌筑或灌注混凝土。

翻砌墩台要设置临时支撑或轨束梁，以解除原有墩台承受的从桥跨结构和路堤填土传来的压力并维持通车。

（四）喷射钢纤维混凝土进行桥墩抗震加固

（1）钢纤维混凝土就是在混凝土中加入一定量的钢纤维，使混凝土的性能发生根本变化。素混凝土破坏表现为突然断裂。钢纤维混凝土的破坏是缓慢的韧性破坏。

一般情况下，骨料最大粒径为纤维长度的1/2，纤维对混凝土增强效果最好。钢纤维掺加量为已凝固混凝土体积的1% ~1.5%，或质量的3% ~5%，即75 ~120 kg/m^3 为好。

（2）早强型钢纤维混凝土。掺加速凝剂后，促凝快硬。

（五）墩台倾斜的整治

（1）如墩台倾斜程度较小，且已经稳定，经过检算墩身、基础仍能负担所要求的荷载时，可以仅将墩台顶部包箍加大（根据倾斜度由计算确定），其余不做处理。

（2）对于某些状态良好但尺寸不足，不能承受过多土压力的桥台，可采用减去路基一侧土压力的方法。即将台后填土换以分层干砌片石或增设一个新的桥跨。对于往桥孔方向倾斜或移动的埋式桥台，除结合上述处理时，也可建筑撑壁来加固。

（3）地处滑坡带，地基滑动，墩台倾斜，采取移动支座、限速等临时措施维持通车。同时，从较大范围专门设计，整治滑坡，稳固地基。

（4）单孔小跨度桥台基础，如向桥孔滑移，可以在两桥台之间建一支撑顶柱。对有前倾的小跨度桥梁，经过检算，也可将桥跨两端全改为固定端，把梁身兼作撑梁。对埋式桥台还可在台前设撑壁加固，台身与撑壁的接触面应凿毛并埋设牵钉。桥台基础亦有滑动时，可在两桥台基础间加建支撑顶住。

（5）桥台（特别是墩式桥台）因断面小，土压力大或排水不良发生冻胀，使桥台倾斜，可将断缝内的污物清洗干净，扶正台身，在断缝部位加做钢筋混凝土套箍，断缝空隙压注环氧树脂浆液，台后干砌片石，台后分层干砌片石，砌石范围根据台后填土种类、桥台厚度、冻层深度及施工条件而定。

（六）墩台水下部分的加固

（1）首先根据水深、河床地质及施工材料等条件设置围堰，堰顶一般高出施工期间最高水位 0.7 m。

(2)墩台水下加固的施工。

①抽水施工:在围堰修筑或下沉完毕后,抽水进行加固。当基底水抽不干时,可以灌注水下混凝土后再抽。抽水后,即可在损坏部分加做钢筋混凝土套箍和其他加固施工。

②不抽水施工:把钢筋混凝土套箍或套箱围堰下沉到损坏处河底,在套箍或套箱与桥墩间全部灌注水下混凝土包裹损坏处所。

(七)墩台基础加固

(1)当墩台基底土的承载力不足或发现浅基墩台时,须对墩台基础进行加固和防护。

扩大基底承载面积。为加强新旧基础的联结,可采用下述办法:

①在旧圬工上凿水平凹槽,其他接触面凿毛。

②在旧圬工上刻斜形槽。

③当基础不许沉陷时,加宽部分分上下两部分,下部分为钢筋混凝土底盘,它与旧基础接触面间留有空隙,上部分与旧基础连接。上下部分之间布置若干液压千斤顶,在混凝土达到设计强度后,用千斤顶使底盘与旧基础产生相同的压力,然后用混凝土填实千斤顶空挡,待其凝固后取出千斤顶,回填混凝土。底盘与旧基础间的空隙在回填时以砂浆捣实;

④在原基础周围加打基桩(或下沉井),灌钢筋混凝土承台,并将旧墩基础凿槽埋设牵钉(或在原基础凿孔穿过型钢或钢筋混凝土梁),使新旧基础共同受力。

(2)压注灰浆、硅化土层或化学注浆以增强基底土承载力。在墩台基础之下斜向钻孔(均向墩台中心)或者打入钻管至需要的深度,通过孔眼压注水泥砂浆(砾石或粗砂土层)、水泥浆(中砂土层)或沸热的沥青浆液(地下水流速较大时)。对于大孔隙土可采用硅化法(灌水玻璃和氯化钙)增强基底承载力,此法效果比较理想,但一般不适用于细砂或黏土等比较紧密的土层。近年来,更是涌现很多化学注浆新材料、新工艺,值得推广。

(3)加深基础。

①小墩台基底分段开挖加深:梁跨较小,墩台不高,基底埋深较要求相差不大时,可用排架或枕木垛把梁托起,不使现有墩台受力,然后分段开挖,分段用贫混凝土或浆砌片石加深基础,在原基底下面与新加基础之间进行压浆填补空隙,使新旧混凝土连成整体。

②钻孔桩整治浅基:将桩孔布置在墩台周围,钻孔至要求深度或岩层内,在桩头上围绕墩台修筑钢筋混凝土包箍承台与墩身连接成坚固的整体(修筑承台处旧墩台或基础应凿槽并埋设牵钉),即构成高桩承台基础,使浅基转化为深基。此法能良好地改善墩台结构,较彻底地消灭浅基病害,已广泛采用。

(4)将高桩承台和混凝土排架墩改为实体墩台。即把各管柱和混凝土排架用钢筋混凝土包起来成为实体墩台,但须采取措施使实体墩台能有效地压到地基上,以减轻管柱承载力和增强排架墩的稳定性。

(5)旋转喷射桩加固墩台基础。

当墩台基础有不均匀下沉时,可采用旋喷帷幕桩加固基础。它可在喷阻力影响的范围内,改良土质,浆液几乎不流失到预定区域以外的地方,灵活性大,能较均匀地加固淤泥质软土和粉细砂等静压灌浆难以改良的软弱地基,且水平方向、垂直方向均可采用。

八、监测墩台位移的变化

(一)监测方法

(1)观测点的设置:固定的观测点一般应设在墩台顶面的上下游两端且能通视(特大桥除外);为保证观测精度,应埋设强制归心装置取代普通的钉头标志。归心装置的“标心”,既是仪器的固定点,又是垂直位移和平面位移的观测基点。

(2)观测使用水平仪、经纬仪或电子水准仪、电子经纬仪及全站仪。为正确掌握微小变化,应尽可能使用电子水准仪、电子经纬仪及全站仪。观测墩台间距离的变化,小跨度桥梁可使用特制钢尺用固定拉力对各墩台间距离做悬空测量,测量结果须考虑各项改正(拉力、温度、倾斜),大跨度桥梁可使用光电测距仪、电子经纬仪及全站仪等。

(3)沉降观测应根据具体情况采用适宜的观测方案进行。特大桥可根据全桥水准基点的分布情况分段进行闭合测量,每次测量必须闭合在水准基点上,水准点应牢固可靠,符合有关规范规定,并与桥梁附近国家水准点联测,特别重要的特大桥最好设基岩标。

(4)水平横向位移可由观测上下游方向测点与基线距离的变化而得;水平纵向位移可测量各墩台间的距离变化而得。为求得墩台平面位移的绝对值,基线在观测区外应有控制系统。

(5)随着科技的发展,平面位移观测应采用全站仪或 GPS 定位仪测量,尤其是特大桥,并与平面坐标控制点联系。

(二)监测工具

普通水准仪、电子水准仪、光电测距仪、电子经纬仪、全站仪、GPS 定位仪。

(三)监测要求

一般每年测量一次,经多年观测相对稳定时可若干年观测一次。观测资料应积累并绘制图表,了解其变化趋势以利分析。

九、监测梁拱纵断面、平面及挠度的变化

(一)挠　　度

1. 基本要求

(1)测跨度 40 m 及以上的钢梁,对有病害的钢梁、钢筋混凝土梁和预应力混凝土梁挠度和拱度的测定可根据需要由路局确定。圬工梁按梁型抽选总数的 5% 进行测定。

(2)测量挠度时,可先测动荷载所产生的挠度,必要时(如变化异常)再复测静荷载产生的挠度。钢梁三年一次。

(3)测量挠度时应详细记录通过列车的机车类型和编组情况,并精确测速。

(4)一次测量时间尽可能长,以记录不同类型、不同车速的列车通过时的挠度,有条件的实行 24 h 不间断测量。测量应避开封锁和限速时段。

2. 监测方法

(1)挠度测量采用经纬仪法,在主梁、主桁下弦节点处粘贴米格纸,在动载作用下测得其最大变化值即为挠度值,需观测跨中、四分之一跨和四分之三跨处的最大挠度。

(2)也可根据现场情况选择合适的挠度法,如简易挠度计法、挠度仪法、百分表法、盖式万能记录仪法和电测仪法等。

(3)推荐使用数字式结构挠度仪,目前数字式结构挠度仪型号、种类很多,具体操作要详细阅读说明书。

(4)有长期监控系统的特大桥相关孔跨可利用其数据。

3. 监测工具

经纬仪(电子经纬仪)、水平仪(电子水平仪)、挠度仪、数字式挠度仪、钢尺等。

(二)平　　面

1. 基本要求

凡钢桁梁、箱形钢梁、刚构、系杆拱桥、斜拉桥和跨度大于 20 m 的拱桥都应测绘平面图。重要线路的桥隧每五年、其他线路的桥隧每十年重新测绘一次,如发生突发事件以及进行修理或加固后应重新测绘。

2. 监测方法

(1)先定出桁梁两端的中点,然后用铁线钉钉在枕木上,即为桁梁中心线,特大桥可在中部根据需要倒镜,尽量减少倒镜次数。

(2)桁梁两端以上述铁线钉为准,向上下游两侧各量出一定距离(必须垂直桁梁中心线),例如上下游桁架中心距离为 10 m 的复线梁各量出 4 m,在一端横梁上下游做测点 A 及 B(另一端横梁上做测点 A'及 B')。跨内各节点分别以上下游两片桁架中心向桥梁中心线方向各量出 1 m,并在横梁上做出测点,这些点基本上都在走道范围内,便于测量。然后把经纬仪架设在 A(或 B)点,对准另一端 A'(或 B')点,这是理论上内移 1m 的桁架中心线,理论上各测点都应在这一直线上,但实际不一定在这条直线上。用经纬仪及小钢尺量出各测点至 AA'(或 BB')直线的距离(要注意内偏或向外偏),即可得出该桁架平面外形弯折的情况。把上下游桁架折线外形绘出后,将各对应节点距离分中,可绘出实际的桁梁中心线。

(3)实测桁梁中心线一般来说应与桥梁中心线相吻合,但由于架梁施工上的误差和其他原因不完全一致。以桥梁中心线为基线,可测出实际的线路中心线和桁梁中心线的偏移情况。

(4)为便于对多次测量结果进行比较,所采用的测量方法不宜变更,各测点要固定,使条件完全相同。因为桁架节点的偏移量本来就不大,如测点不固定或测量方法经常变化,所造成的测量误差会影响真实性。

(5)从绘出的图上可以量出线路中心线与梁跨中心线的偏移量,曲线上桥梁应对照设计视梁跨中心线系采用平分中矢布置或切线布置,检查其偏移量是否超限。

3. 检查工具

经纬仪(电子经纬仪)、钢尺、垂球。

(三)纵 断 面

1. 基本要求

钢桁梁、箱形钢梁、刚构、系杆拱桥、斜拉桥和跨度大于 20 m 的拱桥都应测绘纵断面图。重要线路的桥隧每五年、其他线路的桥隧每十年重新测绘一次,如发生突发事件以及进行修理或加固后应重新测绘。

2. 监测方法

(1)测量下弦杆时,水准尺可放在弦杆角钢上,可放在盖板上,有困难时也可把水准尺放在横梁上。

(2)水准仪放置地点要固定不变,应用油漆做测点标记。放置水准尺前应清除测点上的赃物、铁锈和尘土。

(3)所用水准仪要经常校正,水准尺应经过检定。

(4)对长大的桥梁,测量时应先测桁梁端节点,上下游进行闭合后再逐孔逐节点进行测量,并应将标高与桥梁附近的水准点联系起来。

(5)测量最好在无风、阳光较弱时进行,并记录天气、日照情况、气温、钢梁温度、风力以及水准仪放置位置等。列车通过时不可施测。

3. 监测工具

水准仪。

十、监测桥梁支座位移的变化

(一)摇轴、辊轴支座

摇轴支座:在活动端上摆、摇轴及底板侧面标上中心线,由上摆中心线向底板做垂线,量取垂线与底板中心线之间的距离。

辊轴支座:根据已安装的活动支座位移标尺。

(二)铰轴滑板、圆柱面支座

可在下座板上固定观测点,并做标记,定期观测上部滑动部分相对于该点的位移。

(三)平板支座

可直接测量上下座板中心线的相错量或用钢尺量取活动端锚栓至椭圆孔壁沿桥轴方向的距离。

(四)弧形支座

在活动端上摆及下摆的侧面,标出中心线,量取两中心线间的距离(如弧形支座加工粗糙,外形尺寸偏差很大,则需从梁顶起才能量得支座的真实位移量)。

(五)橡胶支座

平板橡胶支座:通过小量角器量取橡胶板的顺桥向剪切角,计算而得纵向位移。

盆式橡胶支座:可直接测量上下座板中心线的相错量,也可在上摆粘贴指针、下摆旁边支承垫石顶上对应位置设置位移标尺,定期观测。

定期观测记录当日天气、气温、梁温、支座位移或倾角,每月一次;测量工具及梁温、气温测量点应固定并做好标记。只测温度位移,测量时桥上应无列车荷载。

十一、监测梁拱横向振幅的变化

监测梁拱横向振幅的变化可采用 HFBV-I 型便携式无线数传桥梁振动检测仪。每次测量时应记录不同编组类型的列车通过时的振幅值,并精确测速,一次测量时间尽可能长,以记录不同类型、不同车速的列车通过时的振幅,有条件的实行 24 h 不间断测量。测量应避开封锁和限速时段，每月测量一次。

（一）仪器组成

检测仪由一台测试主机、四台振动测试单元、四只891-4拾振器等组成。检测仪前后面板示意图见图27、图28。

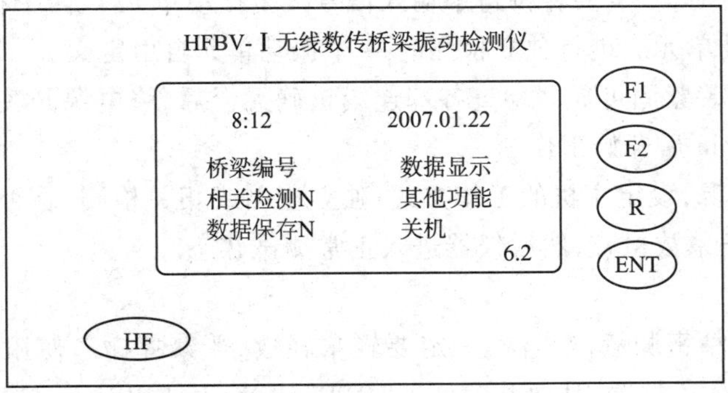

图27　前面板示意图

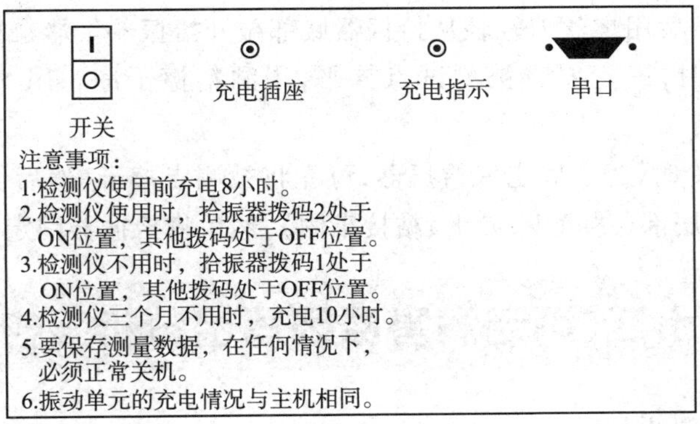

图28　后面板示意图

（二）检测仪的安装

1. 拾振器的安放位置

（1）钢梁。

①上承桁梁、上承板梁：安放在跨中主梁上。

②下承桁梁、下承板梁：安放在跨中横梁上；如跨中无横梁，则安放在跨中的主梁下翼缘上。

（2）混凝土梁。

安放在跨中的挡砟墙顶或L形挡砟块顶。如挡砟块顶安放不便，可安放在紧靠挡砟块的人行道板上。

2. 安装方法

（1）首先安装拾振器，将拾振器在测试点用粘合剂粘结牢固（一般情况下，粘合剂可使用橡皮泥、滑石粉即可。如被测试点表面温度超过50 ℃，则可使用502胶），使拾振器的几何轴线大致呈水平并与所测方向一致，然后将拾振器的拨码开关2档置于“ON”位置，其他拨码处于“OFF”位置。

(2)将检测仪主机放在测量现场附近或测量车上便于观察数据。检测单元与测试仪主机之间的距离以1000 m以内为宜,最大距离不超过2000 m,插上主机天线。将拾振器的输出插头连接至检测单元背面的信号输入插孔,插上检测单元天线,插上U盘。

当进行相关检测时,一定要将桥跨中输入信号接至振动单元1,两个桥墩振动信号分别接入通道2、3两个振动单元。进行独立检测时,4个振动单元自由定义。

(3)在拾振器安装紧固可靠并检查各部连线正确无误后,将电源开关打到接通位置,振动单元进行初始化,1 min后开始工作。

(4)开通主机电源,设定主机的工作方式:独立检测或相关检测、是否保存数据、桥梁编号输入、门限检查、修正系数检查,然后仪器进入正常测试状态。

(三)注意事项

(1)拾振器属于精密测量传感器,一定要轻拿轻放,严禁摔碰。使用前,一定要将拾振器拨码开关2档处于“ON”位置,其他开关处于“OFF”位置;不使用时,一定要将拾振器拨码开关1档处于“ON”状态,其他开关处于“OFF”位置,同时拧上短路棒,以保护拾振器的运动部件。

(2)如果使用502胶固定拾振器,测试完毕后,先将拨码开关1档处于“ON”状态,其他开关处于“OFF”位置,然后用螺丝刀轻轻从拾振器底部敲开拾振器。严禁猛烈敲打拾振器!

(3)固定拾振器时,一定要将被测试点弄平,用酒精擦干净。用502胶时,倒几滴就可以了。

(4)冬天天气较冷时,为了固定好拾振器,可先将被测点擦干,然后倒几滴502胶,同时再将橡皮泥贴在拾振器底部(尽量少,弄平,粘接牢固),然后将拾振器固定在被测点上。

十二、确定病害原因写出分析报告

(一)病害的常见成因

1. 工程建设过程中形成的工程质量缺陷

由于铁路工程工期较长,所用材料品种繁杂;在施工过程中,受社会环境和自然条件方面异常的影响;使产生的工程质量问题表现形式千差万别,类型多种多样,这使得引起工程质量问题的成因也错综复杂,往往一项质量问题是由于多种原因引起。虽然每次发生质量问题的类型各不相同,但是通过对大量质量问题调查与分析发现,其发生的原因有不少相同或相似之处,归纳其最基本的因素主要有以下几方面:

(1)违背建设程序。建设程序是工程项目建设过程及其客观规律的反映,不按建设程序办事,例如,未搞清地质情况就仓促开工;边设计、边施工;无图施工;不经竣工验收就交付使用等常是导致工程质量问题的重要原因。

(2)违反法规行为。例如,无证设计;无证施工;越级设计;越级施工;工程招、投标中的不公平竞争;超常的低价中标;非法分包;转包、挂靠;擅自修改设计等行为。

(3)地质勘察失真。诸如,未认真进行地质勘察或勘探时钻孔深度、间距、范围不符合规定的要求,地质勘察报告不详细、不准确、不能全面反映实际的地基情况等,从而使得地下情况不清,或对基岩起伏、土层分布误判,或未查清地下软土层、墓穴、孔洞等,它们均会导致采用不恰当或错误的基础方案，造成地基不均匀沉降、失稳，使上部结构开裂、破坏，或引发建筑物倾斜、倒塌等质量问题。

(4)设计差错。诸如，盲目套用图纸，采用不正确的结构方案，计算简图与实际受力情况不符荷载取值过小，内力分析有误，沉降缝或变形缝设置不当，悬挑结构未进行抗倾覆验算，以及计算错误等，都是引发质量问题的原因。

(5)施工与管理不到位。不按图施工或未经过设计单位同意擅自修改设计。例如，将铰接做成刚接，将简支梁做成连续梁，导致结构破坏；挡土墙不按图设滤水层、排水孔，导致压力增大，墙体破坏或倾覆；不按有关的施工规范和操作规程施工，浇筑混凝土时振捣不良，造成薄弱部位；砖砌体砌筑上下通缝，灰浆不饱满等均能导致砖砌体破坏。施工组织管理紊乱，不熟悉图纸，盲目施工；施工方案考虑不周，施工顺序颠倒；图纸未经会审，仓促施工；技术交底不清，违章作业；疏于检查、验收，均可能导致质量问题。

(6)使用不合格的原材料、制品及设备。

①建筑材料及制品不合格。诸如，钢筋物理力学性能不良会导致钢筋混凝土结构产生裂缝；骨料中活性氧化硅会导致碱骨料反应使混凝土产生裂缝；水泥安定性不合格会造成混凝土爆裂；水泥受潮、过期、结块，砂石含泥量及有害物含量超标，外加剂掺量等不符合要求时，会影响混凝土强度、和易性、密实性、抗渗性，从而导致混凝土结构强度不足，支承锚固长度不足，未可靠的建立预应力值，漏放或少放钢筋，结构开裂等均可出现断裂、坍塌。

②建筑设备不合格。

(7)自然环境因素。空气温度、湿度、暴雨、大风、洪水、雷电、日晒和浪潮等均可成为质量问题的诱因。

(8)人为破坏。对建筑物或设施使用不当也易造成质量问题。例如，未经校核验算就任意对建筑物加层；任意拆除承重结构部位；任意在结构物上开槽、打洞、削弱承重结构截面等也会引起质量问题。

2. 投入运营后的气候、水文、地质条件变化和地质灾害影响

例如，酸雨、腐蚀性水流、水位变化，台风、洪水、雷电、地震、滑坡、坍塌、泥石流、软土、膨胀土、湿馅性黄土、溶洞的影响。

3. 运营条件的变化及维修养护的影响

高速、重载的影响。维修养护过程中工艺、材料、人员素质对病害的产生影响极大。

(二)病害成因分析方法

由于病害产生的因素众多，要分析究竟是那种原因所引起，必须对病害的特征表现，以及其在施工中和使用中所处的实际情况和条件进行具体分析。分析方法很多，但其基本步骤和要领可概括如下。

1. 基本步骤

(1)进行细致的现场调查研究，观察记录全部实况，充分了解与掌握引发病害问题的现象和特征。

(2)收集调查与病害有关的全部设计和施工资料，分析摸清工程在施工或使用过程中所处的环境及面临的各种条件和情况。

(3)找出可能产生病害的所有因素。

(4)分析、比较和判断,找出最可能造成病害的原因。

(5)进行必要的计算分析或模拟试验予以论证确认。

2. 分析要领

分析要领是逻辑推理法,其基本原理是:

(1)确定病害的初始点,即所谓的原点,它是一系列独立原因集合起来的爆发点。因其反映出病害的直接原因,所以在分析过程中具有关键性作用。

(2)围绕原点对现场各种现象和特征进行分析,区别导致同类病害的不同原因逐步揭示病害萌生、发展和最终形成的过程。

(3)综合考虑原因的复杂性,确定诱发病害的起源点即真正原因。

(三)病害分析报告

病害分析的主要目的是明确病害的范围、程度、性质、影响的原因,为病害的处理提供依据,分析报告应力求全面、详细、客观准确。分析报告主要内容应包括:

(1)与病害相关的设备情况。

(2)病害发生的时间、地点、部位、性质、现状及发展变化等详细情况。

(3)病害调查中的有关数据和资料。

(4)原因分析和判断。

(5)是否需要采取临时防护措施。

(6)病害处理补救的建议方案。

(7)预防该病害重复出现的措施和经验教训。

参考文献

1. 中华人民共和国铁道部．铁路技术管理规程．北京:中国铁道出版社,2009.
2. 中华人民共和国铁道部．铁路桥隧建筑物修理规则．北京:中国铁道出版社,2010.
3. 中华人民共和国铁道部．铁路桥隧建筑物大修维修规则条文说明．北京:中国铁道出版社,2001.
4. 中华人民共和国铁道部．铁路工务安全规则．北京:中国铁道出版社,2006.
5. 刘修炜．桥隧工．北京:中国铁道出版社,2001.
6. 王承礼．铁路桥梁．北京:中国铁道出版社,1990.
7. 中华人民共和国铁道部．铁路桥涵混凝土和砌体结构设计规范．北京:中国铁道出版社,2005.
8. 中华人民共和国铁道部．铁路桥涵设计基本规范．北京:中国铁道出版社．2005.
9. 张澍东．桥隧构造与养护．北京:中国铁道出版社,2009.
10. 闫宏生．工程材料．北京:中国铁道出版社,2008.
11. 庄军生．桥梁支座．北京:中国铁道出版社,2008.